生态保护与环境修复技术丛书

生态缓和的理论及实践

自然环境保护和复原技术

[日] 森本幸裕　亀山 章　编著
桂 萍 郝 钰　译

中国建筑工业出版社

执笔者一览（执笔序，*编者）

*龟山　章	东京农工大学农学部　教授
*森本　幸裕	京都大学大学院农学研究科　教授
日置　佳之	鸟取大学农学部　副教授
中岛　庆二	长崎县县民生活环境部自然保护课　课长
柴田　昌三	京都大学大学院农学研究科　副教授
下田　路子	东和株式会社　生物研究室　室长
仓本　宣	明治大学农学部　副教授
中越　信和	广岛大学综合科学部·大学院国际合作研究科　助手
中村　彰宏	大阪府立大学大学院农学生命科学研究科　助手
仲辻　周平	东京都建设局西部公园绿地事务所
石井　实	大阪府立大学大学院农学生命科学研究科　教授
谷田　一三	大阪府立大学综合科学部　教授
森　诚一	岐阜经济大学经济学部　教授
夏原　由博	大阪府立大学大学院农学生命科学研究科　副教授
须川　恒	龙谷大学深草学舍　非常勤讲师
橘　敏雄	株式会社应用生物　董事长
细川　恭史	国土交通省国土技术政策综合研究所　沿岸海洋研究部　部长
春田　章博	株式会社环境·清洁工程　环境调查部部长，董事
逸见　一郎	株式会社区域环境规划　副社长　董事
岛谷　幸宏	国土交通省九州地方整备局武雄工程事务所　所长
梅原　徹	环境设计株式会社　调查研究室室长　董事
村田　辰雄	株式会社关西综合环境中心　营业部　商事组　部长代理
小牧　博信	株式会社关西综合环境中心　技术开发部研究开发组 GL 课长

* 本书中，日本的行政单位县、市、町分别对应中国的省、市、村镇；
省相当于中国的部委；
横滨蝶、台湾帚菊、日本长石蝇、菲律宾蛤仔等，均为学名，与地区、国名无关。

前　言

生态缓和的英文原文为“mitigation”，通常是表示缓解疼痛或减轻影响，美国首次将其作为专业术语用于环境影响评价。美国作为环境影响评价领域的领跑者，从制度到方法均积累了丰富的实践经验，并使之成为缓解对环境的影响的重要手段。

1997 年，日本制定了《环境影响评价法》，规定除非可以明确判断对环境的影响极小，建设方必须采取措施避免或减轻建设项目对环境的影响，并提出环境保护目标下的保护措施。日本环境影响评价制度中的提出的环境保护措施与美国的生态缓和的含义是相同的。

环境影响评价中对动植物及生态系统等自然要素的调查、预测及评价方法，与针对大气、噪声、震动等污染源所采取方法相比，数值化及预测模型使用较多，并且环境基准还未明确的情况也更多。究其原因，在于动植物的种类及所构成的生态系统具有丰富的多样性，各种系统对人为影响的反应也是不同的。由于缺乏适当的评价，在传统的环境影响评价中，常常以不存在需要保护的物种或影响轻微作为理由批准建设项目的实施。

近年来，随着对动植物和生态系统的调查研究的深入，逐渐了解了不同生物个体对人为影响的反应，使针对不同的环境影响提出具体的环境缓和的方法成为可能。同时，在项目开始前进行环境影响评价，在项目完成后开展事后调查（monitoring）也成为共识，这为各种开发行为对环境的影响提供了十分有益的资料。在这样的背景下，环境缓和成为今后自然环境的影响评价不可或缺的要素，环境缓和技术的开发也成为最重要的课题之一。除环境影响评价工作外，当建设项目可能对动植物或生态系统产生影响时，居民常常也要求采取环境缓和的具体措施。

本书对各种地区的自然环境保护和生物栖息地保护进行了说明，针对的对象包含山林、自然公园等多种类型，并对河流、道路、新城或水库等建设项目的环境缓和方法和技术进行了说明介绍。

最后，对参与本书编写的各位作者表示衷心的感谢，对负责编辑和出版的软科学社的社长吉田进先生以及策划编辑部的诸位同仁表示感谢。如果本书能够对自然环境的保护和修复、生物多样性保护技术的发展发挥积极作用，笔者感到莫大的荣幸。

2001 年 8 月

编者记

生态缓和的理论及实践—自然环境保护和复原技术—/目录

前言

Ⅰ：环境评价与生态缓和

1. 自然环境影响评价的特征

环境影响评价是指计划进行道路或水库等新项目开发时，基于当地人与自然的相互关系，对建设项目对环境可能造成的影响进行调查、预测和评估，并提出必要的环境保护措施的一系列程序进行规定的制度。环境影响评价是保护区域环境的有效手段，近年来随着认识的深入，环境影响评价被纳入法律法规并作为制度确立下来，使各地居民及自治体能针对 建设项目开发，采取适当的环境保护措施。

关于环境影响评价的讨论，一方面涉及公众参与和达成共识的相关制度，另一方面涉及环境调查、预测和评估与环境保护对策的相关技术；此外，评价对象涉及的环境要素涵盖大气、噪声、震动等污染因子，同时也涵盖了动物、植物和生态系统等自然要素。本书以自然环境要素为对象，从技术方面对环境保护对策进行说明，即针对以自然环境为对象的环境影响评价（自然环境影响评价）的特征进行论述。

（1）环境影响评价制度的沿革

环境影响评价制度，是通过事前对建设项目可能对环境造成的影响进行调查、预测和评估，将环境的恶化防患于未然的制度。该制度始于 1969 年美国制定的国家环境政策法案（National Environmental Policy Act，简称 NEPA），其后，该制度被世界上很多国家引入，尤其是所有加盟 OECD 的发达国家，环评制度都实现了法制化。

在日本，根据 1972 年“各种公共项目的环境保护对策”内阁会议的决议，负责公共项目的各政府部门单独制定并实施了环境评价的技术指南，被称为“内阁决议环境影响评价”。随后，都道府县和政令指定城市的地方公共团体，先后分别制定并实施了环境影响评价的条例和纲要，被称为“条例纲要环境影响评价”。1997 年日本制定了环境影响评价法（环境评价法，环评法）。这一根据国家法律制定的环境影响评价制度，于 1999 年正式开始实施。被称为“法律环境影响评价”。

对环境影响进行调查、预测和评估，并对结果进行公开的一系列程序很重要，而环境影响评价就是将该程序制度化的结果。环境影响评价制度并不是决定是否批准建设项目的程序，而是帮助当地居民和自治体在充分了解环境影响的前提下开展行动的程序，这一点常常受到误解。因此，环评法中在环境影响评价的一系列程序结束后，还要颁发与项目有关的各种授权和批准等。

（2）环境影响评价的对象及方法

1）评价对象的筛选

环境影响评价对象中的人类活动，是指可能对环境产生影响的活动，其形式多种多样，具体包括：道路、铁路、机场、水库等各种设施和建筑物的建设，农林业等土地利用，农药播撒等化学处理，以及与各种建设活动相关的政策制定等。然而，根据环境基本法第 20 条，日本的法律环评和条例纲要环评中的环评对象仅限于土地形状的变化和建造物等各种设施的建设（表 1），不包括政策的制定和规划的编制等。

表 1　环境影响评价法的对象项目

1. 道路（高速机动车国道、首都高速公路等、普通国道、大规模森林道路）
2. 河流（水坝、堤坝、湖泊水位调节设施、泄洪道）
3. 铁路（新干线铁路、普通铁路、轨道）
4. 机场
5. 发电站（水力发电站、火力发电站、地热发电站、核电站）
6. 废弃物最终处理场
7. 公共水面的填埋及围垦
8. 土地划分调整项目
9. 新住宅区开发项目
10. 工业用地开发项目
11. 新城基础设施开发项目
12. 物流园区开发项目
13. 住宅用地开发项目

判断是否把项目作为实施环境影响评价的对象的程序，称为筛选（图 1）。筛选意味着审查并挑选。在法律环评中，实施环评的项目及其规模是由法律规定的。必须实施环境影响评价的项目称为一级项目。未满足一级项目的要求，但达到一定规模（通常为一级项目的 75% 以上）的项目为二级项目，当项目对环境的影响显著或存在易受影响的区域时，二级项目就会进入判断是否将其作为环评对象的筛选程序。此外，根据项目单位的判断，也可以直接把二级项目作为环评的对象。

2）环境影响评价的相关人员

环境影响评价是通过对环境影响进行调查、预测和评估，并对结果进行公开，与当地居民、项目单位及国家和地方自治体共享其成果，从而对区域环境的保护发挥一定作用的制度。

环境影响评价程序涉及的人员有：①改变环境的项目规划单位；②实施环境影响的调查、预测的人员；③实施环境影响评价的人员；④预测和评估的相关审查人；⑤评价制度中规定的最终责任人；⑥相关居民和自治体等。

为了适当地进行环境影响评价，原则上这些相关人员应该是相互独立的，而最重要的是对相关人员进行适当分工。尤其是预测和评价，最好由与项目实施单位不同的主体来进行，或引入可对其恰当性进行审查的第三方机构。

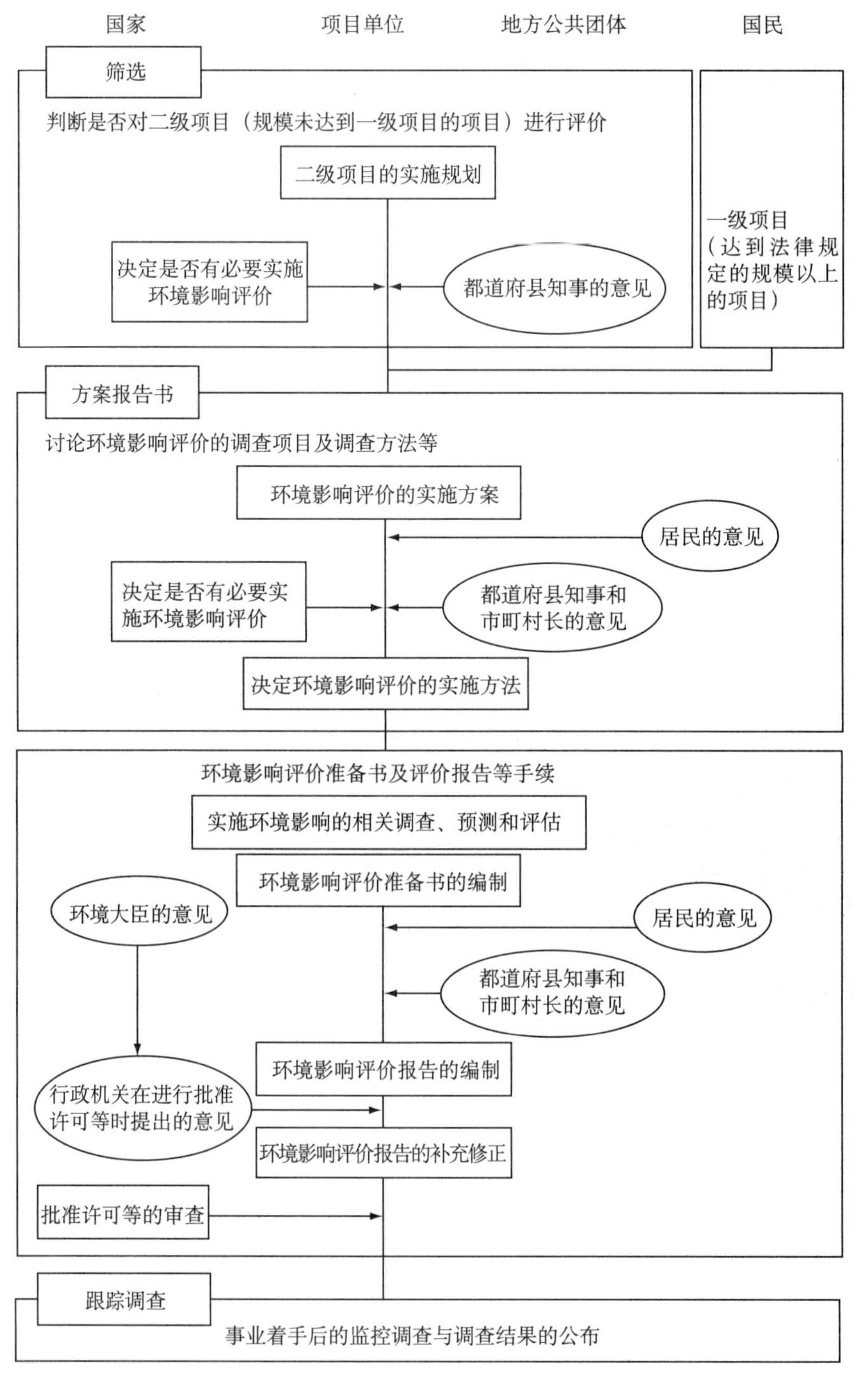

图 1　基于环境影响评价法的环境评价程序

在环境影响评价中，最重要的相关人员是当地居民。这是因为当地居民是区域环境的主体，而且将直接并长期地承受项目对环境的影响。因此，在环境影响评价制度中，居民能参与到什么程度，成为制度上的一大课题。在法律环评中，不仅是在准备书的起草阶段，在方法书的起草阶段也要逐渐开始听取居民的意见，使居民参与的机会越来越多。

目前，相关居民的范围大多仅限于项目开发地区的居民，但法律环评中没有明确限定居民参与的范围。这是考虑到建设项目从多方面、大范围与环境发生联系，这也是法律环评中较先进的思考方法。

3）范围界定及评估规划的完成度

环境影响评价对象项目的选取以及调查、预测和评估方法的选取，被称为范围界定。在法律环评中的环境评价方法书起草阶段，要选取调查项目，并在此阶段进行范围界定（图 1）。

受地形复杂和降水量较多等温带气候条件的影响，日本自然环境中的动植物相丰富，景观也富于变化。此外，季节的变化等随着时间发生的变动也很大。因此，在调查之前，要制定周密的调查计划。

即便如此，法律环评的特征之一是从项目规划的早期阶段就开始进行环境影响评价，即方法书的起草阶段。此时，面对的主要问题是方法书起草阶段的规划完成度。如果详细确定项目内容后再开始进行环评，那么从方法书的阶段，项目就已经滞后了。这不利于项目更好地推进，所以最好从规划被详细确定以前，就开始起草方法书，并尽早开始进行环评，为此，对开始进行环评时的规划所处的阶段进行讨论，是非常重要的。

在规划完成度较低的阶段，可使用几种替代方案进行对比讨论或使规划方案具有一定的选择余地来进行讨论的方法。以道路建设项目为例，有对几种路线方案进行讨论的方法，也有对几百米的路线带进行探讨的方法。以前，在日本的公共事业中，习惯于集中讨论一个最好的方案，所以不熟悉提出多种替代方案的做法。另一方面，关于使规划方案具有一定的选择余地来进行探讨的方法，虽然其想法很容易接受，但如果选择范围过大，可能会使讨论的针对当地的精度降低。因此，这些问题都是方法书起草阶段需解决的大课题。

为了保护自然环境，开发行为的选址极其重要，毕竟通过实施保护对策，来减轻环境影响的余地很小。因此，对自然环境的影响进行评价时，须在开发行为的选址阶段，掌握当地自然环境的特性，并对适合当地自然、社会特性的开发方法进行探讨。

在战略环评（Strategic Environmental Assessment，简称 SEA）和规划环评中，正在考虑在规划的构想阶段和选址阶段对环境影响评价进行制度化。

针对选取调查、预测及评估方法的范围界定阶段，目前正在探讨对环境影响评价项目进行重点化和简略化，以及调查、预测及评估方法的重点化和简略化。

环境影响评价对象中的环境要素大体分为：大气环境质量及噪声等污染环境要素和动物、植物等自然环境要素，对各要素分别设置了对各要素进行预测和评估的标准项目。对于虽然未被设为标准，但开发行为可能会对其产生较大影响的项目，需要作为新项目项目重点评价；对于虽然是标准，但可能不会产生影响的项目，可以将其省略来进行简化。

关于调查和预测方法，一般来说，对于环境污染要素相关项目的调查，已经根据日本工业规格等对检测方法进行了规定；在预测方法中，利用数理模型进行的数值计算和模型实验等方法，已经成为一种标准。此外，关于评价方法，环境标准等也已经被数值化，所以大多能够据此进行定量的评价。因此，调查和预测方法的简化考虑起来比较容易。然而，在自然环境要素相关的项目中，还未确立调查和预测的方法，所以简化调查可能被看作偷工减料，因此最好避开简化。

在起草方法书时，要事先对区域概况进行了解。对区域概况的了解，主要是利用现存文献和资料来进行。这里的问题是现存文献和资料的可信度。尤其是自然环境可能会由于人为影响而发生变化，随着时间的推移，动物、植物可能已经不在那里栖息了，所以数据越旧，可信度就越低。虽然数据的新旧与可信度的关系不能一概而论，但国家和地方自治体制作的植被图和动物分布图等，最好能隔一段期间就重新进行调查，来更新数据，提高可信度。

（3）自然环境评价的技术特征

1）环境要素

如前所述，在环境影响评价中，调查、预测和评估对象中的环境要素大致可以分为两种：大气质量、噪声、振动、水质等环境污染要素，动物、植物、生态系统、景观等自然环境要素。在内阁决议环评中，这些环境要素被分为污染的预防和自然环境的保护两类；但在法律环评中，被分为以下 4 类：①环境中自然构成要素的良好状态的保持（大气环境、水环境、土壤及其他环境）；②生物多样性的确保及自然环境体系的保护（植物、动物、生态系统）；③人与自然的广泛接触（景观、接触活动的场所）；④对环境造成的负荷（废弃物、温室气体等）（表 2）。自然环境要素主要与②和③有关，自然环境影响评价是特指在环境影响评价中与自然环境要素相关的部分。

表 2　环境影响评价法中的作为评价对象的环境要素

1. 环境的自然构成要素的良好状态的保持
   （1）大气环境（①大气质量、②噪声、③振动、④恶臭、⑤其他）
   （2）水环境（①水质、②底质、③地下水、④其他）
   （3）土壤及其他环境（①地形地质、②地表、③土壤、④其他）
2. 生物多样性的确保及自然环境体系的保护
   （1）植物
   （2）动物
   （3）生态系统
3. 人与自然的广泛接触
   （1）景观
   （2）接触活动的场所
4. 对环境造成的负荷
   （1）废弃物等
   （2）温室气体等

自然环境不只包括上述②和③中的要素，而是由地形、地质、土壤、地下水位、泉水等环境相互作用、有机结合形成的；因此，不仅要分别对这些要素进行预测和评估，还要考虑到各要素之间的相互关系。

在法律环评中，特别提到在环境要素中加入生态系统。虽然在条例纲要环评中，也有一些自治体把生态系统列入环境要素之中，但在内阁决议环评中，未将其作为评价对象。在法律环评中，把生态系统列入环境要素不仅要将植物和动物作为单独的要素来看待，还要更多地从生态学的自然观和环境观出发，把动物、植物与环境构成的自然整体作为生态系统来看待。

狭义的生态系统是特指“动物、植物的生物要素和土壤、水文等非生物环境形成的物质及能量循环系统”；但广义的生态系统是泛指：“动物、植物及其栖息、繁殖环境构成的自然整体”。

在法律环评中，生态系统是对自然特征进行概括的术语，“具有区域特征的生态系统”，是指基于区域生态特征，利用生态系统的上位性，对生态系统典型特征的典型性进行表示，同时又能从代表区域的特殊环境的特殊性视角，将影响显著的动植物种群及生物群落提取出来，通过调查其栖息和繁殖环境，研究这些种群与生态系统及其他动植物之间的关系，从而把握建设项目对环境造成的影响。

在对生态系统进行分析时，很重要一点是要认识到生态系统是以大量普通物种的存在为基础的，上位性和典型性不仅要着眼于特定的物种，还要考虑到支撑该物种的所有物种的存在，这也是非常重要的。

2）调查、预测和评估

正如我在前面所提到的那样，在环境污染要素相关项目的调查中，检测方法是根据日本工业规格的标准确定的，预测方法也多由相关学会、协会及国家研究机构来确立。然而，在自然环境要素的调查中，虽然也有一些标准化的调查方法，但大多由调查专家来决定，在技术指南已经规定预测方法的例子很少。由于没有数值化的标准，大多由专家根据抽象的保护水平来判断。这些是自然环境的影响评价中特有的问题，也是今后应该解决的课题。

在自然环境的调查、预测和评估中，其精度和可信度等大多受到自然的未知性和不确定性的显著影响。例如，在植物相和动物相的调查中，即便动员大量调查员，也不可能列出所有动物、植物物种的清单，而且有些动物发现调查员后会迅速躲藏起来如苍鹰，有时很难确定其栖息地。这些问题大多是由自然的未知性和不确定性引起的。

因一直没有认识到自然的未知性和不确定性。在过去的内阁决议环评和条例纲要环评中，对于这样的问题未能采取明确的对策。然而在法律环评中，在自然环境的相关技术领域，明确以调查和预测中存在的不确定性为前提，把不确定性作为法律术语进行使用。

关于动物和植物的分布及生态，迄今为止完全明确的情况极少。即使希望能列出某区域植物相和动物相的全部清单，现实中也不可能满足这个要求。除栽培、养殖对象或防除对象物种外，人类对动物、植物物种的生活史几乎一无所知。

考虑到这些情况就会明白，自然是未知的，而且自然的相关信息是不确定的。因此，在自然环境中，调查精度不够或预测不精确是不可避免的，所以也只能接受这种现状。

一般来说，针对开发建设项目的土木工程学和建筑工程学中，要求利用强度和性能已知的材料，并根据结构和材料的现有理论进行规划和设计，对于性能未知的材料和无法确定的想法，是彻底排除的。这样系统才不会引入未知性和不确定性。因此，在法律环评中导入未知性和不确定性的想法，对于自然环境影响评价来说是划时代的转变。

为了防止调查时由于动物、植物物种的误认使可信度降低，要事先保存标本和照片等记录资料。这些植物和昆虫类、鱼类等的标本，可以在环评时对物种的误认进行核对，而照片、粪便或石膏等采集的足迹等，在核对物种是否被误认时也是非常重要的资料，也要事先保存。

标本和照片等保存的记录资料，在事后调查时，是非常有用的比较资料，而且还可作为当地的自然史有效地发挥作用。

自然环境的相关信息多掌握在居民的手中，所以对居民进行走访调查也是有效的方法。

为了掌握生态系统的区域特征，最好能对适合动物、植物栖息和繁殖的优质生境进行调查和绘图。虽然生境被定位为表示区域的典型性和特殊性的生态系统，但在尚未进行生境调查的日本，优质的栖息和繁殖地的筛选是今后重要的课题。

早前日本的自然环境保护多以优质的自然环境为对象。然而现在已经广泛认识到：不仅是优质的自然环境，城市中在人们身边的自然以及城市近郊中的第二自然的保护，也是非常必要的。

在以往的自然环境影响评价中，一直把动物、植物物种的稀有性等价值作为主要的评价标准。然而，自然环境的价值不只是稀有性，还要对人类熟知的身边的自然和乡土景观以及孩子们能够游玩的水边和杂木林等多种多样的价值进行评价，目前亟待开发评价这种价值的方法。

3）生态缓和

在法律环评中，除了被判断为没有环境影响或影响程度极小的情况以外，必须对回避、减轻及补偿环境影响的环境保护措施（生态缓和）进行讨论。

在以往的内阁决议环评和很多条例纲要环评中，对于自然环境项目的影响的预测和评估，往往以“对动物、植物的影响轻微”或“不存在会成为保护对象的动物、植物”为由，得出“没有影响”的结论。然而在现实中可能会产生各种各样的影响，所以一直在摸索以自然环境要素的影响评价为前提的环评方法。尤其是自然环境很难像大气环境和水环境那样，可采取基于规定环境标准来评价影响的方法，所以尽量减轻影响的生态缓和的想法，就变得非常重要。

在环评法中，生态缓和是环境保护措施的术语，实际上是为达到环境保护的目的，指回避、减轻对环境的影响，并根据需要采取的补偿措施（表3）。在生态缓和中，要优先回避和减轻对环境的影响，很难回避和减轻时再采取补偿措施，明确这种优先顺序非常重要。然而，分辨什么样的措施相当于回避、减轻或补偿并不容易。尤其是实际上可能会综合实施多种方法，所以很难严格地区分回避、减轻或补偿。

对于自然环境的保护来说，生态缓和应该是最重要的技术。目前，在自然环境的生态缓和中，对于效果的认识和理解还不充分，而且很难事先预测效果。因此，要根据施工过程中和竣工后的事后调查，对其结果进行确认。效果不充分时，要采取一定的措施。并通过几种方案的对比研究以及可实施技术的优化，对生态缓和的妥当性进行探讨。不管怎样，在该领域中，迄今为止实践经验的积累很少，今后的技术开发备受期待。

表 3　道路建设项目中环境保护措施（生态缓和）的思路案例

影响的类型	环境保护措施案例	环境保护措施效果	划分
栖息地的消失、缩小	地形改变的最小化（工程专用道路等的设置位置的讨论）	可以回避或减轻因地形改变造成的栖息地的消失或缩小	回避或减轻
	避开繁殖期的施工	可以减轻对“噪声敏感物种”的影响	
	重要动物种（卵囊）的移设	通过把在地形改变地区栖息的个体转移到其他地方的方法保护物种	补偿
栖息环境量的变化	地下水的保护（透水壁的设置、地下水径流的确保）	可以减少水环境（包括地下水、伏流水等）的变化导致的栖息环境的变化	回避或减轻

4）事后调查

环境影响评价中的预测和评估可以分为以下 4 个阶段：①项目实施前的规划阶段，②项目施工的建设阶段，③竣工后的完成阶段，④竣工后几十年间的事后阶段。不仅要在事前进行环境影响评价，还要在项目完成后进行事后调查（监测），这也会为以后的开发行为的环境影响评价，提供有益的资料。

在法律环评中，调查和预测的不确定性较大时，采取对其效果的了解尚不充分以及环境影响程度可能会非常显著的环保措施时，要在工程建设过程中及投入使用后，对环境状况进行事后调查，而且要根据需要将结果进行公开。

（龟山章）

参考文献

1）㈶道路環境研究所（2000）：道路環境影響評価の技術手法，第 1 巻～第 3 巻，p.353, 406, 350, ㈶道路環境研究所.

2）亀山　章（1999）：環境アセスメント法の制度と考え方，日本緑化工学会誌，24(3·4)，122-129.

3）環境情報科学センター編（1990）：自然環境アセスメント指針，p.311，朝倉書店.

4）環境庁環境アセスメント研究会監修（1998）：環境アセスメント関係法令集，p.1014，中央法規出版.

5）環境庁環境影響評価研究会（1999）：逐条解説環境影響評価法，p.745，ぎょうせい.

6）Munn, R. E.（ed.），島津康男訳（1975）：Environmental Impact Assessment;Principles and Procedures，環境アセスメント－原則と方法，p.189，環境情報科学センター.

7）自然環境アセスメント研究会編著（1995）：自然環境アセスメント技術マニュアル，p.638，㈶自然環境研究センター.

2. 生态缓和的制度体系

生态缓和是缓和建设开发活动对自然环境的影响的措施，在法制化的环境影响评价程序中，已逐步开始要求开展生态缓和。迄今为止，环境影响评价通常以保证项目实施为前提，配合项目做出“影响轻微”的定性判断，甚至存在“不是评价，而是配合”的讽刺说法。然而，随着自治体先于国家对环境影响评价制度进行改进，逐渐开始出现在藤前滩涂案例中出现的“有影响”的结论，或像爱知世博会案例那样，在环境影响评价的实施过程中大幅修改项目规划和缩小项目规模。

然而，在日本的国家制度中，环境影响评价仍然是由项目建设单位进行的，而且只在各项目的实施阶段进行一次，这点并未改变，而被定位在该程序中的生态缓和，还有很多地方需要改善。下文将从开发与自然环境保护的方法等更广的角度，介绍生态缓和的先进案例，以促进生态缓和今后的推广。

（1）从绿化到生态缓和

城市开发本身不一定意味着绿色的减少。例如，美国西海岸的南加利福尼亚是地中海气候，夏季的干燥抑制了植被的繁殖，但仅在进行了城市开发的地方，确保了常年的绿色，对人类生活环境的提高已发挥了积极的作用。这种可以称为造园绿化的目标是确保人类生活的舒适，指导了自古以来各种具有社会和艺术意义的庭园的修建。

然而，这种绿化与农耕文化和林业一样，既具有改变自然的一面，也存在对原本的自然环境造成负荷和干扰的一面。因此，逐渐开始提出在避免对原生态系统造成负荷和干扰的同时，对生活环境进行保护。在加利福尼亚州奥兰治县，1980 年左右进行的某新城开发中，在平整地形时，充分尊重原有地形，以小规模的土地区划为单位，保留原地形地貌。在坡面等改造地的绿化中，采用了以复原最初的生态系统为目的的绿化方法。具体包括：未采用以前一直使用的爬山虎和冰叶日中花等外来的地被植物，而是使用了以加利福尼亚罂粟为代表的乡土种，灌水仅限于初期的 2 年，然后就依靠雨水。总之，该事例已经成为新城开发时丘陵地自然环境保护中的绿化，即生态缓和中的绿化的先进案例。

虽然进行了这样的考虑，但从自然环境的量和质的总量来看，只要存在开发，仅在开发用地内采取对策，自然环境的总量的减少是不可避免的，这是显而易见的。因此，从缓和开发行为对自然环境造成的负荷和干扰的角度来考虑绿化时，需要进行总的自然环境进行评价，即把范围扩大到当前项目范围以外，从更加广泛的视角去确定什么是重要的、什么会造成负荷、是否带来了不受欢迎的干扰等，并据此采取一系列对策，这一点是不可或缺的。

此外，以往的环境影响评价，仅审查开发会带来多大的负面影响，只要影响不大即可，可以说是用减法进行的环境影响评价；与此相反，通过对带来正面影响的环境保护措施以及生态缓和措施进行环境影响评价，对已恶化的自然环境的修复有着积极的价值。在美国还规定环境影响评价要对未来 100 年进行预测，并采用综合其对生态系统的影响减去其生态缓和的效果后再进行评价的思路。

（2）美国的生态缓和制度

1）对策的优先顺序及无净损失

美国的生态缓和采取的是“以对野生生物的栖息环境具有极其重要意义的低湿地为中心的生态系统保护为目标”的思路，其原因是美国国土的 50% 以上，有些州 90% 以上的湿地都因开发而消失了。因此，美国确立了不减少自然湿地的总量和质量的“无净损失（no net loss）”的理念，并规定了实现这一理念的对策优先顺序。美国 CEQ（环境质量委员会）中规定的顺序是：①通过不实施某行为来避免影响，②通过限制某行为来减轻影响程度，③通过修复或恢复、复原等来修正影响，④通过实施保护措施和管理来消除或减少长期的不利影响，⑤通过提供或更换代替资源来补偿不利影响，分别简称为“回避”、“最小化”、“修复或修正”、“减轻”、“补偿”。换言之，其特征是在进行不对湿地产生影响的“回避”，以及将影响降至“最小化”的同时，如果仍会造成影响，就要积极的对补偿措施进行讨论，这被称为补偿性生态缓和。

补偿性生态缓和的选择范围包括表 1 所示的“保护”或“交换”等所谓的优质自然的管理项目，以及“改良”、“复原”、“创造”等积极绿化的项目。生态缓和并非只能在开发项目范围内（场内）进行，有很多是在其他地区（场外）进行的。

在无净损失的判断中，面积是非常重要的因素，但生态缓和不一定能发挥 100% 的效果，尤其是复原和创造。因此，自治体、环境省及具有改变水域权限的陆军工程兵部队与项目单位，基于环境影响在面积交换比上达成的共识大多比 1∶1 大几倍。把保护、复原和创造结合起来的补偿性生态缓和也很多。通过在场外的复原和创造，来代替即将失去的自然资源，而依据市场原理对这种补偿进行计量的体系，就是生态缓和银行。

表 1　补偿生态缓和的选择范围

保护或交换	购买内含有价值的湿地的土地，把其作为长期进行保护管理的公有地 把因开发受损的湿地交换为其他（通常是更大的有价值的）湿地，把其作为长期的保护对象
改良	修复部分功能受损的湿地，使其功能恢复
复原	过去是湿地，使基本消失的多种湿地功能恢复
创造	在过去完全不存在湿地的地方创造出湿地。通常是以某种特定功能为目的

2）生态缓和银行：场外置换

生态缓和银行是指为了防止开发带来的损失，从开发商到自治体部门等可将对野生生物栖息环境进行复原或创造的项目债权化，并对其债权进行买卖的系统。如果开发商买入该债权，就可以看作其进行了湿地复原项目。如果需要较多的开发，价格就会上升；如果自然恢复的成果不理想，价格就会下落。换言之，生态缓和银行是把市场原理活用于自然环境保护措施的体系。

生态缓和银行的优点在于可把开发的权利活用于环境保护，但也有其局限性，即不是所有的生态系统的功能都能够被代替的。能够事先对重要的保护地区采取措施，且能通过对其几年的成果进行监测来进行评价，应该是最大的长处。在美国佛罗里达州在这个思路上更进一步，为保护濒危物种，开展了生态缓和银行项目。这也是以更积极的态度对自然景观进行保护有必要进行管理使其不要靠近烧荒的人家。而为了保护佛州的风貌，同时也是促进公园适度利用的政策。

复原型的生态缓和，并非100%都可被评价为恢复了原有自然的案例，事实上还有人批判这是对开发的伪装。然而，在以往的建设项目环评中，认为仅靠最大限度地考虑场内的自然环境，必然会导致净损失，而现在认为对这个根本问题采取积极措施是可能的，这一点无疑是应该高度评价的。在美国，加利福尼亚的海岸湿地面积呈现出增加的趋势。而与之形成鲜明对比的是，日本的自然湿地因东京湾填海造地问题、九州的谏早湾、名古屋市的藤前滩涂减少等压力日益增加，其理由认为是因存在场外生态缓和。则未对其他的生态缓和方式进行考虑。

（3）生态缓和的评价

生境及其功能的评价

为了使生态缓和顺利发挥作用，以开发行为对自然环境的影响及对保护措施的适当评价为代表，社会制度与技术等构成要素必须相互协调。表2中对这些构成要素进行了整理。其中，对于生态缓和的目标设定及评价，在表3中针对美国采用的方法进行了介绍。

HEP（栖息地评估程序：Habitat Evaluation Procedure）是一直采用的最标准的方法。该方法先设定调查对象中的野生生物种群，然后使用生物的栖息地单位（HU：Habitat Unit）对其生息环境的现况、建设项目造成的面积减少、进行和不进行生态缓和时栖息环境的预测进行计算。HU是面积与栖息地环境适合度指数（HSI：Habitat Suitability Index）的乘积。HSI的数值在1（最适合）与0（不适合）之间，由专家决定。

HSI随时间的变化和人类活动，也可以导入到该指数中。对何种种群进行评价，会影响评价结果，但HEP并不只绝对地追求生物生息环境评价的科学严密性，而是一个达成共识的程序，所以，通过对开发方和保护方意见的调整，可大体上保证其评价的合理性。

为了应用该方法，需要制作关键种（keystone species）和濒危物种等的HSI模型。如果只是对某建设项目的生态缓和效果进行计算，只需根据项目用地和生态缓和专家的经验，进行审

表 2　生态缓和的构成要素

目标及理念	自然资源、功能的确保（无净损失等） 个体种群的延续 与自然接触的确保
评价方法	定性的评价（红色标识法等） 定量的评价（HEP 等：对替代方案和长期无净损失进行评价）
评价对象	生物个体种群（代表性种群、濒危物种、生物量等） 自然功能及价值（水文学、生物地球化学、栖息地环境等） 社会功能及价值（休闲娱乐、物产、舒适等）
制度	环境影响评价（建设项目环评、战略性环评） 土地利用规划（德国联邦自然保护法等） 生态缓和银行
技术	生境保护管理 生境复原（近自然绿化施工工法及设计） 生态走廊 自然布局的土地利用规划

表 3　生态缓和评价方法的实例

	HEP	WET	BEST	HGM
开发单位	美国鱼类野生生物部	美国运输部、陆军工程兵部队	MEC Analytical System Inc.	美国陆军工程兵部队
年	1976（1980）	1987	1990	1997
对象地区	野生生物栖息区	湿地	海域	湿地
评价对象	野生动物、植物（其选定要与专家协商）	湿地的功能及价值（地下水涵养、地下水排放、洪水调节、堆积物固定、有毒物质固定、有机物固定、为下游供给光合作用的产物）、休闲娱乐等社会功能（休闲娱乐功能、历史价值） 野生生物及生物量（野生生物的生物量的多样性、水栖生物的生物量多样性） 作为栖息地的适当性（14 个水鸟群、4 个淡水鱼群、120 种湿地依存鸟类、湖水鱼类）	生物种	湿地的功能及价值（水文学的过程、生物地球化学的过程、野生生物栖息地）
评价法	利用栖息地适合度指数（HSI）模型，来计算野生生物栖息地单位（HU）	利用被制成流程图的问答项目，把湿地功能评价为低、中、高三个阶段，对多样的功能进行相对评价	设定评价海域，以调查数据为基础，客观地选出重要的生物种，分别对各生物种的评价项目（成鱼及其饵料生物的现存量、产卵量、生产量）进行现场调查，计算各海域的相对评价	对于湿地的各种功能，把 FCI（功能容量指数）规定为与邻近的最优湿地的比数，再乘以面积，来计算功能容量

续表

	HEP	WET	BEST	HGM
利用	现状及未来的预测；生态缓和规划的逐年评价；替代方案的比较	治理后的湿地与对象湿地或受影响前的湿地的比较 不同湿地的重要度的比较 得到批准所需的附带条件的查明 预测开发对湿地的影响	环境影响程度和生态缓和的环境创造效果的定量化	建设项目前后的生态缓和效果及经年变化 替代方案的评价
评价范围	项目的影响范围	湿地的社会影响范围	规划项目的影响范围	湿地或部分湿地
优点	通过HSI模型，能够进行经年的评价 能够把人类的休闲娱乐和经济活动导入HSI进行评价	不仅对生物，还需对物理环境和休闲娱乐等社会功能进行评价	以现场数据，而不是专家的主观为根据	由于以周边的良好湿地为对象进行评价，产生了地域性
课题	对HIS及其可行性，有赖于专家的判断	是三个阶段的评价，并不适合预测自然环境的质量会随着时间而改善的生态缓和评价。 以美国整个国土的应用为前提，所以有时对区域中稀有的湿地的评价偏低	因为缺乏数据，需要对10种对象选定方法进行探讨	是否是区域中稀有的或不可代替的湿地，或是否有濒危特性（区域或国家应保护的特性）等，应该另行探讨

资料来源：以美国陆军工程兵部队资料、运输部资料、大西等（2000）为基础制作而成。

注：1. WET：Wetland Evaluation Technique。

2. BEST：Biological Evaluation Standardized Technique。

定即可，但对区域整体的保护及开发潜能进行评价时，就需要绘出与土地条件相对应的地图。近年来，日本也在不断尝试与土地覆盖情况对应的HIS模型的开发。

例如，近年来因退化严重而备受关注的里地生态系统中，生态学上占有重要地位的赤背蛙，其成虫需要森林，而产卵和幼虫需要水田。此时对栖息地适合度进行测算时，GIS发挥着巨大的威力。在大阪的城市近郊，利用树林和水田等土地覆盖面积率和地形条件，根据数量化Ⅱ类对适合蛙类的栖息地进行估算（夏原等，2000）的方法等，可以应用到各种地方。

除HEP外，研究人员还开发出几种适合该问题的方法。近年来设计出的新方案HGM（Hydrogeomorphic Approach）把湿地具有的各种功能以占该地区优质湿地的比例来评价。该方法基于湿地的主要成因对其进行的系统分类。评价的阶段包括：地区现状评价模型开发阶段以及在对象地和生态缓和评价中的应用阶段。HGM中设定的湿地功能和价值如表4所示。在开发阶段，根据HGM体系进行的分类、功能特性数据图表的制作、对照（标准）湿地的确定、评价模型的开发及根据标准湿地进行的修正等，要由包括国家和自治体的代表在内的专家来进行。

在应用（评价）阶段，要由当地负责的行政长官或专家顾问根据对规划的评价程序（赋予特征及分析）来进行规划和评价。

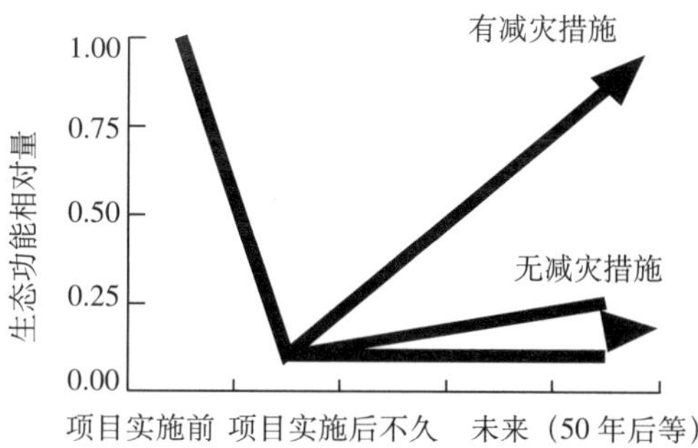

图 1　根据 HGM 等机能评估设想的减灾措施的效果

表 4　HGM 中设想的湿地的功能及评价（Smith，R.D. 等，1995）

			湿地功能的优点、物产、好处
与水文学过程有关的价值	短期的、临时的地表水蓄留	场内 场外	水分和物质的供给与去除 下游高峰流量的减轻、水质改善
	长期的地表水蓄留	场内 场外	生物生息环境和生物地球化学过程的提供 下游污染负荷的减轻
	土壤水的涵养	场内 场外	生物地球化学过程的提供 对河流基流量和季节性流量的贡献
	对地下水的涵养及流出的贡献	场内 场外	对生物生息环境的贡献 对地下水蓄留、河流基流量和季节性流量及水温的贡献
	节能	场内 场外	生态系统中的营养源 对下游污染负荷的减轻
生物地球化学的过程	生物的、非生物的物质变化	场内 场外	生态系统中的营养源 对下游污染负荷的减轻
	生物性的、生物化学性的营养物质及污染物质等的短期或长期的去除	场内 场外	生态系统中的营养源，污染物质的去除或减轻 对下游污染负荷的减轻
	无机物、有机物的短期的或长期的保持	场内 场外	生态系统中的营养源 对下游污染负荷的减轻
	溶解或悬浊有机碳的流出	场内 场外	分解和金属的流出 对水域生态系统植物链和下游生物地球化学的过程的贡献
栖息地的相关功能	对动物、植物群落的物种组成、丰富性、年龄构成的贡献		通过确保濒危物种和有用动物、植物的栖息地进行的自然教育，对舒适的贡献 景观或区域生物多样性及孤立栖息地之间的生态走廊的维持。

在美国，是为了实现联邦水质保护法第303条中规定的湿地无净损失而开发了这种评价方法。在日本，在提前应用了法律环评体系的2005年日本国际博览会（爱知世博会）等项目中，也进行了比以前详细很多的调查。然而，因为尚缺乏对何种对象进行保护和尚缺乏规范，因此无法进行定量化，所以采用的生态缓和很容易被当时的社会形势等因素左右。

因此，人们也尝试着把建设项目对生物多样性造成的影响进行更客观的定量分析。例如，爱知世博会项目就可能对濒危物种垂木兰的平均剩余寿命造成多大程度的影响等问题，评估了物种的灭绝风险，并对规划进行了评估和试算（松田，1999），还有人提出在生物多样性的评价中，不能只考虑种的数量，还要考虑到根据系统分类的分支及其长度计算的'预期多样性损失'指标，综合地进行生态风险评估（冈等，1999）。虽然还未充分证明可以把这种尝试作为一般性的标准，而且尚未达成共识，但在进行后述的战略性环评时，这种研究是必不可少的。

（4）生态缓和的制度及体系

从项目环评到战略环评

在日本，以前就存在广义上的生态缓和，即环境保护措施。特别是1994年建设省在环境政策大纲中对其进行明确记载后，在河流审议会的答复（1996年）中，"生态系统的保护，即生态缓和"不仅被列为调查研究和技术开发的课题，而且通过河流法的修订，对"环境"进行了定位，现实中也逐渐开始有意识地开展很多生态缓和的项目。而且，虽然与开发项目还未直接关联，但环境复原型的生境治理已逐渐开始在各地实施。

在环境影响评价法中，还设定了以往没有的体系结构及生态系统评价项目，这一点意义深刻。但不管是评价、预测还是保护措施，都要在计划实施的项目单元内由建设单位实施，这一点并没有改变。这就是称其为项目环评的原因。通过实施对国土现状和开发整体进行预测的生态缓和，项目用地的大规模回避等措施成为可能，最好能在立项前的规划阶段进行环评，即所谓的规划环评。

为了进行国家和自治体的规划环评，必然要公开决策流程，这不仅意味着市民要参与决策过程，也意味着迄今为止的决策流程发生了巨大的改变。此外，对决策的几种方案进行评价，不仅是对自然环境影响的评价，还包括政策所具有的社会经济效益的评价。这被称为战略环评（Strategic Environmental Assessment）。战略环评始于北美和欧洲的发达国家。对于备受关注的社会效益，会直接面临以下难题：能够接受多大程度的环境负荷，或在其负荷的减轻（生态缓和）上花费多少成本是合理的。

在实施生态缓和银行时，自然环境的债券价格与其交换价值相对应。这时，在生物栖息环境的治理上花费的成本，就会具有实质意义。另一方面，无论是否采用生态缓和治理措施，无论是已经进行保护的自然环境还是人类以各种用途而改造的自然环境，均可采用CVM评价法（假设评价法：Contingent Valuation Method）。该方法使用调查问卷，直接向人们询问因环境改变而愿意支付的金额或愿意接受的补偿金额，从而来推算环境价值。

（5）战略性生态缓和

在环境影响评价的调查中，经常出现极少发现濒危物种的情形，出现这种情况时，很多案例会简单将其栖息地设为保留绿地，或待土地平整后将其移植到公园绿地。但这种保护措施容易导致栖息地的分割和缩小，甚至引起形成生物的环境的消失，从而导致栖息环境的恶化。尤其是存在依赖定期环境扰动的物种的群落，会随扰动环境的变化定期形成或消失。如果因为认为现在不存在这种物种就对潜在的适合的栖息地进行改变，可能导致该物种逐渐灭绝。换言之，在保护濒危物种的生态缓和中，对已经稀有的栖息地进行保护这个视角是必不可少的。

换言之，在对开发现场的考虑（场内生态缓和）中，有观点认为，对于濒危物种的保护，与个体群落的稳定性（stability）相比，更应该考虑超越个体群的持续性（persistence），与个体相比，要更重视栖息场所。因此，应该把对逐渐变得稀有的栖息地进行保护、复原和创造的项目作为开发整体来进行栖生态缓和。换言之，我们需要的不是项目单位，而是战略性的视角。

（6）濒危的栖息地

那么，什么样的生息地是濒危的呢？毋庸置疑，日本与美国一样，也把湿地作为其代表。根据环境厅的第四次调查，按植被区划对单位网格进行统计时，河边、湿原、盐沼地及沙丘的植被极少，仅占 0.7%。比常绿阔叶林带的自然植被（1.6%）的网格数还少，是仅次于寒带、高山带自然植被（0.3%）的稀有植被。另一方面，这种网格单位中未能把握的，包括作为生态走廊而具有重大意义的河畔林，水边的交错群落，是受人为影响最显著的布局。

由于水田开发、城市化、河流整治、排水改良等原因，很多原生湿地都被破坏了。但是，以传统耕作方法维持下来的农村滨水空间已经适应了农业作业的干扰，形成了生物丰富多样的第二自然。然而，由于农地基础治理中灌溉排水系统等的合理化，使得湿田和传统的畦田、农业水渠等农村的第二自然的水边的交错群落，正处于消失的危机之中。因此，一些过去生长在水田和水渠中的杂草逐渐开始被列为濒危物种。

另一方面，里山（离人类生活较近的环境空间）人工林也因扩大造林而大量减少，演替过程中伴随的春季植物稀有化等问题。虽然自然草原（在前面提到的网格中占 1.1%）稀少是理所当然的，但人工草原（高茎 1.5%、低茎 1.8%）面临着更大的危机。这种第二自然形成于丘陵地到山地的广大地区。换言之，在日本全国的所有地方，都可能形成这种生态系统，作为景观规划的一环，其能够进行濒危种的保护及水边栖息地的保护。这是需要实施战略性的生态缓和，例如生态缓和银行的主要原因。

在日本，里山自然处于城市规划制度和自然公园制度的夹缝之中，是制度上最脆弱的部分。在德国，虽然没有生态缓和银行的制度，但不存在日本这样的空白区域，即城市规划和自然公园等规定涉及不到的空白区域。因此，联邦自然保护法规定，区域开发要把以往的、包括河流近自然化等在内的区域自然环境作为一个整体来考虑的形式。日本可能更容易接受这样的制度。

（7）补偿性生态缓和措施的预期成果

1）禁止进入型保护的极限

在补偿生态缓和措施中，有一种意见认为，虽然高度评价“保护”，但对“复原”或“创造”的看法是否定的，其论据是生态系统过于复杂，不可能预测到所有的变动，所以无法有计划地创造。在“自然是混乱的”的意义上，这一点是无法完全否定的。另一方面，就什么都不做的选择，从生物多样性的保护角度来看，也绝不是最好的。其理由如下：

第一，在日本，原始的、无人为活动的自然仅限于极少的地方，即使是在被看作原始自然的大台原，由于鹿的异常繁殖等不一定是自然发生的环境变动，使得鱼鳞松林遭到大规模的破坏。这样的实例在全国范围内有所增加，可见为了保护“原始”状态，一定的管理是必需的。

第二，植物或昆虫中濒危物种的栖息地不仅包括原始的自然，许多是山村的人工林或山村的草地、芒草地等常年管理形成的生境。其濒危的原因不仅与进行环评过的项目有关，很多是村落中不再进行传统的植被管理所致。现实中，农村的水田、田埂、池塘、农田水渠等，成为许多因土地平整及砂土搬运导致栖息地减少的濒危物种的小规模栖息地。这样的次生自然如果不进行任何管理，将会受到决定性的伤害。

例如，在Ⅱ.3“湿地的生态缓和”中提到的福井县中池见，是江户时代开始开垦的山间湿地，因 LNG 基地规划的开展环境影响评价成为其课题。近年来，随着休耕和弃耕的增加，暂时交错地形成了多种多样的栖息地，对这里的物种多样性作出了巨大的贡献。但如果任其自然发展，会快速演替为高茎草原或导致濒危种的衰退。然而，仅靠保护或转移是无法保护这些濒危种的。现阶段，在有限的面积内，以耕作田、休耕田等混合分布的形式持续进行管理，可成功地对目标物种进行保护。

第三，以河流和治山、防沙、陡坡对策的区域为代表，与人类生活直接相连的不稳定布局中，在考虑需要采取生物多样性的同时，必须把安全放在第一位。对于在这种布局中栖息的干扰依存型自然植被的保护，还要针对为确保安全而导致的稀有植被的衰退进行补偿制定规划，并开发可进行人为干涉的新方法。

2）自然复原的可能性

虽然也有人认为海滨填埋是对海岸生态系统的环境破坏，但最大的问题是填埋的效率化，如果同时塑造出一些浅滩或海岸部分，对环境的影响是很小的。在填埋的过程中，很多滩涂生物和鱼类开始在这里生息，鸟类也会飞来这些情况是随处可见的。为了防止濒危的侏燕鸥等在填埋时飞来而导致施工中断，有些地方甚至会设置驱鸟装置。大阪南港野鸟园和东京港野鸟公园说明，在自然恢复潜能较高的地方创造湿地生境，有利于包括稀有物种在内的鸟类的保护。而且，在完全非自然且被认为潜能不高的京都市中心建成的梅小路公园“生命之林”中，也出乎意料地确保了丰富的生物多样性。

自然环境能复原到什么程度？在此过程中，人类能作出怎样的贡献，不能作什么？希望今后能出现具体回答这些疑问的研究。

（森本幸裕）

参考文献

1）Dennison, M. S. and Schmid, J. A. (1997)：Wetland Mitigation, 305pp., Government Institutes, Inc. (Rockville, Maryland)

2）京都ビオトープ研究会（2000）：いのちの森，No.4, p.1-57，<http://rosa.envi.osakafu-u.ac.jp/biotope/>

3）松田裕之（1999）：万博会場予定地の種子植物絶滅リスク評価<http://cod.ori.u-tokyo.ac.jp/~matsuda/1999/exporisk.html>

4）森本幸裕（1998）：ミティゲーションと ミティゲーションバンキング，日本緑化工学会誌，**23**(4)，256-262

5）森本幸裕（1998）：ビオトープと都市公園，平成10年度日本造園学会関西支部大会シンポジウム，p.13-21

6）森本幸裕（2000）：日本における ミティゲーションバンキングのフィジビリティに関する研究，平成11年度科研費報告書（代表：森本幸裕，課題番号11896001），163pp.

7）夏原由博・神原　恵（2001）：ニホンアカガエルの大阪府南部における生育適地と連結性の推定，ランドスケープ研究，**64**(5)

8）岡　敏弘・松田裕之・角野康郎（1999）：「期待多様性損失」指標による生態リスク評価とリスク便益分析，環境経済・政策学会，p.1-23(pdf版)

9）Runyon, L. C. and Helland, J. (1995)：Wetland Mitigation and Mitigation Banking, National Conference of state Legislature, 24pp.

10）Smith, R. D. *et. al.* (1995)：An Approach for Assessing Wetland Functions

11）Using Hydrogeomorphic Classification, Reference Wetlands, and Functional Indices.Wetlands Research Program Technical Report WRP-DE-9, US Army Corps of Engineers.

12）田中　章（1998）：環境アセスメントにおけるミティゲーション規定の変遷，ランドスケープ研究，**61**(5)，763-768.

13）大西正記・藤田睦一・村田辰雄（2000）：ミティゲーションの概要と評価手法，平成11年度科研費報告書（代表：森本幸裕，課題番号11896001），p.93-121.

3. 生态缓和的程序

生态缓和在环境影响评价法中被称为环境保护措施，是指回避或减轻对环境的影响，并根据需要实施补偿措施，来达到环境保护的目标。因此，通常应该在对环境影响进行调查、预测和评估后，对生态缓和进行探讨，但这里将其作为与环境影响评价中的调查、预测和评估的一系列流程不可分割的措施，按时间顺序对实施生态缓和的程序进行论述。此外，本节论述的生态缓和流程，不只是对环境影响进行评价，还要对开发行为中通常会伴随的环境影响进行把握，并把生态缓和看作减轻其影响的规划程序来进行说明。

生态缓和的时间流程是：调查→分析→预测→评价→规划→设计→施工→管理，空间上由保护、复原、创造的生态系统组合而成。生态缓和技术追求的是该时间流程和空间生态系统的最佳组合，目的是把对自然环境的影响控制在最低限度。

（1）生态缓和与生态工程

首先，对生态缓和技术的特征进行论述。可以把生态缓和技术定位为生态工程（ecological engineering/ecotechnology）的一个领域。生态工程的定义是："为了人类与自然的共同利益而对生态系统进行设计的工程学"[1]。生态工程的目的是人类与自然的共同利益，即人类与自然的共生，而生态缓和技术是为此对生态系统进行设计的技术。

1）人工系统与生态系统

生态缓和的对象是生态系统。因此，在考虑生态缓和时，同样以系统为对象的系统工程具有很大的参考价值。在系统工程中，"系统"的定义是："多种要素在相互关联的同时，作为一个整体来达成目的的集合体"[2]。如果联想到由多种零件构成的机器，就会很容易地想象出系统的样子。在一般的工程学中，对象系统是人类制造出的人工系统，其要素——零件，以及要素间的有机关系，都是根据人类的设计创造出来的。

另一方面，生态系统（ecosystem）正如字义所示，也是一种系统，只是"多种要素在相互关联的同时，构成了一个整体的集合体"。相当于零件的是：大气、水、土壤等无机的环境要素以及种类繁多的生物，即生物环境要素。这些要素之间存在着错综复杂的有机关系，在形成结构的同时形成了生态系统。从这一点来看，人工系统和自然系统中的生态系统是存在相似性的。

然而，生态系统还具有几个与人工系统不同的特征。第一点是：生态系统要素的各个生物都是进化的产物，不能人为制造。这一点与能够人为制造出要素的人工系统大不相同。

第二点是：生态系统各要素间的有机关系也是进化的产物。例如，很多植物是以花粉为媒介进行交配的，随着花粉传播媒介的减少或灭绝，交配的机会就会减少或变得不可能。物种共同具有的这种有机关系被称为“生物间的网络”[3]。生物间的网络也是无法人为制造的。

在生态缓和中，要充分认识到这种人工系统与生态系统的差异，并在此基础上实现二者的和谐。

2）生态工程的特征

在生态工程中，要对生态系统进行设计。生态系统的设计，包括所有在时间和空间上对生态系统进行的处理，即具有一定空间范围的生态系统的规划、设计、施工、管理等行为及其实施流程。在工程学中要明确指出：生产时投入的材料、处理的流程、作为结果产出的产品及其步骤。换言之，一系列系统的构筑就是工程学的作用。从这一点来看，生态工程也是工程学。然而，在生态工程中，不一定会因在生态系统中施加人为活动便得出明确的结论。通过各种讨论，作出在某生态系统中“不加入人为活动”的决策，也是生态工程的作用。

那么，生态工程的生态学特征是什么呢？即在生态系统的设计中，融入自然本身的营造力导致的生态系统的变化。什么样的自然本身的营造力，将在何时、何地、怎样发挥作用，来形成生态系统呢？对其进行精确的解读，并把结果导入生态系统的设计中，这一点就是生态工程的特征。对于随着时间的变化而变化的生态系统的推移，可以先给予初期条件和方向，然后就尽可能利用自然本身的营造力，使生态系统向目标状态发展，这一点是其技术上的特征。

（2）生态缓和及其范围界定

正如在1.1中提到的那样，自然环境影响评价的步骤是：范围界定、方法书起草、准备书起草、评价报告起草。其中，在范围界定中会决定自然环境评价的总体设计[4]。换言之，就是要决定重点进行调查、预测和评估的项目和要素以及简化的项目和要素。在范围界定中，重点项目及要素会成为生态缓和的主要对象，所以，该阶段对项目及要素的限定，对于提出生态缓和的大体方针是非常重要的。

在基于环境影响评价法进行的自然环境评价中，提倡的并不是整齐划一的方法，而是要根据地区和项目的特性采用独特的方法[5]。因此，国家给出的各种政策方针，也不是“只要这样做即可”之类的指南，而是要具有“可以考虑这样的方法”这种作为手册的性质。本节中所述的步骤，也只是指出了一种思路而已。希望读者能把本节的记述看作根据各个案例的自然、社会情况，决定自然环境评价步骤时的参考。

在具体的项目中，判断“实际上采用怎样的步骤和方法才合适”并不容易。尤其困难的是，在与“生物多样性确保及自然环境体系保护”有关的预测和评估的环境要素中，包括“动物”、“植物”及“生态系统”[6]。生态系统是由动物、植物及成为其生存基础的无机环境构成的，因此，怎样整理这三者之间的关系就成为重要的课题。此外，无机环境要素中的大气环境、水环境及其他环境（地形及地质、地表）是生态系统密切相关的基础。把上述多种要素之间的关系整理清楚，并进行重复少、高效而有机的预测评估，对于实施较好的生态缓和是非常重要的。

（3）生态缓和的实施过程

生态缓和的实施过程如图 1 所示。过程可以分为调查、分析和保护目标的设定、预测和评估、规划、设计、实施、管理等各个阶段。

①调查

调查大体上可以分为基础环境调查和生物调查。在基础环境调查中，要对生态系统的形成基础进行调查和制图。此外，在生物调查中，要绘制植被图并制作对象地区中繁殖和栖息的动物、植物列表及分布图等。

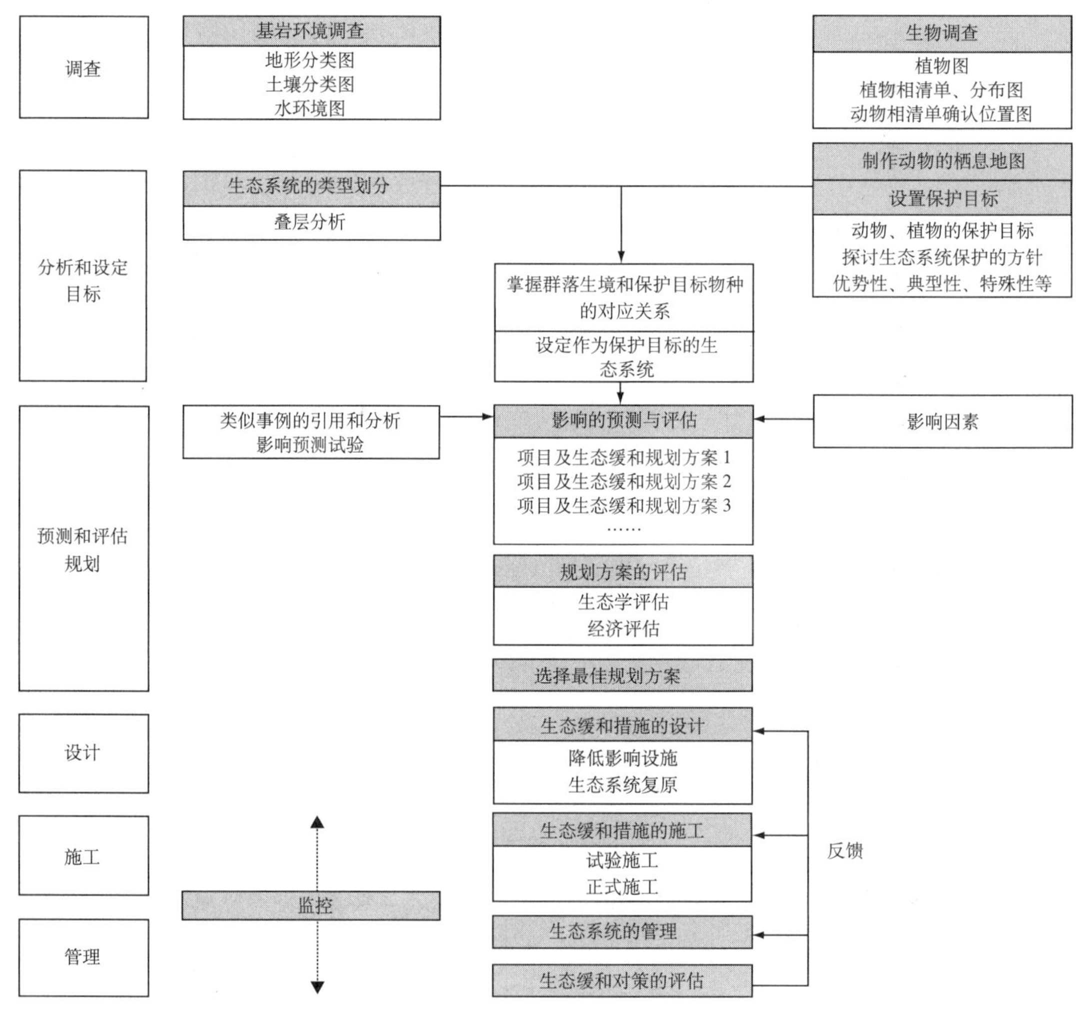

图 1　生态缓和的实施过程

②分析和保护目标的设定

在此阶段，首先要对生态系统进行分类，然后把生境抽出并绘制成图。此外，要从稀有性、象征性等视角来选择动物、植物的保护目标物种，同时还要从物种组成的上位性、典型性、特殊性等视角对生态系统保护的方针进行讨论。而且，也要对生境和保护目标种的对应关系进行把握并弄清应该保护的生态系统。最终，要通过物种和生态系统的组合，表示出保护目标。

③预测、评估及规划

制定几种项目主体和生态缓和相结合的规划案，分别预测各方案对生态系统的影响。从生态学方面和经济方面，对各规划案进行评价，然后采用其中最适合的方案。

④设计

为了把采用的生态缓和规划具体化，还要对减轻影响的设施以及要复原的生态系统进行设计。

⑤施工

进行配置设施和修复生态系统的施工。在以生物为对象的工程中，要先进行试验施工，然后根据其结果改良施工方法等，并在此基础上进行正式的施工。此外，还要进行监测。

⑥管理

对受到保护的生态系统和工程中复原的生态系统进行管理。此外，还要进行多次监测，就生态缓和对生态系统的保护是否有效进行评价。然后根据需要，把评价结果反馈到设计、施工和管理的各个阶段并进行修正施工或修改管理方法。

（4）调查

调查的方法包括资料调查和实地调查。首先，要通过对现存资料的收集来把握对象地的基本概况。在资料调查中，虽然有时也能发现对生态缓和有直接作用的资料，但多数情况下，由于调查年份太老或空间范围不符，能够直接使用的资料很少。因此，在生态缓和中实地调查是必不可少的。

1）资料调查

关于在何地、有什么样的数据的数据，称为元数据。资料调查从元数据的制作开始。

关于自然的各种资料存放于当地的自治体、国家办事处等政府机关、博物馆、大学等。此外，当地业余爱好者收集的有意义的数据也不少。还有旧资料、照片及图像资料等，它们也是宝贵的资料。

2）调查范围与空间规模的设定

要设定两种调查范围，分别是：①对广域概况进行把握的区域，②项目实施区域。制图所需的比例尺和内容如表 1 所示。

对于①，要以比例尺为 1/25000 左右的规模，绘制出基础环境的地图，同时，主要以现存资料和粗略的实地调查为依据，对自然的概况进行把握。广域的概况调查，对于项目对象区域中自然的定位以及适合进行补偿生态缓和的用地的选择，是非常重要的。

表 1　生态缓和中环境制图的规模和制图内容

调查的类型	各项所对应的空间规模的阶层性			规划规模	制图规模	网格大小	最小抽出单元
	地形	植被	动物群				
为把握广域的概况进行的调查	小地形 (1 ～ 100hm^2) 丘陵、高地、谷户、河流、池塘	广域级别 常绿阔叶林， 落叶阔叶林， 针叶林，住宅地	两栖、爬虫类， 鸟类， 中型哺乳类 （狸、兔子等）	地区规划 生态的 土地利用为中心	1/25000 万	500m	50m × 50m (2500 m^2)
项目实施地区的调查	微地形 (100m^2 ～ 1hm^2) 山脊、平缓斜面、山麓、低湿地、水田	群落、群集级别 枹栎林，红松林， 庭园， 神社和寺院大树林	昆虫（肉食性） 鸟类， 两栖、爬虫类， 小型哺乳类	地区规划 生态环境为中心	1/2500	50m	5m × 5m (25 m^2)

本表根据文献（小河原、有田）[7] 制成。

②项目实施区域要作为进行周密的实地调查的对象范围。项目实施区域中空间规模的设定，不仅会被用在调查中，还会被用在分析和生态缓和规划中，所以非常重要。在一般的项目中，通常使用 1/2500 ～ 1/10000 的比例尺来制图。对象范围特别狭小时，有时会使用 1/1000 左右的比例尺。

3）基础环境的调查和制图

在基础环境的调查中，要对支撑生态系统的土地环境要素进行调查，并将其分布绘制成地图。土地要素中包括地质（表层地质）、地形、土壤、水文 4 种。其中，地质、地形和土壤多与其分布有关。因此，大多不会使用所有的要素，而是选择其中一种作为代表。这时，一般来说会使用地形。地形通常由用等高线绘制的地形图来表示，但在基础环境调查中，不仅会直接使用地形图，还需要根据地形的形状绘制出地形分类图（也称为地形划分图）。之前，在根据形状进行分类的地形中，由于其成因和构成物质是均质的，所以地形多与地质和土壤的分布一致。

地形分类图的制作方法是：由技术熟练的工程师，根据地形图和空中摄影的判读，绘制出推测图，再带着推测图进行实地调查并对其进行修改。当然，这种方法现在仍然有效，但最近经常使用的是：利用 DEM（digital elevation model）数据，通过 GIS 机械地进行分类的方法。现在，国土地理院提供的一般是 50m 网格的 DEM 数据，这对于绘制地形分类图来说精度还有些不够。不过民间的航测公司已经开始出售精度更高的 DEM 数据。今后，这种利用 DEM 绘制地形分类图的方法应该会逐渐一般化。

对于像蛇纹岩和石灰岩那样，会对植被和动物造成影响的特殊地质广泛分布的地区，需要得到或绘制表层地质图；而对土壤的肥沃度进行评价时，需要得到或绘制土壤图。

水文调查的对象包括地表水和地下水。地表水可以通过绘制河流和水渠等水系的地图来表现。但是，地图上的河流和水渠，只不过是当地实际存在的地表水的一部分，细小的河流并未被画出。因此，肯定需要进行实地调查。

对于地下水，如果地下水位较高，可能对动物、植物的生育和栖息产生影响时，需要绘制地图。绘制时要设置具有一定表面积的地下水位观测井，根据在雨量不同的几个季节测量到的数据，把表示出相同地下水位变动模式的观测井类型化，并绘制成地下水位图。该作业需要相当大的劳力，但尤其是在湿地的生态缓和中其是不可或缺的。在动物、植物的生育和栖息环境中，泉水也很重要，所以一定要根据实地调查，确定泉水点，并绘制成图。

如果在表示水文环境的图中添加水量、水深、水温、水质等数据，则会成为非常有用的生态系统基础信息。添加时要基于实地调查，把这些数据作为属性数据添加到 GIS 图中。这样制成的图能表示出生物生息环境中的综合水环境，有时被称为水环境图。

4）生物调查

生物调查是为了了解生物相及其分布而进行的。一般来说，要进行的工作有：①植物种的列表和植物分布图的制作，②现存植被图的制作，③动物种的列表和形迹等位置图的制作。在进行实地调查前，还要根据现存资料，建成物种列表的数据库，同时在得到对象地生物相的概貌后，进入实地调查。

A．植物种的列表和植物分布图的制作

对植物相的调查通常要分别在春季、夏季、秋季进行 3 次。这是因为植物会随着季节的变化而消长，如果减少次数，只能得到存在很多漏查的不完整的列表。

在调查中，要尽可能对对象地进行地毯式的实地调查。调查地非常广大且很难对整个地区进行实地调查时，至少要在所有类型的植物群落中进行调查。由于水边、崖地等经常会出现特殊植物，所以要进行特别周密的调查。

制作植物分布图时，很难把所有物种都作为其对象，所以要针对红色名录中记载的物种或当地希望保护的重要物种（后面将提到的关注种）来制作。

在植物调查中，最好也对休眠种子进行调查。休眠种子虽然正在土中休眠，但其是现存植物相的一员，而且是非常重要的植被复原材料。通常，会先采集表土样本，然后通过实生苗发芽实验法或直接观察种子法，对休眠种子进行调查。由于后者需要特别的识别及辨别能力，所以多采用实生苗发芽实验法。此外还有在现场进行收割，通过促进休眠种子发芽来进行调查的方法。图 2 为过去进行过耕作的地区的芦苇群落的种数，其调查方法另外进行说明。从该案例中可以看出，在普通的植物相调查中，休眠种子等很多休眠的物种很可能被漏查。

B．现存植被图的制作

要通过现存植被图的制作来把握植被的分布。现存植被图有以下两种：通过群落构成物种的组成来划分植被的植物社会学的现存植被图和通过群落的大体结构来划分植被的外貌植被图。在植物社会学的现存植被图中，除物种组成以外，还包括结构、布局等信息，这对生态系统的类型化非常有效。虽然能够把植物社会学的现存植被图转化为外貌植被图，但不能进行相

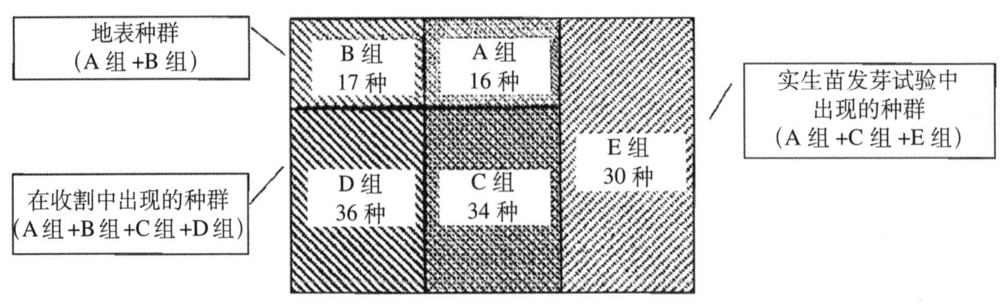

A 组：对象区（没有进行收割的地点）、收割区、实生苗发芽试验的共同种
B 组：对象区、收割区的共同种
C 组：收割区—实生苗发芽试验的共同种
D 组：仅在收割区出现的种
E 组：仅在实生苗发芽试验中出现的种

图 2　在以往曾经耕种过的地点形成的芦苇群落中采用不同的调查方法获取的出现种数

在地表植物调查中确认到的出现种数仅为 A 组＋ B 组共 33 种（日置等）[8]，而在收割试验和埋土种子的实生苗发芽试验中则确认到了 100 种。也即，在该调查中，通过地表植物调查确认到的种类仅为整体的 25%。

反的转化。因此，一般来说，最好是制作植物社会学的现存植被图。

在植物社会学的现存植被图中，绘图凡例采用的是群落或群集及其下属单位。是否表示到下属单位，取决于该群落的面积和重要度。如果是明显含有重要物种的群落且被辨别为下属单位，就需要把其绘制成图。此外，植物社会学中所说的群集，在世界植物群落体系中的分类位置非常明确，还被赋予了学名。如果根据调查中获取的数据能够辨别是哪个群集，就要将其作为凡例中的○○群集。但是如果无法清楚地辨别，只需将其作为○○群集即可。

C．动物种的列表和形迹等的位置图

对于不同的对象动物种群，其调查方法也大不相同。调查方法有实地调查中的目击、形迹的发现、走访及捕捉等。关于个别种群的调查方法将在Ⅲ中进行详细论述，这里将其省略。

动物与植物不同，不会一直留在一定的地方。即使在某地看到该动物或发现其形迹，也只是表示出该动物部分生息地的信息碎片。因此，如果不把这样的信息碎片积累起来，制成下节中提到的“生息适地图”，就不会成为对生态缓和有用的信息。

（5）分析与目标的设定

1）生态系统类型的划分

成为项目对象的区域通常由若干个生态系统构成。把这些生态系统分类并将其分布绘制成地图，对于预测、评价和规划非常有用。

这里所说的生态系统具有与周围不同的生态结构和功能，其在视觉上也是与周围相区别的均质性较高的空间。这种概念下的生态系统一般被称为生境（ecotope）。构成生境的要素有：存在于基础中的地形、地质、水环境，基础上形成的植被以及在植被和水环境中生活的动物群集（图 3）[9]。虽然这些构成要素需尽可能是均质的空间，但实际上各要素的分布界限是多少有些偏离的，完全均质的空间是不存在的。因此，实际操作中要以对实际业务有效为原则进行划分。此外，从实用的角度考虑，应尽可能使用较少的要素对生态系统进行分类。

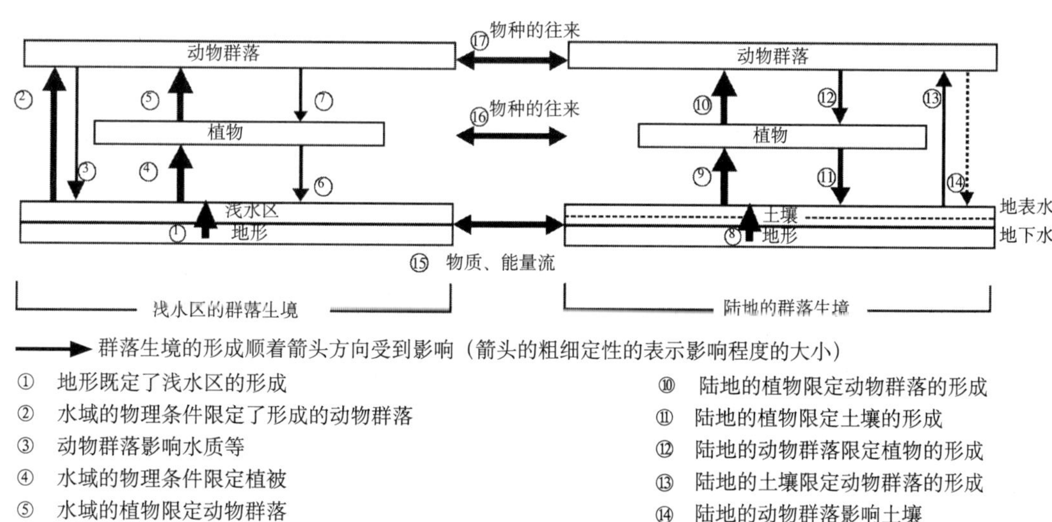

① 地形既定了浅水区的形成
② 水域的物理条件限定了形成的动物群落
③ 动物群落影响水质等
④ 水域的物理条件限定植被
⑤ 水域的植物限定动物群落
⑥ 水域的植物影响水质等
⑦ 水域的动物群落影响植物
⑧ 地形既定了地表附近的水文环境
⑨ 地形、土壤限定植物的形成
⑩ 陆地的植物限定动物群落的形成
⑪ 陆地的植物限定土壤的形成
⑫ 陆地的动物群落限定植物的形成
⑬ 陆地的土壤限定动物群落的形成
⑭ 陆地的动物群落影响土壤
⑮ 无机物质、营养盐、能量流
⑯ 植物的物种往来
⑰ 动物的物种往来

图 3　群落生境的概念（日置）[9]

生境等同于被类型化的单位空间中的生态系统，是根据基础环境和植被图的重叠抽出的。这时通常会用到地形分类图和现存植被图。如果机械地把这两个图重叠在一起就会出现生态学上毫无意义的多边形。在绘制生境地图时，需要辨别有意义的多边形和无意义的多边形并把后者合并到前者中去。以前通常采用的方法是：利用 GIS 把合并对象中的多边形机械地进行拆分，并合并到相邻的多边形中。不过，最近提出了一种新方案，即把植被单位与地形单位的相关度定量化，并以此为基础对多边形进行统一简化合并的方法[10]。把水环境图重叠到生境地图上，生物的生育和栖息基础的地图就完成了。生境地图的例子如图 4 所示。

2）动物的适宜生息地图的制作

以现存植被图为基础制作的鸟类适宜生息地图的例子，如图 5 所示[11]。

3）保护目标的设定

A. 保护目标设定的方法

生态缓和的目标由要保护的目标物种及其栖息地——生态系统的组合来表示。原则上，目标的原型是施工前项目对象地中存在的物种和生态系统。不过，如果与过去相比生态系统的现状已经明显恶化时，再以现状为原型就不一定合适了。更好的方法是：从信息上复原比现在健

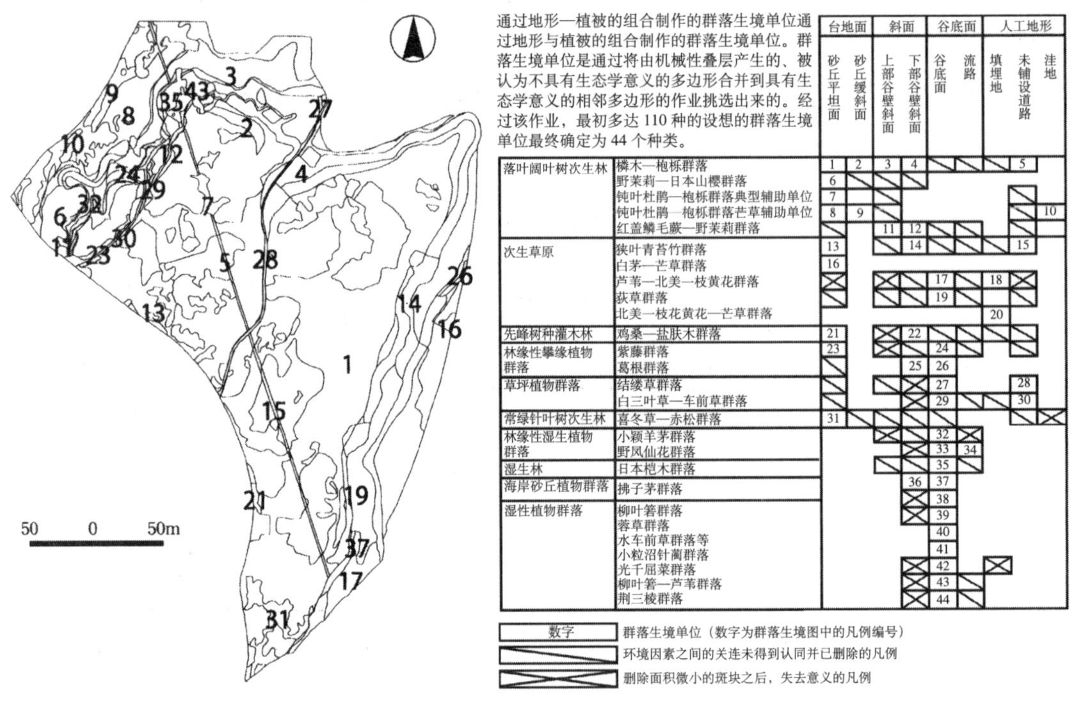

通过地形—植被的组合制作的群落生境单位通过地形与植被的组合制作的群落生境单位。群落生境单位是通过将由机械性叠层产生的、被认为不具有生态学意义的多边形合并到具有生态学意义的相邻多边形的作业挑选出来的。经过该作业，最初多达 110 种的设想的群落生境单位最终确定为 44 个种类。

		台地面		斜面		谷底面		人工地形		
		砂丘平坦面	砂丘缓斜面	上部谷壁斜面	下部谷壁斜面	谷底面	流路	填埋地	未铺设道路	洼地
落叶阔叶树次生林	橡木—枹栎群落	1	2	3	4	╲	╲	╲	5	
	野茉莉—日本山樱群落	6	╲	╲	╲					
	钝叶杜鹃—枹栎群落典型辅助单位	7		╲					╲	
	钝叶杜鹃—枹栎群落芒草辅助单位	8	9	╲					╲	10
	红盖鳞毛蕨—野茉莉群落	╲		11	12	╲	╲		╲	
次生草原	狭叶青苔竹群落	13		╲	14	╲	╲	╲	15	
	白茅—芒草群落	16								
	芦苇—北美一枝黄花群落	╳		╳	╲	17	╲	18	╳	
	荻草群落	╲		╲	╲	19	╲		╲	
	北美一枝花黄花—芒草群落							20		
先峰树种灌木林	鸡桑—盐肤木群落	21		╳	22	╲	╲	╲	╲	
林缘性攀缘植物群落	紫藤群落	23		╳	╲	24	╲		╲	
	葛根群落	╲			25	26				
草坪植物群落	结缕草群落	╲		╲	╳	27			28	
	白三叶草—车前草群落	╲			╳	29	╲	╲	30	
常绿针叶树次生林	喜冬草—赤松群落	31	╲	╲	╲	╲			╲	╳
林缘性湿生植物群落	小颖羊茅群落			╳	╲	32	╳			
	野凤仙花群落				╳	33	34			
湿生林	日本桤木群落			╲	╲	35	╲			
海岸砂丘植物群落	拂子茅群落				36	37				
湿性植物群落	柳叶箬群落				╳	38				
	蓉草群落				╳	39				
	水车前草群落等					40				
	小粒沼针蔺群落					41				
	光千屈菜群落				╳	42		╳		
	柳叶箬—芦苇群落				╳	43	╲			
	荆三棱群落				╳	44	╲			

数字：群落生境单位（数字为群落生境图中的凡例编号）
╲：环境因素之间的关连未得到认同并已删除的凡例
╳：删除面积微小的斑块之后，失去意义的凡例

图 4 群落生境图的示例（松林等）[10]

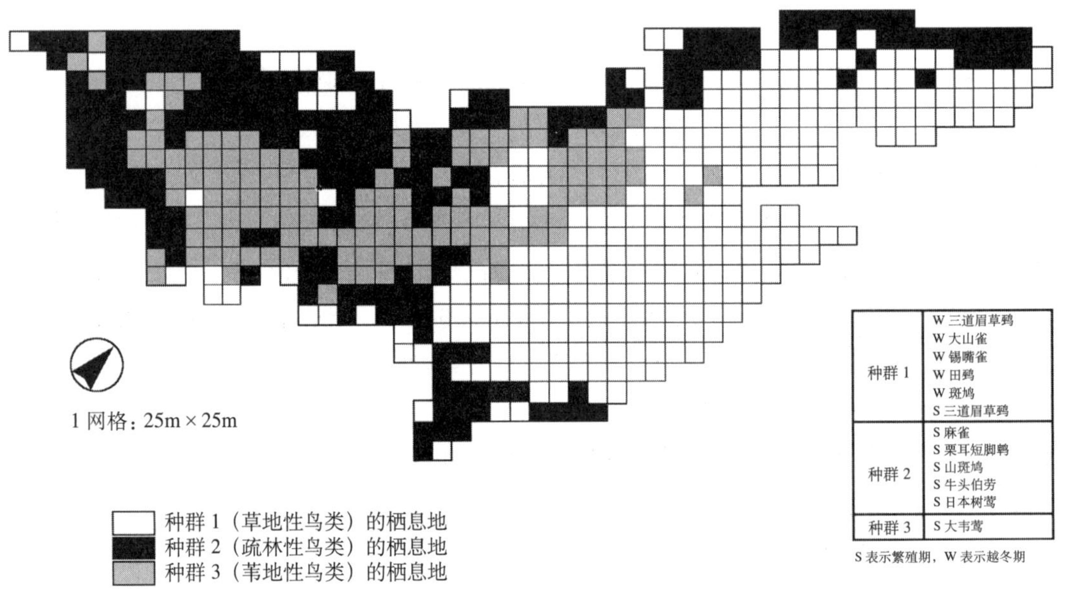

种群 1	W 三道眉草鹀 W 大山雀 W 锡嘴雀 W 田鹀 W 斑鸠 S 三道眉草鹀
种群 2	S 麻雀 S 栗耳短脚鹎 S 山斑鸠 S 牛头伯劳 S 日本树莺
种群 3	S 大韦莺

S 表示繁殖期，W 表示越冬期

图 5 根据目前的植被图制作的鸟类栖息地图（日置等）[11]

全的生态系统，并把其作为生态缓和的目标。

这时，通常有以下 2 种研究法：把邻近地区中现存的类似生态系统作为参考的研究法（空间性研究法）以及根据资料推测项目对象地过去的生态系统并将其作为参考的研究法（时间性研究法）[12]。运用这两种研究法，设定更高的目标，则会带来针对整个地域的自然改变而进行的生态缓和。

B．保护目标种

根据现存资料和实地调查得到的动物、植物列表选取作为保护目标的物种。在自然环境影响评价中，动物、植物、生态系统会成为影响评价和保护对策的对象。在对生态系统进行影响评价时会选择能够表示生态系统的上位性、典型性和特殊性的物种，但这些物种大多会与动物、植物的保护目标种重复。为了简化目标物种的选取工作，对于一个物种，最好能同时从动物、植物及生态系统项目这两个方面来选取。这些物种通常被统一称为关注物种。

a．动物、植物的保护目标物种

动物、植物关注物种的选取方法如下所示（表 2）。

○ 稀有种

红皮书（Red data book/Red list）中记载的物种或与此相近的物种。红皮书有全国版和地方版，所以要参照两个版本。此外，未配置地方版时，最好在该项目中单独对当地的稀有种进行评估。

○ 法定保护种

《文化遗产保护法》、《自然公园法》、《物种保护法》及地方公共团体的自然保护相关条例等中提倡保护的物种。有很多与上述稀有种重复。

○ 旗舰种

能够透过其美丽和魅力、向广大民众提倡环境保护的物种。由于这些物种具有美丽的花朵或形态以及珍稀的生态，很受孩子们欢迎。

对于同一物种，有时可能会同时使用上述方法中的几种。

表 2　动物、植物保护目标种的选取方法

方法			植物	动物
学术上的重要物种	固有性	分布有限的物种（包括亚种以下的分类群）	○	○
		形态上具有显著特征的个体群	○	○
	分布界限	物种的水平、垂直的分布界限	○	○
	隔离分布	表示隔离分布的物种	○	○
	教育研究上的重要性	被持续观察、调查的个体群	○	○
		遗存生物，对研究很重要的物种	○	○
		物种标准产地中的个体群	○	○
		巨树、古树等	○	

续表

<table>
<tr><th colspan="3">方　法</th><th>植物</th><th>动物</th></tr>
<tr><td rowspan="9">学术上的重要植物群落或动物栖息地</td><td>自然性</td><td>具有接近原始状态的种构成的群落或栖息地
具有一定面积的自然性较高的群落或栖息地</td><td>○
○</td><td>○
○</td></tr>
<tr><td>杰出性</td><td>大规模形成的群落
集体迁入地、集体繁殖地等大规模的栖息地</td><td>○
</td><td>
○</td></tr>
<tr><td>多样性</td><td>构成种富于多样性的自然群落或栖息地
靠传统管理维持的构成种富于多样性的群落或栖息地
作为多种动物、植物的栖息环境和生态系统的基础而重要的群落</td><td>○
○
○</td><td>○
○
</td></tr>
<tr><td>珍贵种的依赖性</td><td>与学术上的重要种、稀有种等珍贵种联系紧密的群落或栖息地</td><td>○</td><td>○</td></tr>
<tr><td>典型性</td><td>具有典型的种构成、对了解群落特征非常重要的群落或栖息地</td><td>○</td><td></td></tr>
<tr><td>分布界限</td><td>位于水平、垂直分布界限的群落</td><td>○</td><td></td></tr>
<tr><td>布局的特殊性</td><td>在湿原、特殊岩地、沙丘、特殊气象条件等特殊的布局条件下形成的群落或栖息地</td><td>○</td><td>○</td></tr>
<tr><td>脆弱性</td><td>易受环境变化影响的群落或栖息地</td><td>○</td><td>○</td></tr>
<tr><td>教育研究上的重要性</td><td>对群落或动物进行相关的调查、研究并对教育研究很重要的群落或栖息地
具有与一般的种构成不同的特殊种构成的群落
在人工种植的森林中未进行长期砍伐等管理的群落</td><td>○
○
○</td><td>○

</td></tr>
<tr><td colspan="2">稀有种</td><td>个体数和生育面积或生息面积较小的物种
濒危种
当地不断减少的物种</td><td>○
○
○</td><td>○
○
○</td></tr>
</table>

资料来源：本表是以文献3)为基础制成的。

b．生态系统的保护目标种

生态系统保护目标种的选取方法如表3所示。但是在环境影响评价法的相关法令中未出现保护目标种这个术语，而是对其进行了以下表述："在生态系统的保护上，要考虑到顶层性、典型性及特殊性"。

其中，顶层物种是指保护其生息必须要保护会成为其饵料的多种物种及其基础环境的物种，大致相当于伞护种（umbrella species）。而典型物种是指对生物间的相互作用及生态系统功能具有重要作用的物种或群集，其对于生态系统的稳定是不可或缺的，从这点来看，相当于关键种（keystone species）。

4）保护目标种与生境的对应关系的把握

A．植物与生境的对应关系

生境图来源于植被图所以即使不另外添加，其也具有一定程度的、关于各个植物种的分布信息。

然而，对于保护目标种来说，则需要另外制作其分布图并试着将其与生境图重叠。此外，由于生境图只体现"此物种在此生境的什么地方繁殖"之类的信息，所以为了确定具体的繁殖

表 3　讨论生态系统保护时所需的物种选取标准

上位性	在形成生态系统的生物群集中位于营养层顶层的物种。容易受到生态系统的干扰和环境改变等的影响	
	哺乳类 鸟类 爬虫类 昆虫类	棕熊、狐狸、黄鼠狼 山鹰、苍鹰、猫头鹰、鹭类、翠鸟 赤链蛇 田鳖
典型性	对生物间的相互作用和生态系统功能具有重要作用的物种或群集。植物中是指优势种或现存量较大的物种；动物中是指个体数较多的物种、个体较重的物种或属于代表性种群的物种。此外，表示出生物群集的多样性和生态演替特征的物种也被看作具有典型性的物种	
	对生物间的相互作用和生态系统功能具有重要作用的物种的举例	
	植物群落 哺乳类 鸟类	米槠林、枹栎林、山毛榉林、芒草原（会成为很多物种的生息环境） 鹿类（通过摄食等行为对植被造成很强的影响） 啄木鸟类（捕食树木中的穿孔性甲虫类）
	表示出生物群集的多样性和生态演替特征的物种的举例	
	哺乳类 鸟类 两栖类 昆虫类	狸（山村的森林） 普通鳾（山地落叶阔叶林） 腹斑蛙、鲵鱼类（水田＋森林） 锦绣杜鹃花（杂木林）
特殊性	在小规模的湿地、洞窟、喷气口周边及石灰岩地域等特殊栖息环境中生存的种群或群集，分布狭小的物种	
	鱼类	斑北鳅（小规模泉水）

注：具体的种名是举例说明。

资料来源：本表是以文献[3)]为基础制成的。

场所，还需要制作各个物种的分布图。

B．动物与生境的对应关系

由于动物会移动，所以动物与生境不一定是一对一的对应关系。一般来说，动物会把几个生境分别用作觅食、休息、筑巢等生活场所。此外，还存在“在生活史的不同阶段，会在不同的生境中生活”的种群，例如，像两栖类那样，幼体在水域中生活，而成体在陆地中生活。利用现有信息可以添加上述很多物种和种群中的动物信息。

然而，如果仅依赖于相关物种生态的一般信息以及其他地域中的数据来确定该动物的栖息地，可能会出现与事实不符的情况。因此，对于特别重要的物种或了解不足的物种，应该通过实地调查，查明该物种生活在哪个生境中。

C．生境 - 保护目标种母体

保护目标种与成为其繁殖和栖息环境的生境之间的对应关系，可以通过矩阵的制作来把握[12)]。此外，在通过实地调查能够弄清个体数和生育地面积时，还可以把其作为生境的多边形属性信息来添加定量的信息。矩阵的制作案例如表 4 所示，与其对应的生境分配模式图如图 6 所示。

表 4　生境和保护目标种的对应关系的案例

种名	保护目标种的选取原因：动物、植物	保护目标种的选取原因：生态系统	沙丘平坦面＝堪氏杜鹃花－枹栎群落	沙丘平坦面＝东小竹群落	谷壁斜面上部＝犬樱－枹栎群落	谷壁斜面下部＝鳞毛蕨属－野茉莉群落	谷底面＝赤杨群落	谷底面＝柳叶箬－芦苇群落	谷底面＝柳叶箬群落	谷底面＝水车前群落（池沼）	谷底面＝野凤仙花群落（径流）
枹栎		典型	◎		◎	○					
野樱	旗舰	典型	○		○	◎					
红松		典型	◎								
赤杨		典型					◎				
芦苇		典型						◎			
野凤仙花	旗舰	典型									◎
日本满江红	稀有	特殊								◎	
三棱	稀有、旗舰	特殊						○	◎		
獐牙菜	旗舰	特殊							◎		
巢鼠		特殊		●	○	○	○	●	○	○	○
蝮蛇		上位	○	○	○	○	○	○	◎	◎	○
土蛙	稀有、旗舰				○	○	○	○	○	●	○
蝾螈		特殊			○	○	○	○	○	●	○
斑北鳅	稀有、旗舰	特殊								●	○
源氏萤	旗舰					○					●
负子虫	旗舰						○	○	○	●	○
蓝纹螅	稀有、旗舰	特殊					○	○	○	●	○

本表的案例是：沙丘被泉水侵蚀所形成的谷户中，在港湾项目中建成的项目的生态缓和。

如果按最初计划的那样推进项目，估计地下水位会降低，而且谷户谷底面的湿地会变得干燥。尤其是池沼和流水估计会消失，所以，在该项目对象地中，主要的保护目标消失的可能性很大。

● 繁殖必不可少的生境

◎ 对于该物种非常重要的生境　　○ 该物种生育或生息的生境

■ 预计会因地下水位的下降而变得干燥，并且生育或生息地的功能也会降低的生境

□ 预计会因地下水位下降而消失的生境

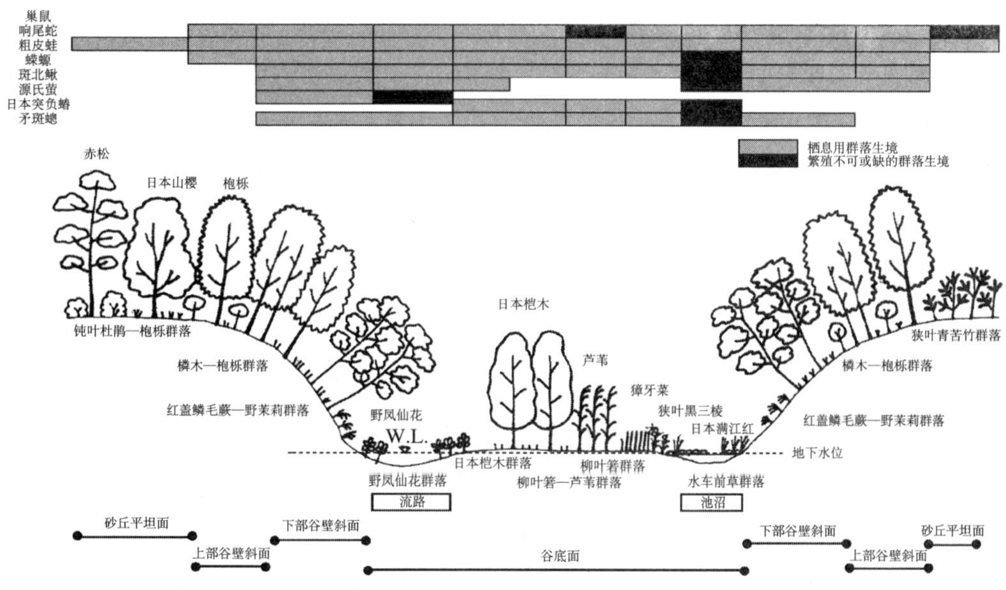

图 6　生态环境与保护目标种的对应关系（分配模式图）（作图：吉村明子）

（6）影响的预测及评价

1）影响的种类

可以把建设项目对生态系统的影响整理为以下 4 点。

A. 生境丧失（Habitat loss）

这里所说的生境丧失是指：由植被和地形的改变造成的直接的生态系统的破坏。这是狭义的生境丧失。以道路建设为例，在路宽＋土木工程施工宽度的范围内确实出现了生境丧失。然而，在广义的生境丧失中，还包括后述的间接影响。根据面积的计算能够定量地预测生境丧失的影响。

B. 生境破碎化（Habitat fragmentation）

生境破碎化是指：建设项目使生境被切成小块。破碎化会阻碍栖息地之间的物种往来，最终可能会导致个体数低于能够生存的最小个体数，使该物种无法延续。此外，动物不能继续往来，就意味着传粉媒介和种子散布的机会减少，这会对植物的繁殖带来影响。在孤立的树林中，依靠哺乳类散布种子的树种变少，依靠鸟类散布种子的树种的实生苗增加，就是破碎化的影响。由于破碎化对不同物种的影响大不相同，所以很难进行定量的预测。

C. 生境干扰（Habitat disturbance）

生境干扰是指：建设项目会使生境容易受到周边的光、风、噪声、振动等物理影响，导致生物的生息环境质量下降。在沿路的树林中鸟类的繁殖逐渐消失就是干扰的一个例子。干扰的影响波及的范围会因物理影响的种类和生物的种类而异。因此，为了进行定量的预测，要通过对类似实例的分析或进行实验来计算影响范围。

D. 动物杀手（road kill/wildlife mortality）

主要是在道路使用中发生的影响，特指动物在路上被撞死的情况。具体请参考Ⅲ.3“道路整治”。

这些影响通常是复合发生的。对环境的影响，具有连锁扩大的性质，即：“某现象的变化会引起其他现象的变化，并进一步引发其他现象”。这种联动扩大的性质，如果制成图 7[13] 那样的流程图，就会很容易理解其中的联系。

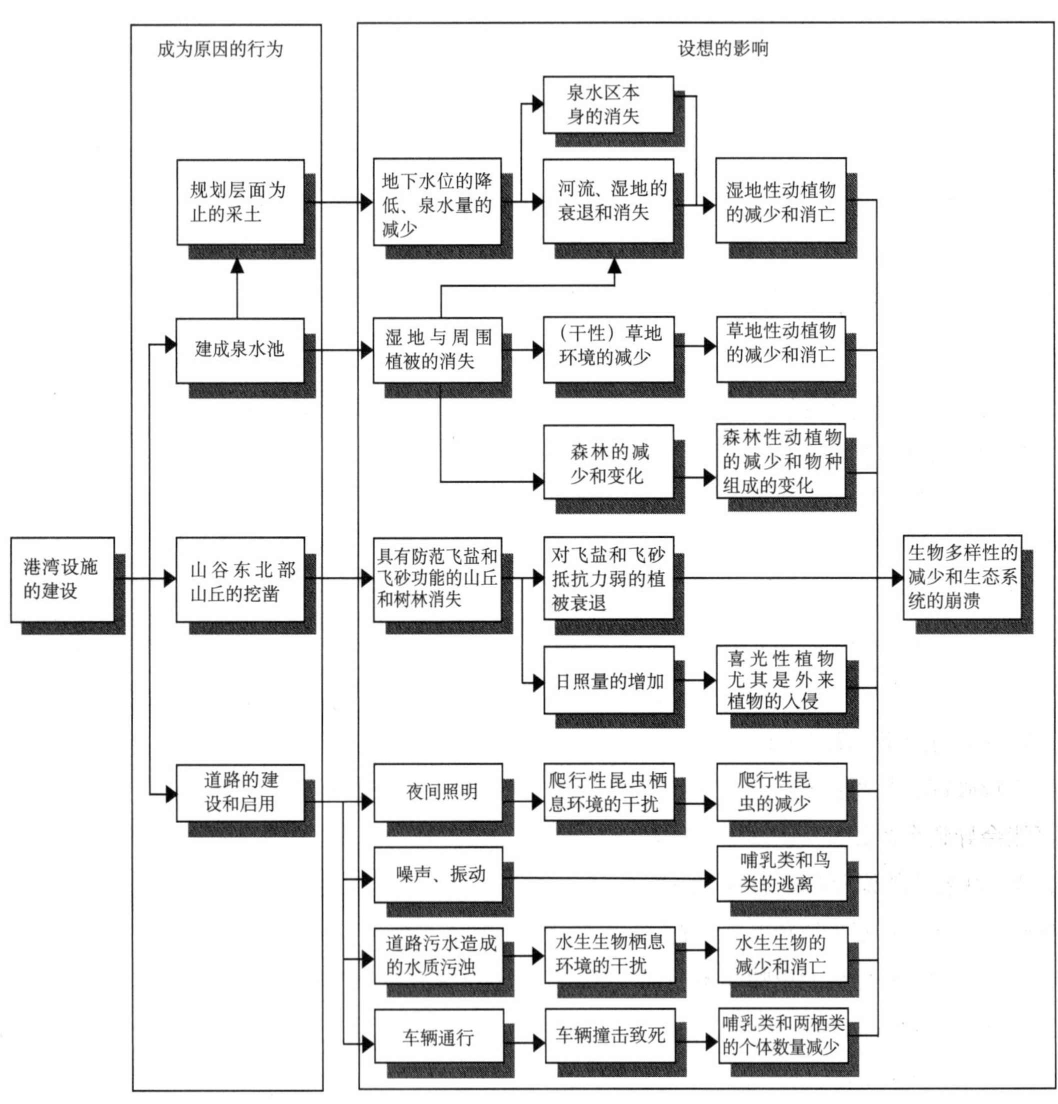

图 7　建设施工对生态系统造成影响的流程图（日置等）[13]

2）预测的方法

影响的预测是指：预测项目实施后会对生态系统及各个物种造成多大的影响。影响的预测包括定性预测和定量预测。定量预测为首选，但在很难进行时，就不得不进行定性预测了。

使用内含生境面积和个体数等定量信息矩阵，能够对生境的丧失和干扰等影响进行定量预测。然而，对于破碎化和动物杀手等影响，仅靠矩阵是无法进行定量预测的。对这些影响进行定量预测时，需要构筑特别的模型或进行野外实验。

3）多方案的比较与讨论

既要针对项目本身与生态缓和相结合的若干个规划案来进行上述影响的预测，并对其结果进行比较，还要从生态学方面和经济方面，对规划案进行评价。

（7）生态缓和的规划

1）生态缓和的方法

生态缓和中采用的具体措施大体上可以分为“回避”、“减轻”、“补偿”3种。生态缓和规划是确定进行保护、复原和建设的生态系统的要求、面积及平面规划。所采用方法的不同组合决定了平面规划的特点。

根据实际可行的生态缓和技术组合的方式，生态缓和规划大致分为3类。

A. 回避＋减轻型

该类型以回避为主，并要减轻回避中留下的生境干扰及破碎化等影响。在项目规划的早期阶段，如果规划中能选择回避，可以采用该类型。其优点是：保护效果较大而且生态缓和本身所花费的费用较少；尽管如此，但在大多情况下，不得不对项目规划本身进行缩水或大幅变更。

B. 补偿＋减轻型

该类型以补偿为主，并要减轻对残存生态系统的影响。但是，没有确凿的证据能够证明，补偿所创造的生态系统是否会发挥与原有生态系统同样的功能。

此外，到补偿所创造的生态系统发挥作用为止，需要相当长的时间，所以丧失与建成之间会出现时间上的间隔。在此期间，很多物种会失去栖息地。在费用方面，施工和监测需要很多费用。

C. 回避＋补偿＋减轻型

是把所有方法结合起来的类型。大多数的生态缓和实际上都相当于这种类型。

从以回避为中心的方案，到以补偿为中心的方案，需要制定若干个方案，并把其作为上述预测评价的对象，从中选出最佳方案。此外，对于不能直接使用的方案，要对在比较和讨论阶段发现的问题进行改善，并在此基础上把其作为最终的平面规划。

2）生态缓和规划的原则

在制定生态缓和规划案时要考虑到以下原则：

A. 生境的大小、形状和配置

生境的大小、形状和配置决定了能够生存于其中的生物群落。对于生境的大小、形状和配置的原则提出了以下方案：①面积越大越好，②面积相同时，集中在一起的更好，③相互接近的比分散的好，④毗邻的形态是块状比线形好，⑤相互联系的比杂乱的好，⑥面积相同时，越接近圆形越好[15)]。

为了使猛禽类等上位性物种能够生存下去，需要“栖息着很多成为其饵料的鸟类、哺乳类、两栖类等的面积广大的”生境。此外，如果生境邻近或通过走廊连接在一起，生物之间的往来就会变得更加容易，捕食、繁殖、避难等行动范围就会扩大，这样对生存更加有利。生境越接近圆形，具有稳定内部环境的场所面积就越大。为了那些只能在森林深处等稳定环境中栖息的物种，要尽可能大面积地确保这样的内部环境。

在实际的生境规划过程中要遵循这些原则：尽可能确保集中在一起的大片生境，如果在不得已被切断（或切断）的情况下，要设置相互连接的生态走廊等来实现生境的一体化，这是非常重要的。

B．交错群落的保护和复原

交错群落（ecotone）是指生境在短距离内演变的场所，也被称为过渡带。海岸、河边、湖岸等水陆交界以及森林与草地的交界都是典型的交错群落。在交错群落中，在狭窄的地方存在着多样的环境，生息着很多物种。原则上要保护对象地中的交错群落，在不得不改变时，要在其他地方复原相同类型的交错群落。

C．动态平衡状态的维持

动态平衡状态是指：由于某些原因，部分生态系统遭到物理性的破坏，然后被再生，由此形成的“存在处于多种演替阶段的植被及生息于其中的动物群集”的状态。

物种中，既有把受干扰后的场所作为生境的种类，也有把稳定的环境作为生境的种类。干扰包括自然干扰和人为干扰。自然干扰是指：由于河流涨水、火山喷发导致的台风、熔岩流等，使植物群落遭到破坏，并形成裸地。裸地一经形成，以植被演替的初期形态出现的植物就会迅速侵入，并形成群落。为了维持自然干扰，需要在规划的水平上允许涨水、侵蚀和堆积等自然力造成的地形变化。

D．避免把特定种带离生境的移植

在环境影响评价法制定以前，即所谓的内阁会议环评时代，经常采取的对策之一是“移植”。这里的移植，大多只是把要保护的特定种从生息环境中分离出来，然后移植到其他地方。其结果是：即使移植在短期内取得了成功，但从中长期来看，由于不适应环境而灭绝的物种也不少。此外，很多未被移植的物种，理所当然地与生境一起消失了。在生态缓和中，只有在万不得已时才会计划这样的移植，对于其他情况，原则上要通过真正的补偿生态缓和，逐个复原生态系统。

3）补偿性生态缓和的原则

A．补偿场所的选择

进行补偿生态缓和时需要一定的场所。原则上要选择与原有生态系统的基础环境类似的环境作为补偿场所。在这样的环境中，形成与原来相同的生态系统的潜在可能性较高。因此，不仅会提高补偿生态缓和成功的可能性，还能节省施工费用和维护管理费用。

原生态系统与补偿生态系统之间的距离越近越好。这是因为，一般来说，距离越近就越容易找到类似的基础环境，而且动物的移动也更容易。

B．时间间隔的消除

即使在其他地方再现与原有生态系统等同的生态系统，到其发挥作用为止需要很多年，湿地和草地需要 2 ～ 5 年，落叶阔叶树的人工林最少需要 15 ～ 20 年。在此期间，要考虑尽可能使过去在这里生息的物种能够继续生存。

如果是近于自然植被的森林，该时间间隔甚至会超过 70 年，所以想通过简单的方法来消除已经是不可能的了。因此，要尽可能通过回避来保护自然林及与其相近的树林。

（8）生态缓和的设计

生态缓和的设计是指：要复原及创造的生态系统和减轻影响的设施间的三维结构的描绘。

1）修复及创造生态系统的设计

要修复及创造生态系统时，首先必须明确最终的目标结构。最终的目标结构是指生态系统基础中的地形、土壤、水环境以及在那里形成的植物群落的组成、群落高度、密度等，也就是生态系统的设计图。

其次，要描绘出到达最终目标的过程。正如本节开头提到的那样，在生态工程学中，要利用自然本身的营造力来形成生态系统。很多情况下，要在塑造出基础环境后，采取一定的处理，使植被演替的初期—中期阶段的群落迅速形成。

关于使用的生物材料，将在下一节“(9) 生态缓和的施工”中进行论述。

2）减轻影响设施的设计

减轻影响的设施是指防止生境破碎化和干扰的各种设施。减轻影响的设施大体上可以分为：缓和物理环境恶化的设施和直接形成部分生息环境的设施。

前者包括：遮光隔声设施、防风防潮设施、灌溉设施、地下水库等防止地下水位下降的设施等。后者包括：动物过马路用的设施、防止动物进入道路的设施、繁殖用的巢箱等。

此外，让这些设施尽快发挥功能是非常重要的，所以材料不用拘泥于自然材料；但原则上，要尽可能使用自然材料。

在直接以生物为对象的设施中，要对对象物种的生态特性进行充分的研究，并在此基础上决定设施结构。在动物过马路的设施等中，有些结构已经基本被标准化了，但对于其他情况，必须个别地进行研究开发，还要为此进行实验。

（9）生态缓和的施工

生态缓和的施工对象是生物。因此，要注意的问题，与仅以无机材料为对象的普通土木工程是不同的。处理方法的原则是，结合生物的情况来施工。对于植物来说，其造园工程有诸多技术可以作为参考；但对于动物来说，在造园技术领域的积累非常少，在很多情况下，必须重新开发施工技术。

1）施工中环境影响的缓和

A．工期的选择

要选择对生物的危害最小的季节来进行施工。一般来说，植物的移植工程，最好在休眠期进行，其次是梅雨期。请参考Ⅲ.4、Ⅲ.5，文中论述了施工时期对植物群落形成的影响。

在繁殖期，动物的神经会变得敏锐。在这个时期，筑巢地附近的施工以及噪声和振动，都可能对繁殖造成不好的影响，所以要避免。

B．隔离

通过在物理上把施工场所和生物的栖息地隔开，以缓和影响。例如可以采取以下措施：用临时围栏来防止人及机械的干扰；通过把施工用道路临时设置为架桥形式，把土木工程中发生改变的面积，控制在最低限度等。

C．污染的防止

要防止由于污水的流入以及剩余材料的杂乱无序放置，造成生息地的污染。对于施工现场的排水，即使只是雨水，也要配置沉淀池，来防止水域的污浊。此外，要将垃圾集中在指定的场所。

D．环境教育的实施

要对所有与施工有关的人员，针对生态缓和的意义进行充分说明，同时要彻底贯彻注意事项。因此，要在施工中的会议上反复进行说明，或制成小册子。

2）施工工法

在以生物为对象的施工中，以往的施工实例很少，而且对象类型很多，所以没有确定的施工工法。说得极端一些，需要针对各个生物，一一开发新的施工工法。

开发施工工法的有效方法是试验施工。试验施工的目的是：在正式施工之前，实施小规模的施工，对其进行监测，然后对施工工法进行评价。在试验施工中，如果是移植工程，只要确认了植物的成活，如果是动物的移送，只要确认了在移送目的地中的繁殖，就可以暂且说试验施工是成功的。如果只是轻微的问题点，要基于监测对其进行改善，并在此基础上进行正式施工。如果存在重大的问题点，就要从根本上重新考虑施工工法，或中止施工，并更改规划和设计本身。

3）施工顺序

原则上，生态缓和工程中的施工顺序是：先塑造出保护对象种的栖息地，确认那里会发挥作用后，再开始在原地进行施工。在施工期间，如果栖息地面积变小，而且个体数也相应地暂时变少，可能会出现遗传多样性减少的瓶颈效应。为了预防瓶颈效应，要确保能够充分维持保护目标种的个体数（尽可能稍微高于安全底数）的栖息地面积，同时进行施工。因此，施工步骤基本上都是：尽可能不让保护目标种的个体数显著减少，然后再制定方案。这种施工步骤的案例如图8所示。

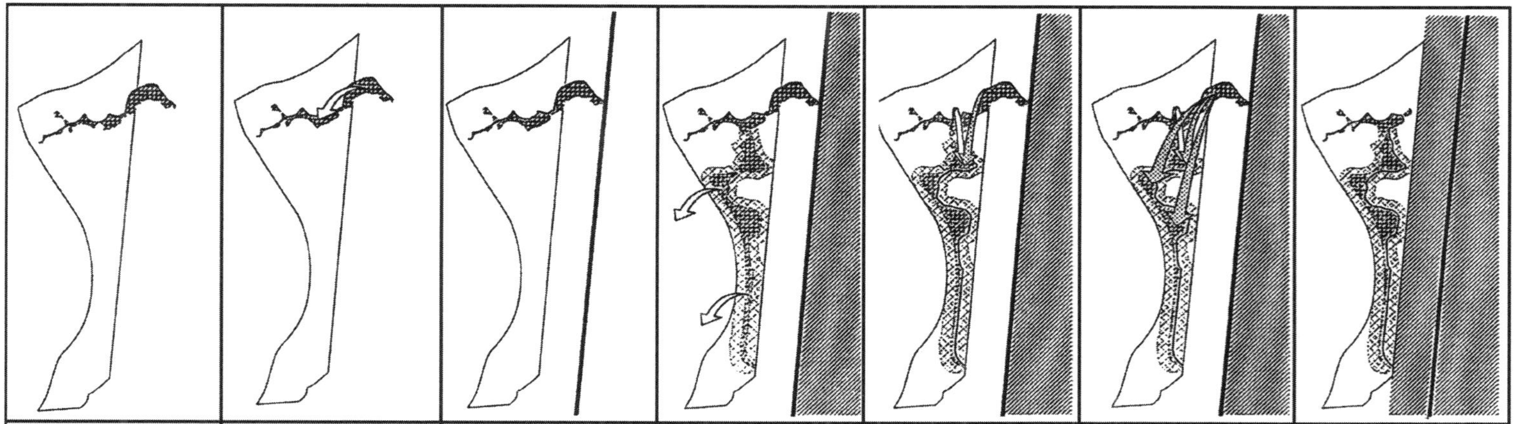

①现状	②避难	③建设隔水墙	④山谷的建设	⑤试行施工及试行移栽和诱导	⑥正式施工	⑦流路的切换与港湾一侧的绿化
持续监测地下水位、泉水量等，同时对现存种群进行适宜的环境管理	使现存于港湾一侧的种群到公园内残留的山谷中临时避难	在距离公园用地边界线 70m 处靠近港湾一侧的地点建设隔水墙	在监测地下水位和泉水量的状况的同时，建成新山谷的地形，并栽植防风和防潮林	进行表土移栽和植被复原的试行施工，并研讨施工方法 将生物从残留山谷的避难地试行移栽或诱导至规划地的山谷中，并通过监测进行评估	以监测的评估结果为依据，根据必要，在再次研讨施工方法方式的同时，正式进行施工，并实施移栽和诱导	切换泽田川干流的流路。随着道路建设，以形成防风和防潮林为主体，对港湾一侧进行绿化
	避难 →		建设 →	诱导、试行施工 →	正式施工 →	切换流路 →
		建设隔水墙				港湾一侧绿化

图 8　环境缓和措施施工步骤的示例（日置等）[13)]

该示例为以补偿为主体的环境缓和措施施工方案。制订该方案的目的是，在采取减少影响的措施以防止地下水位降低的同时，形成作为补偿的栖息地之后再迁徙动物。

生态缓和工程的施工步骤大多很复杂，所以很难用简单的条形图工程表，来表示出其方案。因此，就需要真正的网状工程表。即使兼顾到这些方面，在很多情况下，还是无法消除上述的栖息地功能的延时效应，这是以补偿为中心的生态缓和的根本问题所在。

4）材料

在生态缓和工程中使用的材料，原则上要从当地或其附近调集。不从远方调集材料，是为了防止外来生物的侵入和遗传干扰。然而，从同一现场调集材料，有时候并不容易。因此，要算出所需的数量，并在此基础上，有计划地培育树苗和储存表土等。

5）植被修复的施工工法

在生态缓和工程中，植被修复也是最重要的施工类型。已经开发出的方法有：①基于休眠种子的发芽，而进行的“表土播撒”，②对不形成休眠种子的物种，进行的树苗培育及栽植，③对用于复原的植物进行的栽植等，具体内容请参考Ⅲ.4“植物群落”。

6）动物的转移

在补偿生态缓和中，经常需要转移动物的个体（群）或种群。计划把动物转移到其他地方时，要事先对对象种的移动能力进行评价。根据移动所用的空间，可以把动物分为：空中移动动物、路上移动动物、水中移动动物3种。一般来说，空中移动动物的移动能力比其他两种要强一些。此外，在空中移动动物中，也存在飞翔能力的差异，例如，鸟类和豆娘类的飞翔能力就差距悬殊。如果出现了适合生息的场所，移动能力较强的物种就会靠自身能力迅速侵入那里，所以大多不需要进行人工转移。

与此相对，移动能力较弱的物种，则需要进行人工转移。在转移动物时，卵块和休眠时期是最佳时期。例如，早春时，蝾螈和赤背蛙会在浅水域中产卵，所以一年中只有在这个时期，才能够有效地进行转移。要在现场对对象种的生活史进行充分的调查，并在此基础上，决定动物的转移时期。

（10）生态缓和中修复或创建出的生态系统的管理

1）演替的控制

复原或创造出的生态系统，会随着时间的变化而发生演替。可能会逐渐接近最初设定的目标生态系统，也可能会不断发生偏向演替等，因此要在通过数据对此进行判断的基础上，根据需要进行控制。

发生偏向演替时，为了使其回到正常的演替系列中，要通过除草、砍伐、割除藤蔓等方法排除问题植物。此外在湿地中，由于演替的速度很快，群落过度发达或转化为陆地的情况很多。因此，要进行定期的割草和翻地。

2）生物入侵的防止及驱除

生物入侵是指原本不在当地生息的物种的入侵。生物入侵，会威胁到保护目标种的生息，或导致上述的偏向演替，所以必须防止及驱除。

对于生物入侵，最有效的对策是入侵的预防。因此，最好不要使用外来种以及国内其他地区的生物材料，而要尽可能地使用当地的生物材料。已经出现生物入侵时，要进行彻底的清除。其有效方法是：对于植物，要趁其生长繁茂或生产种子前进行清除；对于动物，要在繁殖的时间之前进行清除。

(11) 事后监测及生态缓和的评价

监测的目的是：对生态缓和进行评价，以及对工程影响进行监视。

1) 事后监测

A．监测的时期

监测要在施工中和施工后进行。此外，施工后的监测，除了要在施工刚结束后进行以外，还要大致以施工后第 1 年、第 3 年、第 5 年、第 10 年、第 20 年的间隔来进行。一般来说，施工后不久，生态系统的状态会发生急剧的变化，所以需要频繁地进行调查，但随着时间的推移，变化速度会逐渐变慢。因此，可以逐渐减少监测的频率。施工后需要进行多次调查的原因是：施工刚结束时，目标生物已经定居，可以认为施工成功了，但过一段时间后，定居的生物消失的情况也不少。另一方面，有些在施工刚结束后生长缓慢的物种，随着时间的推移，个体数或活力会逐渐得到恢复。尤其是昆虫类，由于每年的个体数变化很显著，所以只靠一次调查来进行评价，是很不可靠的。

B．监测项目

监测的对象是指：评价生态系统状态所需的项目。监测项目大致可以分为：物理环境的相关项目和生物环境的相关项目。不论是哪一种，都要选择对生态缓和中设定的目标进行评价时所需的项目。由于生物的种数很多，要把需要特别追踪的物种以及会成为环境指标的物种，作为监测的对象。

2) 生态缓和的评价方法

对生态缓和进行评价的目的是：判断生态缓和实际上是否有效地发挥了作用。请参考在美国进行的环境影响评价的方法——HEP（Habitat Evaluation Procedure）等（Ⅰ.2“生态缓和制度的体系”）。

（日置佳之）

参考文献

1）国際生態工学会誌Ecological Engineeringの定義による．
2）大村　平（1978）：システムのはなし．日科技連．
3）鷲谷いづみ（1999）：生物保全の生態学．共立出版．
4）Treweek, J.（1999）：Ecological Impact Assessment．Blackwell Science.
5）生物の多様性分野の環境影響評価技術検討委員会（1999）：生物の多様性分野の環境影響評価技術（Ⅰ）スコーピングの進め方について．

6）生物の多様性分野の環境影響評価技術検討委員会（2000）：生物の多様性分野の環境影響評価技術（Ⅱ）生態系アセスメントの進め方について.
7）小河原孝生・有田一郎（1997）：土地的・生物的自然の空間情報の把握と空間スケール．生態計画研究年報No.5, p.1-20
8）日置佳之・水谷義昭・太田望洋・館野真澄・鈴木明子（2001）：ヨシ群落の潜在的植物の把握に関する研究．ランドスケープ研究，**64**(5)，565-570.
9）日置佳之（2000）：湿地生態-系の復元のための環境ポテンシャル評価に関する研究．東京農工大学学位請求論文.
10）松林健一・日置佳之・星野－今給黎順子・梅原　徹（2000）：大縮尺でのエコトープの抽出・図化に関する事例研究．国際景観生態学会日本支部報，**5**(1)，4-9
11）日置佳之・百瀬　浩・水谷義昭・松林健一・鈴木明子（2001）：湿地植生計画にための鳥類の潜在的生息地図化とシナリオ分析に関する研究．ランドスケープ研究，**63**(5)，759-764.
12）日置佳之・須田真一・百瀬　浩・田中　隆・松林健一・裏戸秀幸・中野隆雄・宮畑貴之・大澤浩一（2000）：ランドスケープの変化が種多様性に及ぼす影響に関する研究－東京都立石神井公園周辺を事例として－．保全生態学研究，**5**，43-89.
13）日置佳之・田中　隆・須田真一・裏戸秀幸・宮畑貴之・星野－今給黎順子・松林健一・大原正之・箕輪隆一・小俣信一郎・村井英紀・川上寛人・越水麻子（1998）：環境ユニットモデルを用いた谷戸ミティゲーション計画－国営ひたち海浜公園・常陸那珂港沢田湧水地における生物多様性保全の試み－
14）日置佳之（2000）：ミティゲーションは自然環境保全の切り札になるか？，遺伝，**54**(7)，87-92．掌華房.

Ⅱ：自然环境的区域特征及生态缓和

1. 自然公园的生态缓和

对重要的自然生态系统进行保护的自然保护区所采取的措施，必须不能改变其保护自然环境的本质。日本相关制度中规定的自然保护区有：自然公园法中规定的自然公园，自然环境保护法中规定的原始自然环境保护区和自然环境保护区，文化遗产保护法中规定的自然保护区（自然保护动植物）和名胜等。在日本全国土地利用中，自然公园占有很大面积。与其他保护地区中相比，开发行为基本上很难允许自然公园中由于公园利用设施的建设以及与其他土地利用的调整的需要，有时不得不允许开发活动的开展。

本节将以土地利用中最主要的自然保护区——自然公园为对象，对生态缓和的思路及其案例进行论述。

（1）自然公园内的自然环境状况

1）沿革

自然公园是自然公园法中规定的公园，有国立公园、国定公园、都道府县立自然公园 3 种类型。其总面积占日本国土面积的 1/7，可以说是在日本具有代表性的自然保护区。

自然公园制度始于昭和 6 年（1931 年）制定的国立公园法。以昭和 9 年（1934 年）对 3 个国立公园的指定为开端，逐步推进了国立公园的指定工作。第二次世界大战（以下简称“二战”）后，作为“准国立公园地区”，国定公园制度诞生了。与此同时在地方自治体中，二战后也通过条例对都道府县立自然公园进行了指定。为对自然公园体系进行系统的整理，日本废除了国立公园法，于昭和 32 年（1957 年）制定了自然公园法。

自然公园的面积，在二战前还不到现在国土面积的 3%，但二战后迅速增加，现在已超过 14%。

二战后十年中，国立公园的数量和面积都成倍增加，其后也一直在增加，昭和 40 年（1965 年），面积已经几乎达到了现在的水平，其后只是追加指定了一些小面积的公园。

另一方面，昭和 30 年（1955 年）至 40 年（1965 年）的 10 年间，国定公园的数量倍增，公园面积也增加了 5 成，其后也一直在增加。昭和 50 年（1975 年），国定公园数量和面积均已接近昭和 40 年（1965 年）的 2 倍。近年来，虽然增长速度降下来了，但仍在缓慢地增加。

从昭和 40 年（1965 年）至今，都道府县立自然公园中相当一部分逐渐升级为国定公园，后因重新指定了一些自然公园作为弥补，目前都道府县立自然公园基本维持了相同的水平。

2）法律制度

A．指定及管理

自然公园旨在“保护优质的自然风景地的同时提高利用率”，因此自然公园均为地区制公园，与土地所有权无关。

国立公园须能足以代表日本的杰出自然风景地，由环境大臣听取审议会的意见来指定，根据公园建设项目的执行及公用限制（行为许可、申请制）等，由国家（环境省）来进行管理。

国定公园是仅次于国立公园的自然风景地，先由都道府县长官提出申请，然后由环境大臣听取审议会的意见来指定，基本上由都道府县进行管理。

此外，都道府县立自然公园，是国立和国定公园以外的、由都道府县长官根据自然公园法中规定的条例所指定的自然风景地。由都道府县长官来进行管理。

B．公园规划

自然公园的管理是基于公园规划进行的。公园规划的主要内容包括：关于保护的法定规划，即所谓的保护规划（根据景观的重要度，对公园内的区域进行划分的规划）；以及关于利用的设施规划，即所谓的利用规划。

根据保护规划，可以在公园区域内设置特殊区域，在国立及国定公园内，如果有特别需要，还可以在特殊区域中设置特别保护区。特殊区域还被细分为第一类到第三类，第一种特殊区域仅次于特别保护区，是为了进行严格保护而设置的。

在特殊区域中，建筑物的新建、改建、增建和木竹砍伐等法定行为，需要得到环境大臣（国立公园）或都道府县长官（国定公园、都道府县立自然公园）的许可。在特别保护区中，需要进一步得到许可的行为类型会增加。在特殊区域以外的普通区域，对于一定规模以上开发行为，也需要提出申请。

3）指定状况

各国立公园的总面积与核心区（特别保护区及第一种特殊区域）面积与民有地面积的比例如表 1 所示。核心区面积与公园总面积的比例在全国范围内平均为 1/4，但各公园的差异极大。虽然各公园内各种土地所有权所占比例差异很大，但民有地平均为 33.9%，占据着相当大的部分。

如前所述，在法律制度上，国立和国定公园的指定及国立和国定公园规划的决定，要由环境大臣来进行；而都道府县立自然公园的指定及规划的批准，是由都道府县长官来进行。事实上，有指定权的大臣和长官对规划案进行的讨论是有前提的。由环境大臣来指定的公园，要以相关自治体及各部门的同意为前提；由都道府县长官来指定的公园，要以相关市町村及国家办事处的同意为前提；同时还需要进行与环境部门以外的内部部门之间的调整。

换言之，公园的指定及公园规划的批准，需要得到相关人员及相关机构的广泛认可。

表 1　国立公园特别保护区及第一种特殊区域的面积与民有地面积的比例
（2000 年 8 月 10 日）

国立公园名	公园面积　（hm^2）	特别保护区及第一种特殊区域面积的比例	民有地面积的比例
利尻礼文佐吕别	21222	48.7%	10.9%
知床	38633	70.8%	4.3%
阿寒	90481	33.9%	12.8%
钏路湿原	26861	30.7%	31.9%
大雪山	226764	29.3%	0.9%
支笏洞爷	99302	32.1%	4.1%
十和田八幡平	85409	36.2%	5.7%
陆中海岸	12198	10.8%	53.3%
磐梯朝日	186404	27.3%	12.4%
日光	140021	13.3%	34.6%
上信越高原	189062	7.9%	7.7%
秩父多摩甲斐	126259	10.3%	42.8%
小笠原	6099	57.3%	16.6%
富士箱根伊豆	121850	13.4%	48.0%
中部山岳	174323	56.3%	8.0%
白山	47700	42.8%	22.5%
南阿尔卑斯	35752	41.1%	10.7%
伊势志摩	55549	3.7%	96.1%
吉野熊野	59798	13.5%	66.2%
山阴海岸	8784	10.3%	67.6%
濑户内海	62790	7.1%	57.6%
大山隐岐	31927	20.9%	53.0%
足摺宇和海	11166	16.7%	51.5%
西海	24636	7.9%	89.0%
云仙天草	28287	5.6%	66.3%
阿苏久住	72678	8.8%	46.1%
雾岛屋久	54833	33.7%	27.6%
西表	12506	0.0%	0.0%
合计	2051294	—	—
平均	73261	24.7%	33.9%

注 1：未划分特殊区域时，为了计算方便，把其算入第二种特殊区域。

2：西表国立公园的官民界限尚未确定。

4）自然环境的现状

在日本的自然环境保护中，自然公园占有怎样的比重呢？在自然环境保护基础调查的第4次植被调查（1989～1993）中，以“植被自然度”为基础，对此进行了分析。该调查把植被的自然度分为1～10的10个阶段（表2），并以1km^{2}的网格为单位，对日本整个国土进行了划分。

表2 植被自然度划分标准

植被自然度	划 分
10	高山荒原、风冲草原、自然草原等，自然植被中形成单层植物社会的地区
9	鱼鳞云杉-库页冷杉群集、山毛榉群集等，自然植被中形成多层植物社会的地区
8	山毛榉-粗齿栎人工林、米槠及栎树萌芽林等，虽然是补偿植被，但是特别接近于自然植被的地区
7	栗子树-粗齿栎群集、麻栎-枹栎群落等，通常被称为人工林的补偿植被地区
6	常绿针叶树、落叶针叶树、常绿阔叶树等植树造林地区
5	细竹群落、芒草等高茎草原
4	结缕草群落等低茎草原
3	果园、桑田、茶田、苗圃等树园地
2	旱田、水田等耕地，绿色较多的住宅地
1	市区、人工建成的地区等基本没有植被的地区

自然度为9及10的地区，在所有国立公园和国定公园中所占的平均比例（使用第4次植被调查汇总时的公园面积。除表1外，本节均使用该次调查的公园面积）分别为56%和36%，与占整个国土的19%相比，是相当高的。然而，在整个国土中自然度为9的地区中，自然公园所覆盖的面积也达到了28%（自然度为10的是42%）（图1）。可见，在日本的自然环境保护中，自然公园发挥了极大的作用。因此，各种开发行为很少被许可，而且要进行开发行为时，生态缓和也会变得十分重要。

（2）自然公园的生态缓和现状

1）规定及审查标准

自然公园的开发行为多为道路和水库建设等公共设施建设。在开始进行环境影响评价之前，项目主体通常要事先与自然公园的管理主体——国家或都道府县进行协商，并接受行政指导，对于项目实施中伴随的生态缓和，也多会在这个阶段进行协商。

很多情况下，在这个阶段，会回避涉及自然公园核心部分的开发，并且主要关注减轻及补偿的措施。所以，一般来说，自然公园的开发行为中，基本没有直接提到回避的情况。因此，大多会认为在自然公园的开发行为中，要回避的地方很少，这其实只是从表面进行判断的结果。

一般来说，为了保护景观，对于自然公园的开发行为的许可申请，可以在许可时附加一些

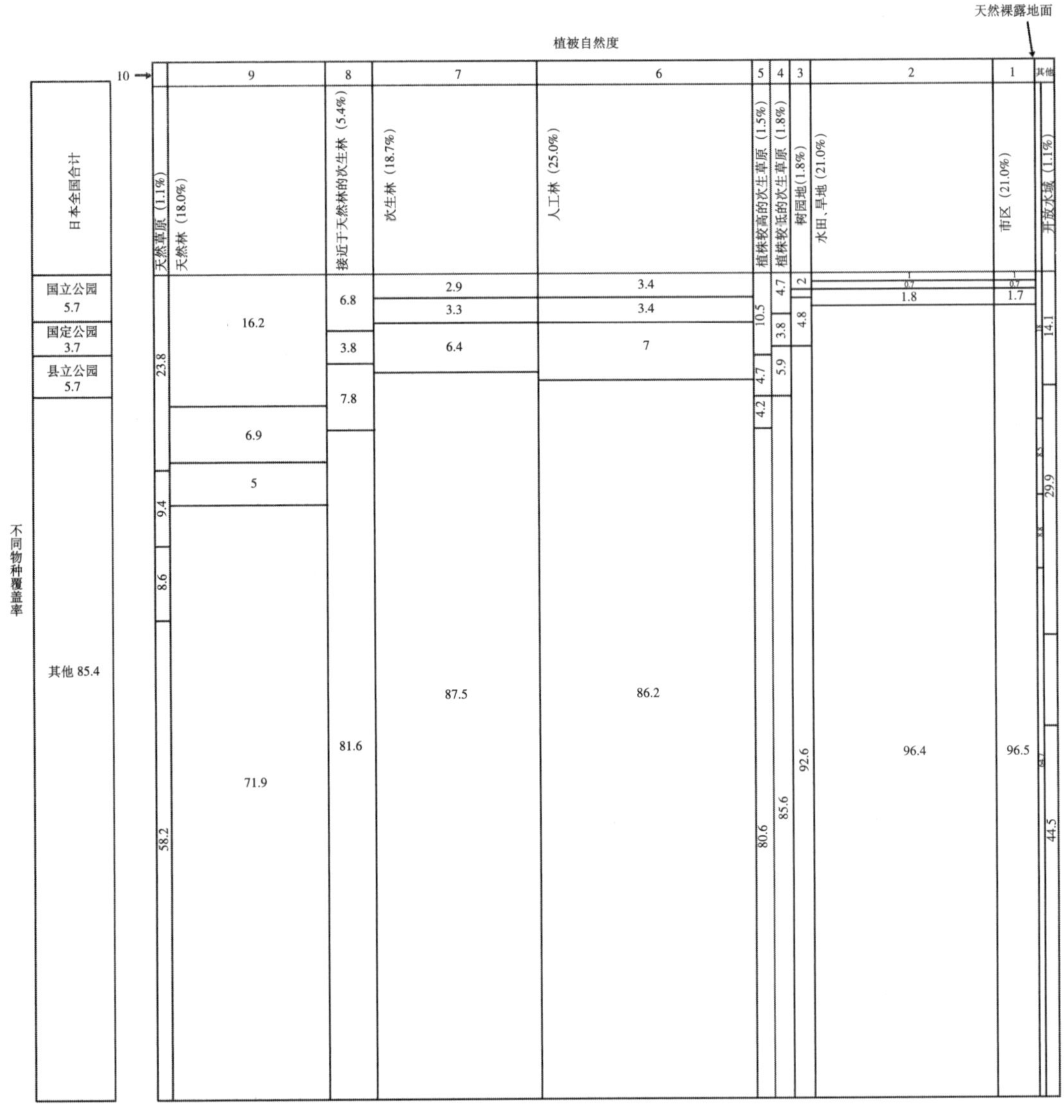

图 1　日本的国土植被自然度的状况与自然公园不同物种的覆盖率

条件，也可以不许可。此外，还可以针对申请，发布禁止、限制或必要的补偿措施的命令。在概念上，不许可处置和禁止处置类似于生态缓和中的“回避”，限制处置和条件处置类似于“减轻”或“补偿”。

另外，自然公园法中指出须注意财产权的尊重以及与国土开发中其他公共利益之间的协调，当无法获得许可时，蒙受的损失由国家来补偿。在自然公园法实施规则中，规定了许可处置的审查标准，尤其是对于特别保护区、第一类特殊区域中的各种行为，除第一类特殊区域中木竹砍伐中的单木砍伐外，原则上都是不被允许的。在这些区域，各种改变自然的行为原则上都应该“回避”，这一点可以明确进行规定。

实施这些最严格的规定的区域，基本都是国有或公有地，但国有地基本不归环境省管辖，国有森林和原野是由林业厅管理。在部分民有地中，可以采取税收上的优惠措施，同时基于所有者的申请，可由自治体收购土地。这时，要采取国家补助等预算上的支持措施。

对于第二、第三类特殊区域，也规定了一些标准，如建筑物的高度要在13m以下等。第二类和第三类的较大区别是与木竹砍伐（即林业）的关系。在第二类特殊区域中，仅允许选择性砍伐和小规模集体砍伐；而在第三类特殊区域中，未施加具体的限制，且某些地点还允许大规模的集体砍伐。

与生态缓和类似的“回避”、“减轻”、“补偿”的讨论，主要是在第二类、第三类特殊区域进行的。在审查标准中，只对建筑物高度和运动设施的面积等有限的项目规定了明确的数值，对于不规则的建筑物、填埋、设施的位置等，需在提出申请前，事先在公园管理方的现场工作人员和申请者之间进行协调，根据协调结果，有时可能会选择放弃当初的计划或改变规模等。这些相当于生态缓和中的“回避”、“减轻”、“补偿”。

2）行为许可的现状及行政指导下的生态缓和

在国立公园特殊区域（包括特别保护区）中，每年许可的建设开发不足900件（表3），而且没有符合不许可处置的案例。这意味着不许可的建设开发，会在申请前的行政指导及事前协调阶段，进行“回避”、“减轻”或“补偿”，将其变更为可能被许可的行为后，再让其申请并许可。这可以说是日本行政模式的特点。

表3　国立公园内的行为许可件数

年度	建造物的新改增建	木竹的砍伐	土石的挖掘	水面的填埋	水位、水量的增减	高山植物的采集	动物的捕捉	其他	合计
1994	511	21	261	13	1	65	24	41	937
1995	519	24	253	2	1	74	34	35	942
1996	534	25	185	12	2	76	32	26	892
1997	494	19	226	5	2	61	35	37	879
1998	505	24	189	7	5	51	36	44	858

（仅环境厅长官有此权限，包括来自于国家机构的协商）

此外，许可时对所有行为都附加了一些条件，但这些条件的目的都是要减轻对环境的影响，例如：“用与本地植物同种的植物来进行绿化”或“残土处理不能影响到景观”等。

需注意的是，回避在生态缓和中具有最高的优先级，在特别保护区和第一类特殊区域等核心部分，不论开发主体是政府还是民众，都要最优先实施生态缓和中的“回避”，仅允许学术调查活动或不扩大现有设施规模的改建以及其他轻度的管理行为等。

在其他特殊区域，不论开发主体是政府还是民众，对于超过一定限度的开发，要让其把规划变更到一定限度以下，如果这样还是会出现环境破坏，通常需要使其采取环境保护和景观保护措施。

此外，在普通区域对大规模的开发明确了申请义务，并规定可以在必要的限度内，命令其采取禁止、限制等措施。

在自然公园内规划实施按规定必须进行法律环评及条例纲要环评的项目时，必须同时符合环评法和自然公园法两个方面的要求。但实际上这样的项目原本就远远超过自然公园的容许规模，特别是在特殊区域的项目，对于只有部分项目在特殊区域的项目，可根据陆域的情况可以作为例外的情况考虑。

3）自然公园中的“回避”等案例

一般来说，自然公园中的“回避”和大幅“减轻”，并不是法律上的不许可等处置，而是在民间通过行政指导，对公共建设项目通过事前协调来进行的。在项目尚未对外发布的规划构思阶段进行指导及协调，来实施“回避”、“减轻”，这些指导及协调过程可不公开，如果在未进行协调或协调未结束的阶段，公开规划，多会不断诱发反对运动，此时就必须公开“回避”、“减轻”的调整过程。表 4 列举了几个具有代表性的案例。

尾濑道路的案例中，根据调查结果，进行了更改路线等“回避”或“减轻”，但在所有法律程序结束后，当时的环境厅长官却要求项目建设单位“放弃”，这是环境厅初建时期的特殊“回避”实例。

大雪山道路的案例中，在自然环境保护审议会的部门负责人谈话中，出现了否定的见解，所以无可奈何地放弃了。

表 4　国立公园等中的回避或大幅减轻的实例

案例	尾濑道路	大雪山道路	新大隅开发规划	屋久岛西部林道
回避、减轻等类型	回避（中止道路的新建）	回避（撤回道路规划）	回避及减轻	回避（取消拓宽规划）
有无指定的保护区及其内容	日光国立公园特殊区域	大雪山国立公园特殊区域及特别保护区	日南海岸国定公园第二种特殊区域	雾岛屋久国立公园第一种特殊区域（世界遗产区域）
项目主体	群马县和福岛县	北海道开发厅	鹿儿岛县	鹿儿岛县
行为	道路的新建	道路的新建	包括石油储备基地建设的大规模填埋	现有 1 车道的拓宽
项目类型	道路	道路	港湾	道路
环境保护问题概要	在高层湿原和湖沼等优质景观地中建设车道	在存在原始自然环境的区域建设车道	日本为数不多的白沙青松的海滨沙滩景观消失	切断亚热带～山毛榉带的植被的垂直分布，阻碍野生动物的移动
环境厅的法律干预	自然公园法（公园项目的执行许可）	自然公园法（公园利用规划的追加）	自然公园法（许可及申请），公有水面填埋法	自然公园法（公园项目的执行许可）
进行回避或减轻的法律程序阶段	自然公园法项目许可后、施工中	自然环境保护审议会答复后	法律程序开始前	国立公园项目决定后、项目许可前、接受审议会意见实施调查的结果汇总阶段
反对运动的主体	自然保护团体	自然保护团体	当地居民	研究者
国际舆论等	无	无	无	国际灵长类学会要求书

续表

案例	尾濑道路	大雪山道路	新大隅开发规划	屋久岛西部林道
回避等决定的情况	环境厅根据自然公园法同意了该规划，但环境厅长官说服了县长官，两位长官决定中止规划	针对规划的追加，环境厅向自然公园审议会咨询，由于否定意见占多数，还未得到答复前，项目单位就撤回了规划	省里于 1968 年公开规划后，考虑到舆论和环境厅的压力，多次缩小规划，最终决定把志不志湾的扩建整治从新大隅开发规划中脱离出来，在与环境厅进行事前调整的阶段，缩小了规模。把新大隅开发规划缩小为仅在南端以出岛方式修建石油储备基地，该缩小案得到了环境厅长官的好评	省里实施的环境影响评价的结果显示，可能会出现无法预测的影响，这有悖于世界遗产登录等规划初衷，所以省里自己公布了规划的取消
回避年度	1971 年	1973 年	1978 年（港湾），1982 年（石油储备）	1997 年
后处理的法律程序	内阁会议同意“关于尾濑道路工程的中止”，公园规划和项目的中止	无	志不志湾扩建，石油储备基地法律程序结束，完成	无
备考	被放弃的规划，是 1967 年把以前经过尾濑湖畔（特别保护区）的规划的路线、改到集水域外的规划。也就是说，这时已经进行了一次“减轻”	接替自然公园审议会进行审议的自然环境保护审议会自然公园部，以部门负责人谈话的形式，公开了在自然公园内新建道路的基本想法	反对运动不断，并诉诸法庭，原告败诉	针对道路的应有状态，县里召开了为期一周的研讨会，当地 2 町希望维持现状

屋久岛西部林道的案例中，根据审议会上决定项目时的意见，项目单位进行了自主调查，结果放弃了拓宽规划。

以上与道路有关的案例说明，即使依据道路法决定在公园内的核心部分新建或大幅拓宽道路的规划，在现实中也是很难实现的。

新大隅开发规划中鹿儿岛县计划在日南海岸国定公园的志不志湾中心地区修建大规模工业地带。随着反对运动不断激化，当时的环境厅也对公园的拆除表示出否定的意见，虽然大幅度地缩小了规模，反对运动也未平息，最终以仅限于北端的港湾扩建和南端以出岛方式修建的石油储备基地结束。当时，在青森县的“陆奥小川原”，也规划了同样的大规模开发，虽然这里也发生了大规模的反对运动，但“陆奥小川原”最终是按最初的计划进行了开发。这里的差别之一应该是国定公园的存在。此外，港湾扩建和石油储备基地也是港湾法和公有水面填埋法规定的必须开展环评的案例。

目前，自然公园中的生态缓和体系包括：在其核心地区（特别保护区 、第一类特殊区域），最优先实施“回避”；在其他地区，对于超过一定限度的开发，也要最优先实施“回避”。此外，无论怎样都无法“回避”时，则采取“减轻”措施或“补偿”措施。对许可权限进行管理的行政制度保障了生态缓和的实施，在事前协商阶段，按“回避”、“减轻”、“补偿”这种优先讨论顺序对保护对策和技术进行的讨论，促进了生态缓和的实施。

（3）自然公园的生态缓和案例

1）上信越高原国立公园志贺路改造项目环境影响评价的概述

在自然公园中，迄今为止，为了保护自然风景，对各种各样的开发行为采取了景观保护措施。这些措施虽然未被定位为环境影响评价中的生态缓和，但实质上是相当于生态缓和的环境保护措施。

下文将对通往志贺高原的道路整治过程中的生态缓和案例进行详细的论述。志贺高原是1998 年长野冬奥会滑雪比赛的主会场之一。以下的记述大多出自长野县土木部中野建设事务所、山之内町篇的《与自然共生之路的建设——志贺路》（1997 年）。

志贺高原位于上信越高原国立公园的中心，火山活动形成了岩菅山、志贺山、横手山等，海拔 2000m 级别的群山层峦叠嶂，针叶林中散布着 70 多个湖泊和湿原，广泛分布着富饶而美丽的自然景观。这里是黑熊和日本斑羚等大型野生鸟兽的生活区，生息的动物种类也多种多样，还是高山植物的宝库。以海拔 1500 ～ 1600m 为界，可以把志贺高原的森林清楚地分为山地带落叶林和亚高山带针叶林，这里有很多自然探险路线和登山路线，可以边走边学习和观察自然的构成。

连接中野市与志贺高原的是国道292号和省道志贺高原线（通称志贺路）。志贺路虽然是“纵贯每年有 600 万游客来访的国际旅游胜地——志贺高原”的干线道路，但由于是山间道路，路窄，曲线半径又小，而且纵向坡面很陡，冬季滑雪游客等的通行车辆经常引起交通堵塞。因此，以奥运会的举办为契机，于 1993 年 5 月，政府开始实施以提高利用者的安全性和舒适性为目的的道路整治项目，并计划于 1996 年完成。

因为该项目经过上信越高原国立公园的特殊区域，在实施中要优先考虑环境保护，所以实施前经过了以下程序：在长野县的道路项目中，首次根据“长野县环境影响评价指导纲要”，召开地方说明会，听取了相关居民的意见；同时经过县环境影响评价技术委员会进行实地调查和审议，于 1992 年 9 月提交了环境影响评价准备书，并进一步于 1993 年 3 月提出了环境影响评价报告。同时，在施工时，特别是上林到一之濑之间的 1.6km，是在国立公园特殊区域内进行的施工，所以为了把兼顾自然环境的《与自然共生之路》的建设具体化，召开了“环境保护对策研讨会”，就植物的移植方法、表土复原方法及动物的移动路径设置场所等问题进行了讨论，并将其成果反映到工程中。

2）项目规划的制定

以环境影响评价为依据的项目规划的制定方针如下：

A．道路计划的制定

为了尽可能避免出现新的土地改变，不对纵向坡度进行大幅度的改造。

把曲线半径不满 50m 的急转弯区间，改造为 50m 以上（图 2）。

设置线形堆雪带（图 3）。

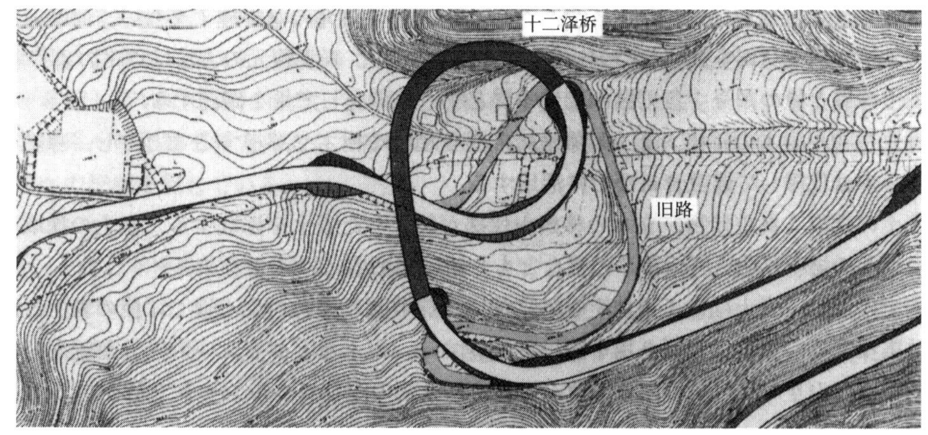

图 2　弧线半径不足 50m 的急转弯区间的改造

在将现有道路中弧度半径不足 50m 的急转弯改造为半径 50m 以上的同时，考虑自然环境，通过架设桥梁，尽可能的避免对土地的改变。

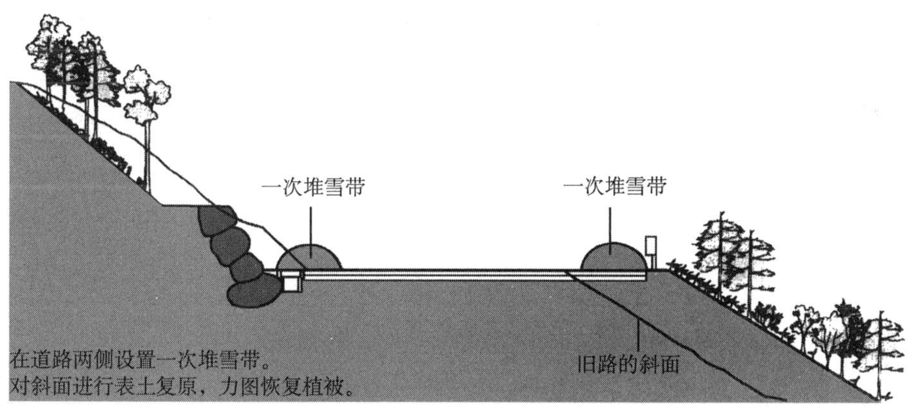

图 3　一次堆雪带的设置

B．残土处理规划

基本上不把工程中产生的残土集中在一个地方，而是进行小规模分散处理，并把已经改变的地方选为残土处理场。

C．道路建筑物的景观协调规划

在桥梁、护坡、防护栏、路面排水沟、箱形暗渠等的设计施工中，要讨论兼顾自然景观保护的结构、材料、色彩、施工工法及景观协调等问题。

D．道路绿化规划

从长期来看，要以恢复与周边植被的种群构成类似的植被为目标，充分利用自然的恢复力。

从短期来看，要留心繁殖基础设施的配置，早期以复原由乡土种构成的植被景观为目标，采用适当的绿化施工工法。

E．环境保护对策

要考虑到施工中及投入使用后，对周边环境及自然环境的保护。因此，制定了①大气、噪声对策，②水质保护对策，③现存植物的保护对策，④坡面绿化对策，⑤动物移动路径对策，⑥景观对策，⑦地形、地质、防灾对策。

F．监测规划

要对施工中伴随的各种环境影响进行监测，为了验证预测评价结果，要在施工前、施工中及施工后，对所关注的环境项目：①大气质量，②水量，水质，③噪声，振动，④恶臭，⑤植物，⑥动物，⑦景观进行监测。

3）植被的保护

在项目施工的区域，受海拔、地质、气象等影响，山地带及亚高山带植被中出现了湿原，还进一步出现了部分高山植物，所以植被中呈现出多种多样的植物相。在海拔 1500m 以下的地域，山毛榉 - 粗齿栎群落的山地带落叶林占据的面积很广，其中分布着杉树等人工林；在海拔 1500m 以上的地域，亚高山带自然植被中的白叶冷杉 - 鱼鳞云杉群落占据的面积很广，其中散布着细竹 - 月桦群落、月桦群落等落叶阔叶树人工林及细竹群落。植物保护对策中，这里采用的方法有表土复原和现存植物的保护两种。

A．表土复原

采用“采集道路改建工程中挖出的表土，来进行复原”的表土复原手法，以期依靠自然的恢复力，来保护当地原有的植被。然而，关于表土复原中的植被恢复效果，目前资料还不充分，所以，要一边施工一边进行表土复原的试验施工，同时观察多种条件下的植被恢复情况，来积累数据。表土复原的方法如下所示。

① 表土的质与量的调查：要调查各工区中表土的质量和厚度，并确认数量。

② 珍贵植物及树木的移植：要移植施工对象区域中的珍贵植物及树木，对于无法移植的大树，要将其砍伐并活用为建设材料等。

③ 表土的采集：珍贵植物及树木的移植或砍伐结束后，要对当地的表土进行采集。在采集表土时，还要一起采集生活在那里的草根等。

④ 表土的保管：为了有效使用施工用地，要把表土集中堆积在采集地的旁边，并避免与其他表土的混合。或者设置临时存放处来保管表土。为了不让表土中的养分因雨水等而流失，要以 20% 左右的坡度，把表土牢固地堆积起来。大雨时要用塑料布遮上。

⑤ 表土的覆盖：为了让表土更容易附着在切割工程结束后的坡面上，要先修出水沟再覆盖表土。表土的厚度分别为堆土 20cm 左右、切土 10cm 左右，覆土完成后加固，进行复原。

⑥ 表土的绿化：为了帮助复原表土的绿化，可以栽植临时移植的树木；为了加快绿化速度，也可以并用播撒曾在当地生活的植物种子的方法。

B．现存植物的保护

为了尽可能保留在道路改变地区生育的树木和珍贵植物，并通过乡土种来复原植被，事先对现存植被进行了调查，并制定了移植计划。移植的对象植物是兰科等珍贵植物和能够移植的树木。把移植地设在施工区域以外的类似环境，制作植物的繁殖情况记录卡，到其定居为止，持续进行观察。此外，为了再次利用能够移植的树木，把其作为绿化树暂时移植到其他地方，并按工区分类编号，来进行管理。

4）动物栖息地的保护

志贺高原上存在多种自然环境，是很多动物的栖息地，环境影响评价的调查结果也确认了很多物种的存在。因此，为了保护在道路周边栖息动物的环境，设置了桥梁和隧道。这也是为了尽量减少对原有山地的改变，来保护动物以及植物和水系等整个生态系统。为了让小动物能安全地过马路，在几个地方设置了动物专用的隧道（图 4），并决定通过动物的足迹等对移动隧道的利用情况进行跟踪调查，来确认其效果。此外，只有在交通安全需要时，才会设置道路的夜间照明，极力控制对动物生态系统的影响。对于动物的移动路径，通过张贴标识等方式来促进道路利用者对动物的注意。

本文为 1999 年度科学研究费补助金基础研究中，“日本生态缓和银行可行性的相关研究”。课题的一部分，课题发表了论文“日本行政体系中的生态缓和”（中岛庆二、久野武），本稿以该论文为基础，根据本书的主题，由中岛摘选了一部分，并由亀山进一步加工完成。

图 4　为了确保周围栖息的动物的移动路径而在道路下方修建的隧道

（中岛庆二・亀山章）

参考文献

1）長野県土木部中野建設事務所・山ノ内町（1997）：自然と共生する道づくり－志賀ルート，一般国道292号および県道奥志賀公園線道路改築事業．

2. 里山的生态缓和

（1）日本的里山

目前，包括里山在内的第二自然的重要性日益提高。里山作为农用林，曾经与农民密切相关，在密集型管理下，维持着与原自然风貌迥异的特有生态系统。里山的定义多种多样，狭义上是指围绕农业地区或市区，为我们的生活提供能源的森林。当然，里山还是粮食和肥料成分等的供给源。所以，里山的管理是在一种或几种目的下进行的。在里山中，是按照利用目的来保存或栽植自生个体的，所以形成了以有用树种为中心的种群。因此，在长期被弃置的里山中，很难恢复到农用林以前的植被，很多变成了灌木丛。当然，如果从几百年这样的时间范畴来看，恢复为原生森林的可能性也存在，但在形成了大面积里山的地区，则因无法提供已经灭绝的物种而使问题变得不再单纯。

在包括里山在内的农村地区，形成了以自给自足生活为前提的景观，并且大多混杂着马赛克状的小面积农地和草地等。离住宅越近，这种景观越显著；距离住宅越远，马赛克的单元就越大。各个马赛克的面积，只要能使当地居民获得能够自给的收成即可；所以，在离住宅相对较近的范围内，如果各种各样的空间混杂，会更利于居民的生活。此外，对于不同的土地利用形式，人为介入的方法不同，在当地生存的物种构成也不同，所以形成了小面积中混杂着多种生物相的景观。

近年来，这种在里山中增加农地和草地等的景观被称为里山景观，对此景观进行整体把握的想法逐渐成为主流。在里山景观中，里山被看作核心的存在。在长年维持下来的马赛克状空间中，混杂着各种特性的空间，并维持着特有的生物相。近距离内混杂的多种空间，使动物能够容易地在狭小的范围内进行繁殖活动、觅食活动、休眠活动等。例如，鸣禽类可以在次生林边缘的灌木（斗篷群落）上筑巢，在田埂中种植的赤杨上歌唱。这种由多样性生境呈马赛克状分布形成的人工景观，就是里山景观。

里山过去曾是一次性生产的地方，很多里山一直被当作低产林而被看成林种转换的场地。甚至有些地方连该作用都不再被承认，几十年间一直被弃之不管。在此期间，有很多森林发生了自然演替，但也有很多森林无法恢复回里山以前的植被，就那样直接演替下去。现阶段，这些森林被看作灌木，在过去那样的密集型管理下维持至今；但从视觉角度来看，它们已经不再是美丽的风景了。对于在第二自然中生存的生物来说，这就意味着栖息空间急剧减少了。在作为地区性的灭绝物种或濒危物种而被载入红皮书的生物中，包括很多在第二自然中生存的生物，就说明了这个问题。

另一方面，人们开始重新将这些环境看作人类不可或缺的环境，并积极努力寻找其新作用和功能。以行政和民间团体为主体的里山管理志愿者活动等就是典型的例子。这些活动以城市近郊为中心不断扩大，但从日本现存的原有里山来看，面积真的很少。目前，多数里山都仍是停止管理时的状态。而且，如果与开发冲突，里山基本上会毫不犹豫地被消灭。离城市越近，里山周边的环境变化就越剧烈[*]。很多现在广受关注的里山，过去都曾是在农村地区中存在的森林，然后在城市化的浪潮中被市区所吞噬，现在的森林几乎都可以称为城市林了。这些森林大多已经失去了作为里山的功能，同时也失去了里山所具有的生态功能。由于开发的推进，过去处于城市近郊的里山第二自然不断破碎。随着林缘部分（距离）的增加，破碎化带来的影响愈发显著，如果破碎化进一步加深，森林就会开始孤立。在孤立的森林中，多样性的程度的减少是呈等比级数的，能够在那里栖息的物种数也会急剧减少。开发等造成的其他与里山相关的第二自然的消失，会导致森林生态系统的破碎化和孤立化，所造成的影响进一步扩大。

里山的弃置，会导致物种水平及景观水平的多样性减少。随着植被的演替，里山特有的生物相，即冰河期的遗存种能够生存的环境会急剧减少。在光叶树林地区，自然演替形成的森林植被是以常绿阔叶树为中心的郁郁葱葱的森林。一般来说，在达到极顶期的森林中，生物的多样性比第二自然还低。而且，由于森林植被会随着布局而扩展，小面积的马赛克状风景会消失。如果目标是更原始的自然，可能会接受这种景观；但如果所追求的景观是人为创造的第二自然，就不会接受这种景观了。必须意识到，我们所追求的里山景观，并不是极顶期的森林景观，而是人为阻止演替的景观。

（2）生态缓和的对象——里山[①]

把里山景观中的马赛克一个一个单独地抽出来，然后独自维持原状，是很困难的。这是因为，只有各种各样的马赛克结合起来，它们才会有效地发挥作用。在对里山进行生态缓和时，这一点是非常重要的。

生态缓和的概念是在湿地保护中开始构筑的。湿地是最难修复的生态系统之一，破坏和保护的界限分明，所以很容易理解。与此相比，里山是典型的第二自然。正如田中（2000 年）[1)]提到的那样，对消失的香港红树林和人工养虾池的自然环境的复原是对二次自然进行考虑的著名案例。然而，这些都是湿地环境的生态缓和实例，不管采取回避、减轻、补偿中的哪种形式，湿地中应该保护的生态系统概况都要比里山容易了解。

1）里山生态缓和的注意事项

研究里山生态缓和时，首先要注意的一点是，里山空间本身所具有的特殊性。生态缓和的想法是以湿地生态系统为对象形成的，要将其直接套用到陆域生态系统而且还是人为形成的里

---

①有很多关于里山现况的详细报告，例如从规划论的角度编写的特集《里山与人类，以新关系的构筑为目标》（景观研究，61（4），275-324，1998）等。

山景观的保护，是存在很多困难的。具体内容列举如下：

生态缓和需要进行事前评价，但目前还未设定关于里山评价的绝对标准。正如前面提到的那样，几十年前的真正意义上的里山，已经基本消失了。在这种情况下，将怎样的第二自然构成的空间看作里山，是很难判断的，目前也很难在现实中找到印象中的里山人工林。

还有一个问题就是，还未定义将怎样的空间当作里山生态缓和的对象。这是因为，如果仅对生态上较重要的狭小空间或被承认为里山的森林实施生态缓和，无法达成其目标的情况会很多。在里山中，多数需保护的动物种大多生活在呈马赛克状分布的多个栖息地中。如果把这些动物种作为生态缓和的目标，就必须考虑到对象空间中存在的对象种赖以生存的空间，包括所有栖息地在内。

植物种也存在类似的问题。计划对某特定植物种进行补偿生态缓和时，虽然不像动物那样需要多种空间，但为了确保植物的生存空间，其面积需要将林缘效果考虑在内。呈马赛克状分布的多个栖息地是在相互影响中形成的。对于不同的对象种，林缘效果的影响波及的距离也不同，但实际中用来表示这个距离的信息在很多时候都是无法获取的。

动物种和植物种共通的问题是，应该将设想的里山空间扩大到什么范围。正如上一节提到的那样，很多时候，如果不设想出包括第二自然在内的各种里山景观，就无法对规划进行讨论，这种情况会出现很多。这时，对于要进行生态缓和的栖息地来说，不能仅以狭义的里山——人工林为对象，还要考虑到广义的里山，即包括里山周边的多种生境（农地、池塘、水渠、草地等）在内的自然环境。然而，有时以一定的物种为对象的生态缓和时，容易忘记这一思路。

此外，里山景观本身并非纯自然的产物，而是受很多人为影响所形成的景观，这一点也很重要。应该将这种景观看作是自然与文化相融合的复合景观。由此可知，如果从生态缓和的角度来思考这个问题，就需要前所未有的视点。换言之，为了形成里山景观，还需要维持以前的人为管理。如果可以维持原来的生活，问题就会少一点，但很多情况下，文化方面是很难再生的。因此，生态缓和需增加文化方面的意义。

最后也是最重要的一点是，不要想当然地把生态缓和的定义直接套用在里山的生态缓和中。考虑到里山的自然环境已经逐渐荒废，比起回避或减轻两种生态缓和技术，有时补偿生态缓和可能会更有效地保护自然环境，这种生态缓和技术自身内的排序发生改变的情况也可能出现。这就意味着，正如后面将提到的那样，在生态缓和中，除创造出作为新绿地的里山自然之外，有必要坚持对荒废的自然进行再生为目的的生态缓和。

正是在认识到这些注意点的基础上，对各种生态缓和的思路进行讨论。

2）各种生态缓和措施在里山中的应用及讨论

里山的生态缓和与湿地生态缓和相比有很多难以类比的地方，下文以此为重点，根据开展过的生态缓和类型的排序，对里山的生态缓和进行研究。

A. 回避

在生态缓和中，回避被看作最受欢迎的形式。避开在开发规划中敏感的场所，原本是最理想的，但对里山则不能如此断言了。这是因为，由于需开展生态缓和里山的现状不同，其评价也会不同。

在村落附近的区域，如果需开发的森林一直充分发挥着里山的作用，就意味着那里一直进行着密集的管理。这时，如果假设将来也会延续以往的管理，应该首先考虑回避。如果里山中也存在深山分布，即使其管理密度低于村落周边的森林，但如果这时也在进行管理，就该认为那里保持着里山的功能及价值，并将其作为回避的对象。

目前面临的问题是，里山的功能已经消失，过去曾充分发挥作用的空间成为生态缓和的对象。这时，如果只考虑现状，多会认为其作为生态缓和对象的价值已经消失了。然而，如果可判断通过再次进行管理，其功能很容易恢复，那么与回避相比，不进行回避，而是把目标地本身作为开发的对象进行减轻生态缓和或重新进行补偿生态缓和，从而确保具备里山功能的空间，这一想法很可能会对整个区域里山景观质的提高作出贡献。这说明如果生态缓和的内容不同，减轻和补偿有时也会成为优先于回避的生态缓和措施。但是，需要为此设定充分的判断标准。

B. 减轻（最小化、修复、保护管理）

对于减轻生态缓和，也要针对里山制定特有的原则。正如前面提到的那样，开发对里山景观的影响包括：面积的减少，景观的破碎化及孤立化，构成马赛克景观的物种的数量及其类型的减少等。为了尽可能减轻这些影响，可以采取各种各样的手段，但应该把规划阶段和实际开发阶段中的方法分开考虑，实际开发阶段的具体方法将在后面进行论述，这里先来看一下规划阶段的方法。

在减轻生态缓和中，充分的事前调查是必不可少的。这里没有足够的篇幅来论述调查方法，但近年来多采用景观生态学的方法。简单地说，即绘制关于各种条件下的当地地图，然后通过将这些地图重叠，选出开发负荷最低的地区。那么，极力减少上述环境负荷的规划是什么样的呢?不言而喻，是尽量保有完整的面积，尽可能不破坏很多原有的栖息地，在此条件下选出开发区域。

里山成为开发目标时，还必须进一步考虑到开发对象是人为维持的空间这一情况。如果只靠像原生的自然那样，把目标区域围起来并任其自然发展，以此来减轻来自于周边的影响，开发对象的价值便会不断减少。相反地，正如在“A. 回避”中提到的那样，通过导入场内的减轻生态缓和来积极地修复和再生里山的想法也很重要。而且，还要基于这种想法，考虑马赛克的配置，以使空间尽可能易于管理。不仅要圈地，还必须制定易于进行人工维护管理的计划。

C. 补偿

在不断荒废的里山中，补偿性生态缓和应该是最重要的生态缓和方法。由于里山景观的定义尚不明确，对补偿措施的界定是今后的一大课题。把补偿荒废的里山本身作为义务，还是以复原荒废前的里山为目标，会成为制定规划时的重要分歧点。如果把荒废的里山界定为里山来考虑生态缓和，就必须通过补偿性生态缓和，创造出维持原里山功能的空间。这时，就需要定义被选为代替地的空间中的森林应该处于什么状态，有时必须选择与生态缓和对象空间现状相符的森林，也有的只能选择里山功能得以维持或修复的森林。

对于场内的补偿生态缓和，要在目标区域内创造出同等的空间，然后将物种或整个生境移植过去。当然，创造出完全相同的环境是很难的，所以生态缓和中会出现净损失，但因为直接的比较对象就在当地，代替地的评价和选择会相对容易一些。

在进行场外的补偿性生态缓和时，可能会遇到几个困难。正如前面提到的那样，在选择代替地点时，是选择与荒废的里山状态类似的里山，还是选择经过整治的里山，是制定方针时的第一个分歧点。关于移植，有时需要对一些物种进行基因水平的讨论。为了尽量不引发基因资源的干扰，在选取代替地点时必须慎重地开展调查。里山不只是由森林这一个生境形成的，必须从最初就认识到森林只是构成里山的各种生境中的一种；所以，虽说生态缓和对象是里山，有时代替地不一定非是里山不可。此外，各个被持续管理的里山空间都具有区域性，管理形式也有区域性。由于利用目的不同，管理方法也很不同。将这些里山同样作为人工林来处理是否合适，这也是需要讨论的。此外，里山最大的问题是维护管理所需的人力问题。为了解决这些问题，必须在进行谨慎讨论的基础上来考虑场外的补偿性生态缓和。

在进行补偿性生态缓和时，有时需要进一步创造出新的代替地。也可将其称为绿化工程。既可考虑从对象地移植生物的情况，也可种植与目标地完全无关的植物，以待形成新的生物相。总之需要针对应该进行哪种绿化的标准进行，讨论但如果没有植物储备的话，最好优先进行移植，新里山的创造需要漫长的岁月。从生态上来看，用与绿地同样的方法创造出的树林，要达到完全的或近似的森林状态，至少需要制定一百年的规划，明治神宫境内林的案例，也充分地说明了这一点。如果不以这样的时间水平进行规划，并持续进行维护管理，就无法创造出新的里山。从这一点也能看出，在运用绿化的各种方法中，从开发目标地移植的想法是很重要的。

另一方面，如果生态缓和银行正在发挥作用，只要从正在逐渐形成或已经形成的里山中间中选择即可，就不需要这种时间跨度很大的规划。

这里只考虑了对生态缓和空间本身进行补偿措施的情况。然而，里山景观是人为创造的，所以多半也是文化景观。如果考虑到这一点，或许不仅需要对空间本身进行补偿，还要考虑其他方面的生态缓和。对于这个问题，将在其他章节中另行论述。

D. 生态缓和银行

为了对里山进行场外的补偿性生态缓和，必须做好需要很长时间的心理准备。缩短时间的方法之一是生态缓和银行的体系。像里山景观那样，靠长年累月的人类管理形成的景观，是无法在一朝一夕就恢复的。因此，如果事先存在作为生态缓和银行来储备的空间，通过在这里寻求代替地，就可以减少时间上的损失。

如果生态缓和银行的对象也是里山，进行方式与湿地生态缓和完全不同。这是因为，里山不仅需要确保空间，还需要维持其质量的机构或系统。代替地的要求越具体，维持符合其要求的银行的施工就越困难，这是显而易见的。在生态缓和银行项目中即使未准备好与要求完全相同的空间，也要储备与其同等或更好的空间。虽然在数量上无净损失，但在质量上是存在净损失的，这样的生态缓和应该尽量回避。为保障生态缓和银行的储备有效地发挥作用，需要努力维持空间的管理。

在成为开发对象的阶段，里山是处于传统的管理状态还是处于已经被弃置的状态，其现状评价是完全不同的。对被弃置并形成了灌木丛的原有里山，是直接进行评价还是依据过去受到管理的空间进行评价，二者区别很大。由此进行的评价内容会完全不同，而且将其作为银行的对象时，所需的维持经费也会不同。因此，以里山作为生态缓和的对象时，有必要明确表示评价轴并指出对对象空间进行评价的视角。而且还要充分认识到，里山是只有通过持续的管理才能维持的景观，仅靠开发时的一次性投资，里山空间是不可能持续的。对以人为管理为前提的空间，要赋予一定的附加价值，并对此进行评价。

（3）生态缓和绿化工程技术

在考虑里山生态缓和时，实际可以考虑什么样的技术呢？关注目前已经开展的里山生态缓和的方式时可注意到采用的技术分为农林学技术和工程学技术。

如果只考虑狭义的里山，前者包括各种各样的林业技术。对萌芽林进行施工的技术：则设定相对较短的采伐期的采伐方法和采伐时期的技术，翻地、杂草管理等林床管理方法等。此外，如果把里山设定为景观，则构成这些景观的所有生境的管理方法都被包括在内。农地中的技术则包含农地本身和垄等的管理技术、用于供水的水文管理技术等。草地中的技术包括收割和烧荒的相关技术。此外，池塘管理等也是重要的技术。在这些技术中，肯定包括用于维持构成里山景观的所有第二自然的技术。然而，这里的篇幅有限，无法罗列所有的技术，所以不再多做论述，具体的说明请参考各自的专业书籍。但是，对于某些技术，现在市场上已经不再出售了。例如，关于从林业的角度，对里山本身（过去被称为农用林）的管理进行论述的书籍，从昭和20年代（19世纪50年代）开始，就绝版了。

工程学技术中也包括了里山生态缓和的技术，如水文技术等。这里暂且不提这些技术，先关注通过补偿性生态缓和来移植或创造出目标植被时需要哪些绿化工程学技术。绿化工程技术根本上多是将治山技术、林业技术和造园技术应用到更加人工的空间逐渐形成的。绿化技术，现在反过来又被应用在以自然目标的地方。对于里山景观那样的空间，在对其进行维持的劳动力充足的时代基本不需要应用这种技术，仅利用各地域传统的管理手法就足够了。然而，当今时代，这样的管理人员迅速消失，所以必须依靠绿化工程学技术来弥补。在现在的绿化工程技术中，有哪些是实际上能够应用的呢？下面将列举其中的几种技术。

1）根株移植

在过去进行萌芽林施工的里山生态缓和中，会将达到一定树龄、即将失去萌芽能力的根株挖出，并在原地栽种籽生树苗或移植根株，来维持其作为萌芽林的功能。在绿化工程学领域，要尽可能发挥将因大规模开发而消失的植被，从这个观点来看，根株移植“把即将被破坏的植被移植到可以重新生长的新空间或其周边的人工空间”，这种技术逐渐开始受到关注。在这一点上，与从里山维持的角度进行根株移植的意义是不同的，确实可以称之为生态缓和。绿化工程学中的根株移植，被看作用来保护生态系统的技术。在根株移植中，地上部分会被砍掉，只有根株会成为移植的对象。因此，森林即将大规模消失时，可以很容易地用机械将根株挖出，所以也是很容易操作的技术。这种技术由于园林树种仅限于富于萌芽力的种类，所以很难原样移植富于多样性的森林植被。相反地，对于通过萌芽林作业而维持下来的里山，根株移植会成为有效的方法，据称在由枹栎和麻栎构成的里山次生林的生态缓和中，根株移植等技术已经很成熟了。

2）大树移植

在庭院营造领域中，已经发展出直接移植大树的技术。例如把即将被水库淹没的樱花移植那样，很早以前就开始尝试大树的移植了。然而，大树移植所需的劳动力和经费都很庞大，除非万不得已是不会实施的。这个问题现在依然存在，但近年来，直接将大树移栽到市区新建的庭园空间的案例越来越多。这时，会用大型拖车运送根部被牢牢捆住的大树运来进行栽种。

另一方面，虽然不需要特别对待，越来越多的规划提出尽可能不砍伐大树，而是将其活用。在前面提到过的根株移植的应用中，不砍伐地上部分，而是直接进行移植的方法，就是这里所说的大树移植。随着大型机械的发展，这种方法逐渐成为可能。移植大树时，带着整个根球移植的情况很少，多是先用大型机械挖出个体的树根，然后直接运到移植目的地的树坑中（图1）。但这种情况，移动距离大多不是很远。需要长距离移动时，要做出稳固的根球，尽量不让根系变形。

图1　绿化工程中的大树移植

大树的移植是带着地上部分直接移植的，所以还可以移植萌芽能力不高的树种。此外，虽然移植时会减少树枝和树叶的数量，但因为保留着地上部分，移植刚结束就可以保持绿色，是一种有用的方法。不过，大树移植要考虑到施工时期和移动距离等。

3）表土的保护及休眠种子的利用

在开发后进行绿化时，在较容易获取绿化栽植基础材料的方法中，表土保护一直备受关注。过去的表土保护中所关注的大多是表土的物理性，而且多被看作低价建成适合绿化的栽植基础的方法。但最近表土的另一个特性，即作为种子银行（休眠种子）的功能的利用已经受到关注。关于这个问题，将在Ⅲ.4“植物群落”中进行详细论述，请参考。

表土是在目标地中采集的可以直接利用的物理性丰富的土壤，其中可能还隐藏着一些具有恢复当地植被的能力的材料，所以用处很大。但在有些类型的土壤中可能未发挥出种子银行的作用，所以需要进行事前调查。

4）人工构筑物的改善

以动物为目标的“减轻”生态缓和方法之一是在构筑物上下功夫。道路建设和铁道建设等连续的带状人工构筑物，会将一个完整的生境切断，所以在制定这种规划时，理所当然地要努力回避或使影响降至最低；但即使这样，抑制所有的影响也是不可能的。虽然无法抑制对植被造成的林缘效果等影响，但为了将两侧剩余的不受影响的部分连接起来，可以人工建成动物能够相互往来的空间。这样的案例有很多，例如动物专用的箱形暗渠和陆桥等横跨构筑物的案例随处可见，但怎样的结构最适合，什么材料对动物造成的负担最小，这样的研究还很少。以动物的移动为前提的构筑物设置，今后还会不断增加。此外，修建带状设施时，还可以将其建成桥墩式，这样一来，工程中暂且不说，竣工后就会变为很难对动物的移动造成影响的交通结构。

在小型工程中，还提出了在排水沟设计中具有极力避免小动物因构筑物而送命的结构等方案。这样的努力可以作为使场内的“减轻”生态缓和更有效的方法来应用。对于这些人工构筑物，请参考Ⅲ .11“哺乳类”和Ⅳ .3“道路整治”。

5）生态廊道的打造

除了在构筑物上下功夫，还要努力把构筑物本身变成生物移动能够利用的设施。在前面提到的构筑物改善的基础上添加绿色空间，能够使动物的移动变得更加容易，这是不言而喻的。利用以市区绿化为主要目的而开发的绿化工程技术，对箱形暗渠的内部和陆桥部分进行绿化可作为有效方法。利用开发时产生的表土及其内含的种子银行等，能更有效地达成目标，是应该提倡的方法。此外，从周边植被中采集种子培育成幼苗，然后进行栽植，也是有效的方法。近年来，在绿化工程学领域中，尽可能栽植从目标地附近区域获取的幼苗的想法，逐渐成为定论，成为考虑生态缓和时重要的考虑方法。

生态廊道（corridor）的栽植，不仅能使动物生态系统的连接得到恢复，对连接被切断的植被也具有积极意义。虽然要求繁殖条件必须适合先驱性植物，生态走廊的功能还是很值得期待的。

6）生态的带状植栽

在大面积的开发不可避免时，为了连接破碎、孤立的生境，要积极地打造生态廊道。包括已经开发多年的地方在内，将某地作为生态缓和银行的目标地考虑时，也要打造新的生态廊道。

这时，至少要设置鸟类和小动物能够移动的种植带。进行种植前，要对周边植物的构成种进行谨慎的调查，并根据调查结果对植被带进行规划，该植被带要利用从周边植被中采集的表土或种子培育出的幼苗，而且要具有足够的容量（宽度）。

有报告指出，像英国的绿篱（hedgerow）那样的低灌木栽植等，虽然不足用于大型动物的移动，但对于昆虫类、小鸟类及小型动物来说，已经发挥了生态廊道的功能。考虑生态缓和银行时，这种栽植对里山的附加价值的提高也有所帮助。

7）促进种子的散布

在绿化工程的施工中，加快植被恢复的速度对于提高评价是很重要的。其方法多种多样，但生态缓和中评价最高的方法是，将目标地植被恢复为与其周边基本融合的植被类型。除了大量导入从周边采集的种子培育出的树苗，还可以利用周边的种子供给进行自然更新，这对于加快植被恢复的速度以及顺应项目实施地区的气候来塑造植被，都是很有效的。

从周边导入种子的方法中最有效的应该是利用动物相，积极地引入依靠动物来播撒种子的植物。为了更易于引入依靠鸟类及小动物来播撒种子的物种，可设置鸟类的饵料台或创造小动物易于进入的绿化环境。目前正在研究依靠鸟类等进行的物种引入。但从植被种群构成来看，仅偏重于鸟类散布的物种导入是存在问题的，还需要进行充分的讨论及跟踪调查。

目标地与周边自然植被的联系被切断、处于孤立状态时，人为导入树苗是一种解决方案，还可以采用种子导入的方案。但是，这时需要对种源地进行充分的讨论，特别是稀有物种，可能在基因水平出现杂交问题，需要慎重对待。

绿化工程技术中采用了大量土木工程学的方法，随着社会环境保护意识的高涨，近年来开发了更加重视自然的技术。例如，保留斜面的新生树木的同时加固林床（地表）的绿化施工工法（图 2），这一工法在实践中已逐渐开始进行，期待能充分应用到各种生态缓和的有效实施中。

图 2　保留乔木种、同时加固斜面的绿化方法（施工中）

（4）英国的次生林生态系统保护活动

美国在生态缓和技术领域较为先进，因此有很多关于美国生态缓和的报告，这里就不再介绍了。事实上很多国家虽然很少使用生态缓和这个术语，但在保护自然这个相同的目的下的各种活动可以认为就是生态缓和。尤其是在包括德国在内的欧洲各国，被认为是生境保护较先进的国家，几乎均与美国在同一时期开始制定各种各样的政策，并逐渐形成了对生态缓和的社会共识。下面将介绍英国生态缓和中伴随的第二自然保护活动。

1）英国的第二自然环境

英国是欧洲森林率较低的国家，现在仅 7%，而其农用地占国土面积的 80%。加上英国最先开始殖民地政策和产业革命，很早就开始开发森林，所以原始自然基本上所剩无几。这就导致大部分森林都是经过人为管理的二次林或针叶树人工林。20 世纪以后英国开始导入针叶树的植树造林之前的森林大半是由落叶阔叶树构成的。其中虽然也有欧洲栗等较早导入的树种，但大部分景观仍由落叶阔叶树形成的。对于仅剩的森林，英国国民的保护意识很强。20 世纪 70 年代，1600 年以来保留下来的森林，逐渐开始受到高度评价，被称作古森林（ancient forest）。事实证明，从生态学的角度来看，在这样的森林中，稀有种残存的概率很高而且物种多样性丰富，所以一直被评价为最珍贵的森林代表。

因为地形平缓，现在的英国自然景观中呈马赛克状混合分布，以田地和牧场等为中心的农地、主要靠萌芽林作业维持的落叶阔叶林（图 3）、20 世纪以后剧增的针叶树人工林为主的针叶林混和林以及自然草地。此外，还有一种被称为树篱的低灌木，这种树篱 11 世纪以后用作土地所有边界的标识。在英国，逐渐形成了这种农地、林地及草地混合分布，并分别以树篱为界的景观（图 4）。当然，在几百年中，英国的景观也发生了一些变化。很久以前，由于圈地导致树篱密度降低，20 世纪以后，针叶树人工林的剧增及土地利用形态的变化导致树篱

图 3　英国，肯特郡的欧洲栗萌芽作业（coppicing）林

图 4　林地、农地、牧场、住宅区、树篱等混合分布的英国景观

质量下降，景观恶化的现象受到公众的指责。对景观变化的反思始于 20 世纪 70 年代，随后国民意识的变化也逐渐反映到政策上，提出不能将森林仅看作森林，而要将其看作与农地成为一体的景观并在此基础上考虑解决方案，在考虑日本里山的生态缓和时，这种态度很值得参考。

2）英国国民意识的变化及政策

纵观英国的农地政策变化，19 世纪以后，英国颁布了各种各样的法律规定（Green，1998）[2)]。二战前后，根本意识不到农业会成为环境的天敌。农地景观不仅是粮食生产的场所，还被看作野生生物丰富、休闲娱乐的场所以及创造并维持优美的田园景观的所在。正如 Scott（1942）[3)] 提到的那样，农林种植户被看作“景观园丁”。然而，随着意识的不断变化，农业生产的发展与环境的和谐渐行渐远，野生生物减少等环境退化逐渐成为社会问题。从 20 世纪 70 年代后期开始，对农村地带的政策，从法律规定的补助金制度转换为对与自然和谐的农业进行奖励（Green，1998）[2)]。具体包括：对重视传统的农林业，考虑到保护景观及野生生物繁殖场所的农业进行奖励的制度；对维持这种景观有功的农民，给予补助金的制度；另外还有导入种的规定；农药使用的规定；对在休耕地中营造出新生物相的奖励制度等（鹫谷、矢原，1996）[4)]。农地的林地化和休耕如图 5 所示，农地的周围不是耕作的对象，而是作为杂草群落进行粗放管理。事实上目标区域并非仅限于存在珍贵物种和生态系统的区域，而是更广泛的区域（Green，1998）[2)]。同样，在英国森林的破碎化也在加速，80% 的古森林（ancient forest）的面积还不到 $20hm^2$（Thomas 等，1997）[5)]。对于这些森林，不能从各个森林的角度，而要从包括分散的森林在内的广大区域的角度，将这些森林作为保护对象。现在，虽然用作补助金的资金还不多，但英国政府已经逐渐增加预算。这些活动目前也号召更多的志愿者活动尽可能让地区居民都参与进来，这还会进一步提高国民整体的意识（Green，1998）[2)]。

英国的政策与国民有一个共识，即不把目标森林看作原始的自然，而是在将其看作文化景观的基础上形成的。正如 Green（1998）[2)] 指出的那样，文化上的农村景观，在完全弃置和密

图 5　因休耕而不耕作的耕地边缘

集型管理的两极之间，处于不稳定的平衡状态（图 6)，而为了以大家都能接受的方法来维持这些景观，肯定需要对农林业进行补助。

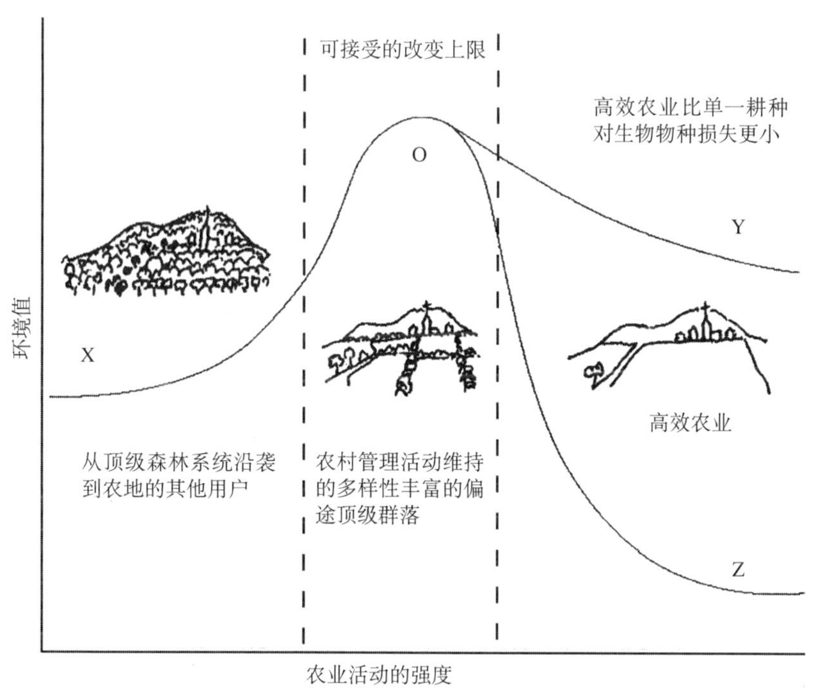

图 6　文化景观的动态图 (引自：Green，1998) [2]

3）森林及草地的生态缓和方法

正如 Bullock（1998）[6] 提到的那样，生态缓和不是保护行为。保护（preservation）意味着要永远照原样维持目标地的所有生物相。虽说生态缓和中包括多种物种和生物相，但一般保护对象仅限于重要的物种和生态系统，英国是在首先认识到这一点的基础上进行生态缓和的。还必须认识到，生态缓和与以大部分（而不是全部）生物相的复原或创造为目的的行为是同等的。这意味着，生态缓和会创造出与原植被相似的半自然植被，而不是再现所有生物相的行为（Buckley，1989）[7]。

英国的生态缓和始于 20 世纪 80 年代后期，那时被称作“环境生态缓和”，在美国几乎同时也提出了相同的理念。在 1988 年列出的需要移植的目标地中，既包括很多湿地环境，也包括很多草地和森林。移植目的地的半数以上都是作为 Site of Special Scientific Interest（SSSI）而成为保护的区域（Bullock，1998）[6]。

由于草地的大量存在，英国生态缓和中进行了很多由移植完成的补偿性生态缓和。在草地中，把草本植被从地表剥离，然后直接运到移植地的做法是主流。该方法虽然有效，但移动性较高的无脊椎动物等会在移动中逃走，如果移动中出现干扰，很可能会失去再现性；如果干扰很剧烈，则可能导致移植地中原本没有的物种的侵入，环境及与原生地不同的管理也会对生态系统造成的影响（Bullock，1998）[6]。在移植行为中，有很多很难再现原有植被的情况，所以该方法仅适用于以生态缓和为目的的情况，而不应该作为保护行为来进行，这已经成为常识。

在英国，还有其他几种生态缓和方法。例如：创造出新的栖息地；利用从目标地的种子培育出的植物材料，促进自然更新；改善管理方式等方法（Chinn 等，1999）[8]。

4）监测

在英国的生态缓和中有进行监测的义务。监测时间多为 5 年左右，但很多人认为至少需要 10 年以上的监测（Bullock，1998）[6]。尤其是对森林需要更长期的持续监测。进行移植时，不仅要对移植目的地进行监测，为了获取对照区的数据，很多时候还有必要对原生地或其周边地域中同样的生物相进行调查。如果不这样做，有时很难分辨是气象条件造成的生长差异，还是移植目的地的繁殖条件造成的生长差异。

现在，所有的监测结果都会被公开，所以第三方也可以进行评价。以这些报告为基础，可对生态缓和本身进行重新评价，或对管理规划进行重新研究。

以曼彻斯特机场扩建工程大规模开发中的生态缓和为例，需要监测的内容包括：邻近河流的鱼类相和水生无脊椎动物相、林地移植地、鸟类繁殖及草地移植地等。这些调查必须每年实施并上报。移植林地中需要进行的调查内容具体包括：树木生长量的调查，草本种的样方法调查，无脊椎动物陷阱法的调查，地上软体动物调查，鸟类繁殖的调查等。调查分别于施工后第 1 年、第 2 年、第 3 年、第 5 年、第 10 年进行，需要调查的总时间是 15 年。

5）森林的生态缓和案例

英国 Highway Agency 在道路建设中进行了一些生态缓和，这里将介绍基于生态缓和报告和监测结果进行评价的实例（Chinn 等，1999）[8]。

牛津郡的 Shabbington Woods 是被指定为 SSSI 的森林，由于国道 A40 的建设，虽然大半都不在路线上，但有一部分被开发为道路用地，其林缘部分成为生态缓和对象，森林的总面积 305hm^2，林缘的面积仅有 4.7hm^2。经讨论后决定，在邻近地区选取新的土地，将其改造成栽植地。根据周密的植被调查结果，决定进行生态缓和。由于当地的蝶相丰富，制定了维持蝶相的栽植计划。为了不影响蝴蝶繁殖，以其觅食的灌木类和草本类为中心进行栽植，1.11hm^2 的林地和 1.75hm^2 的草地分别靠移植和栽苗完成。从道路投入使用开始，对植被进行 5 年的监测；从投入使用的 2 年前开始，对蝶相进行 6 年的监测。还在投入使用 6 ～ 7 年后，由其他机构进行了同样的调查。本案例中的生态缓和效果所有的评价结果都显示生态缓和会不断成功。但也有人指出，今后的管理需要制定 20 年的管理规划方案，应把该区域按草地、灌木地、树篱及林地 4 类进一步分为 11 个部分，分别制定管理规划。而对于林地，作为管理者的 Forest Enterprise，管理还不够充分。

在北安普敦郡的 Hazelborough Woods 中，进行了国道 A43 的扩建工程。该森林是 ancient forest 中混杂着针叶树栽植地的森林，作为日本睡鼠的栖息地，其重要性一直被关注。为了避免日本睡鼠的个体数减少，施工前进行了讨论。此时，在这里繁殖的特定小动物就成了生态缓和的主要对象。生态缓和规划是以树木的采伐方法为中心的。采伐时期避开日本睡鼠的冬眠期及繁殖期，而仅限于 8 月中旬至 9 月末。而且，为了促进日本睡鼠的自主移动，采伐分两年进行。把宽 15 ~ 20m 的带状采伐部分以几十米为单位进行分割，第一年交替地设置了采伐区和不采伐区，预计由于采伐而迫不得已进行移动的日本睡鼠会移动到森林内部或未采伐部分。于第二年对剩余的部分进行采伐。采伐不是一次性进行，而是从已有的道路一侧开始，每天采伐几米，并逐渐向森林推移。计划以此来促使未采伐部分中的日本睡鼠向森林内部移动（图 7）。在进行该作业时，森林所有者与实际的施工者通过交换备忘录，对工作内容明确记载，违反特别规定时要处以高额（5000 英镑）的罚金。施工后，设置了日本睡鼠繁殖专用的巢箱来跟踪日本睡鼠的个体数，由于在道路附近的部分日本睡鼠的个体数没有那么多，因此推测多数日本睡鼠移动到森林深处去了。该案例中，道路建设前的生态缓和规划得到森林所有者（该事例中是 Forest Commission）的理解非常重要。

除上述两个案例之外，英国还在铁道建设中进行了生态缓和。以笔者介绍过的横穿多佛尔海峡的海峡隧道建设（柴田，1999）[9] 为例，生态缓和中开发了利用挖掘产生的残土对白亚崖下形成的台地进行绿化的技术，因铁路开发而消失的森林进行根株移植开展了研究，都有了一定的进展，并应用到长期的实践中去。

在以植被的移植为前提进行的补偿性生态缓和中，有很多是与道路建设和铁道建设同时进行的。这种生态缓和所需的资金大半由开发单位负担。在 Rail Link 中可以看到，也可以通过

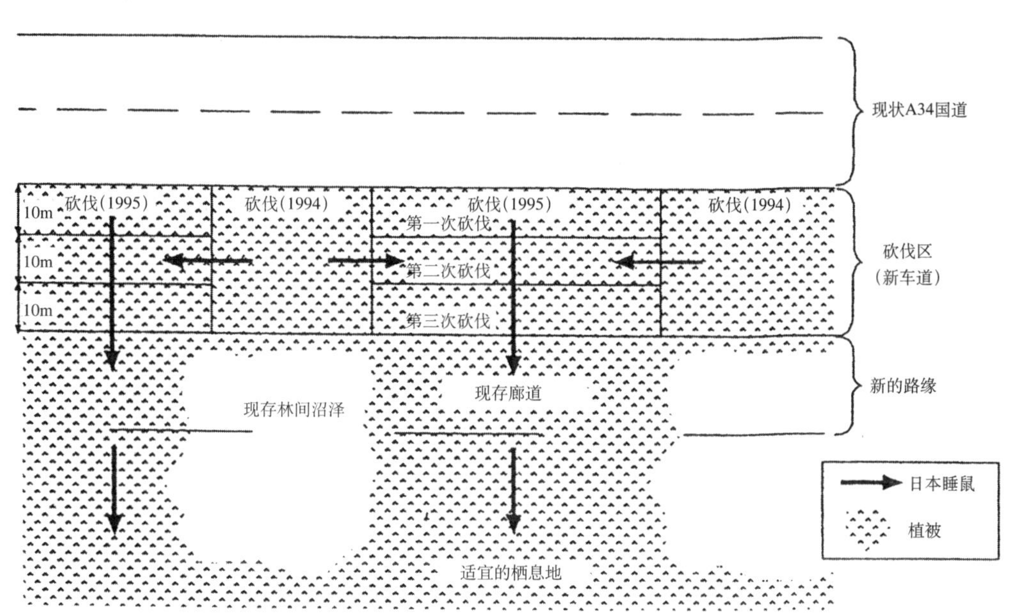

图 7　英格兰北安普敦郡 Hazelborough Woods 为使睡鼠自然迁徙而采取的采伐计划 (引自 Chinn 等，1999) [8]

在铁道用地周边开展植树造林等行为来提高企业形象。这些工程是生态缓和先行尝试，充分发挥了生态缓和银行的作用。

6）生态缓和绿化工程学研究

在英国，绿化工程学研究虽然是在土木工程学领域进行的，但人们对待二者态度大不相同。主要是由于人们往往认为，在视觉上人工构筑物不应该出现在景观中，所以对景观产生影响的构筑物不受欢迎。而从生态学的角度来看，对这些研究有各种不同观点。在庭院及园林技术先进的英国，植树造林时所需的树苗生产技术已经达到了实用的阶段。

作为新的研究领域，生态缓和开始对经常进行的移植开展研究。不只是单纯地移动表土，而是从寻求最佳移动方法的角度进行的研究。其中代表的研究者如 Hietalahti 和 Buckley（2000）[10)]。他们指出尽量采用不造成干扰的原状表土移动的方式是最适合的，但这样做很难回避对宿根草本和球根植物的地下部分造成的影响。有些物种，需要对此提出严格的要求。此外，移动表土的季节也是重要的讨论事项，该研究中得出的结论是，春天最适合移动表土。此外，还指出了不同的表土处理方法可能会导致复原植被的种类出现差异，这也提示需要进行表土移动时，需从多种角度进行考虑。

综上所述，英国有很多以森林为生态缓和对象的案例，这些案例是在承认其为 cultural landscape 的一部分的基础上进行的，对有些内容的研究也有了一定的进展，在日本的里山生态缓和中，有很多地方值得参考。

（5）有效推行里山的生态缓和

不管是里山，还是里山景观，如果不进行管理，这些空间就会失去原本存在的意义。换言之，里山既是珍贵的自然景观，同时也是文化景观。为了更有效地推进这种空间中的生态缓和，需要怎样的思路呢？下述内容对此进行了讨论。讨论并不局限于里山，只是以里山成为对象提出思考。

1）生态缓和目标地的评价

首先要对生态缓和目标地进行评价。目前，当目标地内存在稀有种或发现了珍贵的生态系统时，多会提出对其进行部分必要性的保护，然后对以此为基础的生态缓和进行讨论。然而，从英国的事例来看，思路需转换为从全面的角度来看待问题。尤其里山景观，在多种生境呈马赛克状混合分布，如果仅把其中的小部分珍贵生境作为生态缓和的对象，很难实现预期的效果，这是显而易见的。

为了以包含更多生境的广大地域为目标来考虑里山生态缓和，必须制定使其顺利进行的几个评价轴。即使仅以植被为对象，也要根据气候条件和植被历史的相关信息以及布局的相关信息等，对目标地本身进行评价。同时在进行管理时，还要对生物相本身蕴藏着多大的恢复力，植被本身具有多大的价值（经济价值、生态价值、景观价值等多种角度）等进行评价。笔者曾在书中（柴田，1999）[9)] 指出，关于植被本身的价值，还需要从生境丧失度的视角，将该生物相在区域水平的残留量等作为其重要性的评价轴。

在里山的评价中，从量的角度进行的评价是必不可少的，但从质的视点制定的评价标准也很重要。里山的森林的范围扩大时，评价轴也会发生变化。也就是说，只把萌芽作业林和柴炭林看作里山，还是把混杂着农用林的宅地林和防风林等也包括在内，在讨论前对这些标准进行的设定十分重要。或者类似在中山区域和城市近郊地域的柴炭林中，有时目标的设定会完全不同，但对里山森林的功能也需要进行评价。防护林的功能保持到什么程度，这种性质的评价标准也很重要。

进行评价的范围不同，评价轴也会发生变化。目标地的单位是生境、水系还是行政区，生态缓和的目标也会变化。以生物相为标准设定地区时，只要从上述评价轴中选用最适合的几种即可。另一方面，单位不是生物相时，要重新考虑其他的评价轴。虽然可以制定出在一定程度上具有指南性的评价轴方案，但基本上最好能够针对各个目标地制定方案。

对于里山来说，管理技术中伴随的文化传承是很难割舍的，所以还需要历史性的评价轴。这对登记为世界遗产中自然遗产与文化遗产的复合遗产区域进行评价的方法等很值得参考。

对补偿性生态缓和中的代替地选择，也必须制定同样的评价轴。由于疏于管理，对象地内的森林逐渐变为灌木，虽然不能建议寻找与其同等的森林，但特别在需要在生态缓和中关注基因水平时，评价轴的制定应慎重。

只有正确地对目标地进行评价，才有可能讨论生态缓和本身的目的及方法。在日本的里山中，场内的生态缓和如果能实现无净损失，是最理想的；但在进行新的创建时，这是很难的。此外，进行补偿性生态缓和时，为了维持仅剩的原里山景观，可能必须考虑追求质量而不是数量的生态缓和。因此，有时影响最小的生态缓和可能不是回避。修复、减轻等轻度的人为介入，有时不仅是无净损失，还可能会带来增益。应该在此基础上，对里山的生态缓和方法进行讨论。

不管采用什么类型的生态缓和，对目标地进行评价的坚固的评价核心的构筑，都是非常重要的。为此，不仅要准备生态调查方法，还要准备林业调查方法、社会科学调查方法等以多种调查方法为基础的几个调查轴，然后根据这些评价的综合判断，对生态缓和方法进行讨论，这是非常重要的，为此所需的评价轴的确立，是迫在眉睫的问题。

2）补偿性生态缓和的代替地配置及生态缓和银行

从日本的平原地区及其周边的自然环境来看，不可否认破碎化及孤立化的问题在不断加剧。虽然在区域规划等以前与生态缓和基本无关的领域中，经常提及缓和这些现象的方法，但为了将其转化为现实，还存在土地使用权的获得等相当多的困难。

这些问题的解决方法之一是有效利用场外的补偿生态缓和及生态缓和银行体系。破碎和孤立的里山或里山景观，大多已经失去了本身的功能，所以要寻求将这些破碎和孤立的里山或里山景观重新有机结合起来的手段。这种情况下，有时代替地不一定非是里山本身不可。在很多案例中，会优先通过现存的河流用地或新打造的带状绿地，把孤立的自然连接起来。这时，不能把里山空间，而要把生态走廊作为代替地。对于与目标地不同的空间的确保，需要构筑严谨的理论。

在必须确保里山空间时，建立可以利用的替代地的列表是很重要的。同样，在确保生态廊道的空间时也需要标识出哪些替代地是实际存在的，这个工作非常重要。为此需在尽可能大的区域内建立里山空间目录及位置图，目录内包含关于树种构成、管理状态、面积、林缘距离等基础信息及其必要的管理事项和成本。在对里山进行景观规划时，列入目录的单个单元所需的空间应稍大一些。为确保里山具有多种生境空间，一个单元至少需要 100 公顷的面积。这些空间最理想情况是已经形成农村景观，但在实际情况下极有可能会包含一些居住区。

在制作了可靠的空间目录后，综合考虑生态缓和目标地与替代地的距离、该地区的植物和动物的生态条件以及人类生活及文化的影响，尽可能确定更多的替代候选地清单。即使目标地和替代地受到空间的阻隔，也可以通过调整配置尽量缩短这个空间距离。建立空间目录时充分发挥生态缓和银行的作用也是非常重要的。

上述关于生态缓和对象地的配置规划，如果充分考虑其与自古以来各种城市规划和乡村规划的联系，可以较现在发挥更多更有效的机能。

3）生态缓和的维护和管理的重要性

从英国的案例可以看到，生态缓和实施后的监测，对判断生态缓和的目标是否达到、管理是否按照计划进行、计划是否需要进行修改和调整等十分重要。特别是对里山这种必须由人介入管理的空间，生态缓和实施后对管理实施监测是必不可少的。

在美国，生态缓和的结果要从项目和生态系统两个角度进行评价（田中，2000）[1]。英国由于还未确立统一的评价方法，对森林进行评价时需要进行长期的监测。评价的对象不仅包括植物，还包括动物等。同时，评价过程中必须开展对照区调查（现场实施时对照区为周边同样的场地，场外实施时对照区为与原场地相同或与原场地周边相同的场地）。森本（2000）[11]对这种将原本的自然状态和没有改变的状态与实施生态缓和后的自然状态进行比较的方法提出了疑问，森本认为英国这种采用对照区调查的方式更能够正确把握对象地的状态。例如，对干燥造成植物枯死的地区实施生态缓和时就出现这样的情况，由于调查年的雨量非常少导致其他地区也出现了旱灾，如果不在对照区进行调查就不能妄下判断，也就是说设定对照调查地实施对照区调查是非常有必要的。

里山的管理形态具有很强的区域性，如果说制作一个小范围区域的里山管理指导手册还是可能的，那么要想制作一个全国通用的里山管理指导手册就是不可能而且也是不应该的。尽管如此，对里山建立一个整体的印象还是很重要的。总之，不论是通过何种方法，首先必须通过环境教育树立里山管理是十分必要的理念。如果不能广泛地统一民意，重新再现里山管理的行为可能受到当地居民的质疑。

英国通过加强地方自治体与民有林所有者之间的联系，成功实施了多次次生林的再生，其中最成功的是英国肯特郡的 Blean Woods。（Thomas 等，1987）（图 8）。这个案例不仅是针对次生林，草地也得到了复原。砍伐期不同的小面积林地如马赛克一样嵌在次生林中，从生态系统的角度来其环境价值更高了。对次生林来说，在萌芽林内实施生态缓和项目还可以得到采伐收入。

虽然不能编制全国的里山管理方法手册，但在全国范围内对监测方法进行制度化还是很亟须的。其中，首要是基于上述制度对生态缓和后的监测进行制度化，在进行有效的维护管理规划的同时，灵活地对规划进行修正。

图 8　英国肯特郡的 Blean Woods

4）里山的“有历史”的自然环境的维护与管理

里山或里山景观不是单纯靠保护就能维持的，总有一些需要人类维护的地方。对植物来说就是“适当地控制植被”。考虑到里山的森林中有很多民有林，如果能保证即使有低产林也能维持一定的收入，这种状态是最理想的。根据英国案例的经验，利用行政的辅助金制度，通过行政、专家或生态缓和实施机构，为零散的民有林所有者提供咨询或提供经济支持是可能的。

对于这种次生自然的管理，如果不学习传统的方法而完全按照新的方法实施的话，势必需要大量的人力。长期从事农林方面工作的人积累了丰富的经验，他们在不同的区域与自然长期接触，对于其所使用的技术和知识一定不能忽视，从实际体验中获得的技术是真正的文化。因此，对里山这种“有历史”的自然开展生态缓和的时候，文化也必须作为生态缓和的对象考虑在内。目前各地都不断传出文化正在急速消失的消息，那么为促进这些文化的哪怕是点滴的传播，有必要尽快建立区域里山管理技术体系，从技术的侧面建立针对各种地区的技术目录。

根据守山（1997）[12] 的研究成果，适合于生物生存的农村环境非常接近传统农村的配置。维持这种配置，不能仅从生物相的角度考虑，还必须考虑人工的干预。里山是珍贵的物种集合体，也是人类文化的结晶。但是，这里所说的文化并不是在近代的农林业系统中产生的，不是以前的农业，而是“农业经营”（北尾，1998）[13] 创造的，对这一点的认识很重要。

结束语

上文对里山的生态缓和进行了论述。为了在里山进行生态缓和，日本目前的社会体系尚待发展。虽说国民意识中的志愿者意识逐渐成熟，但为了半永久性地维持里山的生态系统，还需要改变社会意识本身，需要培养各种各样的人力资源。现在，日本社会缺乏的人才有很多，例如构筑里山所需储备的人才、使生态缓和有效地发挥作用的机构的负责人、在各个现场进行协调的人才等。为了研究作为生态缓和对象的里山，现有的信息还太少。因此，机构的创建及人才的培养是当务之急。

还有一个本章未能触及的要点，即怎样筹集推进这些活动所需的资金。在英国的例子中可以看到，海外有一种想法是，通过包括补偿生态缓和在内的银行来提高企业形象。在日本出现这样的民间企业还需要一定的时间；但为了顺利推进生态缓和事业，我们需要进行这种意识革新。正如森本（2000）[11] 指出的那样，大型非政府组织（NGO）用筹集的资金来为自然环境投资的意识，尚未在日本扎根。

在这种情况下，为了开展生态缓和，需要企业及以行政为中心的机构对生态缓和事业的推进。里山成为生态缓和的对象时，为了维持传统的管理形态要考虑到相关农林种植户的生活。这就意味着，不仅要寻求对空间的投资，还要寻求对维持空间质量的投资。必须考虑以此来保证农林种植户的生活，并维持整个环境。这也意味着文化和历史的延续。而且，积极尝试利用其作为新的生产场所获得更高的价值。虽然目前能够保障农林种植户的生活，但其面积还很有限。如果是这样，还可以考虑诸如把里山作为新生物能源的来源进行积极的利用为前提的生态缓和。

正如田中（2000）[1] 已经指出的那样，促进广域的土地利用规划和环境规划的统一，并促进绿地及绿色走廊的形成的方法之一是，探索把开发单位进行补偿生态缓和的义务作为开发税，今后还必须认真考虑这种方面的资金筹集。

综上所述，在以里山为对象考虑生态缓和时，需要采取的态度与以纯自然为对象的情况多少有些不同。在日本，会成为生态缓和对象的地域大多是存在第二自然的地域。因此，在参考海外事例的同时，要构筑并实施日本独自的第二自然生态缓和体系是当务之急。

（柴田昌三）

参考文献

1）田中　章（2000）：環境影響評価制度におけるミティゲーション手法の国際比較研究，ランドスケープ研究，**64**(2)，170-177

2）Green, Bryn（1998）：Countryside management and the conservation of cultural landscapes，平成10年度日本造園学会全国大会シンポジウム・分科会講演集，p.13-21

3）Scott, Lord Justice（1942）：Report of the committee land utilisation in rural areas，Cmnd 6378，London：HMSO

4）鷲谷いづみ・矢原徹一（1996）：保全生態学入門－遺伝子から景観まで，p.270，文一総合出版.

5）Thomas, R. C., Kirby, K. J. and Reid, C.M.（1997）：The conservation of a fragmented ecosystem within a cultural landscape - The case of ancient woodland in England. *Biological Conservation*，**82**，243-252.

6）Bullock, James M.（1998）：Community translocation in Britain : Setting objectives and measuring consequences. *Biological Conservation*，**84**，199-214.

7）Buckley, G. P.（1989）：Biological habitat reconstruction，Belhaven Press，London.

8）Chinn, L., Hughes, J. and Lewis, A.（1999）：Mitigation of the effects of road construction on sites of high ecological interest，Transport Research Laboratory Report，**375**.

9）柴田昌三（1999）：環境の保全・計画における基礎知識，ランドスケープデザインと環境保全（ランドスケープデザイン Vol.2）（京都造形芸術大学編），p. 66-109，角川書店.

10）Hietalahti, M. K. and Buckley, G. P.（2000）：The effects of soil translocation on an ancient woodland flora. *Aspects of Applied Biology*，**58**，345-350.

11）森本幸裕（2000）：日本におけるミティゲーションバンキングのフィジビリティについて，日本緑化工学会誌，**25**(4)，619-622.

12）守山　弘（1997）：むらの自然をいかす，p.128，岩波書店.

13）北尾邦伸（1998）：風土・文化の伝承の場としての里山，ランドスケープ研究，**61**(4)，287-289.

3. 湿地的生态缓和

“湿地”这个词实际上包含多样的环境，本章先对“湿地”进行概述。此外，水田和池塘等人工湿地在日本的农村景观中占有重要地位，而且在农户的各种管理下维持着多样的生物相，对于这些湿地，将进一步对其变迁、现况及生物保护进行更加详细的论述。这些与人类生活密切相关的湿地保护及生态缓和技术的相关信息非常重要，而且今后的需求会更多。

本章后半节将介绍国内外湿地生态缓和的案例，并参考这些案例，论述湿地生态缓和面临的问题。

（1）湿地的种类及特征

1971年，在伊朗的拉姆萨尔镇，通过了保护各国重要湿地的《关于对水鸟特别重要的湿地条约》。该条约一般被称为《拉姆萨尔条约》。第五次缔约国会议于1993年在日本钏路市召开。在拉姆萨尔条约的第1条中，对湿地（wetlands）的定义如下：

“湿地是指：不管是天然的还是人工的，也不论是永久的还是暂时的，是停滞的还是流动的，是淡水、半咸水还是咸水，包括所有的沼泽地、湿原、泥炭地，包括低潮时水深不超过6米的海域。”

拉姆萨尔条约所定义的湿地范围较广，包括了从天然湿地到人工湿地等多种类型。此外，在1993年进行的“第五次自然环境保护基础调查”的湿地调查实施要领中，根据地形、地质等条件对日本的湿地进行了分类（表1），与拉姆萨尔条约对湿地的定义一样，包括了在多种环境下形成的湿地[1]。

表1 湿地类型的划分

	位置	类型
自然	内陆	a：湿原 a1：高层湿原 a2：中间湿原 a3：低层湿原 b：泉水湿地 c：雪田草原 d：沼泽地 e：河畔 f：湿地林 g：淡水湖泊
	海岸	h：盐性湿地 i：红树林 j：河口水域 j1：有河口滩涂 j2：无河口滩涂 k：半咸水湖泊 k1：有潟湖滩涂 k2：无潟湖滩涂
人工		l：休耕田、弃耕水田 m：水田 n：废盐田 o：湿性牧地 p：池塘
q：其他		

资料来源：第五次自然环境保护基础调查纲要[1]

1）自然湿地

如表1所示，自然形成的湿地也是多种多样的。其中的“湿原”是指在泥炭地中形成的草原。

在湿原中，靠雨水或雪水滋润的称为“高层湿原”（图1）。在高层湿原中生长着嗜酸性植物，各种泥炭藓生长茂盛。与高层湿原不同，靠地下水滋润的湿原称为

图 1　高层湿原（加拿大西部、不列颠哥伦比亚州）

“低层湿原”。低层湿原比高层湿原养分还丰富，而且酸性没有那么强，很多地方芦苇和大型莎草类植物生长茂盛。此外，介于这两种湿原之间的称为“中间湿原”，日本沼原草是代表性的繁殖品种。高层湿原并非都分布在高处，低层湿原也不一定都分布在低处，有时一个湿原中可同时兼有三种类型。

“泉水湿地”靠泉水等地下水滋润，是没有形成泥炭层的湿地。泥炭湿原仅分布在气候凉爽的地域，但泉水湿地还分布在气候温暖的地域，茅膏菜和马来刺子莞类等形成了其特有的植被（图 2）。此外，还有靠雪、河川、湖泊等淡水滋润的各种湿地。

在海岸或近海的河口处，有些湿地在涨潮时被海水或海水与淡水混合的半咸水淹没，在退潮时水又退去。在这种特殊环境条件的湿地中，生长着好盐性植物和耐盐性植物。在河口水域的“盐性湿地”中，生长着盐角草和七面草等盐性植物（图 3）。退潮时，会露出广阔的滩涂，有些地方成为很多鸟类觅食和休息的场所（图 4）。“红树林”是在热带和亚热带海岸形成的常绿阔叶林，在日本仅分布在九州以南的西南地区。

图 2　泉水湿地（东广岛市）

图 3　盐性湿地中生长的七面草和金盏菊

（佐贺县六角川河口）

图 4　谷津滩涂（千叶县习志野市）

湿地与人类生活发生联系的形式多种多样。在日本能够生产水稻的地域，从开始生产水稻的 2000 多年来，已有很多湿地变成了水田[2)]。北海道的湿原也因耕地开发等行为而消失或面积减少[3)]。此外，由于围垦或填埋等行为，很多海岸湿地也消失了[4)]。

不仅是日本，在世界各地，由于被改造或开发为耕地、牧场、养殖场等，很多湿地消失了，而且现在还在继续减少[5)]。

2）人工湿地

正如上面提到的那样，日本的很多湿地因人为原因而消失或变成了人工湿地。随着水稻生产的扩大，低湿地逐渐被改造成水田。水田构成了日本农村景观的中心，并形成了特有的生物相。关于占有日本农村广大面积的人工湿地——水田及与水田密切相关的“休耕田、弃耕水田”及“池塘”，将在下一节“农村的湿地”中进行详细的论述。

在湿地调查实施要领中，“废盐田”和“湿性牧野”也被列入了人工湿地之内（表 1）。“盐田”是为了从海水中提取盐分而在各地海岸修建的，濑户内地区曾集中着特别多的盐田。然而，第二次世界大战后，逐渐开始在工厂中制盐，盐田多被废弃[6]。在废弃盐田中，有些地方还会生长盐生植物。有报告指出，在广岛县松永市的废盐田中，刚废弃时发现了很多盐生植物，但随着围垦和住宅开发的推进，盐生植物大量地消失了[7, 8]。

在河岸的草原会受到洪水的影响，所以不适合农耕，但可以用作牧场。“湿性牧场”可被用作牧场和草场，其已经成为芦苇等湿生植物的繁殖地之一。

（2）农村的湿地

水田是分布很广的人工湿地，与池塘、水渠、水源地的山林共同构成了多种动植物的栖息地（图 5）。各地的农村今后成为各种项目规划实施范围的可能性也很大，以水田为中心的农村湿地保护及生态缓和技术的相关信息，会越来越为各方面所需要。因此，本文将对农村的湿地的环境和生物进行概述，作为保护所需的基本信息。

图 5　插秧结束后的水田（广岛市）

1）水田

A．水田及水稻生产的历史—从古代到近代—[9 ~ 11]

日本的水稻生产是从绳文时代末期的九州北部开始的。在福冈县板付发现的绳文时代末期的水田遗址中，发现了水田和灌渠。弥生时代水稻生产迅速向东方扩大并开始修建堰堤和灌渠等水利设施。弥生时代是在湿地中开发水田，但到了古坟时代，又开始在山麓地带的山谷中开发水田，同时开始进行旱田的开发。此外，为了解决用水的不足，在谷口建造了池塘。综上所述，不仅是水田，水田所需的水利设施，也是从古代就开始存在了。

中世时期也在不断开发新田，近世时期则进行了更大规模的新田开发。在中世以前难以开发的泛滥平原、三角洲、滩涂等也被开发，面积广大的耕作地不断拓展。进入江户时代，不仅水田的面积在扩大，水稻生产的技术也有了进步。随着稻米产量的增加，人口也增加了。

到了明治时代，开始对已有耕地进行土地改良，并对北海道等未开发的地区进行开垦。为了把湿田变成旱田，各地进行了暗渠排水并把不规则的田区改造为矩形的“田区改造”。明治 32 年（1899 年），颁布了《耕地整理法》，推进了水田旱化及牛马耕作。此外，在明治时代，品种、肥料、农机具、土地改良等稻米生产手段都有了进步，栽培方法也得到了改良。大正时代以后，农业的畜力化、机械化不断发展，但农业生产依然是重体力劳动。

B．水田的环境和生物

水田是“可以灌水的农地”，在水稻生产期间，会形成大范围的浅水灌水域。灌水由人工管理，在生产结束后要把水放出。通过水分管理，水一般会从灌渠流入水田、再从水田流入排水渠，有时也存在水从上游水田流入下游水田的“越田灌溉”的水田。此外，还有水从灌溉专用池塘经由水渠流入的水田。

水田耕作除上述水分管理外，还要依次进行翻耕、平整、插秧（图6）、施肥、除草、收割等农作业，而且每年都要按规则重复进行。这种高强度的人为影响和季节环境变化，成为异于自然湿地的水田特征。“水田杂草”是适应于水田特有环境的植物群落，杂草会导致水稻减产，所以即使在炎热的夏天，农民也会在烈日下匍匐着拔草。此外，还要坚持与病虫害斗争。

水田中繁殖的植物随季节和水田的状态而异。在春耕前的水田中，看麦娘和柔弯曲碎米荠（图7）很常见；干田的特征是生长着紫云英和稻槎菜；湿田的特征是生长着石龙芮和甜茅[13)]。在水稻生长期间，水田中生长的稗草类等杂草会成为除草的对象。在秋天收割后的水田中，在夏天与水稻一起生长起来的植物变得繁茂，而且来年春天开花的植物也开始发芽。在笠原[14)]列举的水田杂草中，除多数湿生植物外，还包括狸藻、黑藻、水鳖等水生植物，这说明水田是多种水生、湿生植物的生育地。

图6　1960年代初的插秧景象
（本间喜八先生摄影，新潟县龟田乡）

图7　早春的水田（福井县敦贺市）

水田中的动物也是多种多样的。例如：蝌蚪、虾等在水田中度过一生的动物；蛙（图8）和蜻蜓等将水田作为产卵场所和幼体栖息场所的动物；鹭类等将水田用作觅食场所的动物等。水田中还有在水中生活的鳉和锤田螺以及在叶子上生活的黑尾叶蝉。这些动物中既有食草性动物，也有食肉性动物，水田中的多样生物构成了复杂的食物网[15)]。

C．农村及水田的变化—现代—

第二次世界大战结束后，军人退伍导致农户数量增加及生产材料不足，因此进行了与战前相同的劳动密集型水稻生产，各地都出现了泥水浸泡到腰和胸部的深田（图9）。到20世纪60年代，农村人口向城市流动，农业人口急速减少。同时，农作业的机械化发展，开始大量使用化肥和农药。在 20 世纪 70 年代以后，农户及农业劳动力的老龄化加剧，农村的过疏化问题凸显。在水稻生产技术中，大型机械化体系普及，水稻生产进一步向机械化和化学化发展。

图 8　春季水田的蝌蚪（福井县敦贺市）

图 9　1950 年代初的深田割稻

（本间喜八先生摄影，新潟县龟田乡）

农药肥料的使用和田地整治事业等农业的机械化和化学化，对水田的生物相造成了巨大的影响[16)]。动物相的减少，可以认为是杀虫剂、田地整治、耕作时期和翻耕法的变化等造成的。植物相的变化，可以认为是由除草剂、田地整治、肥料的种类、耕作时期和翻耕法的变化等多种原因引起的。此外，动物相和植物相的变化应该也是相互影响的。而且，弃耕水田的增加也是水田特有生物减少的原因之一。

以前在水田中很常见、但由于农药的影响和适合栖息及繁殖地区的消失或减少等原因而锐减、现在被指定为濒危物种的动植物有很多（表 2、表 3）。表 3 中的物种都是水生或湿生植物，由此可知，灌溉水田及湿田旱化，是以这些物种为代表的多样水田杂草减少或消失的原因之一。

2）弃耕水田

A．弃耕水田的出现和增加

二战后，由于水稻生产技术的提高，稻米的产量迅速增加，1966 年农业史上首次实现了稻米的自给。然而，稻米的人均消费量和总需求量分别在 1962 年和 1963 年达到顶点，其后开始减少，出现了大量的库存米。因此，日本从 1969 年开始尝试并于 1970 年正式开始生产调整(政策)。水稻种植面积于 1969 年达到最高的 317.3 万公顷，其后逐渐减少[17)]。生产调整政策在不断变化名目的同时实施新的对策，并延续至今。2001 年度的《综合稻米对策》中所涉及种植面积 101 万公顷，约相当于 1969 年水稻种植面积的三分之一。

随着稻米生产政策的调整，加上农村的过疏化、老龄化或城市化的发展，在日本产生大量弃耕水田。

表 2　濒危的水田动物

种类	种名*	红皮书的评价**
鸟类	朱鹮	野生灭绝
	鹳	濒危ⅠA类
	豆雁	濒危Ⅱ类
	灰鹤	濒危Ⅱ类
	白颈鹤	濒危Ⅱ类
	中白鹭	半濒危
	白额鹤	半濒危
	白琵鹭	信息不足
鱼*类	仙鳉	濒危ⅠA类
两栖类	达摩蛙	濒危Ⅱ类
昆虫类	田鳖	危急种
	东方龙虱	稀有种

*资料来源：日鹰[18]和前田[19]

**环境厅[20~23]

表 3　濒危的水田杂草

种名 1	害草度*	红皮书的评价**
田字草	全国害草	濒危Ⅱ类
槐叶苹	全国害草	濒危Ⅱ类
红浮萍	全国害草	濒危Ⅱ类
细叶蓼	弱害草	濒危Ⅱ类
Hypericum oliganthum	全国害草	濒危ⅠB类
Rotala littorea	南部害草	濒危ⅠB类
南美小百叶	南部害草	濒危Ⅱ类
乌苏里狐尾藻	全国害草	半濒危
荔枝草	弱害草	半濒危
白花水八角	弱害草	濒危Ⅱ类
水苦荬	全国害草	半濒危
狸藻	全国害草	濒危Ⅱ类
长叶泽泻	全国害草	半濒危
有尾水筛	全国害草	濒危Ⅱ类
鸡冠眼子菜	弱害草	濒危ⅠB类
小茨藻	弱害草	濒危ⅠB类
雨久花	全国害草	濒危Ⅱ类
品藻	北部害草	濒危ⅠB类

*资料来源：笠原[14]的日本水田杂草列表

**环境厅[24]

B．弃耕水田的环境

弃耕后，不再进行维持水稻生产和水田所需的各种管理作业，所以弃耕水田的环境与耕作中的水田有很大不同。弃耕水田由于翻耕、除草、水管理等的停止，使水田特有的环境和生物相迅速改变。此外，为维护和管理水田功能而进行的灌渠、池塘、田埂、农道等日常管理作业的停止，不仅对水田，也对其周边地区也产生了很大的影响（图 10）。

杂草丛生的弃耕水田，会成为临近田地产生草害和害草的发源地，其存在不利于农业生产；

图 10　耘作中的水田（左）和弃耘 3 年后的水田（右）（福井县敦贺市）

因此，有些地方会实施翻耕、平整、割草及喷洒除草剂等除草对策，但也有很多弃耕水田处于无管理状态。

C．弃耕水田中的生物

水田弃耕后，由于土地的原有环境条件及其弃耕时间等各种各样的原因，会形成多样的植物相和植被。虽然在耕作的水田中，干田和湿田中的繁殖物种也存在差异；但在不进行水管理的弃耕水田中，水田原本的土壤湿度条件变得明确，繁殖地的差别更加明显，会形成不同的植被（图 11）[13]。不管是湿田还是干田，在弃耕后的一年内，水田杂草很多；但随后多年生草本植物会增加，三到五年内，多会变为芦苇、宽叶香蒲类及芒草等生长茂盛的多年生草本植物群落。在多年生草本类植物变成优势种之前，每年的植被变化很大，但一旦变为多年生草本群落后，其变化就会变得缓慢[13]。

在各地的弃耕水田中，发现了一些濒危的水生植物及湿生植物[13]。田字草和雨久花（图片 12）等过去的水田杂草，在进行管理的休耕田和刚弃耕的湿田中很常见；而多年生草本，在弃耕多年的地方很常见。在自然湿地很少的日本，弃耕湿田是植物的宝贵生育地之一，但由于生态演替，在短时间内植被就会发生变化（图 10），这些稀有种的消长也很明显。

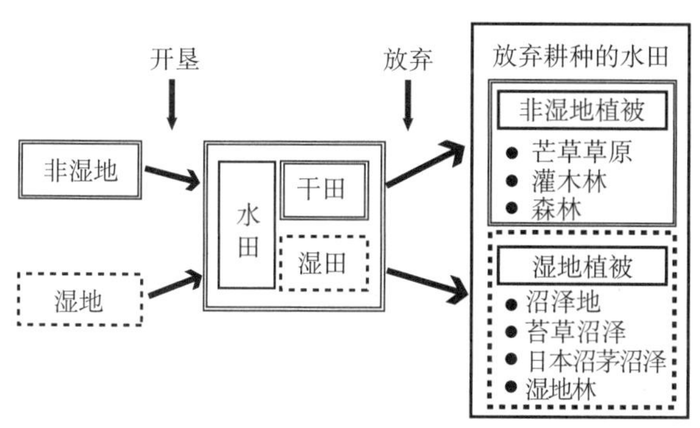

图 11　土地利用和植被的变化（引自下田[13]）

图片 12　在休耕田中生长的雨久花（中央）和柳蓼（左）（福井县敦贺市）

急剧的植被变化，还会对动物造成巨大影响。有报告指出：弃耕后植物生长繁茂会导致病虫鸟兽害的发生，及由于弃耕使兽害的比例剧增[16]。对于野猪来说，弃耕水田是非常舒适的生息环境。所以在一些地区，弃耕水田的增加导致了野猪的增加，并进一步导致了周边地区的弃耕。还有报告指出：由于弃耕水田中植被的生长，适合日本林蛙产卵的开放水面减少或消失了，日本林蛙也日渐稀少[25]；水田的废弃，还使水渠中植物生长繁茂，导致东京鳑的生息地消失[26]。

3）池塘

A．池塘的环境

不需要特别用水的水田非常有限，日本的大部分水田在进行灌溉耕作。灌溉水多由河川或池塘等水源通过水渠流入水田。从全国来看，虽然以河川为灌溉水源的水田最多[27]，但在河川灌溉困难的地区，池塘就会成为重要的水源。濑户内海沿岸地区和近畿地区是池塘的分布密度较高的地带。

池塘是由壅水的堤防、取水设施（图 13）及溢洪设施构成的人工静止水域。灌溉期为春耕期和水稻生长期，这个时期池塘的水位会下降，但各年的水位受降雨量影响较大。池塘的维护管理包括堤防除草、堤防和取水设施及溢洪道的维修、底泥的疏浚等各种作业，由农村的水利集团共同作业。

池塘的大小和形状多种多样。既有在山谷修建的深水池塘，也有在平地用堤坝围建的“浅碟形池塘”。既有面积在 10 公顷以上的池塘，也有 10 公顷以下的小池塘。既有位于山间、积满清水的池塘，也有位于耕地或市区、积水很脏的池塘。随着池塘周围环境的不同，池塘的状况也不同。

图 13　池塘取水设施的倾斜导水管

（爱媛县北条市）

B．池塘的生物

池塘虽然是人工水域，但却是作为动植物的栖息地及繁殖地的宝贵环境。有些池塘从水中到水边，都有多种植物生长（表 4）；但有的池塘几乎没有植物生长。在水浅的池塘中，到处都有植物生长；但在山谷的深水池塘中，植物的生长仅限于浅水区。如果池岸的坡度较缓，从水中到水边，会有序分布着几个群落；但如果池岸坡度较陡，水生植物则只在水中生长。在水位年变化较大的池塘中，退水区域生长着以一年生草本为主的两栖植物群落（图 14）。在山区的池塘中，生长着 Potamogeton fryeri 等仅分布在贫营养型水域的物种（图 15）；在山麓地带，还可以看到水草丰富的池塘（图 16）。此外，在邻近农田或人家的池塘中，大多是菱茭生长茂盛。综上所述，植物分布受水深、池岸形状、水位变动、水质及池塘周边环境等各种环境条件的影响。

池塘被各种各样的动物用作生息地、休息地及觅食的场所（表 5）[28]。动物相丰富的池塘在枯水期也不会干涸，水生植物的种类很多，植被生长良好。

表 4　池塘中可见的水生及湿生植物

种类	特征	代表物种
浮游植物	不在水底扎根，在水面或水中漂浮。	Utricularia tenuicaulis、浮草、金鱼藻
沉水植物	在水底扎根，叶子沉入水中。	小眼子菜、黑藻、水车前
浮叶植物	在水底扎根，叶子浮在水面上。	莼菜、菱、睡莲
水生植物	根在水中，但茎、叶、花在水面以上。	宽叶香蒲、茭白、芦苇
两栖植物	可以在水中以沉水、水生状态生长，也可以在水位下降变为陆地后的环境中生长。	乌苏里狐尾藻、刺蔺、宽叶水韭

图 14 生长着线状匍匐茎藨草和泽番椒的水退后的池岸（山口市）

图 15 生长着 Potamogeton fryeri（前面）和莼菜（里面）山间池塘（东广岛市）

图 16 水草群丰富的山麓池塘，水面上可以看到莼菜和菱，水边可以看到芦苇（东广岛市）

表 5 池塘中可见的水生及湿生动物

种类		代表物种
鸟类		鸊鷉、翠鸟、斑嘴鸭、草鹬、夜鹭、黑背鹡鸰、野鸭
爬虫类		水龟、草龟
两栖类		蝾螈、牛蛙、青蛙、泽蛙
鱼类		银鲫、鲤鱼、乌鱼、鳉
昆虫类	蜻蜓类	闪蓝丽大蜻、银蜻蜓、苇笛细蟌蜻蜓、江鸡蜻蜓、猩猩蜻蜓
	水生昆虫类	双翼二翅蜉、黑水龟甲、Anisops ogasawarensis、Laccophilus lewisius、Enochrus umbratus
甲壳类		条纹长臂虾、Neocardina denticulate
贝类		华美无齿蚌、日本圆田螺、椎实螺、Cipangopaludina japonica

资料来源：广岛县[28]

池塘还是有些濒危动植物的住所。在广岛县的池塘中，发现了很多水生或湿生的濒危物种，如动物中的花脸鸭、中白鹭、鲚，植物中的宽叶水韭、曲轴黑三棱、有尾水筛及日本萍蓬草等[16]。

C．池塘的变化

以池塘的消失为代表，池塘中正在发生着一些从来没有过的巨大变化。变化的原因是：地域城市化过程中土地利用的变化、水田的减少及消失导致的池塘荒废、农村人口的减少及农户的老龄化等农村的各种变化[16, 29]。

近年来，池塘的变化也引起了池塘环境和生物的巨大变化。池塘变化的主要原因和池塘及生物的变化情况如表 6 所示[16, 29]。变化的原因和变化的状态有时是一种，有时是几种原因同时或连续发生。

表 6　池塘生态系统变化的原因和变化的状态

变化的原因		池塘的变化	生物的变化
搁置	蓄水状态	细微的水位变动	水生植物生长茂盛
		池塘的老化和漏水	堤防上和池中的植物生长茂盛
	放水状态	水位下降和池塘干涸	水生植物减少或消失
		池塘老化	堤防上和池中的陆生植物生长茂盛
停止平整池塘		淤泥堆积	植被演替的发展和生物相的变化
整修工程		长期的水位下降和完全的放水，混凝土护岸的设置，水深的增加	水生植物减少或消失，植物相变化，水边植物消失
水质污浊		水质混浊，富营养化	水生植物减少或消失，植物相变化，产生绿藻
填埋		池塘消失	水生、湿生生物消失
农药流入		—	水生生物减少或消失
人为导入生物		—	导入种繁殖、当地物种减少或消失

资料来源：地球环境关西公共研讨会[16]。

4）农村湿地的保护

A．湿地的管理

农村湿地是二次生态系统，在经营传统农业的时代，是与自然生态系统不同的、多种动物、植物的栖息和繁殖地。近年来，由于农药和化肥的使用、大规模的田地整治和机械化，农民从长时间的重体力劳动中解放出来；但同时也对水田的生物产生了各种各样的影响，损害了生物的多样性。此外，随着农业的变化，弃农、农户的老龄化、农村的城市化等社会变化，也对环境和生物造成了很大的影响。

畦田、池塘、水渠都是靠水田耕作中的管理作业来维持的。面积狭小且不规则的未整治水田、土堤的池塘、没有衬砌的或石砌的水渠等传统的农田，比较适合生物的栖息和繁殖，但需要进行农田的整修、割草、挖泥等各种管理作业。然而，在难以确保劳动力的农村，在将生产功能放在第一位的水田中，很难确保以生物的保护为目的的农地，并对其进行持续的维护管理。

在对二次湿地进行生物保护时，需要持续的人为管理，所以要事先对管理方法和体制进行充分讨论。各个湿地的条件不同，所以应当学习当地农户对水田、池塘、水渠的管理方法，其中有很多是值得参考的。

B．和景观要素的联系

像水田与田埂、水田与水渠、池塘与水渠及水田那样，以水田为中心的农村生态系统的构成要素是相互联系的。对动物来说，水渠既是其生息地也是连结水田、河流、池塘等湿地和水域的移动通道。而且，这些湿地还与背后的里山或水田周边的旱田和牧草地、宅地防风林、灌木篱笆等各种各样的农村景观构成要素相连，动物也一直将这种丰富多样的环境用作栖息地。有些生物会在水田或池塘等一处湿地度过一生，有的生物生活在湿地及其周边环境中。因此，农村环境中生物多样性的保护要围绕水田并连同草地和里山等周边环境一起制定保护对策。

（3）湿地保护及生态缓和的案例

为了对湿地保护和生态缓和进行具体说明，并讨论问题点，下面将介绍 2 个日本的案例和 1 个英国的案例。在这些案例中，在保护计划的制定和实施后进行了维护管理和监测，并对保护对策进行了探讨，在发生问题时，立即就对策进行讨论。因此，在探讨和实施湿地的保护和生态缓和时，有很多内容是值得参考的。

1）打造贫营养型湿地的案例：冈山县自然保护中心湿地植物园（冈山县佐伯町）

该案例是日本最早的、在原本是水田的地方创造出泉水湿地[*1]（图片 17），并将开发地的湿地植被移植到湿地植物园，在其他地区（场外）进行的生态缓和的先进事例。大规模湿地的形成、开发地的湿地植被的移植以及专家对湿地进行的持续管理与监测，对于湿地的保护来说，有很多值得参考的地方[30-34]。

A. 保护的背景

冈山县自然保护中心是 1 个以 2 个池塘为中心、周围被山地环绕、面积约为 100 公顷的自然观察设施。湿地植物园以形成贫营养型的湿地植被为主题，计划在基础整治完成后不久就修建水田，这一计划于 1991 年夏完成。湿地建设规划有一块约 0.8 公顷的地域，位于东西两个山谷中的水田，水田与水田之间有数米的落差。随着高尔夫球场的建设，将会有 3 个地域的泉水湿地消失，那里是移植到湿地植物园中的湿地植被的主要来源。

图 17　冈山县自然保护中心的湿地植物园

（1998 年 8 月）

*1 波田、西本等[30-34]使用的是“湿原”，但与其相应的湿地中未形成泥炭，所以本书中根据表 1 的定义，将其称为“泉水湿地”。

B. 前期调查

对计划建成湿地的地区进行了水环境和植被的前期调查，调查结果发现，虽然水田周边不存在典型的湿地植被，但在稍远一点的地方发现了零星的湿地群落，这说明只要具备水和地形条件，就有可能形成湿地植被。水质调查结果显示，西侧山谷上部的泉水处于贫营养状态，但东侧山谷整体上电导率偏高。

这些调查结果表明，只要西侧山谷中的水量得到确保，就可能形成湿地植被，但维持东侧山谷的湿地植被是很困难的。

C. 湿地的整治

将整个规划用地建成一片连续的湿地有些困难，所以分设了几个台地，台地间建成平缓的斜面。因为很难事先绘制出精密的地形设计图，所以湿地的整治是根据现场随时修改并施工的。

原来的表土是内含肥料成分和休眠种子的水田土壤，不适合用作贫营养型湿地的表土，所以将花岗岩风化土中的“细沙土”用作表土。基本地形建成后，铺上塑料布，并在其上铺50cm厚的细沙土。在有些地方的塑料布下面，集聚的气体使塑料布膨胀起来，所以在塑料布上开了一些洞，放出气体。

为了防止暴雨时浊流流经湿地内部以及最上部的池塘泛滥，在山谷的中心地区设置了防止泛滥的排水管。此外，为防止湿地水位上升，设置了溢流口。为了确保水量，在东侧山谷的上部修建了池塘，从西侧山谷的池塘中抽水。

为了便于参观者观察湿地植物，整治时还在栈道和休息亭等的形状和朝向上面下了功夫。

D. 湿地植被的采集和种植

本规划的目标是在西侧山谷中，形成由贫营养水滋润的、生长着华刺子莞类、鹅毛玉兰花、四国谷精草及茅膏菜等的湿地植被景观；在东侧山谷中，形成以花菖蒲、山梗菜等高茎植物为代表的湿地植物样本园。

植被的主要供给源是将随着高尔夫球场的修建而消失的三处湿地。在开发区域内，实施了湿地保护对策，将不可避免要消失的湿地植被移植到其他地方。被移植的植被的采挖和搬运作业在植物休眠的秋冬季进行。用移植铲将植被成块挖出，土壤松散时可以采用拔出的形式采集个体。将挖出的植被搬运到轻轨车上运出。

植被的移栽作业是在1991年1月～5月进行的。为了防止坡面的侵蚀，将植被沿小间隔的等高线栽植成鱼鳞形（图18)。为形成泥炭藓群落采用了覆盖技术，在部分地方栽满了泥炭藓。1990年春，采集了鹅毛玉兰花的个体，在苗圃中培育了一年后，取其根球进行栽植。此外，在施工中形成的斜面以及湿地的周围也进行了栽植。

图18　刚移植时的情景

（西本孝先生摄影，1991年6月）

E. 维护管理和监测

自然保护中心的研究员都是植物专家，负责湿地植物园的管理和监测。对于水的管理、杂草的清除、定期割草、湿地内的水渠维护等各种管理作业，要根据湿地的状态和每年的气象，采取适当的方法进行管理。此外，要保留湿地的管理记录，对植被进行调查，密切关注植被和环境的变化。根据监测结果，如果发现问题，要立即重新探讨保护方法，并采取解决问题的对策。根据管理运营协议会委员中湿地植被专家的指导和意见，对管理和保护方法进行研究及改良[31, 32]。

图 19　移植后第 5 年的情景

（西本孝先生摄影，1995 年 6 月）

在移植后的第五年，即 1995 年，对西侧山谷植被进行了调查，确认移植源的湿地植被中的特有种群生长良好，但同时也发现泉水湿地中增加了原本不存在的物种（图 19）。该调查结果表明，现存湿地与原定的贫营养型湿地的目标还有一段距离，要形成原来的湿地，需要 10 年以上的时间[32]。

2）保护湿田特有生物相的案例：大阪煤气公司敦贺 LNG 基地规划建设用地内的环境保护区（福井县敦贺市）

这是一个在湿田地带内进行开发的规划中、在部分规划用地内对湿田特有的多种生物相进行保护的案例。这既是一个在开发区内（场内）进行生态缓和的案例，也是一个试图保护以往基本不会成为正式保护对象的弃耕水田生物相的尝试。根据前期调查制定了保护计划案并进行整治后，委托当地农户进行湿地的维护管理，并由专家持续进行监测[35, 36]，笔者也参与了保护项目。该案例提供了需要人工管理的湿地保护信息，可供参考。

A. 保护的背景

在敦贺市的东部，有一个名为“中池见”的盆地，面积约为 25 公顷。到江户时代初期，中池见还是生长着杉树的沼泽地，但由于江户时代开始开发新田，在江户时代后期，整个盆地都变成了水田[37]。中池见的水田多是深泥田，水田的基础整治和农业的机械化都很困难。这些湿田和未整治的水渠不利于耕作，但对于水生、湿生生物来说却是非常好的栖息地，在这里还发现了很多现在被指定为濒危物种的动物、植物，如田字草、雨久花、鳉等[36, 38]。

由于水田过湿而且没有人耕作，1955 年左右开始出现弃耕水田，1969 年开始调整稻米生产后，弃耕田进一步增加了。

在 1992 年的敦贺市会议上，决定同意大阪煤气公司在中池见建设液化天然气（LNG）基地。大阪煤气于 1993 年～1994 年进行了环境影响评价调查，1995 年提出环境影响评价准备书，并于 1996 年向福井县提交了环境影响评价书[39]。环境影响评价准备书中提出了“在规划建设用地南部，设立约 10 公顷的环境保护区（平地约 4 公顷，周边集水域约 6 公顷），用以保护生物”的计划。

B. 前期调查

根据环境影响评价的调查结果，在中池见的耕作田、休耕田（照样耕地，但不栽稻）、弃耕田中形成了多种植物群落，它们是一些被保护的稀有动物种的主要栖息、生育地；而且，弃耕水田中已经发生了植被演替，如果任其自然发展，包括稀有种在内的多种生物相减少或消失的可能性很大。

在1994年和1996年，对被指定为保护对象的植物种、群落的分布范围、分布量及各物种、群落生育地的土壤和水质进行了调查。1997年对中池见全域的植被进行了调查，并对一直在中池见耕作的农户进行了走访调查，了解农地的维护管理。此外，在环境保护区内还开始进行试验性的维护管理，并对动物、植物及环境进行了详细调查。

根据1997年的调查结果，在中池见的全域，芦苇、茭白等高茎草本群落以及葛草、箻草等蔓生植物群落急剧增长；但在进行维护管理的环境保护区中，以休耕田为中心形成了多样性的水生和湿生植物，保护物种的种数和发现地点数都增加了[35, 36]。此外还证实了：土壤中存在包括保护对象种在内的多种休眠种子集团，水位差造成了物种差异[40]；环境保护区内存在保护对象种能够生育的土壤和水质条件[36]。

C. 保护规划和整治

项目按照中池见传统的农业维护管理方式，以对耕作田、休耕田、弃耕水田中特有的稀有种和多种生物群集及其栖息和生育环境进行保护为目标，结合调查结果，制定了具体的保护规划。

在活用现有生物相和环境基础的同时，为了移入动物并对弃耕水田进行整治，新建了两个贫营养型池塘和两个富营养型的池塘（图20）。考虑到动物的生息，在新池塘中使用了圆松木乱桩，设置了浅湾，并配置了池中小岛。此外，在整治和利用现有水渠的同时还拓建和新建了一些水渠。

栈道和平台使用了不易老化和腐烂的娑罗双木，为了防止对水生生物造成影响，没有使用防腐剂（图21）。因为混凝土建造物可能会对周边的土壤、水、生物造成影响，设施都采用木结构或钢结构。

图20　在原弃耕水田中新建的池塘（2000年5月）

图 21　从南方的山岗上俯瞰环境保护区（2000 年 5 月）

D. 植物的移植

在环境保护区内，通过维护管理，尽量使个体数和分布量较多的保护对象种保持现状；对于环境保护区中没有或数量很少的物种，则要从中池见环境保护区的外部移植。为了确认对象种是否会在规划地生根、开花、结果或形成孢子，事先进行了移植试验。此外，还事先对移植目的地的土壤、水质、水位进行了调查。1998 年 5 月，进行了正式的移植。主要是表土移植，将内含休眠种子和植物体的移植表土移植到休耕田和新建池塘的岸边。这些作业基本是由人工进行的（图 22）。

图 22　用于移植的植被的采挖作业（1998 年 5 月）

E. 维护管理和监测

环境保护区的维护管理作业的实施被委托给一直在中池见进行水田耕作的当地农户。在约 4 公顷的平地部分，耕作田和休耕田的耕地和除草，弃耕水田、水渠、畦田、堤防的割草，水渠的清扫等各种管理作业都按照以往的耕作时间和方法来进行（图 23 ～图 26）。平地部分的维护管理作业每年约需 400 ～ 500 人。

1997 年 4 月开始进行试验性维护管理，同时还对水环境和动物、植物进行了监测调查。维护管理试验的时间是 1997 年 4 月～ 2000 年 3 月，但其后也在持续进行维护管理及监测。环境影响评价的调查显示：在中池见及其周边地区（约 30 公顷）存在 134 种水生及湿生植物。1997 年～ 1999 年的监测结果显示：最后一年，即 1999 年，在环境保护区的平地部分（约 4 公顷）存在包括稀有种在内的 135 种水生、湿生植物；在耕作田、休耕田、弃耕水田等湿地内，形成了多种植物群落[35, 36]；还确认了多种把平地及周边水域当作栖息地的动物、物种。在新建成的

图 23　当地农户在进行名为“清扫水渠”的水渠管理（1998 年 4 月）

图 24　早春的畦田割草（1998 年 4 月）

图 25　休耕田的耕地（1998 年 4 月）

图 26　弃耕水田的芦苇割除（2000 年 6 月）

4 个池塘中确认了鱼类和两栖类动物的存在，还发现了蛙的卵块、昆虫的幼体等[35, 36]，蜻蜓类和龙虱类动物也会飞来。

虽然取得了很多成绩，同时也发生了一些问题，例如克氏螯虾对保护物种的食害、即使进行耕作也会逐渐增加的多年生草本植物等。针对如上问题采取了研究捕捉克化螯虾、重新开始水稻生产等对策以抑制休耕田中的多年生草本植物，针对这些问题也在考虑其他的对策。

3）两栖类栖息地池塘及农村景观的保护和修复案例：曼彻斯特机场第二跑道建设中的生态缓和（英国）[*2]

位于英格兰西北部的曼彻斯特机场是仅次于希斯罗机场、盖特威克机场的英国第三大机场。由于客流量增加需要新建跑道，于 1991 年开始进行第二跑道的建设计划。规划中最重要的是对环境的考虑，所以提出了大规模的环境生态缓和规划。本文将首先介绍生态缓和的概要，然后详细论述以池塘和池塘生物为对象的生态缓和规划。以畜牧业为主的英国农地和以水稻生产为主的日本农田有很多不同点，但是其对池塘的保护方法有对于湿地保护是有参考价值。

---

*2 该项主要以 Marshall 等[42]和 Ian Marshall 先生提供的资料为依据。此外，还参考了曼彻斯特机场的主页（www.manchesterairport.co.uk）。

A. 保护的背景

在进行了环境影响评价后，于 1993 年提出开发申请，1997 年规划获得批准。第二跑道的建设期是 1997 年～ 2000 年，计划于 2000 年～ 2001 年冬季开始使用。计划修建的跑道长 3048m，宽 60m，横穿分布着农场和住宅的田园地带和堡林谷地（图 27，图 28）。

曼彻斯特机场位于彻下平原（Cheshire Plain）北部。彻下平原中分布着很多池塘，形成了特有的景观。大部分池塘是由于 marl（泥灰岩）的挖掘形成的。marl 是富含石灰成分的堆积岩，几个世纪以来，都被用于土壤改良或作为肥料撒在农地上。这些积水的采掘坑，现在已经成为农地中的宝贵湿地。英国本土有六种两栖类动物，在这些池塘中就有五种，包括受法律保护的蝾螈。此外，池塘还是蜻蜓等几种稀有种和红皮书中登录的多种动植物的栖息地。

图 27　曼彻斯特机场第二跑道建设规划地

（Manchester Airport PLC 提供，1997 年 5 月）

在农地池塘密集的彻下州内一般不会允许损害宝贵的湿地——池塘的开发，而是鼓励对池塘的保护。

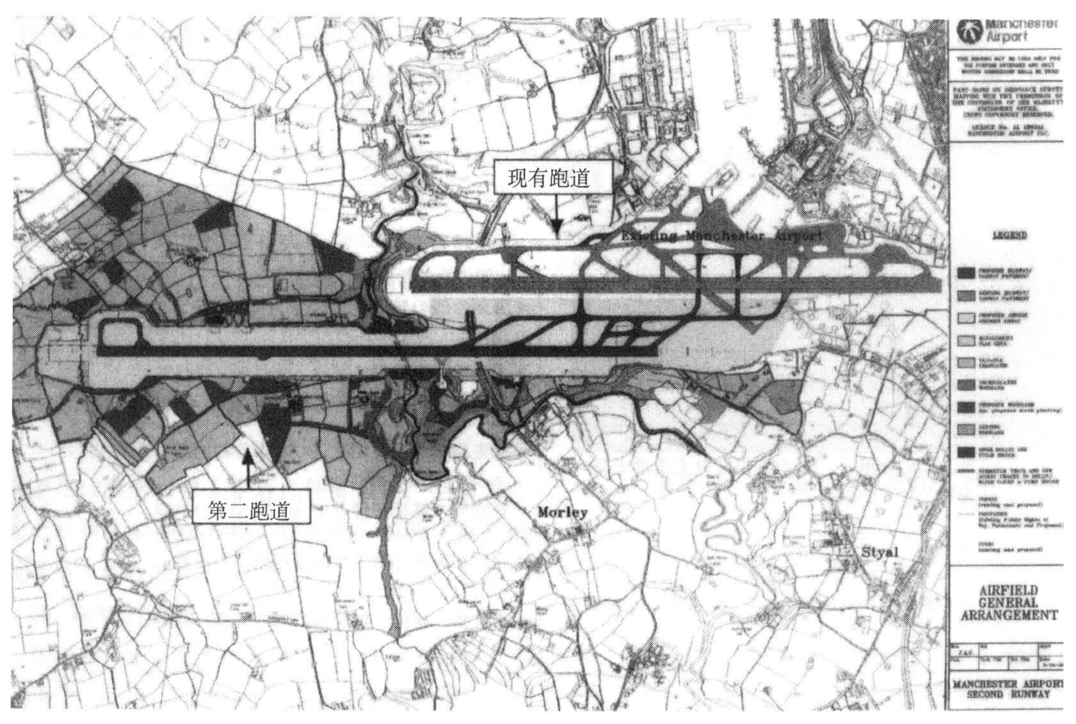

图 28　曼彻斯特机场第二跑道的位置（Manchester Airport PLC 提供）

B. 前期调查

1992 年～ 1995 年确定了 230 多个池塘，并对其进行了详细的调查。很多池塘的日照条件不好，有的一直积水，有的只有短时间积水。此外，池塘的种类还包括：周期性湿润且日照条件较好的浅池塘；日照条件较好的深池塘；由于日照条件好水面可以看到植被的池塘；由于没有积水只生长着一些湿生植被的浅坑等。这些种类繁多的池塘集团是分布很广但个体数较少的 Triturus cristatus（蝾螈）的栖息地。

在 230 个池塘中，分布着约 90 种湿地植物、282 种水生及陆生的无脊椎动物（其中有 69 种是稀有种）及 4 种两栖类。

C. 生态缓和揽子计划

环境影响评价报告中说明了项目对环境的影响和相应的环境保护对策。环境保护对策的生态缓和方法也被称为“生态缓和揽子计划（mitigation package）”。第二跑道的生态缓和揽子计划的内容包括：砍一棵树要栽六棵树；使一个池塘消失要新建或改善两个池塘；栽植或修复 36km 的树篱；新建草地和林地等栖息地以及生育地的修复。此外，作为物种的保护对策，其还计划捕捉和移动 3 万只两栖类动物；修建蝙蝠专用的小屋；营造獾类专用的洞穴；人工繁殖蜗牛类动物（mud snail）等。

D. 池塘的生态缓和[*3]

跑道建设对池塘的影响非常大（表 7），其池塘和两栖类动物的生态缓和包括了以下的问题点：相关的池塘数、池塘的位置；池塘的植物、无脊椎动物、两栖类动物所需的条件；到达有良好条件的越冬地的距离；保护种蝾螈（Triturus cristatus）所需的条件。

表 7　曼彻斯特机场第二跑道对池塘的影响及生态缓和

影响	生态缓和
46 个池塘消失（24 个是受法律保护的蝾螈类的繁殖地，40 个是两栖类动物的栖息地）	· 新建 46 个池塘（图 27） · 修复 51 个池塘
陆生两栖类的栖息地及冬眠地消失	· 大规模栖息地的新建及改良项目 · 两栖类动物冬眠地的提供
池塘群被切断，且跑道作为障碍物对物种移动造成影响	· 在跑道周边创建相互联系的栖息地网络 · 长期的维护管理和监测规划
建设期间带来的两栖类死亡和损伤的危险性	· 建设期间设置保护两栖类的围栏（图 28，图 29） · 两栖类、植物、无脊椎动物的捕捉及移动（图 30）

资料来源：Marshall 等[42)]。

池塘和两栖类的生态缓和方案，包括以下公约。

· 导入自然保护方法中的“无净损失（no net loss）”原则。

---

*3　以下记载出自 Marshall 等[42)]，是基于 1997 年的情况所写的内容。

· 因开发而受损的池塘至少要用 2 倍的新建池塘或修复的池塘来补偿。

· 根据协定制定的生态缓和规划包括以下内容：新建 46 个池塘，修复已有的 51 个池塘，捕捉和移动以两栖类为代表的动物、植物，对陆生生息地进行适当的管理，建设冬眠地，对项目进行长期的监测等。

· 在开始上述各作业之前，要先向地方当局提出详细的方案并获得同意。

· 要一直聘用合适的生态学者和景观设计者。

· 为了评价生态缓和的影响和有效性，要设立与自然保护和景观相关运营集团。

· 水生、陆生的栖息地及生育地的长期管理和监测要在航空公司管理下的 350 公顷土地内，按照 15 年的管理规划来进行。

E. 池塘的修复作业

池塘的修复作业包括以下各种作业：淤泥的疏浚，对树木和灌木有选择地清除，邻近沼泽地的创造，陆生栖息地的改善，两栖类动物冬眠地的建设，各个池塘周围缓冲地带的设置，池塘植被的间拔，池塘的扩建等。

在修复后的池塘中，为了防止外来种的入侵，制定了严格的方针。在有鱼类生息的池塘中，不在有两栖类动物出没的地方种植植物；此外，为了防止一些不受欢迎的植物和鱼卵附着侵入，不使用种苗场的水生植物。用于修复的植物，要从将要消失的池塘、其他进行修复的池塘及原有的池塘中采集。为了使无脊椎动物与植物一起移动，要把植物与根块一起采集。

F. 池塘的新建

为了建设多种类型的新池塘，在规划中需进行以下考虑：偶尔干涸的浅池塘，稍深一些的池塘，两栖类动物特别需要的池塘；或在池塘中设置各种各样的倾斜和不规则的断面，在池塘周围设置湿地、挖出的土堆草地、高茎草原以及在池塘北部栽植灌木和树林。

图 29　移植植物后的新池塘

（Ian Marshall 先生摄影）

为了增加表面积从而促进植物定居，各类新建池塘的底部和边缘要保持凸凹不平并尽可能保持积水。池塘中的动物、植物一般任其自然生长，但有些池塘会放入从即将消失或修复的池塘中转移的底泥、植物、无脊椎动物等（图 29）。和修复的池塘一样，新建的池塘不导入鱼类和归化植物。

G. 动物的转移方法

为了维持受法律保护的蝾螈的个体群（metapopulation），把被移动的群落（相距约 200m 以内的池塘群落）的蝾螈转移到条件相同的地方。转移的目的地主要是修复的池塘，这是因为那里会比新池塘更快地形成优质的生息地。

转移方法主要是设置两栖类动物专用的围网（图 30，图 31），并用水桶设置的陷阱来捕捉

图 30　两栖类的栖息地和用于保护及移动的围网（Ian Marshall 先生摄影）

图 31　用于两栖类的保护及移动的围网（Ian Marshall 先生摄影）

图 32　两栖类的捕捉（Ian Marshall 先生摄影）

出入池塘或在陆地上移动的两栖类。

此外大范围地设置诱捕器和围网。还将黑塑料袋等剪成宽 5mm、长约 100mm 的条状，系在草茎上，设置成人工产卵场，每周将这些塑料结向转移的目的地移动。另外，池塘内可见的两栖类动物是由人工捕捉的（图 32）。

在水生无脊椎动物较多的池塘和有应关注种生息的池塘中捕捉各种各样的无脊椎动物，然后将其移送到合适的池塘。

在捕捉计划的最后要排干池塘的水，撤去围栏和水桶。为了捕捉剩余的两栖类动物，并将其移送到目的地，一般平均大小的池塘要花一天左右的时间。

移送两栖类动物过程中雇佣了 25 个人。

H. 工程建设中对两栖类动物的保护

在已有或将有两栖类动物生息的池塘中，有些比较靠近建设项目的区域。在这样的池塘中，为了使两栖类动物只能由建设施工区域向外移动，特沿着施工区域的边界设置了单向通行的栅栏。为了捕捉移动困难的幼体，在工程开始之前就设置了诱捕器。

Ⅰ. 维护管理和监测

管理和长期监测的规划得到了彻下州议会和曼彻斯特市议会的承认。在繁殖期间，每年进行两次检查，其目的是确认以下情况：有无污染、物理损伤、归化种及鱼类入侵等情况发生，池塘状态是否良好；栽植的植物生长是否良好；有无动物定居；有无藻类大量生长（水华）等。此外，根据检查的结果，还要对池塘的漏水对策等必要的改良和管理方法进行确认。

移送生物后，对管理规划区域内的所有池塘要进行监测，其内容如下：计算蛙和中华蟾蜍的卵块数和中华蟾蜍的成体数；用网和瓶捕捉蝾螈，计算池塘中的蝾螈和蝾螈卵数量。此外，在对两栖类动物进行监测的同时，还要调查鱼类、水中和湿地中生息的无脊椎动物、植物的情况。这些调查分别在第 1、第 2、第 4、第 10 年进行。

（4）湿地生态缓和的课题

以上是对湿地的种类和特征、农村湿地的变迁及现状、湿地保护和生态缓和的实例进行的论述。最后，将对湿地生态缓和中涉及到今后的课题进行整理。

1）湿地生态缓和的目标

在第一个案例中介绍的湿地植物园是创造出自然湿地中的泉水湿地的实例。该案例的成功之处是：根据详细的前期调查结果进行的规划立案，以及在湿地植被专家指导下的实施。但同时也出现了湿地植被中原本不存在的植物，这说明人工创造自然湿地是很难的。

在第二个案例中介绍的中池见环境保护区中，通过有计划地对弃耕水田进行整治和维护管理，湿田的生物多样性得到了修复和保护。此外，在第三个英国的案例中，以保护两栖类动物为主要目的，对农业用地中的池塘和生物集团进行了大规模的保护和修复。这两个实例说明，通过生态缓和措施，由于维持管理的停止或农业的现代化等原因而导致生物多样性消失的地方是可能恢复为富于生物多样性的湿地的。

今后，各种各样的湿地将会成为生态缓和的对象。湿地是自然的产物，所以一般来说，尽可能不对其施加人为的影响是最好的保护方法。然而，像第一个案例中的保护对象——泉水湿地那样，有些湿地也需要适当的维护管理[43)]。此外，像水田和池塘那样，通过各种各样的专业管理维持下来的湿地，长期持续适当的管理作业才是保护生物的对策。

生态缓和并不是开发的免罪符，为了实现环境保护这个最初的目的，其目标应是通过生态缓和使湿地保持优于现状的状态。因此，通过对湿地进行适当而深入的调查，了解湿地生态系统，把握项目的影响，进行必要的生态缓和规划以及长期的监测和管理，都是必要的。此外，培养可提出保护措施的相关专家和确保维持管理所需的劳人力，也是从最初的保护规划开始就要进行讨论的。

2）今后的课题

有湿地保护规划经验的人都会感到保护所需的信息还非常的少。当保护对象是动物、植物个体时，我们对这些生物的相关生活史及生态的了解还非常有限。而且，在保护湿地和湿地生物时，需要多大的面积和怎样的周边环境也是非常难于判断的。为了让现场参与保护的人能够采取适当的保护措施，还需要研究者提出有关保护的建设性意见。关于湿地及湿地生物的基础信息及保护所需的条件、最适合各个湿地的生态缓和方法、湿地的维护管理和监测方法及湿地的评价方法等都是研究者面临的课题。

保护对策的实施不仅需要生物专家，还需要多领域的专家的协助和当地居民的理解。对于曼彻斯特机场第二跑道的建设，环境保护团体在积极开展反对运动的同时也参与了生态缓和的讨论（Marshall；私人信件）。日本的居民运动也不该一味地认为“开发都是魔鬼”而开展反对活动。通过生态缓和使湿地保护成为可实现的“自然保护活动”，这也应该成为今后课题的方向之一。

致　谢

首先要感谢本间喜八先生提供了新潟县龟田乡农耕情景的图片，冈山县自然保护中心的西本孝博士提供了湿地植物园的图片及 Cheshire County Council 的 Ian Marshall 先生提供了曼彻斯特机场第二跑道生态缓和计划的很多相关信息和图片。还要感谢 Manchester Airport PLC 允许使用曼彻斯特机场第二跑道的规划图和规划建设用地的空中摄影。最后，再一次对以上人士和机构表示诚挚的谢意。

（下田路子）

参考文献

1）環境庁自然保護局（1993）：第5回自然環境保全基礎調査要綱　湿地調査，106pp.
2）籠瀬良明（1972）：低湿地－その開発と変容－，318pp.，古今書院.
3）北海道湿原研究グループ（編）（1997）：北海道の湿原の変遷と現状の解析－湿原の保護を進めるために－，249pp，㈶自然保護助成基金.
4）石塚和雄（1977）：海岸，植物生態学講座1　群落の分布と環境（石塚和雄編），p.261-284，朝倉書店.
5）Maltby, E.（1991）: Wetlands and their values, Wetlands (eds. Finlayson, M. and Moser, M.), Facts On File, p. 8-26.
6）日本地誌研究所（編）（1973）：地理学辞典，88pp.，二宮書店.
7）藤井茂美（1963）：広島県松永市郊外の廃塩田跡の植生（Ⅰ）入浜式塩田の沼井を中心とした植生，広島大学教育学部紀要第三部，12，p.1-20.
8）藤井茂美（1980）：福山地方の塩生植物，広島県文化財ニュース，**85**，8-12.
9）山崎不二夫（1996）：水田ものがたり－縄文時代から現代まで－，188pp.，山崎農業研究所.
10）旗手　勲（1976）：米の語る日本の歴史，268pp.，そしえて.
11）農文協（編）（1991）：稲作大百科Ⅰ　総説／品質と食味，518pp.，農山漁村文化協会.
12）田渕俊雄（2000）：水田の物理的環境，自然復元特集7　農村ビオトープ－農業生産と自然との共存（自然環境復元協会編），p.109-122，信山社サイテック.
13）下田路子（2000）：水田の植物相．自然復元特集7　農村ビオトープ－農業生産と自然との共存－（自然環境復元協会編），p.123-134，信山社サイテック.
14）笠原安夫（1951）：本邦雑草の種類及地理的分布に関する研究　第4報　水田雑草の地理的分布と発生度，農学研究，**39**，143-154.
15）宇根　豊・日鷹一雅・赤松富人（1989）：減農薬のための田の虫図鑑，86pp.，農山漁村文化協会.

16）地球環境関西フォーラム（2000）：水田・休耕田，放棄水田等の現状と生物多様性の保全のあり方について，地球環境関西フォーラム，307pp.

17）農林水産省経済局統計情報部（編）（2000）：平成10年作物統計（普通作物・飼料作物・工芸農作物），234 pp.，農林統計協会.

18）日鷹一雅（1998）：水田における生物多様性と環境修復型農法，日本生態学会誌，**48**，167-178.

19）前田　琢（1998）：鳥のすむ水田環境をめざして，研究ジャーナル，**21**(12)，27-32.

20）環境庁自然保護局野生生物課（編）（1991）：日本の絶滅のおそれのある野生生物－レッドデータブック－（無脊椎動物編）．271pp.，日本野生生物研究センター.

21）環境庁自然保護局野生生物課（1997）：両生類・爬虫類のレッドリスト.

22）環境庁自然保護局野生生物課（1998）：哺乳類及び鳥類のレッドリスト.

23）環境庁自然保護局野生生物課（1999）：汽水・淡水魚類のレッドリスト.

24）環境庁自然保護局野生生物課（編）（2000）：改定・日本の絶滅のおそれのある野生生物－レッドデータブック－8　植物Ⅰ（維管束植物），660pp，自然環境研究センター.

25）長谷川雅美（1998）：水田耕作に依存するカエル類群集．水辺環境の保全（江崎保男・田中哲夫編），p.53-66，朝倉書店.

26）望月賢二（1997）：ミヤコタナゴ，日本の希少淡水魚の現状と系統保存－よみがえれ日本産淡水魚－（長田芳和・細谷和海編），p.64-75，緑書房.

27）竹内常行（1980）：日本の稲作発展の基盤－溜池と揚水機－，452pp.，古今書院.

28）広島県（1974）：賀茂学園都市建設計画調査 西条地域の動物，60pp.，広島県.

29）下田路子（1995）：広島県西条盆地のため池における水草と環境の変化，群落研究，**11**，23-40.

30）波田善夫・西本　孝・光本信治（1995）：岡山県自然保護センター湿生植物園　1．基盤地形の造成と植生移植の方法，岡山県自然保護センター研究報告，**3**，41-56.

31）西本　孝（1995）：岡山県自然保護センター湿生植物園　2．開所から3年目までの管理，岡山県自然保護センター研究報告，**3**，57-64.

32）西本　孝（1997）：岡山県自然保護センター湿生植物園　3．設立後4年目から6年目までの管理．岡山県自然保護センター研究報告，**5**，43-51.

33）西本　孝・波田善夫（1996）：岡山県自然保護センター湿生植物園の植生　2．移植後5年間の植生変遷．岡山県自然保護センター研究報告，**4**，9-50.

34）西本　孝・宮下和之・波田善夫（1995）：岡山県自然保護センター湿生植物園の植生　1．移植後3年目の植生．岡山県自然保護センター研究報告，**3**，11-22.

35）藤井　貴（2000）：農村ビオトープの保全・造成管理－敦賀市中池見での事例－．自然復元特集7　農村ビオトープ－農業生産と自然との共存－（自然環境復元協会編），p.83-107，信山社サイテック.

36）下田路子（編）（2000）：中池見の自然と人，179pp.，大阪ガス.

37）平松清一（編）（1973）：敦賀郡東郷村誌，832pp.，東郷公民館.

38）下田路子（1998）：福井県敦賀市中池見の農業と植生，および維持管理試験について，植生情報，**2**，7-18.

39）大阪ガス（1996）：敦賀LNG基地建設事業に係る環境影響評価書.

40）中本　学·名取祥三·水澤　智·森本幸裕（2000）：耕作放棄水田の埋土種子集団－敦賀市中池見の場合－，日本緑化工学会誌，**26**，142-153.

41）関岡裕明·下田路子・中本　学（2000）：中池見における水田雑草保全の取り組み－3年間のまとめ－，水草研究会会報，**71**，10-16.

42）Marshall, I., Walmsley, T. and Knape, A.(1997)：Manchester Airport Second Runway: mitigation in respect of the impact on amphibians and the re-creation of pond landscapes, British Pond Landscapes(ed. Boothby, J.), The Pond Life Project, p.89-97.

43）下田路子（1999）：湿地植生の特徴と保全－西日本の湿地の場合－，植生情報，**3**，23-32.

追記：2001年5月18日のIan Marshall氏の便りによれば，マンチェスター空港第二滑走路の建設工事は2000年8月に終了し，2001年2月に最初の旅客機が飛び立ったとのことである.

Ⅲ：针对生物的生态缓和

1. 从生物的视角看生态缓和

本章将从生物的角度针对不同的生物种群说明生态缓和的思路、技术、案例和存在的问题等。即：①生态缓和对各种生物种群的处理方法②根据栖息地的状态识别需保护的物种③生态缓和场地的管理。这些内容因生物种群不同有较大差异。下文首先阐述这些课题的概要。

（1）不同层级生物多样性的保护对策

生态缓和原本是缓和项目建设对自然环境造成影响的措施，而并非是以某些特定生物种（如朱鹮和鹳）的存活为目的进行的措施。然而，目前日本各地的环境评估案例均将对于猛禽类造成的影响的评价和保护措施列为课题，这说明缓和项目建设对于灭绝风险较高的物种造成的影响是生态缓和重要的目标。这样一来，减少物种灭绝的风险是基本的思路，但是仅此并不能缓和项目建设对于自然环境造成的所有影响。

例如，被列入保护目录的古树名木等，在有些情况下其个体也具有保护价值。在这种情况下，该树种是否存在灭绝风险就是最重要，而必须要采取措施防止其个体消失。这种个体在某种程度的适应度上具有优势，其个体保护甚至有望与基因多样性保护联系起来。不过，生态缓和原本就是以防范自然界生物多样性的退化为目标的。生物多样性并不单纯意味着多种生物的存在，而是由基因、物种・个体群、群落・生态系统、景观（风景）等不同层次构成的[1]，这些层次的多样性相互联系在一起形成一个系统。

迄今为止，珍稀物种和濒危物种的存在与否是环境影响评价的主要内容，当项目建设牵扯到这些生物的栖息区域时，如果项目建设影响为“轻微”则不会采取对策；而即便是珍稀植物，只要采取了“移栽”措施，就会被视为是减轻了环境的负荷。然而，如果从被移栽的生物种群存活性这一点来看，单纯的个体水平的对策还有许多值得商榷的地方。因其对于无机和有机的栖息环境以及生境的考虑不全面，对于自然的或人为的干扰过程考虑也不足。从生物视角出发的生态缓和的操作应该按照从个体水平到景观水平的顺序，有层次的进行。

表1整理了生物多样性的层次构造以及生态缓和的目标与方法。从基因水平来看，无论生态缓和的目标是尊重生物的固有性和确保生物的多样性，还是以此为目的限制人为移动生物或确保原基因流动方向的方法等，在某些情况下难免出现目标和方法的矛盾。例如，确保改造地的绿化和生态网络对生物自然保护发挥着重要作用，但这可能导致目标区域失去其基本特性。另外，关于珍稀生物群落，虽然通过禁止利用其栖息地可以进行一时的保护，但是数年乃至数十年后，由于迁徙这一自然过程而导致群落消失或是大幅度退化的例子不胜枚举。

表 1　考虑生物多样性层次结构的上生态缓和的目标与方法

生物多样性水平	生态缓和目标	方　法
基因	· 保护遗传的独特性 · 保护基因多样性	· 根据现场条件和分类群限制生物的人为移动 · 通过确保生态网络等，确保原生基因流动 · 确保多样的危急物种个体 · 考虑绿化工程中的基因污染问题
种· 个体群	· 保护具有区域特征的个体群 · 不增加物种的灭绝风险	· 保护并移栽保护种群及其生境
群落· 生态系统	· 保护性和特殊性较高的群落 · 保护优势种 · 保护典型群落和物种多样性	· 固有种和优势种生境的保护和管理 · 通过多样的植被工程复原绿化
景观	· 保护生态系统（生态环境）内外的过程 · 确保动态生态系统的马赛克结构	· 自然和人为干扰（洪水、耕作、烧荒和收割等）的调控 · 保护物种多样性较高的地区（热点）

关于物种和个体种群水平，在保护和复原绿化之际再次引进等情况下如何确定其具体的保护单元常常会引起争议。具有基因流动的异质个体群为单位的保护模型中，ESU（对进化有意义的物种个体群）作为保护单位，在若干案例中进行了讨论。

在爱知世博会上，以海上地区的濒危物种、同时也是特殊生态系统指示物种的星花木兰为例，分析了其基因多样性，并对其零散分布在不同泉涌湿地的表现特征进行了调查。但是，应该把何种程度的基因流动视为是“原本的”自然流动，则必须要对包括目前成为保护物种的演复过程进行探讨。就如同该地区的众多古窑遗址和防沙坝所反映的那样，人为的和自然的干扰对星花木兰个体群的动态造成的影响相当巨大，有研究人员指出，保护会导致个体群衰退。

关于群落和生态系统水平，近年来开展的生态系统的绿化和复原型群落生境等案例积累了不少经验；然而关于景观水平的对策，仍然缺乏实际应用。今后，有待综合性的研究。

（2）保护对象的种类

根据在土木和造园专业杂志上报道过的生态缓和案例，以及通过报纸等文献查阅到的中止项目建设等而得以回避的案例等共 106 件 [2)]，在日本陆域的生态缓和事例中，生态缓和对象种（保护种）的数量方面以植物最多；在件数方面则以鸟类居多，其中猛禽类尤其多。

被提到最多的首先是珍稀或者是具有灭绝危险的生物，这些物种是《关于保护濒危野生动物、植物物种的法律》（通称：物种保存法）中规定的日本国内珍稀野生动物、植物最高的等级，其活体不得被捕猎、采集、杀伤或损伤。截止到 2000 年，日本国内珍稀野生动物、植物名录包括 8 种植物和 39 种鸟类等共计 57 种，同时还进行了针对其保护的繁殖项目。

在该物种保存法制定（1992 年）之前，依据《文化遗产保护法》确定的国家保护动植物

Ⅲ：针对生物的生态缓和

表 2　在日本被作为生态缓和对象的生物种群

分类群	种	案例件数
植物	54	29
哺乳类	18	15
鸟类	30	46
爬虫类	1	1
两栖类	6	8
鱼类	12	9
昆虫类	20	23
甲壳类	4	4
贝类	6	6

（中村、藤井、村田，2000）

表 3　在日本被作为生态缓和对象的事例较多的物种

顺　序	物　种	案例件数
1	角鹰	16
2	苍鹰	15
3	金雕	9
4	日本髭羚	5
5	四斑细蟌	5
6	翠鸟	4
	萤火虫	4
	芦苇	4

资料来源：中村、藤井、村田，2000。

名录以及地方保护动植物名录，在保护濒危物种和面临灭绝危机的地域个体群等方面发挥了重要作用。包括长鳍鱊等物种（全部为动物，96 件），箕面山的日本猴栖息地、沼田西的长尾鸢尾自生南限地带等限定地域，妙国寺的苏铁等植物个体，以及尾濑和钏路湿原等列入名录的动植物保护区均有附加有保存现状的义务。若要改变或是捕猎之前，必须要办理从名录中删除等手续。

灭绝风险较高的生物清单称为红色清单，包含其物种分布信息等在内的手册称为红皮书。在日本，环境厅的红色清单以及都道府县等地方版的红色清单、红皮书是环境影响评估时选择评价对象物种（种群）的依据。环境厅的清单与世界自然保护联盟（IUCN）的新清单是相对应的，是在加入了日本自己判断的基础上制作的。IUCN 红色清单的新目录于 1994 年起对细节部分进行了数次更正，不过基本上还是以灭绝风险评价为基础的。有些地方版则是针对地方灭绝风险进行评价，尽管其风险评价的等级常常较高，但是偶尔也会有完全相反的评价。有些情况下，根据地方状况也会将没有写入清单的珍稀物种选为保护种。

表 4 保护动植物的种类指定件数

[截至平成 12（2000 年）年 4 月 1 日]

分类	件数
动物	191（21）
植物	534（30）
地质、矿物	211（20）
天然保护区域	23（4）
合计	959（75）

注：括号内为特别保护动植物的件数。

除此以外，比如入海口的芦苇滩等，考虑到其作为其他生物栖息环境的意义，也会成为保护种。另外，从确保人类与自然接触的观点出发，一些并非是濒危物种的萤火虫和青蛙等在一些文化方面对人类社会发挥了巨大作用、并非是濒危物种的萤火虫和青蛙等生物也成为了保护种。

如上所述，生态缓和的目标生物也即环评项目中的评价对象，包括①动物、②植物、③生态系统、④人类与自然丰富的接触、⑤需保护的动物、植物等。综合起来，选择保护物种的条件的话有两条，即①存在物种灭绝的风险、②对于人类社会具有重要并且有难以替代的关联性。关于与“生态系统”相关的影响评价及其保护措施，而对哪些点进行何种评价以及如何进行保全仍存在有待解决的课题。

表 5 日本面临灭绝危机的动物、植物种数

环境厅（1997 年～2000 年）

范畴	维管束植物	维管束植物以外的植物					哺乳类	鸟类	爬虫类	两栖类	海水、淡水鱼类	昆虫类	陆地、淡水贝类	蜘蛛类、甲壳类等
		苔藓类	藻类	地衣类	菌类	小计								
灭绝	17	0	5	3	28	36	4	13	0	0	3	2	25	0
野生灭绝	12	0	2	0	1	3	0	1	0	0	0	0	0	1
濒危（小计）	1399	180	40	45	62	327	47	90	18	14	76	139	251	33
濒危 I 类	881	110	34	22	51	217	31	42	7	5	58	63	86	10
IA 类	471						11	17	2	1	29			
IB 类	410						20	25	5	4	29			
濒危 II 类	518	70	6	23	11	110	16	48	11	9	18	165	165	23

续表

范畴	维管束植物	维管束植物以外的植物					哺乳类	鸟类	爬虫类	两栖类	海水、淡水鱼类	昆虫类	陆地、淡水贝类	蜘蛛类、甲壳类等
		苔藓类	藻类	地衣类	菌类	小计								
准濒危	108	4	24	17	0	45	16	16	9	5	12	161	206	31
信息不足	365	54	0	17	0	71	9	15	1	0	5	88	69	36
地域个体群 *							12	2	2	4	14	3	5	0

灭绝：EX（Extinct）被认为已经在日本灭绝的物种

野生灭绝：EW（Extinct in the Wild）仅在饲养和栽培的情况下存活的物种

濒危：（Threatened）具有灭绝危险的物种（由 I 类和 II 类构成）

濒危 I 类：CR+EN（Critically Endangered+Endangered）濒临灭绝危机的物种

濒危 II 类：VU（Vulnerable）灭绝危险正在增大的物种

准濒危：NT（Near Threatened）繁衍基础脆弱的物种

* 附属资料，具有灭绝危险的地域个体群：LP（Threatened Local Population）在地域上孤立且灭绝危险可能性较高的个体群

濒危物种仅靠移栽无法保证其物种的繁衍，保护措施必须要考虑到生态系统，选择其作为评价项目具有深远意义。然而，如何评价该生态系统是否具有值得保护的价值，目前环境厅（省）尚未发布明确的指导方针。目前仅发布了从环资评估评价项目的三种观点出发进行挑选和评价的大纲。在第 I 篇第 2 章《生态缓和制度的结构》中提到的 HEP 和 HGM 等结构也应该尽早在日本确立。

（3）回避、最小化、补偿对生物的意义

在生态缓和中，为了规避建设工程对生物栖息造成的影响，按照其有效程度的优先顺序即回避、最小化、补偿对生物栖息环境护全措施进行探讨，如同最初所述的那样，这被称为定序。该定序越靠前越有效，但是不同的保护种群还有若干补充说明。

“回避”是指不在对象生物的栖息范围内进行建设工程，是肯定不会造成影响的。“最小化”被认为仅次于“回避”的措施，自然保护团体也以“最小化”为优先，因此对补偿性行为的意义很难做出较高评价。不过，该领域仍有几个需解决的课题。首先，在实施“回避”、“最小化”的时候，确定保护物种的栖息范围未必简单。保护生物的生活和繁殖方式不同，栖息区域也并不固定。根据其变动的时间范围和物种不同，有些通过有限的调查就可以进行评价，有些却很难。

鸟类和昆虫中是需进行季节性迁徙的种类，必须要考虑到繁殖期、迁徙季节和冬季等各个季节的栖息地域、易于替代的栖息地以及不易替代的栖息地等因素的影响。昆虫等很多生物种

表 6　生态缓和的对象优先顺序对于生物的意义

对策	方法事例 *	优点	缺点
回避	· 变更道路路线，回避注目种栖息区域的改变	· 确保目前的栖息区域 · 自然度高的地域最佳	· 潜在的栖息区域评价不明 · 延迟次生自然的退化
最小化	· 将注目种栖息区域的改变最小化	· 如果能够确保珍稀物种的 MVP 和 MAR**，地域个体群就能够存活	· 由于广域种的 MAR 要远远大于一般建设施工的面积，因此在单个建设工程中进行评价和实施对策较为困难
修复	· 仅在施工过程中移设注目种栖息湿地 · 复原绿化改变地	· 在繁殖速度较快的生物和先驱种的生态系统中较为有效	· 在繁殖速度较慢的生物和顶级区系生态系统中较为困难
减轻	· 设置由于建设工程而遭到分割的兽道等的补充设备 · 继续水管理、植被管理等 · 在注目种营巢期间暂停施工	· 次生自然、山村等的栖息地有效	· 对于难以与人类共存的原生自然等的生物来说效果较差
补偿 ***	· 购买具有价值的湿地和背后地，将长期保全管理对象公有地化 · 改良退化的湿地 · 复原曾经存在的湿地 · 创造同种类或是不同种类的湿地	· 能够有计划的在生态学上较为重要的地点实施保全项目	· 场所和种类、技术水平不同会产生差异较大的成果

* 以道路开发为例。　**MVP：最小存活个体数，MAR：最小必需面积。　*** 美国的事例。

群的栖息状况的年度变动十分剧烈。此外，在以下情况下评价栖息环境时必须要进行更加深入的探讨。

不光是动物，即便是像植物这样扎根生活的生物，目前的栖息地也未必就能保证会成为将来的栖息地。例如，河滩植被在每次遭遇洪水之际都会改变其形态和分布。在评价这类自然变迁初期的种群构成或是干扰后的生物种群时，将栖息地固定为目前的分布范围是很危险的。

换句话，不应该单单探讨目前的生物及其栖息地，而是应该探讨包含潜在的栖息地在内的回避和最小化。同时，根据该思路，即便目前存在保护种，但是在有些情况下，栖息地的改变并不会对其物种的灭绝风险造成巨大影响。应该采取何种思路在很大程度上依赖于物种的生活史，这种情况应用所谓的异质个体群模型较为有效。

不过，类似斑林鸮这种开展过详细研究的物种十分有限，每个案例中对所有的保护种都基于这种评价进行生态缓和并非易事。但是，在马赛克构造的变动时间尺度相对较短的情况下，对于干扰依赖型保护种来说，单纯的回避和最小化未必就会是最佳方法。

例如，河流和治山防沙陡坡的实施地等是与人类生活安全直接相关的不稳定场地，已经进行的治山和治水等建设限制了自然的干扰过程。在上述场地保全干扰依赖型自然植被的生境时，在确保人类社会安全性的基础上，还应探讨性对衰退的植物生态系统进行代偿性管理并开发应用新型人为干扰方法进行改良（enhancement）。

远距离买卖补偿性生态缓和，包括场外补偿在内的代偿性生态缓和、信用买卖的生态缓和，最大的优点在于，对于生物来说重要场所的保全和复原恢复项目能够有计划的提前进行。这种优点会因生物和生态系统种类的不同而异。

（4）自适应的管理

对实施生态缓和的地点进行管理，尤其是进行修复、复原和创造的情况下，必须确保其生态学目标的实现，这一点与初期条件设定同等重要。美国普通生态缓和银行的日常管理（Marsh，L.L. 与 Young，J.，1996）有安保、一般管理（道路、排水、割草等）、驯化种防治、野火管理、监控、运营管理等 6 个项目。

然而，必须认识到，在复原型生境等实施以生活史尚不明确的濒危物种的保全为目的的生态缓和时，未必能够一开始就进行完善的规划和管理。这一点迄今为止在各个领域进行的生态系统管理中普遍存在，在进行复杂而且难以正确预测的生态系统管理方面，美国生态学会（Christensen，N.L. 等，1996）提出了自适应管理（适应管理：adaptive management）的思路，并以北美为中心开始实施。各地的生态缓和场地的管理有必要引进这种思路。

换言之，即便是在生态缓和现场，其生物也发生着动态变化，从而导致三个问题：①以不确切的信息为基础，②常基于预防性的考虑，③不得不进行临机应变式的管理。例如，加拿大不列颠哥伦比亚省进行了如图 1 所示的自适应管理，即统一从开始进行以下步骤：制定管理计划，实施管理，继续监控，评价结果，调整，根据其结果再次探讨并修正课题的程序。当然，并不是毫无原则的变更管理方针，而是必须要承担对变更进行说明的责任（accountability）。

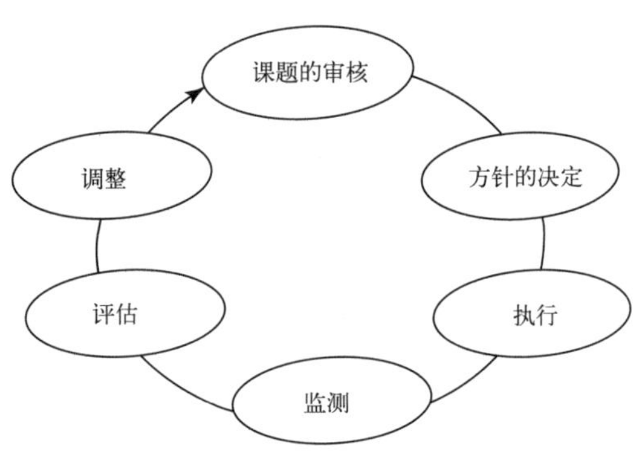

图 1　加拿大不列颠哥伦比亚林务局采用的适应性管理的 6 个阶段

承认尚未获知最佳的管理方法，选择深思熟虑的方针，执行为了获取目前未知但较为关键的知识而设计的计划，对主要指标进行监测，并对比和分析计划执行成果与最初的目的，在今后的决定中包含分析结果。

（5）生境模型及广域群落生境图的整理

从生物视角开展生态缓和规划时，保护种需要何种栖息地对生境模型而言是必不可少的。以濒危物种和基础种为中心，收集关于生境模型的信息，并通过共享不断提高信息的质与量。可以考虑使用较为简易的 HEP 的 HIS 模型（第 I 篇第 2 章），不过今后在国土数据信息整理过程中，如果能够开发出直接利用土地覆盖网格信息的软件，将更有利于其在环境影响评价领域内的利用。

对于动物生境模型，包括人为改变地在内的植被的量与质的马赛克构造是模型的基础。该马赛克构造就是景观生态学上的土地覆盖分布图（群落生境图或是景观分类图）。树林的粗密度和高度、层次构造、优势种等均是重要的影响因子，因此在目前进行的自然环境基础调查的植物社会学式植被图中，这些是无法取代的。如果能够在日本全国范围内整理该信息，就会对生态缓和规划做出较大贡献。

（森本幸裕）

参考文献

1）鷲谷いづみ・矢原徹一（1996）：保全生態学入門，270pp.，文一総合出版.

2）中村敏昭・藤井禎浩・村田辰雄（2000）：文献によるミティゲーションの調査結果，科研報告書「日本におけるミティゲーションバンキングのフィジビリティに関する研究」（代表：森本幸裕），p.122-135.

3）Christiensen, N. L., *et. al.* (1996) : The report of the Ecological Society of America committee on scientific basis forecosystem management. *Ecological Applications*, **6**(3), 665-691.

4）Forest Pracice Branch, Ministry of Foress, British Columbia(2000) : Definitions of adaptive management., http://www.for.gov.bc.ca/hfp/amhome/AMDEFS.HTM

2. 基因多样性的保全

生物多样性是以物种水平为中心的，与之对应的还有基因水平、生态系统水平以及景观水平等[1)]。作为生物多样性中心的物种多样性，包含由个体群以及个体基因水平的多样性两个含义。在本章，将针对决定物种水平多样性的基因水平多样性和生态缓和加以探讨。

（1）从物种的水平认识生物多样性

生物的个体相当于基因的载体，可以比拟为向子代传递接力棒的接力赛选手[2)]。生物学上把能够交配的个体定义为一个物种的集合。同一物种的个体通过交配共享基因库。

迄今为止，常常会出现原本认为是一个物种的集合，实际上是由若干个物种构成的情况。与工厂产品不同的是，生物物种将进化的历史记录在基因当中，对这一点人类尚处在研究之中。

（2）生态缓和银行与基因水平的生物多样性

生物即使属于同一物种，也未必会具有均一的基因。通常，进行交配的每个原型个体群的基因构成都各不相同。在地形复杂的日本，原型个体群在狭小的范围常常会分化。因此，远距离的生态缓和在面积大且广泛分布着相对比较均一景观的国家较为有效，在日本恐难适用。这与森本等人[3)]指出的“远距离银行与遭到破坏的湿地并不等价”的说法是对应的。

因此，本章将探讨以原型个体群的基因构成保全为基础的生态缓和银行的现状。

远距离银行得以成立在基因水平上的条件有两个，只要其中之一成立，银行就易于成立。条件之一是所有的局地个体群都是由相同的基因构成的。在该情况下，即使某一局地个体群遭到了破坏，只要保全了其他局地个体群，基因多样性就能够得到保全。另一条件是某特定的局地个体群包括了所有的基因，该情况下，只要保全了基因构成丰富的局地个体群，就能够保全基因多样性。下面，笔者将结合案例，就上述两个条件在自然界是否成立进行探讨。

（3）案例讨论

1）伊豆大岛的海桐花

在此，将介绍原型个体群之间基因构成不同的案例。

太田周指出，东京都伊豆大岛保护植物大岛海滨植物群落中补栽的海桐花的形态与自生的海桐花不同。据此对海桐花进行了调查，发现两者的叶片宽度以及叶片的卷曲方式确实有差异。

据推测补栽的海桐花产自日本本州，在向伊豆大岛的海桐花原型个体群引进来自外部的个体时必须慎重考虑（图 1a，b）[4]。

该案例说明，在历史上曾经明确遭到隔离的地域，必须要保全其原型个体群。

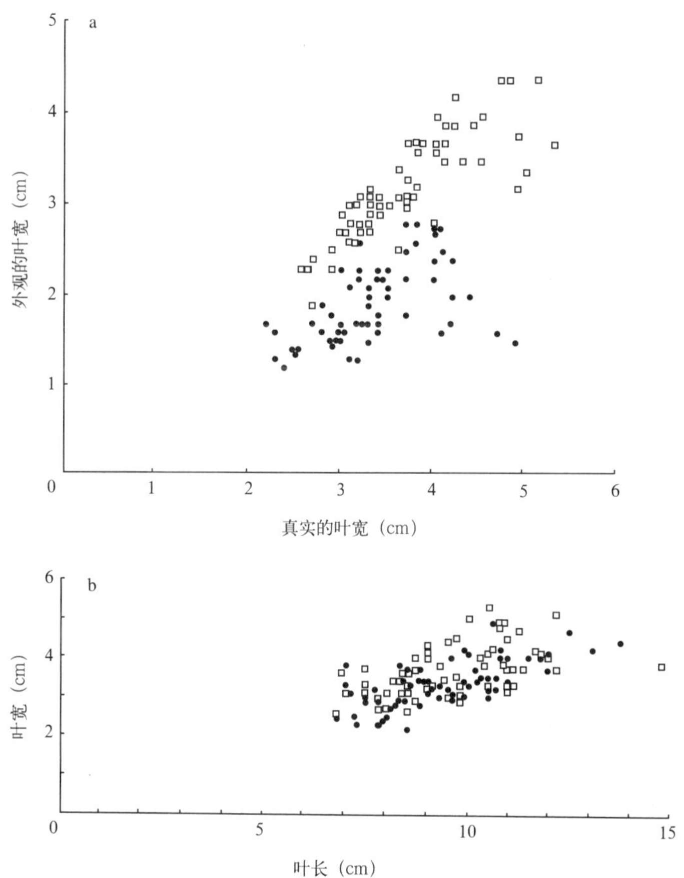

图 1　大岛海滨植物群落中海桐原生种群（●）与栽植种群（□）的变异[4]

a：叶片的翻卷，真实叶宽（cm）与外观叶宽（cm），上图

b：叶长（cm）与叶宽（cm），下图

这一点，即被平川和樋口[5]提出的重要依据保护生物多样性。天野[6]也指出，从物种的历史性和空间性构造的保护来看，从其他区域引进个体会引发问题。

2）多摩川及鬼怒川的河原野菊

与 1）相同，本案例针对原型个体群之间基因构成不同时，当大河流这一遭到隔离环境中植物的基因构成进行探讨。

繁育地仅限于卵石河滩的河原野菊在多摩川、相模川和鬼怒川上的分布是不连续的[7]。多摩川和相模川在地质史上具有较深的渊源。Maki 等人[8]通过对河原野菊的同种异型酶进行分析，判断多摩川和相模川的局地个体群之间的遗传距离较近，而鬼怒川的局地个体群则遗传距离较远（图 2）。

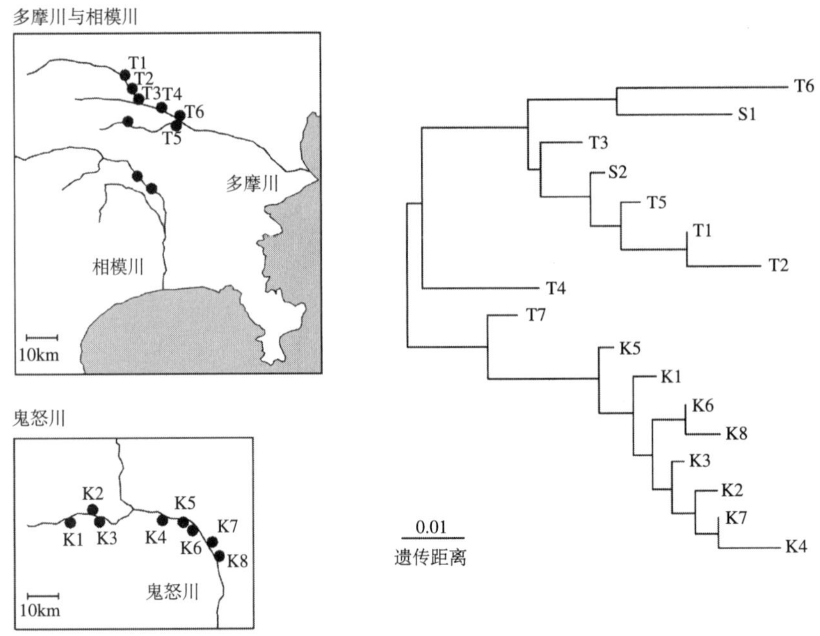

图 2 关东紫菀的局部种群的物侯图（Maki 等）[8] 与局部种群的位置

该事例说明，当局地个体群存在空间上隔离的可能性时，在进行远距离生态缓和时，就必须要对构成原型个体群的局地个体群基因构成进行调查。

3）生田绿地的斑北鳅的移植

接下来，介绍即使在距离上非常靠近、但原型个体群仍然存在隔离情况下的生态缓和案例。

由于淡水鱼类无法超越水系进行移动，因此一般被公认为是不得在原型个体群之间移动个体[9]。即便是在位于同一个公园内的两个小水系之间，也不应移动个体[10]。本案例是依据该思路进行的。

生田绿地是位于多摩丘陵的川崎市最大的公园绿地，其中的高尔夫球场建有冈本太郎美术馆。通过环境评估，发现高尔夫球场建设工地调整池内发现了斑北鳅。川崎市决定与市民共同保护斑北鳅，设立了由鱼类与植被管理研究人员和市民以及行政机关组成的实施委员会，并将保护工作委托给该委员会。

生田绿地中央由分水岭，分为南侧集水域和北侧集水域，这些水系共同构成了多摩川的支流。高尔夫球场的调整池位于南侧集水域。

由于斑北鳅栖息地位于小水系的上游部分，因此认为不可能出现伴随着个体移动的基因流动（表 1）。经过讨论，达成了不向现存的北侧小水系中引入高尔夫球场的原型个体群的结论。

该案例也提出必须要将相距 300m 左右的两个小水系作为不同的栖息地看待。

4）伊豆大岛的青冈栎

下面将介绍构成同一原型个体群的局地个体群之间基因构成不同的案例。

表 1 斑北鳅栖息地复原的选择条件

与原栖息地距离较近	→生田绿地内，同一水系、同一斜面
具有持续性再生产的可能性	
可以通过自然流下得到泉水	←尽可能的排除人为管理
距离泉水源较近	→稳定的水温
目前没有斑北鳅分布	←防止基因干扰
不大幅度的改变自然地形和生物环境。但外来种除外	
确保比以往的栖息地更大的水域	→通过构造的多样性确保基因多样性

（由生田绿地斑北鳅保护事业实行委员会[10] 制作）

通过对东京都伊豆大岛顶级林构成种青冈栎的三个局地个体群进行同种异型酶分析，发现了仅在特定局地个体群中出现的基因（图 3）[11]。尽管遗传距离并不大，但是由于局地个体群的基因构成有差异，因此如果要保全局地个体群的所有基因构成的话，就需要保全各个局地个体群。

在上文所述的海桐花事例中，如果对伊豆大岛原型个体群所包含的局地个体群详细分析的话，其基因构成也会不同。不过，要认定必须对此进行保全的话，就必须要判明生境破碎化在历史上长期存在。就青冈栎而言，要将树龄较高的树木与实生苗相比较，探讨目前正在破碎化的青冈栎原型个体群是否在之前就已经开始分裂。在该情况下，树龄较高的树木与实生苗之间的基因构成没有出现明显的差异。该案例说明，不仅仅在被岛屿或是河流等明显隔离的生境中，在空间上隔离开来栖息繁衍的生物每个局地个体群之间都存在某种程度的基因构成差异。有些情况下，就必须要探讨该差异是否达到了值得保全的程度。

在该事例中，最大的局地个体群即大岛公园局地个体群包含了所有的等位基因。尽管等位基因的频度在局地个体群之间有明显差异，但如果是从保留等位基因的观点出发，保全大岛公园的局地个体群即可。

5）伊豆诸岛周边的紫斑风铃草

从本文的观点来重新梳理伊豆诸岛与其对岸的伊豆半岛以及房总半岛的紫斑风铃草的同种异型酶分析结果[12]的，会发现有些等位基因广泛分布在整个岛屿甚至整个半岛，另一些等位基因仅出现在岛屿或半岛（表 2）。在利岛的 T1 局地个体群和大岛的 O2 个体群中发现了其他局地个体群中没有的固有等位基因。

根据该结果，与青冈栎案例不同的是，为了保全所有的等位基因，必须要保全多个局地个体群。

另外，如果详细分析和青冈栎同样位于伊豆大岛的局地个体群的话，可发现仅在 O1 局地个体群出现的等位基因有 1 个、仅在 O2 局地个体群出现的等位基因有 4 个，从大岛方面来看，仅仅保全局地个体群中包含固有等位基因的 O2 局地个体群的话，是无法保全大岛的所有等位

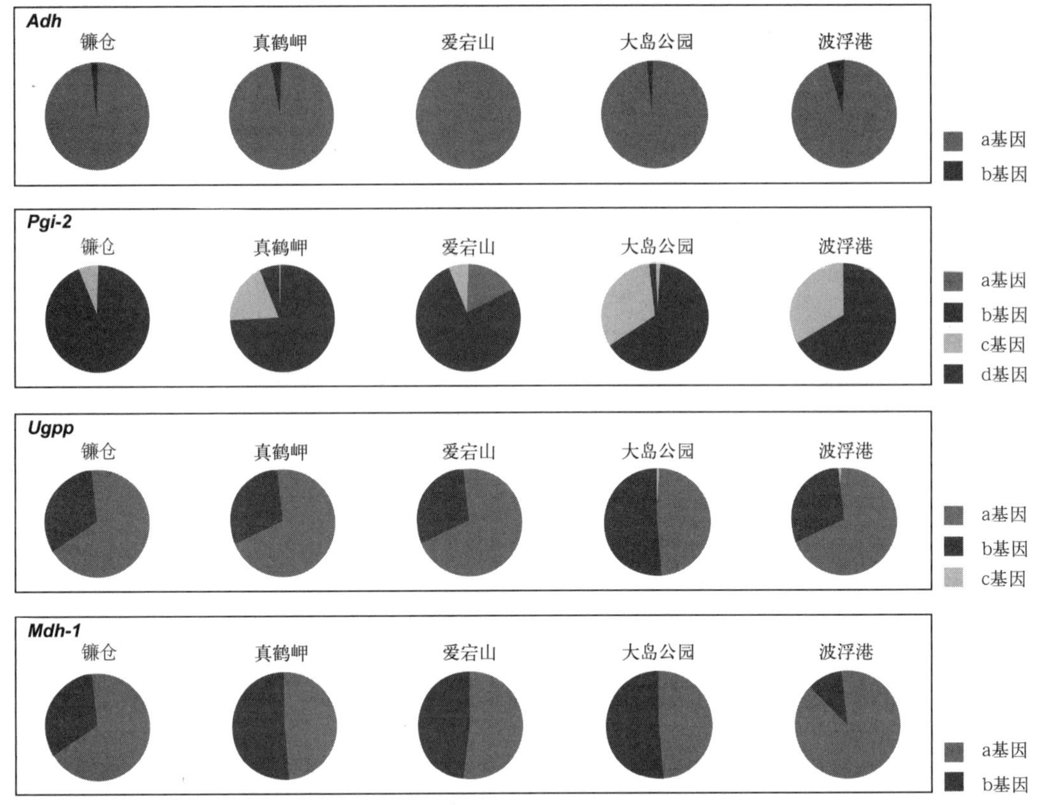

图 3　尖叶栲的各基因位点上不同群落的等位基因频率 [11)]

（在文献 11 中补充了奥津和仓本未发表的数据）

基因的。这样一来，如果不在远距离银行上下功夫的话，完整的保全基因多样性就较为困难。

（4）生态缓和银行成立的必要条件

在远距离银行中，要考虑选取富于基因变异的局地个体群栖息繁衍地点作为规划的保护对象。像紫斑风铃草这样不存在包含了所有等位基因的局地个体群的情况下，确定单独的保全对象会招致某些等位基因消失的结果，因此要在保全多个局地个体群等保全对象的选取方法上下工夫。

局地个体群的基因变异，与红色数据种无关。相反的，有报告称，在大范围分布的物种中，局地个体群之间的变异反而较大 [13)]。另一方面，在面积非常小的局地个体群中，由于近交弱势和遗传漂变会导致等位基因的消失速度较大，因此难以成为保全局地个体群之间基因构成多样性的对象。并且，在红色数据种当中还存在由于局地个体群的破碎化和孤立化造成的基因构成贫乏的局地个体群，因此有些情况下甚至还必须从原本连续的局地个体群中引进个体。如此一来，笔者要指出，本文论述的基因构成的保护问题，不应仅限于红色数据种，在普通种中也有可能成为课题。

表 2　伊豆诸岛周边紫斑风铃草的同种异型酶分析

[以 Inoue 与 Kawahara，1992[12]）的资料为主制作]

基因位点	等位基因	局部个体群名																
		八丈岛			三宅岛	神津岛	新岛		利岛	大岛		静冈县				千叶县		
		H1	H2	H3	M1	K1	N1	N2	T1	O1	O2	ST	SK	SG	SA	CK	CO	CY
Fe	a	1.00	1.00	1.00	1.00	1.00	1.00	1.00	1.00	1.00	1.00	1.00	1.00	1.00	1.00	0.96	1.00	0.95
	b	0.00	0.00	0.00	0.00	0.00	0.00	0.00	0.00	0.00	0.00	0.00	0.00	0.00	0.00	0.04	0.00	0.05
Idh-2	a	1.00	1.00	1.00	0.34	0.56	0.48	0.36	1.00	0.00	0.40	0.00	0.03	0.00	0.00	0.00	0.00	0.00
	b	0.00	0.00	0.00	0.66	0.40	0.47	0.59	0.00	0.68	0.50	0.84	0.81	0.92	0.89	0.94	0.96	0.97
	c	0.00	0.00	0.00	0.00	0.03	0.05	0.05	0.00	0.31	0.10	0.16	0.16	0.08	0.11	0.05	0.04	0.03
Idh-3	a	1.00	1.00	1.00	1.00	1.00	1.00	1.00	0.90	1.00	1.00	1.00	1.00	1.00	0.97	1.00	1.00	1.00
	b	0.00	0.00	0.00	0.00	0.00	0.00	0.00	0.10	0.00	0.00	0.00	0.00	0.00	0.00	0.00	0.00	0.00
	c	0.00	0.00	0.00	0.00	0.00	0.00	0.00	0.00	0.00	0.00	0.00	0.00	0.00	0.03	0.00	0.00	0.00
Lap	a	0.00	0.00	0.00	0.00	0.00	0.00	0.00	0.00	0.00	0.00	0.07	0.00	0.00	0.00	0.00	0.00	0.00
	b	0.00	0.00	0.00	0.13	0.00	0.07	0.07	0.74	0.18	0.32	0.00	0.00	0.00	0.05	0.06	0.05	0.03
	c	1.00	1.00	1.00	0.87	1.00	0.93	0.93	0.26	0.82	0.68	0.78	0.68	0.92	0.62	0.94	0.95	0.97
	d	0.00	0.00	0.00	0.00	0.00	0.00	0.00	0.00	0.00	0.00	0.15	0.32	0.08	0.33	0.00	0.00	0.00
6Pgd-2	a	1.00	0.96	1.00	1.00	1.00	1.00	0.94	1.00	0.99	1.00	0.45	0.65	1.00	1.00	1.00	1.00	1.00
	b	0.00	0.04	0.00	0.00	0.00	0.00	0.06	0.00	0.01	0.00	0.55	0.35	0.00	0.00	0.00	0.00	0.00
6Pgd-3	a	1.00	1.00	1.00	1.00	1.00	1.00	1.00	1.00	1.00	1.00	0.87	0.87	1.00	1.00	1.00	1.00	1.00
	b	0.00	0.00	0.00	0.00	0.00	0.00	0.00	0.00	0.00	0.00	0.13	0.13	0.00	0.00	0.00	0.00	0.00
Pgi	a	0.00	0.00	0.00	0.00	0.00	0.00	0.00	0.00	0.00	0.00	0.00	0.00	0.00	0.00	0.00	0.04	0.00
	b	1.00	1.00	1.00	1.00	1.00	1.00	1.00	1.00	0.95	0.77	0.51	0.32	0.78	0.76	0.49	0.40	0.24
	c	0.00	0.00	0.00	0.00	0.00	0.00	0.00	0.00	0.05	0.23	0.49	0.68	0.22	0.23	0.51	0.56	0.76
	d	0.00	0.00	0.00	0.00	0.00	0.00	0.00	0.00	0.00	0.00	0.00	0.00	0.00	0.01	0.00	0.00	0.00
Pgm-1	a	0.00	0.00	0.00	0.00	0.00	0.02	0.00	0.00	0.00	0.00	0.00	0.06	0.00	0.00	0.00	0.00	0.00
	b	0.95	0.86	0.86	0.74	0.02	0.25	0.09	0.01	0.15	0.08	0.92	0.81	0.95	0.89	0.74	0.63	0.64
	c	0.05	0.14	0.14	0.26	0.98	0.73	0.91	0.99	0.85	0.87	0.08	0.13	0.05	0.11	0.26	0.37	0.46
	d	0.00	0.00	0.00	0.00	0.00	0.00	0.00	0.00	0.00	0.05	0.00	0.00	0.00	0.00	0.00	0.00	0.00

续表

基因位点	等位基因	局部个体群名																
		八丈岛			三宅岛	神津岛	新岛		利岛	大岛		静冈县				千叶县		
		H1	H2	H3	M1	K1	N1	N2	T1	O1	O2	ST	SK	SG	SA	CK	CO	CY
Pgm-2	a	0.00	0.00	0.00	0.00	0.00	0.00	0.00	0.50	0.00	0.00	0.30	0.55	0.05	0.55	0.30	0.14	0.00
	b	1.00	1.00	1.00	1.00	1.00	1.00	1.00	0.50	1.00	0.94	0.70	0.45	0.95	0.45	0.70	0.86	1.00
	c	0.00	0.00	0.00	0.00	0.00	0.00	0.00	0.00	0.00	0.06	0.00	0.00	0.00	0.00	0.00	0.00	0.00
Pgm-3	a	0.00	0.00	0.00	0.00	0.00	0.00	0.00	0.00	0.06	0.05	0.02	0.00	0.00	0.07	0.00	0.02	0.23
	b	1.00	1.00	1.00	1.00	1.00	1.00	1.00	1.00	0.94	0.95	0.94	1.00	1.00	0.93	0.97	0.94	0.77
	c	0.00	0.00	0.00	0.00	0.00	0.00	0.00	0.00	0.00	0.00	0.04	0.00	0.00	0.00	0.03	0.04	0.00
Sdh	a	0.54	0.44	0.63	0.37	0.17	0.44	0.38	0.50	0.41	0.38	0.01	0.00	0.17	0.03	0.00	0.00	0.00
	b	0.46	0.56	0.37	0.63	0.83	0.56	0.62	0.50	0.55	0.47	0.00	0.04	0.42	0.00	0.00	0.01	0.00
	c	0.00	0.00	0.00	0.00	0.00	0.00	0.00	0.00	0.00	0.08	0.47	0.15	0.06	0.59	0.38	0.36	0.45
	d	0.00	0.00	0.00	0.00	0.00	0.00	0.00	0.00	0.05	0.07	0.47	0.52	0.35	0.31	0.62	0.63	0.55
	e	0.00	0.00	0.00	0.00	0.00	0.00	0.00	0.00	0.00	0.00	0.04	0.29	0.00	0.07	0.00	0.00	0.00
特有丙烯基		0	0	0	0	0	0	0	1	0	2	0	0	0	0	0	0	0

（为了使异质个体群以及局地个体群的固有性明确，画上了网点阴影）

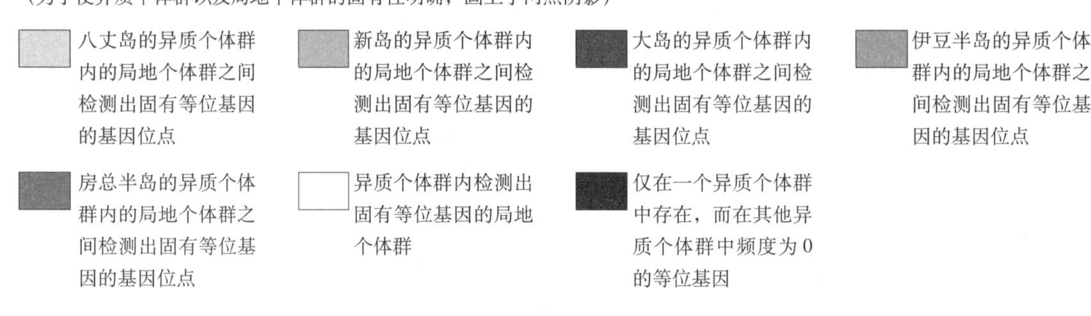

在此，就必须全方位的弄清楚作为保全对象生物的每个局地个体群的基因构成。不过，由于这需要消耗大量的人力，因此不仅仅需要直接调查基因，同时还需调查原型个体群的动态和交配样式以及移动能力等作为补充，这或许是更好的做法。

认识并记录分类学的最小基本单位物种的工作称为 α - 分类。随着该领域研究的深入[14)]，预计人们对于物种的认识也会发生改变，因此，本文所述的内容并非一成不变，而必须要随着研究的进展重新审视。因此，在遗传干扰方面必须具备谨慎的态度。

（仓本宣）

参考文献

1）鷲谷いづみ・矢原徹一（1996）：保全生態学入門，270pp.，文一総合出版.

2）亀山　章（1997）：エコロード，238pp.，ソフトサイエンス社.

3）森本幸裕・村田辰雄・若井正記（1998）：ミティゲーションとミティゲーションバンキング，日本緑化工学会誌，**23**(4)，256-262.

4）倉本　宣（1986）：伊豆大島のフロラ特性とそれに対応した植栽手法，応用植物社会学研究，**15**，17-24.

5）平川浩文・樋口広芳（1997）：生物多様性の保全をどう理解するか，生物科学，**67**(10)，725-731.

6）天野　誠（1998）：絶滅のおそれのある野生植物，沼田　真編，自然保護ハンドブック，126-136.

7）倉本　宣（1995）：多摩川におけるカワラノギクの保全生物学的研究，緑地学研究，**15**，1-20.

8）Maki, M., Masuda, M. and Inoue, K(1996) : Genetic diversity and hierarchical population structure of the rare autotetraploid plant *Aster kantoensis (Asteraceae)*. *Ame. J. Bot.*, **83**, 296-303.

9）東京都（1998）：東京都水環境保全計画．220pp.

10）生田緑地ホトケドジョウ保存事業実行委員会（1998）：生田緑地ホトケドジョウ保存事業報告書，47pp.

11）奥津慶一・倉本　宣（1999）：伊豆大島愛宕山へのスタジイ移植の検討のための遺伝的変異の解析，ランドスケープ研究，**62**(5)，533-538.

12）Inoue, K. and Kawahara, T. (1990) : Allozyme differentiation and genetic structure in island and mainland Japanese population of *Campamura punctata* (*Campanulaceae*). *Ame. J. Bot.*, **77**, 1440-1448.

13）Millar, C. I. and Libby, W. J. (1991) : Strategies for conserving clinal, ecotypic, and disjunct population diversity in widespread species. (Falk, D. A. and Holsinger, K. E. eds.) Genetics and Conservation of Rare Plants, p.149-170, Oxford Univ. Press.

14）村上哲明・谷田辺洋子（1999）：結合的種概念とシダ植物の分子α-分類，生物科学，**51**(4)，193-204.

3. 生态系统

(1) 环境影响评价法中生态系统的意义

环境影响评价法（1997 年：以下称为评价法）中“生态系统”是指，与动物和植物并列的以确保生物多样性以及自然环境的系统式保全为主旨，应进行调查、预测以及评价的环境要素。生态学上的生态系统包含若干个生物个体群，其中存在种间关系，并受到非生物学环境（无机环境）制约的一个系统。不过，其在评价法中的意义，并非学术意义的生态系统，而是在对动物和植物方面进行的“物种”单位的调查和解析时必须作为一个整体设置的项目（图 1）[1]。因此，通过综合解析个别项目的数据结果发现是“生态系统”中心。另一方面，“生态系统”项目的内部，由于无法网罗一切内容，可以考虑掌握以物种为基准（即所谓的保护种等）的构造。这就是分为优势性（种）、典型性（种）以及特殊性（种），并通过这些物种的组合进行评价。关于这些生态系统的分析方法和类型区分，在第Ⅰ篇第 3 章《生态缓和的步骤》中已经加以论述。

图 1 生态系统的模式图 [1]

环境影响评估法中生态系统的评估不仅仅针对动植物，还必须针对动植物生存的系统进行评估。比方蝴蝶与作为其食物的植物单独处于一起并不能存活，而是在这两种生物生长的树林（生物群落）与土壤、土形以及包含地质在内的生态环境（生态系统）中生存的。

在此，笔者将以生态缓为重点，对评价法中提到的“生态系统”的研究领域即景观生态学进行介绍，主要以美国和日本的案例加以论述。

(2) 景观生态学及其研究方法

对景观生态学的定义有若干种观点。一种观点认为景观生态学是以区域规划和资源管理为目的的一揽子式的环境规划学[2]。另外一种观点认为景观生态学研究的是作为空间规模的“景观水平”的现象[3, 4]。还有一种观点将景观生态学定义为研究生态系统空间模式（构造）及其模式产生的生态过程（机能）的科学[5, 6]。上述观点都认为，景观生态学研究的共同点是：①研究二次元或者是三次元的空间构造，以及受到其影响的现象，②阐明生态系统的构造和机能，以及其变化。景观生态学将以上两点综合起来更为妥当。

那么，景观生态学是如何来定义掌握空间构造时的单位“生态系统”的呢？在生态学中，“生态系统”是指“包含若干个生物个体群，其中存在种间关系，并受到非生物学环境（无机环境）制约的一个系统”。景观生态学上相当于这一“生态系统”概念的是地因子均一的空间，即所谓的“生态环境”[7]。地因子是指形成景观的要素，包括地形、地质、土壤等无机物（非生物岩相区）和植被等生物（群落生境），以及土地利用等社会因素。将地形、土壤、植被和土地利用等各式各样的主题绘制成图，然后再全部重合起来，各条分界线重合后会划分形成大小不同的补丁块。该地因子的均一集合体即每一块补丁称为生态环境。在景观生态学中，就是研究这些生态环境是如何分布（构造），以及生态环境之间存在何种相互作用（机能）的。

景观生态学的普通研究方法之一，是解析某一地域的生态环境分布，并据此推测其分布的原因和效果[8]。另外，也有研究方法通过比较某一地域不同年代的生态环境分布，来追踪生态环境的变化并探究原因[9]。此外，还通过调查生态环境之间的物质循环和动物移动、基因交流等，进行推断生态环境机能的研究工作[10]。

美国是景观生态学研究最为发达的国家之一。并且不仅重视学术的优先性，其将运用到环境行政方面这一点也引人关注。最近出版的 Klopatek 与 Gardner 编著的书（1999）[11] 等，正说

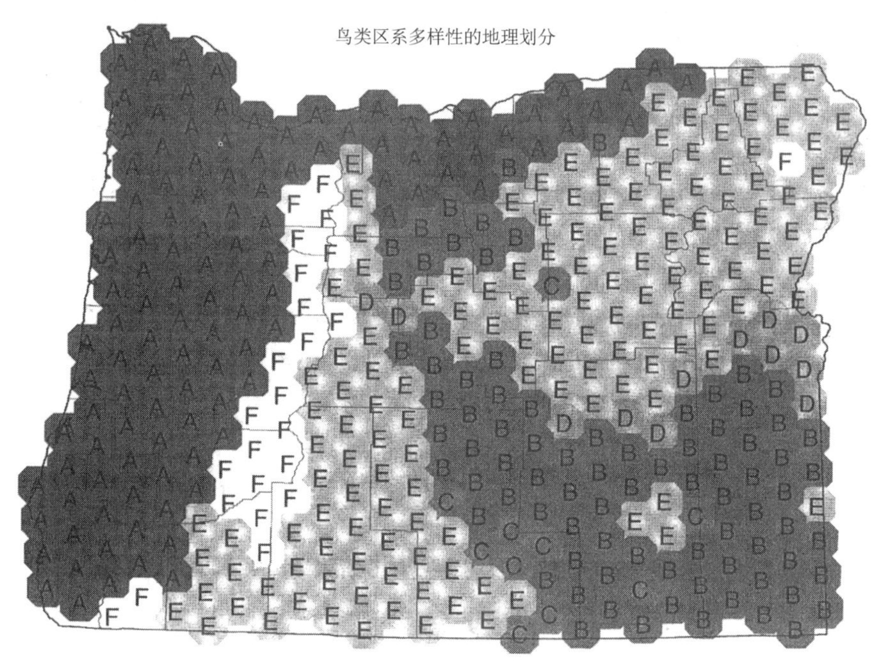

图 2　美国俄勒冈州鸟类区系所示的广域生态系统划分[12]

本图没有采用一般的网格模型，而是采用了了精心设计的与所有相邻地区（单元）距离相同的六角形模型。通过划分海岸地区和内陆地区的喀斯喀特山脉成为海岸－森林的组合 B。不过，E 复杂多变的生态系统中生存的鸟类种类比 A 和 B 要多 30% 以上。这说明，由于俄勒冈州绵延分布的森林生态系统较为单调，在生态系统混合的地区反而鸟类的种类更多。此外，C 是植被空缺较多的地区。

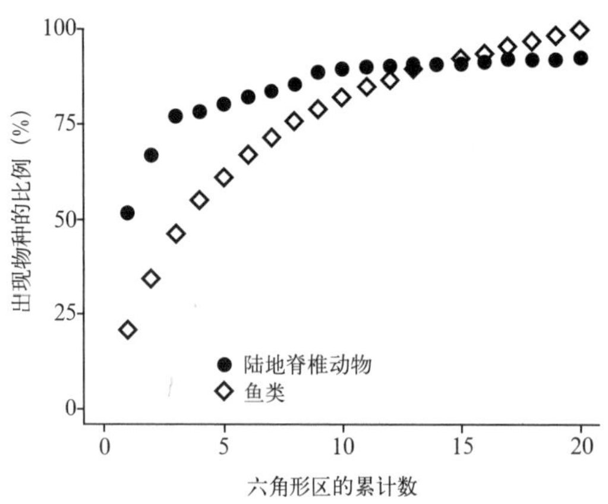

图 3　鱼类与陆地脊椎动物的种类增加的趋势[12)]

本图将俄勒冈州各个六角形区中鱼类种类最多的前 20 个地点按顺序将数据点标示在坐标轴上。尽管与鱼类的增加趋势有稍许差异，但陆地脊椎动物的种类也表现出相同的增加趋势。由此可以发现，水生生物与陆地生物之间也存在物种多样性的关联性。

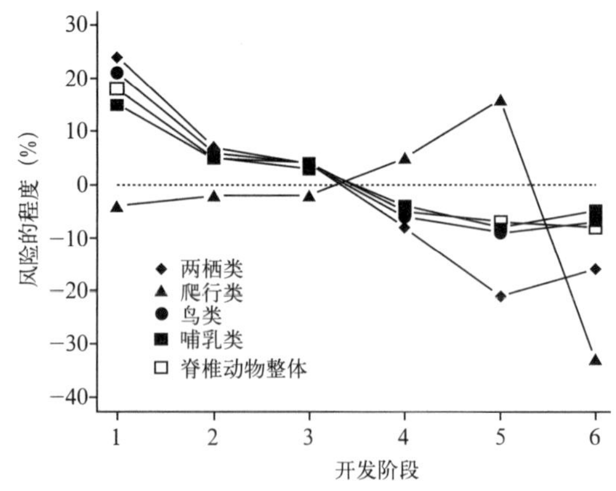

图 4　俄勒冈州泥溪集水区中栖息地的消失风险[12)]

除爬行类之外的动物在开发中处于不利地位，在保护中处于有利地位；而爬行类在开发中处于中立地位，在保护中则会丧失栖息地。该图暗示出，在受到开发时已经具有高度生物多样性的分类群通过保护措施会变得更为复杂。

开发阶段 1：高度的开发　2：平稳的开发
3：现状的持续　4：缓和的保护
5：强烈的保护　6：白人定居以前

明了其优势性。例如，在这些著书当中，White 等人[12)]提出了以俄勒冈生物多样性保护为目的的提案。提案将俄勒冈州的生物地理划分为 6 个区域，掌握其分布状况（图 2）。接着，显示各个地区（hexagon）动物多样性的累计，获得整体的概况。另外，在个别案例中，按照从多到少的顺序累计了鱼类（淡水鱼）生物多样性种类较多的前 20 位，说明其生物多样性虽然与陆地脊椎动物的多样性具有某种程度的一致，但是并非完全一致（图 3）。陆地脊椎动物在整体上与鱼类具有相同的增加倾向，但其具有与鱼类不同的热点（hot spot）。

另外颇具意味的研究还有分析环境保护的各个阶段与动物分类群之间关系的案例（图 4）。一般认为，开发会导致物种灭绝风险增加，而维持原生状态的话其风险就会降低。基本上所有的动物群都显示出了这一倾向，但是唯有爬虫类中这一倾向不明显，甚至在有些情况下还会由于保全造成灭绝风险增加的结果。这说明根据被选作对象的生物群不同，有些情况下不得不改变保全甚至生态缓和的方式。

通过上述景观生态学研究方法获得的信息在今后还会不断积累。景观生态学知识在日本进行生态缓和事业之际也会成为能够发挥极为重要作用的信息，必须尽早在日本国内展开同样的研究。

（3）生态系统的生态缓和关注点

无需赘言，在考虑生态缓和之际，收集基础信息是必不可少的。这是因为，生态缓和不仅要在对象地域进行，还必须以包括对象地域在内的更大范围的信息为基础进行规划。也就是说，生态缓和必须作为区域水平环境规划的一环来实施，否则就毫无意义。

在信息收集这一方面，欧美提供了详细的自然环境信息[13)]。另外，关于大范围环境规划中自然环境信息的运用，信息发达国家美国的事例可以作为有用的参考[14)]。当然，欧美与日本在自然环境的规模和性质上都完全不同，因此必须在能够网罗日本复杂的自然环境规模上尽快推动信息的收集。在此基础上，笔者将列举从景观生态学的观点出发，在生态缓和事业中具体的注意点。当然，生态缓和分为若干个阶段。尽管在实际进行开发之际这些阶段也不是截然分开的，有些情况下还会多个并用，不过方便起见，此处将分别按照各个阶段进行阐述。

首先应避开在应该保全的生态系统（生态环境）进行开发的即为回避措施。但是，即使避免了对于生态环境的直接破坏，只要在该地域内妨碍生态环境之间的物质流和生物流的位置上进行开发，回避措施就毫无意义。以最常作为生态缓和对象的湿地为例，湿地的环境并不是仅限于其自身的，而是通过来自集水域整体的地下水供给、来自于湿地邻接的森林和草地等的生物入侵和移动得到维持的。在保全某一生态环境之际，不仅要考虑对象本身，还必须要考虑维持该生态环境的周边生态环境的配置和机能。

在无法回避对于某一生态系统的开发行为或是某一生态系统的一部分受到破坏的情况下，可通过对其开发行为的地点和方法下功夫来控制影响。或者是，在施工结束后，向受到开发行为破坏的生态系统中人为引进物种进行修复，通过实施复健工程促使其再生尽早恢复生态系统功能。这些被称为最小化、修复和降低等。这就是避免在影响较大的部分进行开发行为，并通过表土复原和栽植修复一部分遭到破坏的湿地的方法。此时，为了挑选出影响较大的部分，就必须弄清楚生态环境之间的相互作用和物质流、生物流。在湿地周边进行开发之际，在流水的上游一侧进行和在下游一侧进行的影响会大相径庭。另外，即使避免对某种动物的栖息地森林进行直接开发，但在森林与森林之间打通道路，如果该道路成为了动物的走廊，那么即便是能够回避了对于栖息地的直接破坏，从长期来看，也有可能对动物的个体群维持产生重大的影响。

当遇到无法避免生态系统完全消失，或者说遭到开发行为的破坏并被弃之不管从而导致无法维持下去的状况时，在别的地点再生原有生态系统或是创造出与之相同的生态系统的措施，就是补偿措施。此时，考虑到邻接的生态环境或是周边的同质生态环境的分布，为了寻找潜在的移栽候补地并选择适当的候补地，景观解析就能够发挥作用。再生的生态系统是否具有能够进行保全的足够面积也是很重要的关注点。某个生态环境内的物种多样性是与生态环境的面积以及该生态环境的地质史和地理位置相联系的[15)]。个体生态学指出，原型个体群之间的移出和移入，是受到其周围的景观构造促进或是抑制的[16)]。这种生态环境之间的分布，能够通过可变钳技术[17)]等空间解析手法进行调查。另外，除了这种生态环境之间的分布之外，还必须要考虑各个生态环境分界线上来自周边的影响（边际效果）。我们在研究过程中发现，湿地形状复杂程度不同，其减少程度也不同（图 5）[18)]。即，从景观水平来看补偿性措施的话，如果没有考虑生态环境再生的地点、大小和形状等因素，就称不上是充分的措施。

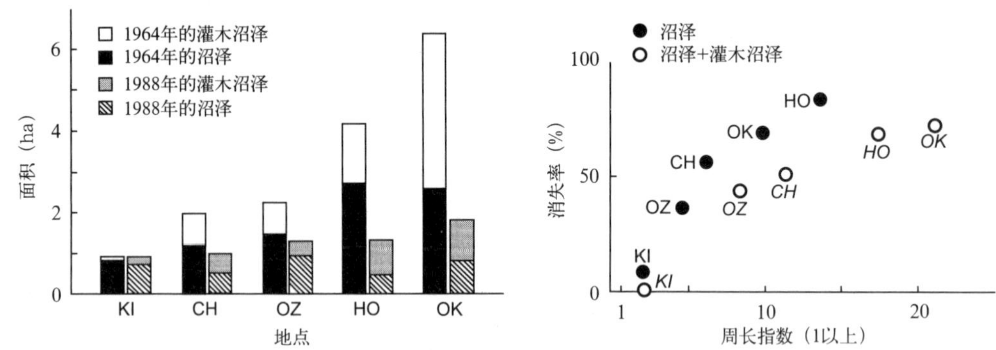

图 5　广岛县艺北町湿地的减少

该图显示出湿地急剧减少的相关因素之一是湿地的形状。
记号为湿地的简称

（4）生态系统的生态缓和验证

目前，日本生态缓和的案例也在急速增加，关于其技术的研究正在进行，不过是在正确理解生态缓和原有意义基础上进行的项目却较少。在这些事例当中，龟山[19]进行的“曾子谷湿原”生态缓和案例，从原有湿原的规模上进行扩大这一点来看，可以说是较好的项目案例。

当然，这些生态缓和不光要进行，还必须科学预测其结果，并通过监测进行验证和评价。在欧美，有许多利用模型模拟景观、进行景观预测的尝试。今后，有必要通过具体的环境测定值来补充这些模型。为此，也应像自适应管理[20]那样，引入实施后的调查计划及其数据反馈。

最后，介绍一个现实中正在实施生态缓和的日本案例，即国土交通省温井大坝工程（广岛县加计町）的案例。该大坝是仅次于黑部第四大坝的日本第二大拱形大坝，为了平整坝址和周边道路，形成了很多大面积的挖掘斜面。在此进行的生态缓和，以与周边植被之间的协调为最优先事宜，并再生能够成活的树木。项目分析了周边植被的调查结果[21]。图 6 将周边植被中出现的主要树种的均等分布作为期待值，将现实中的分布作为实测值。如此一来，发现枹栎的分布一致率最大。图 7 进一步分析了分布植被基质的倾斜程度，发现各个树种都是分布在陡斜坡上的。根据这些发现结果进行分区规划[21]，并在斜面上实施了栽植树木等试点项目，主要种枹栎等树木生长顺利，生态缓和的效果正在得到验证。

（中越信和）

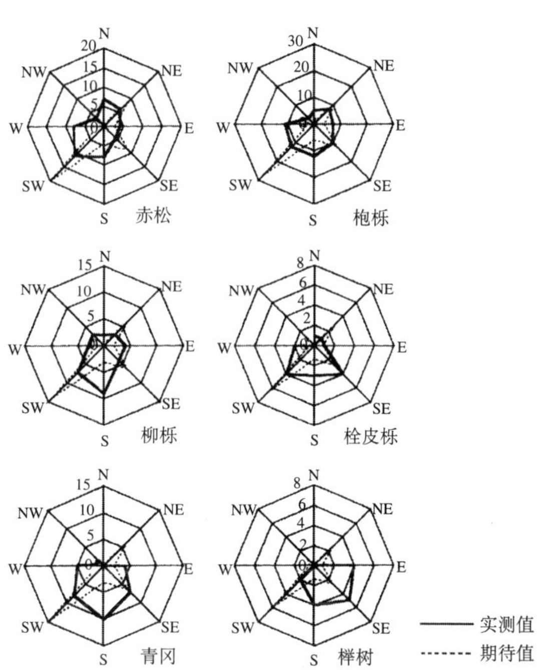

图 6　广岛县温井水库周围 6 种主要乔木的分布 [21)]

该图中各乔木树种群落构成种所在立地的斜面划分为 8 个方位。

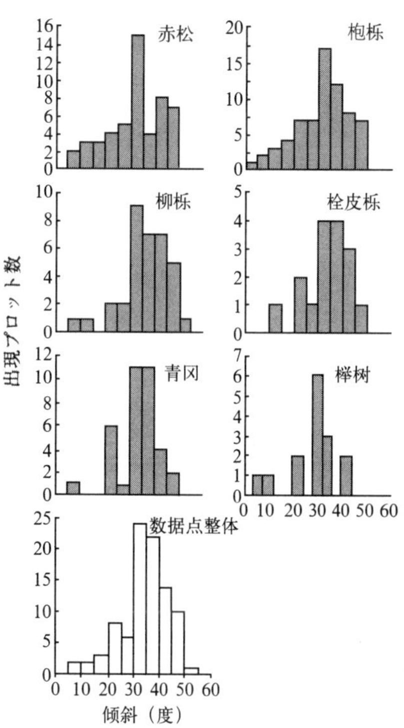

图 7　广岛县温井水库的 6 种主要乔木分布的斜面 [21)]

针对数据点整体，没有发现特定的趋势。尽管陡斜面上生长着这 6 种主要乔木，但此处却肯定不是这 6 种主要乔木生长的适宜地点。

参考文献

1）中越信和・日笠　睦（1999）：環境アセスメント法における生態系評価手法，日本緑工学会誌，**24**，130-136.

2）Barret, G. W. and Bohlen, P. J. (1991) : Landscape Ecology. Landscape Linkages and Biodiversity (Hudson, W. E. ed.), Island Press, Washington, DC.

3）O'Neil, R. V., DeAngelis, D. L., Waide, J. B. and Allen, T. F. H. (1986) : A Hierarchical Concept of Ecosystems, Princeton University Press, Princeton, NJ.

4）Forman, R. T. T. and Godron, M. (1986) : Landscape Ecology, Wiley, New York.

5）Turner, M. G. (1989) : Landscape ecology, the effect of pattern on process. *Ann. Rev. Ecol. Syst.*, **20**, 171-197.

6）Wiens, J. A., Stenseth, N. C., Van Horne, B. and Ims, R. A. (1993) : Ecological mechanisms and landscape ecology. *Oikos*, **66** : 369-380.

7）Forman, R. T. T. (1995) : Land Mosaics, Cambridge University Press, New York.

8）Blake, J. G. and Karr, J. R. (1987) : Breeding birds of isolated woodlots ; area and habitat relationship. *Ecology*, **68**, 1724-1734.

9）Nakagoshi, N. and Ohta, Y. (1992) : Factors affecting the dynamics of vegetation in the landscapes of Shimokamagari Island, southwestern Japan. *Landscape Ecology*, **7**, 111-119.

10) Merriam, G. and Lanoue, A. (1990) : Corridor use by small mammals:field measurement for three experimental types of Peromyscusleucopus. *Landscape Ecology*, **4**, 123-131.

11) Klopatek, J. M. amd Gardner, R. H. (1999) : Landscape Ecological Analysis - Issues and Applications, Springer-Verlag, New York.

Ⅲ：针对生物的生态缓和

12) White, D., Preson, E. M., Freemark, K. E. and Kiester, A. R. (1999) : A hierarchical framework for conservation biodiversity. *In* Landscape Ecologycal Analysis – Issues and Applications – (Klopatek, J. M. and Gardner, R. H. eds.), p.127-153, Springer-Verlag, New York.
13) Miller, R. I. (1994) : Mapping the Diversity of Nature, Chapman & Hall, London.
14) Bissonette, J. A. (1997) : Wildlife and Landscape Ecology - Effects of Pattern and Scale, Springer - Verlag, New York.
15) van Dorp, D. and Opdam, P. (1987) : Effects of pathc size, isolation and regional abundance on forest bird communities. *Landscape Ecology*, **1**, 59-73.
16) Hanski, I. and Gilpin, M. E. (1997) : Metapopulation Biology – Ecology, Genetics, and Evolution, Academic Press, London.
17) Nomura, K. and Nakagoshi, N. (1999) : Quantification of spatial structures in two landscape regions. *Journal of Environmental Sciences*, **11**, 188-194.
18) Nakagoshi, N., and Abe, T. (1995) : Recent changes in mire vegetation in Yawata, southwestern Japan. *Wetlands Ecology and Management*, **3**, 97-109.
19) 亀山　章（編）(1997)：エコロード—生き物にやさしい道づくり—，ソフトサイエンス社.
20) 鷲谷いづみ（1998)：生態系管理における順応的管理，保全生態学研究，**3**，145-166.
21) 日笠　睦・山崎　亙（2000)：広島県温井ダムにおける樹木によるのり面緑化のためのゾーニング計画策定案，ランドスケープ研究，**63**，461-464.

4. 植物群落

（1）植物群落的场内生态缓和

植物群落不仅对于水土保持做出了贡献，还与动物相和细菌相系具有密切的关系；即便是没有珍稀物种的植物群落，其保全和复原也是生态缓和的基础构成部分。进行环境评估的建设工程往往伴随着大规模的土地建设。迄今为止，为了缓和这种建设工程对环境造成的冲击，进行了各式各样的绿化措施。这种绿化措施被定位为场内生态缓和。

昭和 30 年代以后，香里和千里的大规模住宅开发和名神高速公路的修建等土木工程的大规模化过程中产生了大量对于绿化的需求。最初，主要目的是防止裸地斜面的侵蚀，也进行了造园式的铺设草坪等措施。但是，由于铺设草坪材料的供给量和施工面积无法适应大规模工程，因此开发了以播种草坪草为主体的快速绿化施工方法。关于草种和斜面条件对于植被恢复产生的影响，各地都进行了研究。其中，京都东山车行道[1]案例从最初状态到森林形成为止，对先进的试验施工及其后植被恢复的实际状况进行了监控，这一点值得大力提倡。

这些研究结果弄清了除了特殊的地质条件和岩盘之外，通过以播种工程为基础、以外来草坪草为主体的绿化工程基本实现了快速绿化，能够防止侵蚀；斜面倾斜度、部位和斜面长度会对以后的植被状况产生影响等[1]。不过，如同上述东山案例表明的那样，在最初施工中绿化成绩略微不佳的地点，之后森林的形成过程反而较为顺利，这一重要发现却没有迅速派上用场。

这之后，又开发了以乡土种取代外来种、木本种取代草本种的以形成更高迁徙阶段植被为目标的绿化施工方法，以及在软岩和硬岩等条件不良地点也能形成植被的施工方法等[2]。在绿化植物方面，较多的采用了紫穗槐、马棘、胡枝子等豆科木本植物作为能够在环境严酷的斜面上进行繁育的木本植物。不过，尽管形成了植被，但是陆续有研究人员指出了从海外引进的与原有种不同的系统会引起基因干扰的问题，以及由于植被生长过于旺盛而导致乡土森林植被构成种无法像以往那样平稳顺利的侵入等问题。

在岩盘上进行绿化的厚层基材喷涂技术作为能够获得稳定成果的标准施工方法。除了有作为繁育基础材料的树皮堆肥和泥炭土等有机质主体外，还有在砂土中加入改良材料的施工方法。粘合剂采用了混凝土或者是合成树脂。近年来在土壤和基础材料上同时喷涂了合成纤维(土工织物)，能够形成划时代地增加了强度的植被基础，在乘鞍隧道工程中还进行了包括改变地形在内的植被恢复（图 1，图 2)。

近年来，在自然公园地区等场所以生物多样性的保全和复原为目标的绿化工程受到了关注，注重了以异种异龄林为目标的植被引进法。

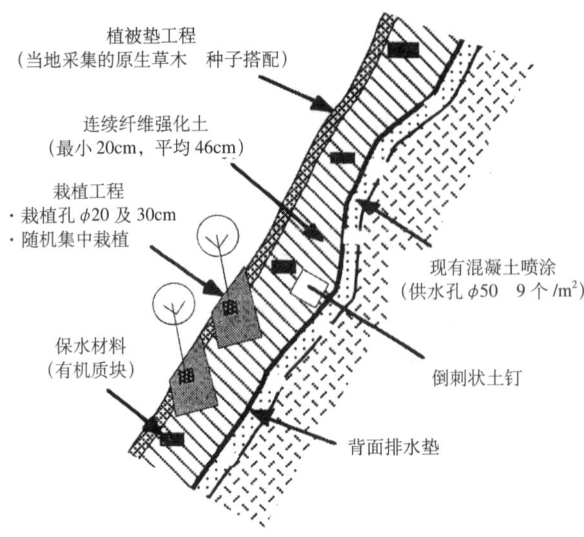

图 1　安房隧道换气竖椽工程中采用的地形与植物群落复原施工方法

图 2　乘鞍岳国立公园第 1 种特别地域中地形与植被的复原（照片：日特建设，山田守）

（左：施工前，右：施工后：伴随着安房隧道换气立桩工程，通过混凝土喷涂斜面和防护壁上的连续纤维强化土建成了自然的地形，并通过当地采集的植物材料进行了植物群落的复原）

如上所述，场内生态缓和首先是当现有森林所具有的水土保持机能的下降时进行是追求单一机能的应急式缓和措施快速绿化，随后逐渐转变为以树林的恢复和量的复原为目标，近年来不断退化的生物多样性保全也成为了现场生态缓和的内容。因此，与迄今为止绿化成绩是由施工后植物发芽形成的根数来评价不同的是，今后现场生态缓和必须从生物多样性恢复程度的长期目标来进行评价。少量的裸地和侵蚀也必须要从干扰依赖种的生长、异种异龄林的长成及边界环境较多的昆虫区系的保全等观点来进行评价。

本文从上述观点出发，对近年来常常提到的采用埋土种子（土壤种子库）的施工方法及其意义进行说明。不过，生物多样性是包括了从基因水平到物种水平、群落水平和景观水平在内的多层次的概念，并不是在大面积上适用单一的施工方法即可。可以说，没有景观生态学式的设计和规划，就无法运用上述施工方法。

（2）绿化施工方法

1）生态绿化

在大规模工厂和机场、港湾等的缓冲地带能够进行充分换土的地点，高密度栽植本地种育苗钵苗的施工方法可使其能够在相对较短的时间内形成树林。由于采用了本地种，在物种方面进行了生态缓和，但是从基因水平考虑的话还是存在问题的。由于在栽植之后马上通过喷灌装置等进行浇灌，因此常常能够在短期内形成树林，但是在斜面等土壤环境不良的地点其初期管理等方面存在问题。

2）本地种苗的栽植工法

近年来，为了防止基因干扰，在各个地域开始使用采集的种子培育本地种苗木的生产。栽植这些苗木时，将单苗生产的客土、肥料和本地种苗作为一个单元铺设在斜面上，这样就能够在短期内复原自然植被。

3）重型机械移栽

通过安装移栽用的、组合式能够自动运转的重型机械，完成树木的挖掘、搬运和栽植等的施工方法，具有确保大型根围、减轻事先整根等准备工作的优点。不过，由于根围大小的（面积）限制，在深根性树木的移栽中效果尚好，但在浅根性树木的移栽中效果就不太如人意了。由于采用了非常大型的重型机械，这一施工方法仅仅用于大规模的新城区开发和公园中；另外，其存在长距离搬运较为困难等缺点。但其具有能够有效利用现存的树木资源、在短期内使得大型树木繁育的优点。在第Ⅱ篇第 2 章《里山的生态缓和》中，附加照片进行了说明。

4）根株移栽

重型机械移栽必须要用到专业的重型机械，另外，在移栽树高较高的个体时，还需要进行整根、挖掘和搬运等大型机械。为了减轻这些搬运的工作量，在移栽萌蘖力旺盛的树种时，有些情况下会截断地上部分，进行仅仅移栽一部分根系的根株移栽（详细内容请参照第Ⅱ篇第 2 章）。

5）插干法

插干法是比起根株移栽，搬运工作量更小的施工方法，在移栽萌蘖力旺盛的树种时，有些情况下会仅仅扦插树干部分来进行树木的再生。不过，由于在短期内树干部分就能够旺盛发根的树种较少，因此一般来说期待通过插干法获得较大的成长量较为困难。

6）扦插编栅工程

自古以来，人们采用柳树类等发根和萌蘖力较强的树种编织柴垛，进行防沙工程的绿化事业。在对河流部分进行生态缓和工程时，可以考虑通过编栅护岸工程和扦插来进行绿化。在使用柳树类之际，由于雌株的繁殖成本较大且萌蘖生物量比雄株要小[3]，因此发育较快的雄株被作为栽植候补[4]。在山地中进行山腹编栅工程时也可以利用柳树类。尽管与其他树种相比柳树类植物非常易于发根，但是在生长期成活率会变小；另外，由于还存在难于发根的树种[5]，因此必须区别每个树种的特性。

7）播种工法

以往，在斜坡绿化中是以包括岩盘在内为对象，采用发芽特性优秀、生长迅速且能够在短期内确保覆盖面积的外来草本植物的绿化为中心进行的。木本植物种有紫穗槐和胡枝子类等，另外，日本产的树木种子会与草本种子一起混播。为了防止侵蚀，还残留有一些不得不采用外来草本植物进行快速绿化的地点；但是今后在考虑生态缓和之际，必须要播种从各个地域中采集到的种子。不过，种子的采集和贮藏等系统还尚未建设完善，留下了巨大的课题。不同树木种子的采集、调整、贮藏、发芽促进处理方法都各不相同，很多树种的研究结果已经得到了整理[6, 7]，必须充分利用现有的成果。由于物种的特性各不相同，因此在考虑生态缓和之际，必须要改变迄今为止的一刀切式和土木工程学式的思路。

8）森林表土绿化

森林表土中包含了很多埋土种子群和种子库。通过各式各样的形式进行了利用这些埋土种子群的绿化。在日本，曾经在大阪府箕面川大坝的绿化中使用了从周边森林中采集到的表土，播撒 6 年之后使得包含树高达到 8m 的野梧桐在内的先驱性植被得到了恢复，成为了一个佳例[8]。近年来，还出现了播撒森林土壤[9]，并进而与厚层基材混合后喷涂的事例[10]。在播种工程中，种子的采集和贮藏都要消耗较大的人力，但是采用包含在森林表土内的埋土种子的话，就能够在不存在基因干扰问题的情况下进行先驱性植被的恢复。不过，如果不能事先确定表土的采集法、发芽种和形成的群落的话，也存在形成群落会相对比较花费时间等问题。

（3）埋土种子群与绿化

埋土种子是指在成熟后最初的发芽适宜期不发芽，而是在地表之下保存生存力，通过尚不明确的机制持续处于休眠状态的种子群[11]。在考虑到近年来出现较大问题的本地种和基因干扰等的生态缓和并进行绿化之际，采用包含在森林表土中的埋土种子集团被认为会非常有效。以下将论述在采用埋土种子集团进行以形成木本群落为目标的绿化时的注意要点和值得期待的群落。表土中包含了菊科、禾本科等许多草本类植物的埋土种子集团，不过此处将仅就木本植物种进行解说。

1）埋土种子群的种类及密度的深度分布

日本报告了各种森林中的埋土种子集团的构成种及其密度。

表 1 中的一部分表示了松树林、米槠林的地上植被与表土 5cm 中包含的埋土种子密度[12, 13]。松树林中的松属、柃木，米槠林中的青冈栎、灯台树等现存植被的构成种作为埋土种子存在。不过，也存在赤松林的茅莓、葡蟠，米槠林的野梧桐、盐肤木等现存植被中没有的树种的埋土种子。寿命较短的树种常常是通过来自现有植被的供给来形成季节性的埋土种子，而寿命较长

表 1（a）松树过熟林的地上植被与埋土种子

（仅为木本植物种）

种名	地上植被	埋土种子密度（粒 /m^2/5cm）
赤松	○	250*
赤松枯死树	○	
黑松	○	
青栲	○	
山樱	○	
柃木	○	925
灯台树	○	1325
山桐子	○	7575
青冈栎	○	
灰叶稠李	○	
糙叶树	○	
枹栎	○	
舟山新木姜子	○	
血槠	○	
天仙果	○	
紫珠	○	
红楠	○	
桃叶珊瑚	○	25
日本女贞	○	
鸡爪槭	○	
荚蒾	○	
辛夷	○	25
毛叶石楠	○	
八角金盘	○	
钝齿冬青	○	
厚皮香	○	
鸡桑	○	
野漆树	○	
桃叶卫矛	○	
茅莓		950
葡蟠		700
常春藤		425
李属 sp.		425
桑科 sp.		350
野梧桐		150
食茱萸		125
蘡薁		25
盐肤木		25

* 松属的埋土种子数量

（根据林、沼田，1966[12]、1968[13] 制作）

表 1(b) 青冈栎顶级区系林的地上植被与埋土种子

（仅为木本植物种）

种名	地上植被	埋土种子密度（粒 /m^2/5cm）
青冈栎	○	325
日本女贞	○	
桃叶珊瑚	○	
糙叶树	○	
灰叶稠李	○	
昌化鹅耳枥	○	
八角金盘	○	
野鸭椿	○	
钝齿冬青	○	
海州常山	○	
灯台树	○	225
朴树	○	
紫珠	○	
山桐子	○	2725
朱砂杜鹃	○	
鸡爪槭	○	
南五味子	○	
爬山虎	○	
常春藤	○	350
葡蟠		650
桑科 sp.		275
松属 sp.		325
野梧桐		200
盐肤木		75
昌化鹅耳枥		25

（根据林、沼田，1966[12]、1968[13] 制作）

的树种，则会形成永久性的埋土种子。因此，在森林群落中，现有植被与土壤中包含的埋土种子往往会不一致。表 2 显示了 6 个地点的森林中不同深度的埋土种子密度。

在赤松—黏杜鹃群落、米槠—光叶石楠群落中，表层 0 ～ 5cm 的密度与其他层相比较大，5cm 以内表层中存在着所有埋土种子的八成以上[14)]。另一方面，在福冈县药师岳的石栎林、汤川山的红楠林中，密度最大的层是 5 ～ 10cm[15)]，在爱媛县的天然冷杉和日本铁杉林中，密度最大的层则是 10 ～ 14cm，还有报告称在播撒 90cm 深度的土层中观察到了路边花的发芽[16)]。这些说明了，在土壤层较为发达的森林中，埋土种子具有存在于更深层位置的可能性。根据 Nakagoshi（1985）的报告[17)]，在位于海拔 810m 以上日本中部的中国地区（注：日本本州岛西部的地区）的处于不同迁移阶段的 8 种群落中，处于中间迁移阶段森林中的种子密度比属于植被二次迁移的初期群落即顶级区系的山毛榉林要大。因此，在采用森林表土进行绿化之际，应以土壤较为发达的次生林为采集地，由于 A0 层包含的埋土种子密度比起其他层来较少，所以

表 2　不同深度的埋土种子数（单位：个 /m²/5cm）[a)]

场所	兵库县		福冈县	长崎县	福冈县	爱媛县
	再度山[b)]		药师岳[c)]	田平町[c)]	汤川山[c)]	爱媛大学演习林[d)]
海拔	440m	350m	80m	150m	450m	约 800m
群落	赤松—黏杜鹃群落	米槠—光叶石楠群落	石栎林	石栎林	红楠林	冷杉、日本铁杉林
深度（cm）						
A_0			79	29	17	475
0 ～ 5（0 ～ 4）	7100	1125	221	8904	250	1844
5 ～ 10（5 ～ 9）	1125	100	258	1463	275	2688
10 ～ 15(10 ～ 14)	200	25	117	783	213	3000
15 ～ 20(15 ～ 19)	0	50	—	—	—	2313
20 ～ 24	—	—	—	—	—	2594
30 ～ 34	—	—	—	—	—	1313
40 ～ 44	—	—	—	—	—	875
50 ～ 54	—	—	—	—	—	1031
60 ～ 64	—	—	—	—	—	531
70 ～ 94	—	—	—	—	—	208
合计	8,425	1,300	675	11.179	754	16871

a) 冷杉、日本铁杉林是将在 4cm 深度采集和计算出的数据换算为 5cm 的土壤厚度，不过 A0 层是任意厚度的种子数

b) 根据中越 1981[14)] 换算

c) 根据艾哈迈德等人，1987[15)] 的存活种子数换算

d) 根据市河等人，1989[16)] 采用发芽法获取的种子数换算，不过合计栏并非是全部土壤的种子数

除去 L 层后采集从表层到深 10cm 左右的土壤、土壤层较薄的地点则采集 5cm 左右深度的土壤，理论上能够获得最大的埋土种子密度。

从不同的地形来看，山谷部分土壤中存在的种子密度较大，但是不发芽的比例较大。有报告称，山腹部分的埋土种子密度要比山脊部分和山谷部分要大[16)]。

由于日本的森林构成种散布种子的时期较多集中于夏末至秋季[18)]，因此理论上埋土种子密度会在 10 月至 11 月达到最大值[17)]，在这一时期采集表土为佳。在中国地区（日本的地名）的 8 种群落中，土壤中种子密度在 5 月份会比 11 月份有大幅度的下降[17)]，不过有报告称在兵库县市区近郊的孤立林中，6 月份的埋土种子密度（充实种子）要比 1 月份大[19)]。埋土种子密度的总量会由于群落构成种的不同而不同，必须要弄清楚每个树种的季节变动和年度变动。

2）种子的寿命

关于种子寿命的研究，由于需要长期的贮藏和后续的发芽试验，因此并不多。关于草本植物较为有名的是 Beal 博士的埋土种子在 100 年后的发芽试验[20)]，而关于木本植物则有日本的小泽（1950）进行的采用深度 30cm 的土壤、长达 20 年以上的埋土试验[21)]，根据这一试验推测出的木本植物种子寿命如表 3 所示。另外，根据对有珠山火山爆发后掩埋的种子在 10 年后进行的发芽试验[22)]、在北海道进行的埋土试验[23)]、在海外进行的埋土试验[24, 25)]、以及伴随着考古发掘进行的发芽试验[26)]推测出的木本植物种子寿命如表 4 所示。根据小泽（1950）的实验[21)]，可知野梧桐、盐肤木、食茱萸等先驱种的寿命较长，如表 1 所示，即便没有出现在现有植被中，也会形成永久的埋土种子。这些树种大多是通过鸟类散布的，有报告称，在北海道的 32 个树种的埋土实验中，鸟类散布的树种寿命较长[23)]。表 3 中尽管显示楤木种子的寿命在 1 年以内，但是研究人员介绍楤木属植物在种子成熟时具有不成熟的胚[27)]，其胚的成熟需要更长时间，而且在森林土壤中有很多发芽和存活的楤木属植物种子[14 ~ 16, 28, 29)]，因此可以认为楤木种子具有 1 年以上的寿命。赤松的寿命在表中也显示为 1 年以内，但同时研究人员也介绍，其寿命相对较长，条件适宜的话能够保存 10 年左右[6)]。因此，根据条件不同，也存在具有超过表 3 所示年数以上寿命的可能性。

根据丹麦考古发掘中挖掘出的种子发芽案例[26)]，推测西洋接骨木（Sambucus nigra）具有 560 年以上的寿命。据介绍，接骨木属、漆树属、洋槐属、悬钩子属和木槿属等植物会结出坚硬的果实。[27)]表 4 中寿命较长的树种多为硬实种子，其生命力较长的主要原因被认为是硬实种子一般比非硬实种子的水分含量少，受到外界湿度变动的影响较少[27)]。

如此一来，理论上寿命较长的先驱种易于形成埋土种子集团，在采用森林表土进行绿化方面较为重要，不过妨碍绿化的葛树同样具有 23 年以上的寿命[21)]，被认为能够形成埋土种子。因此，在观察到葛树发芽的情况下，就可能必须进行管理。

3）表土播撒试验中的发芽树种与采集地植被

在关西地方采集 7 处森林的表土，在厚度为 3 ～ 7cm、面积为 1.2 ～ 3.6m^2 的地点播撒，2 年内发芽的种以及现有植被的构成种[30)]如表 5 所示。采用花岗岩风化土进行换土，厚度为

表 3　埋土木本种子的存活年数[21)]

寿命（年）	种　名
1 <	赤松，落叶松，兴安落叶松，杉树，丝柏，罗汉柏，日本金松，日本白松，针枞，冷杉，楤木，红楠，钝齿冬青，柃木，大果山胡椒，紫珠，水胡桃，赤杨，黑樱桃，舟山新木姜子
2 < <3	红松，竹柏，人参木，山楂叶槭，荚蒾，无患子，山楂，杏树，梧桐
4 < <5	漆树，水曲柳，山红叶
6 < <7	油桐，米槠，海州常山，四照花，省沽油
8 < <9	樟树，臭椿叶核桃木
10 <	紫杉，苦楝，胡桃楸，山桐子，灯台树，食茱萸，假山茶，黄檗，粗榧，北美鹅掌楸，齿叶橐吾，野鸭椿
20 <	野梧桐
23 <	日本厚朴，合欢树，葛，刺槐，盐肤木，野茉莉，玉铃花，青花椒

表 4　木本种子的存活年数

科	属	种	寿命	引用
忍冬科	接骨木属	*Sambucus nigra* 虾夷接骨木	560 <	*Ödum*（1965）[26)] *Tsuyuzaki*（1991）[22)]
	荚蒾属	假绣球 天目琼花		水井（1993）[23)] 水井（1993）[23)]
木樨科	白蜡树属	*Fraxinus americana* 水曲柳		*Toole and Brown*（1946）[24)] 水井（1993）[23)]
五加科	刺楸属	刺楸		水井（1993）[23)]
芸香科	黄檗属	黄檗		水井（1993）[23)]
漆树科	漆树属	*Rhus glabra*		*Toole and Brown*（1946）[24)]
枫树科	枫属	五角枫 山红叶 日本羽扇槭		水井（1993）[23)] 水井（1993）[23)] 水井（1993）[23)]
卫矛科	卫矛属	短翅卫矛 卫矛 桃叶卫矛		水井（1993）[23)] 水井（1993）[23)] 水井（1993）[23)]
灯台树科	灯台树属	灯台树		水井（1993）[23)]
豆科	洋槐属	刺槐 刺槐		*Toole and Brown*（1946）[24)] 水井（1993）[23)]
	朝鲜槐属	朝鲜槐		水井（1993）[23)]

续表

科	属	种	寿命	引用
蔷薇科	樱桃属	*Prunus padus* 大山樱 苦桃子		*Grantström*（1987）[25] 水井（1993）[23] 水井（1993）[23]
	苹果属	三裂叶海棠		水井（1993）[23]
	七度灶属	*Sorbus aucuparia* 七度灶		Grantström（1987）[25] 水井（1993）[23]
	蔷薇属	玫瑰		水井（1993）[23]
	悬钩子属	*Rubus idaeus*		Grantström（1987）[25]
绣球花科	绣球花属	圆锥绣球		Tsuyuzaki（1991）[22]
野茉莉科	野茉莉属	玉铃花		水井（1993）[23]
杜鹃花科	越橘属	*Vaccinium myrtillus* *Vaccinium vitis-idasa*		Grantström（1987）[25] Grantström（1987）[25]
锦葵科	芙蓉属	*Hibiscus militaris*		Toole and Brown（1946）[24]
椴树科	椴树属	椴树		水井（1993）[23]
桦树科	赤杨属	*Alnus incane*		Grantström（1987）[25]
	桦树属	*Betula pendula* 白桦 真桦 岳桦		Grantström（1987）[25] 水井（1993）[23] 水井（1993）[23] 水井（1993）[23]
	日本鹅耳枥属	千金榆		水井（1993）[23]
山毛榉科	枹栎属	大落叶栎树		水井（1993）[23]
胡桃科	胡桃属	臭椿叶核桃木		水井（1993）[23]
榆树科	榆属	春榆 铁木		水井（1993）[23] 水井（1993）[23]
日本莲香树科	日本莲香树属	日本莲香树		水井（1993）[23]
木兰科	木兰属	日本厚朴 星花木兰		水井（1993）[23] 水井（1993）[23]
松科	松属	*Pinus sylvestris*		Grantström（1987）[25]

30cm，然后在其上播撒森林表土，定期通过自动浇灌装置浇水，因此水分条件良好。在发芽的木本中为栓皮栎林在山脊处有 21 种，米槠林在斜坡下部有 20 种，属于比较多的；而赤松林在山顶附近有 8 种，是最少的。即使是在构成现有植被的木本植物仅有 6 种的孟宗竹林，也观察到了比赤松林中还要多 14 种发芽木本植物。现有植被与发芽种相同的木本种有 2 ~ 7 种，与以往的报告相同，都比较少。在 7 处森林中全都观察到发芽的有盐肤木、野梧桐、锅莓和柃木。尽管现有植被中几乎没有盐肤木和野梧桐存在，但是仍能观察到其发芽，说明种子寿命的长短发挥了作用。据说冬季迁徙到平原地区的鸟类不会选择脂肪成分较少的铁冬青种子，而是会优先觅食樟树、天竺桂等含有较多脂肪的果实以及像野梧桐种子那样周围附着了脂肪的种子[31)]。这样，由于鸟类喜食野梧桐的种子并加以散布，使得野梧桐的种子能够作为大范围的埋土种子。有报告称，柃木是兵库县三田市的枹栎林中埋土种子密度最大的树种[19)]。悬钩子属是会在早期侵入斜坡的树种，Thompson（1997）[32)] 的数据库报告称 *Rubus idaeus* 的寿命在 87 年以上，被认为因固通过动物散布，种子寿命较长而具有在大范围内形成埋土种子的可能性。

针对会对盐肤木[33)] 和野梧桐[34)] 的发芽产生影响的光质和温度环境进行了详细的试验，确认了两种树种都会在与阳光以及树冠透过光（R/FR 比较小的光质）相同的光质下发芽。试验结果显示，野梧桐的发芽必须要经过高温期，在吸水后放置在约 25℃的暗期下，并在 37℃的高温中暴露 8 个小时左右，才可达到最大发芽率。

其他发芽率较高的种还有先驱性的楤木、苦楝和苦莓等。没有观察到占据群落上层的栓皮栎和赤松的发芽。这一现象被认为可能是由于土壤是在初春进行采集的，此时这些种的种子已经被吃掉或是腐烂，或者已经失去了生命力。另一方面，在米槠林中观察到了长尾尖叶槠的发芽。米槠属于山毛榉科，但是由于其种子在埋土状态下可以存活 6 ~ 7 年[21)]，会形成埋土种子[13)]，因此与落下后马上长出幼根、被认为难以长期保存的枹栎亚属和基本上被认为没有通过发芽特性对森林更新做出贡献的血槠亚属埋土种子的作用不同[7)]，米槠被认为具有埋土种子发芽的可能性。

由于来自 7 处森林的播撒面积不同，因此无法直接进行播种数量大小的比较。这与植被调查是同样的道理，增加播撒面积的话（相当于增加采集土壤量和增加面积），种数会增加到一定程度[13, 35)]。接着采用通过 0.05 ~ 0.1m^2 的副采点获得的发芽种数数据，与该副采点的个数组合，计算出增大面积情况下的种数。在累计副采点的情况下，要计算所有排列组合条件下出现的种数并求出其平均值。通过该方法得到的种数—面积曲线如图 3 所示。森林可分为 3 个类型，第一类在赤松林山顶附近，在 1m^2 的面积上仅有 7 种发芽，第二类在栓皮栎林山腹，在 1m^2 面积上有 14 种发芽，其他的约有 10 ~ 12 种发芽的森林则为第三类，这样分类以便对不同播撒面积的数据之间的物种多样性进行比较。即使是在同一栓皮栎林中，也观察到了出现种数的差异。山顶附近的赤松林中出现种数较少，其趋势与现有报告[14, 28)] 相同。在采用森林表土进行绿化之际，应避免在赤松林山脊部分和斜坡上部进行采集。

表 6 表示了发芽个体密度。个体密度较大的森林是种数相同的栓皮栎林和米槠林，约为 100 棵 /m²；个体密度较小的为孟宗竹林，为 37 棵 /m²。米槠林上部以及米槠林下部的茅莓、

表 5-1　土壤采集地的森林群落的构成种和发芽树种 [30)]

群落名		米槠林斜坡上部	米槠林斜坡下部	栓皮栎林山脊	栓皮栎林山腹	赤松林山顶	赤松林斜坡	孟宗竹林
土壤采集地		大阪府南河内郡		大阪府茨木市		兵库县西宫市		大阪府茨木市
海拔（m）		170 有余	将近 170	230	95	560 有余	将近 560	120
倾斜（°）		42	34	23	26	20	13	15
乔木优势种		长尾尖叶槠	长尾尖叶槠	栓皮栎	栓皮栎	赤松	赤松	孟宗竹
乔木层 2		杨桐	扬子黄丝柏	枹栎	枹栎	髭脉桤叶树	钝齿冬青	栓皮栎
乔木层 3		—	丝柏	朴树	青冈栎	白背栎	枹栎	灰叶稠李
最大树高（m）		24	29	13	15	18	15	15
所有出现种数		20	17	53	24	28	31	8
木本出现种数		17	11	41	21	26	30	6
播撒面积		1.2	3.6	1.2	2.4	1.2	3.6	2.4
所有出现种数		28	39	33	38	14	31	25
木本出现种数		12	20	15	21	8	19	14
共同种数		3	2	7	4	3	6	2
科	种名							
菊科	台湾帚菊			×	×			
忍冬科	荚蒾			×				
	黄花六道木							
	宜昌荚蒾			×			×	
	接骨木	×					×	
玄参科	泡桐	○	○		○		○	
木樨科	水蜡树			×	×			
	日本女贞	×	×		×			◎
	冬青叶桂花			×	×	×	×	
	庐山梣						×	
马鞭草	臭椿叶核桃木			×	○		○	○
	紫珠			◎				
	裸花紫珠		◎					
夹竹桃科	金叶络石	○						

续表

科	种名							
五加科	人参木						×	
	朝天椒					×	×	
	楤木		○	○	○	○	○	
芸香科	青花椒		○	◎	○			
	花椒			×				
苦楝	苦楝	○	○	○			○	○
漆树科	盐肤木	○	○	○	○	○	○	○
	黄栌					○	○	
	毛漆树				×	×	×	
枫树科	鸡爪槭	×						
	山楂叶槭						×	
省沽油科	野鸭椿			×				
葡萄科	爬山虎				○		○	
	野葡萄		○	○	○			○
鼠李科	长叶冻绿					×	◎	
泽漆科	野梧桐	○	○	◎	○	○	○	○
细叶冬青科	钝齿冬青			×	×	×	×	×
	铁冬青						○	
	具柄冬青				◎	◎	◎	○
卫矛科	卫矛			×				
灯台树科	桃叶珊瑚	×	×	×				
	大叶山茱萸		○					
胡颓子科	秋胡颓子			×	○			
豆科	鸡血藤			×				
	紫藤	×	×	×	×			
	胡枝子			○	○			
蔷薇科	灰叶稠李				×			×
	光叶石楠	×			×	×		
	毛叶石楠			×	×		×	
	茅莓	○	○	◎	○	○	○	○
	枫叶莓			×				
	七度灶						×	
	苦莓		○	○	○		○	○
	野蔷薇			×				
	寒莓	○	○					
	山樱	○		×	○	×		○
	刺叶桂樱	×						

注：◎：在采集地植被以及埋土种子中出现；○：仅在埋土种子中出现；×：仅在采集地植被中出现。

表 5-2　土壤采集地的森林群落的构成种和发芽树种 [30)]

群落名		米槠林斜面上部	米槠林斜面下部	栓皮栎林山脊	栓皮栎林山腹	赤松林山顶	赤松林斜面	孟宗竹林
土壤采集地		大阪府南 河内郡		大阪府 茨木市		兵库县 西宫市		大阪府 茨木市
海拔（m）		170 有余	将近 170	230	95	560 有余	将近 560	120
倾斜（°）		42	34	23	26	20	13	15
乔木优势种		长尾尖叶槠	长尾尖叶槠	栓皮栎	栓皮栎	赤松	赤松	孟宗竹
乔木层 2		杨桐	扬子黄肉楠	枹栎	枹栎	髭脉桤叶树	钝齿冬青	栓皮栎
乔木层 3		—	丝柏	朴树	青冈栎	白背栎	枹栎	灰叶稠李
最大树高（m）		24	29	13	15	18	15	15
所有出现种数		20	17	53	24	28	31	8
木本出现种数		17	11	41	21	26	30	6
播撒面积		1.2	3.6	1.2	2.4	1.2	3.6	2.4
所有出现种数		28	39	33	38	14	31	25
木本出现种数		12	20	15	21	8	19	14
共同种数		3	2	7	4	3	6	2
科	种名							
绣球花科	溲疏			◎				○
紫金牛科	杜茎山	×	×					
	朱砂根		○	○				○
	紫金牛		○	◎	◎		×	
小叶白笔科	山矾						×	
	小叶白笔	×						
柿树科	柿树			×				
杜鹃科	马醉木					×	×	
	越橘					×	×	
	小叶三叶杜鹃					×	×	
	乌饭树				×			
	腺齿越橘						×	
	珍珠花				×			
	黏杜鹃			×	×	×	×	
	山丹丹			×		×	×	
髭脉桤叶树科	髭脉桤叶树					◎	◎	

续表

科	种名							
山茶科	杨桐	×	×			×		
	柃木	◎	○	◎	◎	◎	◎	◎
	山茶					×		
山毛榉科	血槠						×	
	檧木			×	×			×
	青冈栎	×	×		◎	×		×
	赤皮	×						
	白背栎					×		
	柞树			×				
	枹栎			×	×	×	×	
	长尾尖叶槠	◎	◎			×		
桑树科	日本葡茎榕	◎	○		○			
	天仙果	×	×					
	小构树	○	○	○				
榆树科	朴树		○	×	○		○	
	光叶榉树	×		×				
青藤科	木防己					×		
	青藤					×		
木通科	木通			×				
	三叶木通			×		×		
小檗科	南天竹		○					
五味子科	南五味子			×				
樟树科	扬子黄肉楠		×					
	香樟				○			○
	大叶钓樟			×	○	×	◎	
	舟山新木姜子			×				
	山胡椒			×	×			
木兰科	柳叶木兰						×	
菝葜科	菝葜			×	×	×	◎	
松科	赤松					×	×	
丝柏科	杜松						×	
	丝柏		×					
罗汉松科	粗榧			×				

注：◎：在采集地植被以及埋土种子中出现；○：仅在埋土种子出现；×：仅在采集地植被中出现。

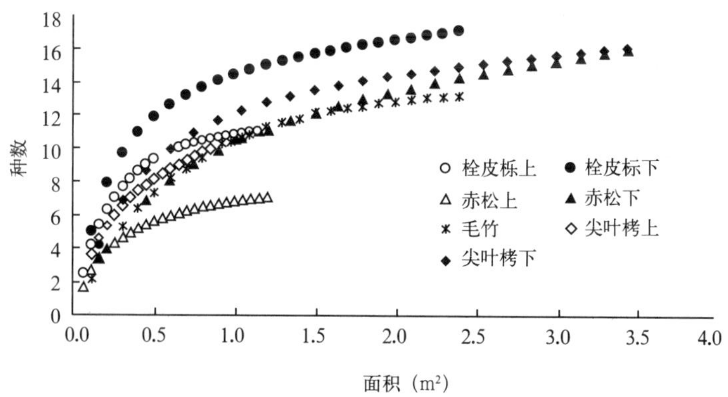

图 3　7 处播撒森林表土的地点中发芽木本植物的种数—面积曲线

（根据阵门，2000[30] 计算）

栓皮栎林以及赤松林的柃木等都是达到 30 棵 /m² 以上个体密度较大的种；而先驱种盐肤木和野梧桐在所有森林中都存在 1 棵 /m² 的密度，只要这些发芽种能够获得良好的发育环境，那么理论上采用任何一种森林类型的表土，都能够较快的实现先驱种树林化。

4）灌水及表土播撒厚度对种子发芽及生长发育的影响

将从大阪府阪南市的 10 ~ 15 年生丝柏林中采集到的土壤，播撒到换土厚度为 30cm 的大阪层群粘土质未成熟土壤上，约半年后各个处理区的覆盖面积如图 4 所示。基本上在所有的处理区中，灌水都提高了覆盖面积，水分条件对于实生苗的初期发育产生了较大影响。不过，在活性炭混入区，没有灌水的一侧反而占据了较大的覆盖面积，在没有进行灌水的绿化现场混入活性炭被认为对实生苗的初期发育有较好的效果。另外，在灌水区中，播撒厚度为 5cm 的地区覆盖面积最大，在没有灌水的区域，则是 1cm 的地区覆盖面积最小。因此，在没有灌水的条件下，如果要早期扩大覆盖面积，则进行 3cm 以上的播撒最为适宜。

5）施肥对发芽及生长发育的影响

在大阪府泉佐野市枹栎—山鸡椒林 [29] 采集的森林表土中发芽的野梧桐平均覆盖面积变化如图 5 所示。能够观察到像这样通过施肥增加平均覆盖面积的情况。不过，在大阪府茨木市的挖掘斜坡上进行的播撒现场（下述）中，通过施肥扩大了草本植物律草的覆盖率，而在施肥区木本植物的发育则受到了抑制（图 6）。通常认为，通过施肥可以提高包括草本植物在内的群落整体的植被覆盖率，重要的是，要在考察期待生长量增加的目标种能否在与其他种的竞争中获胜，有针对地进行施肥。

6）利用埋土种子群进行绿化的案例

A．大阪府茨木市国际文化公园都市

1998 年 12 月，在国际文化公园都市的建设工程中形成的挖掘斜坡上分别播撒了厚度为 5cm、7cm 和 10cm 的森林表土。

土壤采集地为周边的栓皮栎林，通过反铲挖土机采集了表层约 30cm 的土壤，并迅速播撒到斜坡上。为了防止侵蚀，在表面进行了秸秆覆盖（图 7）。

表 6　各个森林中发芽的木本植物的个体密度

（棵 /m²）[30]

发芽森林数	发芽种	米槠林上部	米槠林下部	栓皮栎林 A	栓皮栎林 B	赤松林 A	赤松林 B	孟宗竹林
7	柃木	9.2	10.3	5.0	34.2	35.8	21.1	15.8
	盐肤木	5.8	3.9	18.3	7.5	5.0	10.6	3.8
	茅莓	60.0	34.2	15.8	13.8	1.7	3.3	3.3
	野梧桐	9.2	5.6	3.3	9.2	13.3	1.9	1.7
5	苦莓		0.3	1.7	9.6		0.3	0.8
	楤木		0.6	1.7	4.2	0.8	0.3	
	苦楝	0.8	0.3	0.8			0.3	0.4
4	泡桐	3.3	1.4		0.4		0.3	
	野葡萄		0.8	2.5	7.9			3.8
	鸡桑	9.2	3.6	9.2	14.2			
	具柄冬青				3.8	0.8	3.6	3.8
	青花椒		0.3	1.7	0.8		1.9	
3	紫金牛		0.3	1.7	0.3			
	臭椿叶核桃木				1.3		0.8	0.8
	朴树		2.2		0.4		0.3	
	朱砂根		0.6	0.8				0.8
	山樱	0.8			0.4			0.4
2	樟树				0.4			0.4
	溲疏			5.8				0.4
	白背爬藤榕	1.7	1.4					
	长尾尖叶槠	1.7	3.3					
	黄栌					0.8	0.3	
	寒莓	2.5	0.8					
	紫珠			0.8		0.8		
	大叶钓樟				0.4		0.8	
	爬山虎				0.4		1.1	
	胡枝子			0.8	0.4			
	髭脉桤叶树					0.8	1.7	
1	长叶冻绿						0.3	
	青冈栎				0.8			
	铁冬青						0.3	
	菝葜						0.3	
	梾木		0.3					
	金叶络石	1.7						
	秋胡颓子				0.4			
	南天竹		0.3					
	日本女贞							0.4
	裸花紫珠		0.8					
合计		105.8	71.1	70.0	110.7	60.0	49.4	36.7
发芽木本种数		12	20	15	21	9	19	14

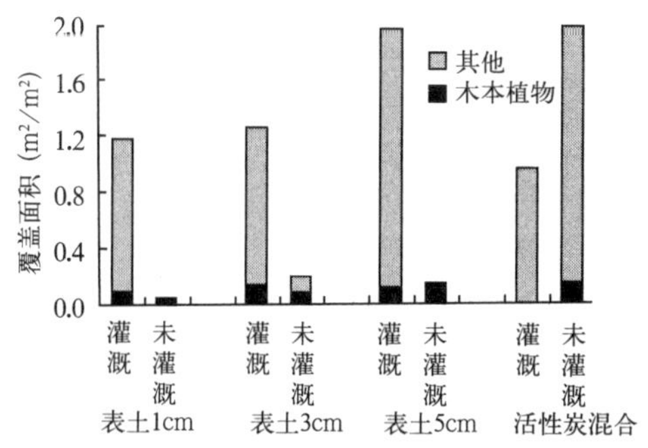

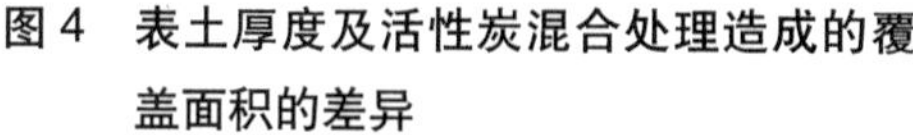

图 4 表土厚度及活性炭混合处理造成的覆盖面积的差异

（引自佐藤等，1999[36]，一部分有省略）

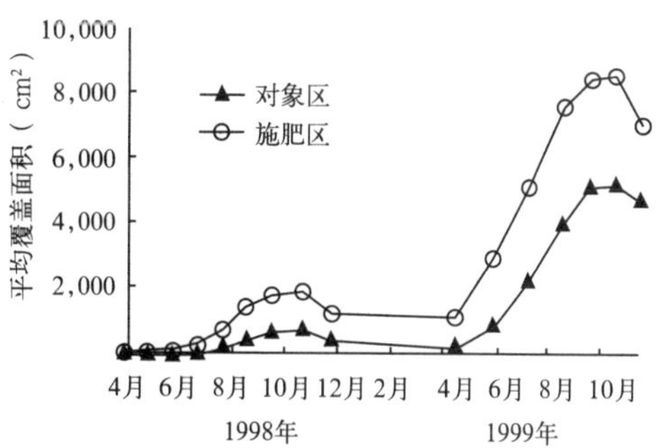

图 5 野梧桐的平均覆盖面积的变化

（引自阵门等，2000[29]，一部分有省略）

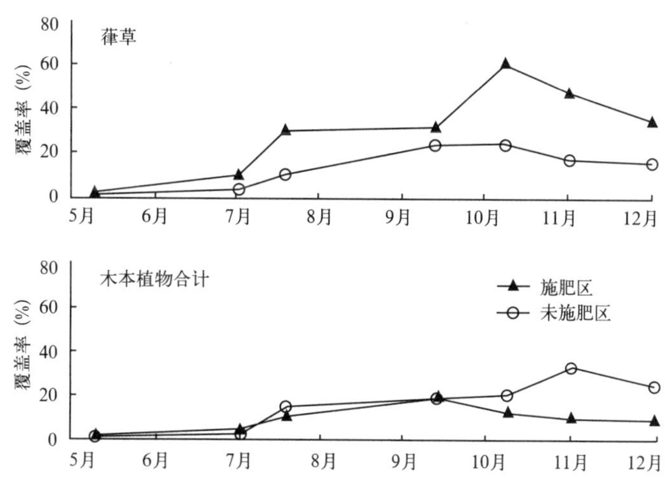

图 6 葎草（上图）与木本植物合计（下图）的覆盖率变化

（引自中村等，未发表）

B．大阪府箕面市止止吕美地区

在止止吕美地区建设工程的挖掘斜坡上，喷撒了从建设地区次生林采集到的森林表土。1999 年 5 月，采用反铲挖土机采集了表层约 15cm 左右的土壤，过筛后静置。一周之后再次过筛，在表土中混合接合剂等，将表土所占的比例分别调配至 20%、40%、80%，并分别喷撒了 3cm、5cm、8cm 的厚度[37]（图 8）。

C．兵库县东播磨信息公园都市

在兵库县三木市东播磨信息公园城市建设用地的工地现场形成的填土斜坡上，喷撒了从建设区域次生林中采集到的森林表土。2000 年 3 月，从赤松林以及枹栎林中采集了表层约 5cm 的土壤，经过 10 天之后，向其中混入了土壤改良材料等，将表土所占的比例调配至 10%、20%、35%、40%，喷撒厚度为 1cm（图 9）。

图 7　国际文化公园都市（大阪府茨木市）中利用了埋土种子的事例

近侧下方为表土播撒，远侧上方为采用了单位苗的绿化

（照片：GEOGREENTECH）

图 8　大阪府止止吕美地区通过森林表土喷撒进行的绿化事例

（照片：飞鸟建设）

图 9　兵库县东播磨信息公园都市通过森林表土播撒进行的绿化事例

D．表土采集法

在林道和工程道两侧的森林斜坡采集土壤的情况下，可以采用反铲挖土机等高效地进行采集；但是在其他地点，就需要依赖人力采集了。不过，近年来尝试制作了小型肩扛式简易吸气机和大型抽吸装置等（图 10），如果这些装置能够应用，就能够在更大的范围采集表土，这将把对现有植被的干扰控制在最低范围之内。

图 10　安装了大型抽吸机的森林表土采集机

7）绿化现场的发芽树种

在从大阪府国际文化公园都市的栓皮栎林、止止吕美地区的枹栎林、兵库县东播磨信息公园都市的赤松林和枹栎林、以及大阪府泉佐野市的枹栎—山鸡椒林[29]采集到的森林表土播撒实验中，出现的木本植物种类以及采集地的植被种类如表 7 所示。每个现场采集的都是次生林的表土，出现的木本植物种类多达 18 ～ 42 种。在东播磨的枹栎林和赤松林表土播撒中，由于喷撒的是不到 1cm 厚度的 40% 以下的表土，因此出现的种类较少，为 18 种，而其他地点则有占了采集地木本植物种数 8 成以上的种数发芽。现有植被与发芽种共同的种为 6 ～ 19 种，比小面积试验的种类（表 5）要多。在 4 处地点都观察到发芽的种有楤木、盐肤木、野梧桐、苦莓，全部都是先驱种，具有与试验水平相同的倾向。在国际文化公园都市的栓皮栎林中，观察到山毛榉科枹栎属的栓皮栎、柞树和青冈栎的发芽。这一情况被认为是由于其他现场在试验区采集土壤的时期为 3 月份以后，而国际文化公园都市则是在 12 月份采集并进行播撒的，因此枹栎属的种子受到动物采食和死亡等的影响较小。

其次，调查区方形区域内的表土保留了栓皮栎林表土的种数信息，播撒了该表土的国际文化公园都市及播撒了枹栎—山鸡椒林表土的堺市填海地的发芽木本植物种数—面积曲线如图 11 所示。另外，还显示了其他枹栎林、赤松林和枹栎林播撒地点的数据。由于各个播撒区的播撒厚度、斜坡的方位和倾斜度、以及播撒之后经过的年数都各不相同，因此无法进行直接比较；不过国际文化公园都市的播撒试验中发芽树木的种数较大，排在第二位的进行了灌水的堺市播撒试验中枹栎林。进行了喷撒的东播磨以及箕面止止吕美与前两个地点相比，则种数要小。这是由于前两者是将表土 100% 不加任何处理的进行播撒，采集土壤的种子密度差异以及有些种会由于喷撒而抑制发芽等原因，对发芽种数造成了影响，详细原因还有待今后的解决。

在基础性试验以及绿化施工地等，发现许多种在这种包含了埋土种子的森林表土中发芽。一些基本上不产生种苗的种也发了芽，说明具有多样性以及本地种植物群落复原的可能性。不过，为了使得发芽后实生苗的生长和扎根能够切实进行，还有土壤基盘建设法和管理方法等许多问题有待解决。今后，在整理近年来较多的施工事例的同时，还必须弄清楚各个种的发芽和发育特性，并确立为绿化方法。

（中村彰宏・森本幸裕）

表 7　利用了森林表土的绿化现场的发芽种数与土壤采集地的植被

（仅限木本植物）（阵门，2000[30]，以及中村等人，未发表）

	地点	大阪府茨木市	大阪府堺市	大阪府箕面市	兵库县三木市
	采集林	栓皮栎	枹栎，山鸡椒 - 枹栎	青冈栎，枹栎	赤松，枹栎
	面积	75	80	280	180
	全部出现种数	154	85	105	63
	木本出现种数	42	32	23	18
	采集木本种数	44	38	29	60
科	种名				
菊科	台湾帚菊	×			×
忍冬科	黄花六道木	×			◎
	宜昌荚蒾	×	×	×	×
	荚蒾				×
	忍冬	○			
	浙皖荚蒾				×
	细柄忍冬	×			×
	锦带花			○	
玄参科	泡桐		○		
木樨科	日本女贞	◎	×		◎
	冬青叶桂花				×
	庐山梣		×		◎
	水蜡树	◎			
马鞭草科	臭椿叶核桃木	×	○	○	
	裸花紫珠		×	◎	◎
	紫珠		◎	◎	◎
夹竹桃科	金叶络石	×	◎		×
五加科	楤木	○	○	○	○
	三菱果树参		×		×
	常春藤	×			
	八角金盘	×			
	刺楸				×
	朝天椒				×
芸香科	花椒	○	○		
	青花椒	○			
	竹叶椒	○			
	椿叶花椒	○		○	
漆树科	盐肤木	○	◎	○	◎
	黄栌		○		○
	山漆	◎	×	○	×
	野漆树	×		×	
葡萄科	野葡萄	○	◎		×
	蛇葡萄				×
	爬山虎	◎			×

续表

科	种名				
鼠李科	长叶冻绿		○		×
	南蛇藤	○			
	勾儿茶		◎		
泽漆科	野梧桐	◎	◎	○	○
细叶冬青科	落霜红		○		
	具柄冬青	×	×	×	×
	钝齿冬青	×	×		×
	铁冬青	×			×
卫矛科	卫矛	×			×
	桃叶卫矛	○			
	垂丝卫矛				×
灯台树科	梾木		○		◎
山茱萸科	青荚叶	×			
	桃叶珊瑚	×			
	蔓胡颓子				×
	秋胡颓子	◎		×	×
云实科	云实	○			
豆科	胡枝子			○	○
	紫藤	◎	◎	×	◎
合欢树科	合欢树	○		○	◎
蔷薇科	茅莓	○	◎	○	
	光叶石楠	×			×
	野蔷薇	○			×
	毛叶石楠	◎			×
	灰叶稠李	◎			×
	日本花楸				×
	味瑞李	○			×
	近畿豆樱				×
	山樱	◎		×	
	苦莓	○	○	○	○
	寒莓	◎	◎		
	刺叶桂樱	×			
	牛迭肚			○	○
	枫叶莓			○	
	红梅消	○			
	多腺悬钩子				○
绣球花科	溲疏	○	○	○	
紫金牛科	朱砂根		×		×
	紫金牛	◎	◎		×
野茉莉科	野茉莉	×		×	×
柿树科	柿树	×	×	×	×

续表

科	种名				
杜鹃科	珍珠花			×	×
	马醉木			×	
	越橘		×		
	小叶三叶杜鹃			×	
	山丹丹				×
	乌饭树	×	×	×	
	黏杜鹃	×	×	×	×
髭脉桤叶树	髭脉桤叶树		×	◎	×
锦葵科	芙蓉		○		
山茶科	柃木	◎	◎	◎	×
	杨桐		×	○	
	茶树			◎	
山毛榉科	栓皮栎	◎			×
	长尾尖叶槠		◎		
	柞树	◎			
	青冈栎	◎	×	◎	×
	枹栎	×	×	×	×
	乌冈栎		×		
	小叶青冈			×	×
	栗树				
杨梅科	杨梅	×	×		
桑科	日本葡茎榕		○		
	天仙果	×			
	小构树	○	○	○	◎
榆树科	朴树	◎	○		
青藤科	木防己	○	◎	×	×
木通科	三叶木通	◎	○	×	×
	野木瓜		○		
	木通	○			
五味子科	南五味子	○	○		
樟树科	山鸡椒		◎		
	大叶钓樟			×	×
	扬子黄肉楠				×
	三桠乌药			×	
	普陀樟	×	×		
	山胡椒		×		
百合科	菝葜	◎	◎	×	×
杉树科	杉树	○	×	×	
松科	赤松			◎	◎
丝柏科	杜松				×
	丝柏		×	×	

注：◎：在采集地以及埋土种子出现；○：仅从埋土种子出现；×：仅在采集地植被中出现。

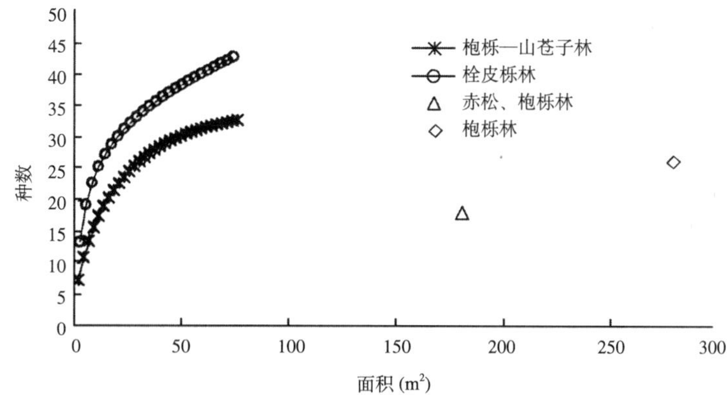

图 11 实施表土播撒、喷涂等的绿化地区中发芽的木本植物的种数—面积曲线

（引自阵门，2000[30] 以及中村等，未发表）

参考文献

1）小橋澄治・吉田博宣・森本幸裕（1982）：斜面緑化（四手井綱英 監修），鹿島出版会.

2）森本幸裕（1989）：無土壌岩石地の緑化．最先端の緑化技術（亀山　章・三沢　彰・近藤三雄・輿水　肇編），ソフトサイエンス社.

3）Elmqvist, T., Cates, R. G., Harper, J. K. and Gardfjell, H.（1991）：Flowering in males and females of a Utah willow, *Salix rigida* and effects on growth, tannins, phenolic glycosides and sugars. *Oikos*, 61, 65-72.

4）森林総研北海道支所（2000）：ヤナギ畑の造成，森林総研，研究の森からNo.85

5）東　三郎（1963）：砂防植生工におけるヤナギ類導入に関する研究，北大農演習林研報，**23**(2)，1-228.

6）浅川澄彦・勝田　柾・横山敏孝編(1981)：日本の樹木種子　針葉樹編，150pp.，林木育種協会.

7）勝田　柾・森　徳典・横山敏孝編(1998)：日本の樹木種子　広葉樹編，410pp.，林木育種協会.

8）梅原徹（1997）：自然回復の考え方と方法，古都sanzan66.

9）細木大輔・米村惣太郎・亀山　章(2000)：埋土種子を用いて緑化したのり面の植生の推移，日緑工誌，**25**(4)，339-344.

10）亀山　章・吉永知恵美・細木大輔・中村勝衛（2000）：唐沢山演習林林道の法面緑化試験地の調査報告（第1報），東京農工大・森林環境資源科学，**38**，123-143.

11）山田常雄・前川文夫・江上不二夫・八杉竜一・小関治男・古谷雅樹・日高敏隆編（1983）：生物学辞典，第3版，1404pp.，岩波書店.

12）林　一六・沼田　真（1966）：遷移からみた埋土種子集団の解析Ⅳ，自然教育園の生物群集に関する調査報告第1集，p.62-71.

13）林　一六・沼田　真（1968）：遷移からみた埋土種子集団の解析Ⅴ，自然教育園の生物群集に関する調査報告第2集，p.1-7.

14）中越信和（1981）：再度山の森林群落における埋土種子集団の研究，再度山永久植生保存地調査報告書第2回，p.69-94.

15）アハマッド デレミ・須崎民雄・岡野哲朗・矢幡　久（1987）：常緑広葉樹林における埋土種子に関する研究（Ⅱ），98回日林論，p.373-376.

16）市河三英・岡　久夫・荻野和彦（1987）：モミ・ツガ天然生林における埋土種子量，98回日林論，p.369-371.

17）Nakagoshi, N.（1985）：Buried viable seeds in temperate forests, *In* The Population Structure of Vegetation（White, J. ed.）Dordrecht, p.551-570.

18）中越信和（1980）：比婆山における森林植物の植物季節学的研究.

19）藤井俊夫（1997）：孤立林における埋土種子相, 人と自然，**8**，113-124

20）Kivilaan, A. and Bandurski, R. S.（1981）：The one hundred-year period for Dr. Beal's seed viability experiment. *Amer. J. Bot.*, **68**(9), 1290-1292.

21）小澤準二郎（1950）：土中に埋もれた林木種子の発芽力,林業試験集報，**58**，25-43

22) Tsuyuzaki, S. (1991) : Survival characteristics of buried seeds 10 years after the eruption of the Usu volcano in northern Japan. ***Can. J. Bot.***, **69**, 2251-2256.

23) 水井憲雄（1993）：落葉広葉樹の種子繁殖による生態学的研究,北海道林試研報，**30**，1-67.

24) Toole, E. H. and Brown, E. (1946) : Final results of the Duvel buried seed experiment. *Jour. Agr. Res.*, **72**, 201-210

25) Granström, A. (1987) : Seed viability of fourteen species during five years of storage in a forest soil. *J. Eco.*, **75**, 321-331.

26) Ödum, S. (1965) : Germination of ancient seeds, ***Dansk Botanisk Arkiv.***, **24**(2), 70.

27) 中村俊一郎（1985）：農林種子学総論，280pp.，養賢堂.

28) 梅原　徹・永野正弘・麻生順子（1983）：森林表土まきだしによる先駆植生の回復法,緑化工技術，**9**(3)，1-8.

29) 陣門泰輔・佐藤治雄・森本幸裕（2000）：森林表土播き出しによる荒廃地緑化に関する研究,日緑工誌，**25**(4)，397-402

30) 陣門泰輔（2000）：森林表土を用いた荒廃地の植生回復に関する研究，大阪府立大学農学研究科修士論文

31) 中西弘樹（1994）：種子はひろがる，255pp.，平凡社.

32) Thompson, K., Bakker, J. and Bekker, R. (1997) : The soil seed banls of North West Europe, 276pp., Cambridge Univ. Press.

33) Washitani, I. and Takenaka, A. (1986) : 'Safe site' for the seed germination of ***Rhus javanica*** : a characterization by responses to temperature and light. ***Ecol. Res.***, 1, 71-82

34) Washitani, I. and Takenaka, A. (1987) : Gap-detecting mechanism in the seed germination of *Mallotus japonicus* (Thunb.)　Muell. Arg., a common pioneer tree of secondary succession in temperate Japan. *Ecol. Res.*, **2**, 191-201.

35) 中越信和・根平邦人・中根周歩（1983）：アカマツ林の山火跡地における植生回復Ⅳ．初期段階の埋土種子，広大総科紀要，**8**，87-110

36) 佐藤治雄・提　光・森本幸裕・瀧川幸伸（1999）：森林表土播き出しによる荒廃地緑化に関する基礎研究，ランドスケープ研究，**62**(5)，521-524.

37) 上杉章雄・青木恭二・村上　浩・高橋貢治・喜田克久（2000）：森林表土を配合した吹付緑化工法の試験施工, 第35回地盤工学研究発表会要旨集，p.123-124.

5. 濒危植物

近年来，在进行大规模开发之际，由于在预定施工地区栖息繁衍着濒危物种等珍稀动物、植物，因此常常需对此进行保全。另外，环境影响评价法的制定，引入了作为环境项目的生态系统的评价，在法律方面认识到了不仅要考虑珍稀物种还要考虑到生物之间相互作用的生态系统的整体保护和保全的重要性。在生态缓和中，由于珍稀物种的生活史有很多未知的部分，因此必须花时间对其保护进行充分的探讨。

在植物方面，为了保存物种常常采用移栽的手法，但是一般而言，在珍稀物种的保护方面，面临着如下困难课题。

① 缺乏关于对象物种生活史和繁殖环境的知识。

② 缺乏关于移栽地的选择方法和繁殖环境的建设方法的知识。

③ 由于繁殖地和繁殖个体数量有限，因此不论是否具有移栽的经验，都不容许出现移栽失败的情况。

珍稀物种的移栽事例有冈山公路的曾子池中湿原植被的移栽等[1)]。在曾子池进行湿原植被的移栽之际，尽管对于发育状态和发育地的环境进行了充分调查，使得移栽成功，但是对于保护种的生活史等却没有进行充分的探讨。虽然在各地都进行了濒危物种等珍稀种的移栽工作，步骤合理的案例却较少。

在此，笔者将以伴随道路建设时寻求移栽保存的濒危物种的保全方法为案例，对珍稀物种的保全方法加以解说。

（1）移栽的方法与步骤

为了解决上述珍稀种保全方面的 3 个问题，关于移栽的调查试验的项目和步骤如图 1 所示。

① 关于缺乏对象种生活史和发育环境方面知识这一点，必须要通过实地调查和试验来弄清楚保护种的生活史和自生地的繁殖环境。关于这一点，在仓本进行的以多摩川濒危植物河原野菊为对象的研究中，曾掌握了保护种的生活史和发育地的特性，并对适应发育环境变化的保护方法进行了考察[2)]。

② 因缺乏移栽地的选择方法和繁殖环境的构建方法的知识，为了慎重进行移栽地的选择，最好调查多个移栽候补地的环境并与原生地的繁殖环境进行比较，进而在移栽候补地进行移栽实验以评价其作为发育环境的适合程度。

③ 关于因发育地和发育个体数量有限、即便没有移栽的经验也不容许移栽失败这一点，

探讨回避危机的方法或是探讨移栽种的增殖方法与种子保存方法，分阶段进行移栽，并从小规模的演练性试验到正式移栽之间尝试进行若干个阶段性的试验即可。并出于谨慎的目的，必须在移栽后持续性的进行监控，因此最好能够利用长时间进行这些试验。

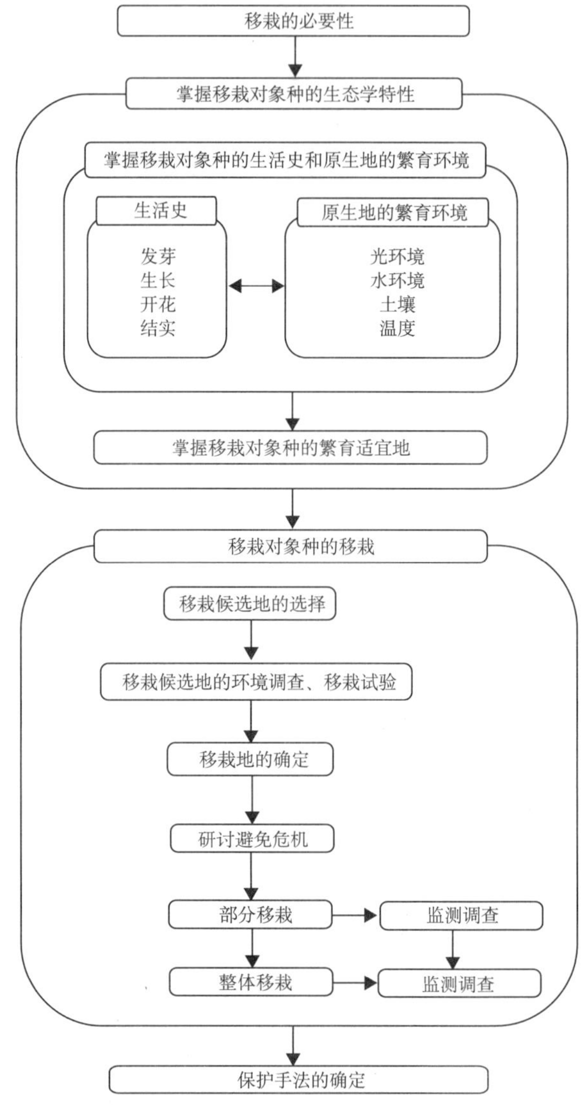

图 1　移栽相关的调查、试验的项目与步骤

（2）移栽目标种的生活史

一般来说，由于濒危物种分布稀少而且个体数量也较少，因此其生活史不甚明了。在保护濒危物种之际，了解该种的生活史很重要。这一点不论是在繁殖地进行保全的情况下，还是进行移栽保存的情况下，都是一样的。尤其是，由于在移栽之际濒危物种具有枯死的危险，因此

必须要获得关于其生活史的充分知识。其生活史，必须要抓住发芽、生长、开花和结实等生活史各个阶段的最适宜环境，为此，最基本的就是进行实地调查和试验。

关于移栽保存，有神奈川县濒危植物甜茅的案例。甜茅是在湿地发育的禾本科多年生草本植物，其生活史如图2所示。甜茅在12月份至2月份之间停止生长，从2月份到3月份开始生长。开花是从4月下旬到7月上旬，结实的种子处于落下后马上能够发芽的状态。开花后的茎秆会枯萎，但是会从其他的部分开始生长。

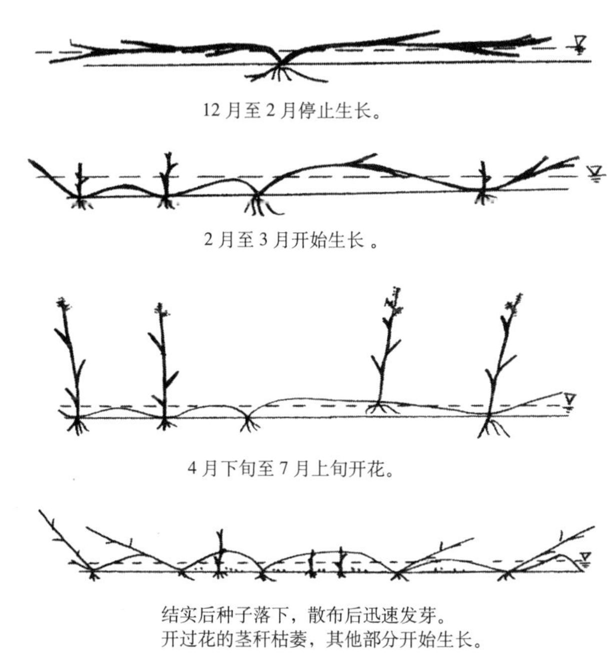

12月至2月停止生长。

2月至3月开始生长。

4月下旬至7月上旬开花。

结实后种子落下，散布后迅速发芽。
开过花的茎秆枯萎，其他部分开始生长。

图2　甜茅的生活史

甜茅生活史各个阶段的特性，有如下几点。

1）生长

A．水深与生长

由于甜茅是在水滨发育的，因此对其生长进行了试验，设定水深分别为0cm区和5cm区，以掌握水深对于甜茅生长的影响。该实验结果显示，两处高增长量的季节变化基本倾向相同，不过在5cm区，由于夏季出现了藻类，因此发育短期内恶化（图3）。在野外进行的试验时，也必须要考虑到会出现这种意料外的情况。

B．光照强度与生长

关于光照强度对于甜茅生长的影响，在甜茅原生地通过测定光环境得以掌握。另一方面，在选择移栽地时，必须要事先详细了解移栽种的光环境容许范围。在此，为了掌握植物维持个体的最小亮度即最小受光量，进行了调控光环境的试验。光环境中的相对光量子密度设定为

100%、10%、5%、1% 等 4 个水平，在将甜茅植入栽培箱使其生长 1 年之后，测定其鲜重，与植入栽培箱之前的鲜重相比，计算出相对生长率（经过 1 年生长之后的鲜重 / 试验开始之前的鲜重）。其结果是，100% 区培育的甜茅相对生长率最大，为 119.8（±28.2）/ 年，接下来依次是 10% 区的 32.0（±10.5）/ 年，5% 区的 14.9（±6.1）/ 年，1% 区的 0.02（±0.03）/ 年（图 4）。根据该结果，适宜甜茅发育的是接近 100% 的光照强度，而能够存活的最小受光量被认为在 1% 到 5% 之间。

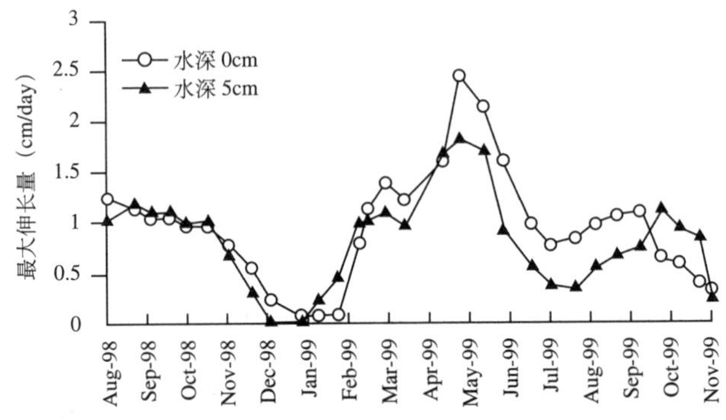

图 3　甜茅每天平均最大伸长量的季节变化

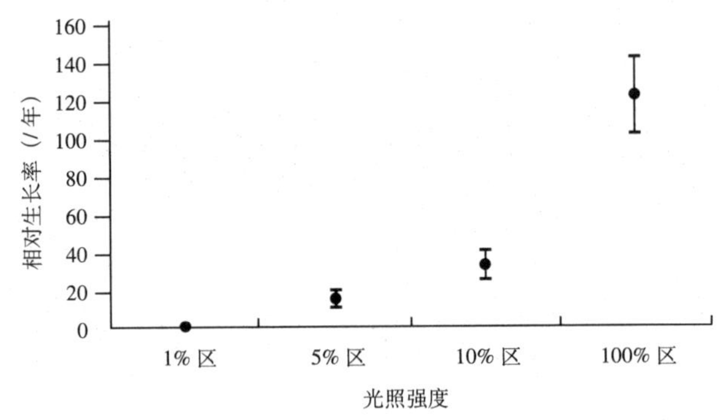

图 4　光照强度与甜茅生长量的关系

2）种子发芽

一般来说，影响种子发芽的主要因素有水分、光照和温度。另外，种子保存方法也是影响发芽的重要因素。在此，调查了这 4 个要素对发芽产生的影响。此外，由于还希望能够有来自土壤种子库的发芽，因此也尝试进行了种子库的发芽试验。

A．水分条件

在培养钵中铺满蛭石，然后在其上放上种子。接着设定干性状态（每 3 天左右浇一次水）和湿性状态（地下水位保持在 -5cm，通常处于湿润状态）2 个条件，观测发芽。试验结果是，干性状态的发芽率为 73.3（±14.0）%，湿性状态为 63.0（±4.7）%。根据该结果，确认了湿性植物甜茅只要浇水的话，在干性状态下也能够发芽。

B. 光照条件

为了调查种子发芽与光照强度之间的关系，设定强光（6000lx）和弱光（600lx）两个条件，进行了发芽实验。强光条件的发芽率为 50.0（±8.8）%，弱光条件的发芽率为 31.0（±11.3）%，说明甜茅种子在明亮的条件下发芽率更高。

另外，为了调查种子发芽与光质的关系，进行了人为制造绿色透过光的实验，由于甜茅种子在绿色透过光中也能够发芽，因此确认了其没有绿荫感受性。

C. 温度

关于种子发芽与温度的关系，设定了 5℃、10℃、15℃、20℃、25℃等 5 个条件，进行了发芽试验。其结果是，在 5℃和 25℃条件下没有观察到发芽，10℃的发芽率为 19.2（±17.4）%，15℃为 17.4（±2.4）%，20℃为 12.0（±5.7）%（表 1），可知甜茅种子是在相对较低的温度下发芽的。

表 1　温度与发芽率的关系

温度	发芽率（%）
5℃	0.0
10℃	19.2（±17.4）
15℃	17.4（±2.4）
20℃	12.0（±5.7）
25℃	0.0

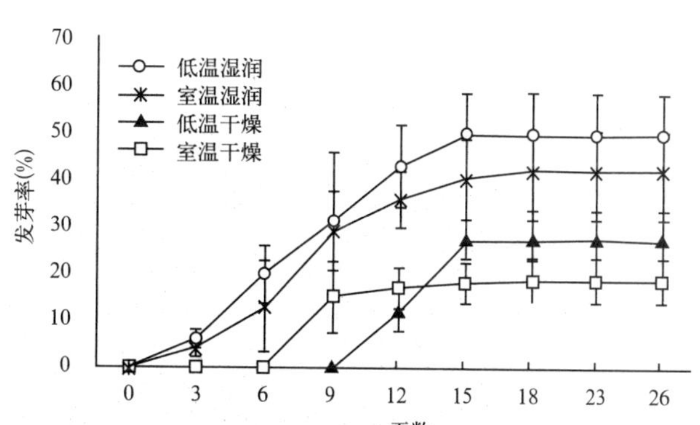

图 5　甜茅种子的保存方法与发芽率的关系

D. 种子的保存方法

为了掌握种子适宜的保存方法，在低温干燥、低温湿润、室温干燥、室温湿润等 4 个条件下，保存种子 3 个月，然后在浸水条件下进行发芽实验。最终的发芽率是，低温湿润最高，为 50.0（±8.8）%，接着是室温湿润为 42.3（±8.4）%，低温干燥为 27.5（±4.1）%，室温干燥最低，为 19.0（±4.7）%（图 5）。

通过上述实验确认了种子的保存方法是，低温比室温适宜，湿润比干燥适宜。另外，低温干燥条件下的发芽率比室温湿润要高，说明了保存时水分状态对于发芽率的影响要大于保存温度。

发芽开始的时期则是湿润状态下保存的种子较早，因此考虑到要使种子尽早发芽的话，保存方法还是低温湿润状态最佳。

另外，室温保存条件下仍然会发芽的情况说明了，甜茅种子发芽没有通过低温保存解除休眠的必要性。

E．来自种子库的发芽实验

由于在甜茅结实后种子会马上发芽，因此有必要掌握其后有无种子库形成以及种子库发芽的可能性。在此，从甜茅原生地采集了表层 0 ～ 20cm 的土壤，进行了发芽实验。土壤的采集是在结实之后，发芽已结束之后的第二年 1 月份进行的。实验结果是，从原生地土壤中发芽的种有 6 种，其中最多的是戟叶蓼（表 2）。甜茅的发芽仅有 1 个个体，但是确认了其能够形成种子库，说明也存在从种子库中发芽的情况。

表 2　土壤种子库的发芽实验

种名	发芽个体数
戟叶蓼	4.5
萤蔺	2
密花苔草	1
甜茅	1
秕壳草	0.5
西洋菜	1

注：发芽个体数为 2 次重复实验的平均值

（3）移栽目标种原生地的生长环境

关于移栽对象种的原生地发育环境，通过甜茅的案例获得了如下测定值。对象种甜茅的原生地在神奈川县境内仅有两处，分别称为原生地 A 和原生地 B。原生地 A 是由于消失问题而需要进行移栽的原生地。

首先，为了掌握甜茅的发育环境，分别在两块原生地中测量光环境、水质、气温和水温。

关于光环境，在两块原生地测定了相对光量子密度。原生地 A 的相对光量子密度的平均值在春季最大，为 92.0（±7.5）%，夏季最小，为 22.7（±10.1）%（图 6）。甜茅在夏季到秋季期间生长并开花结实，这期间相对光量子密度较低的原因是周围生长的树木阻碍了光照，这种环境谈不上是理想的状态。

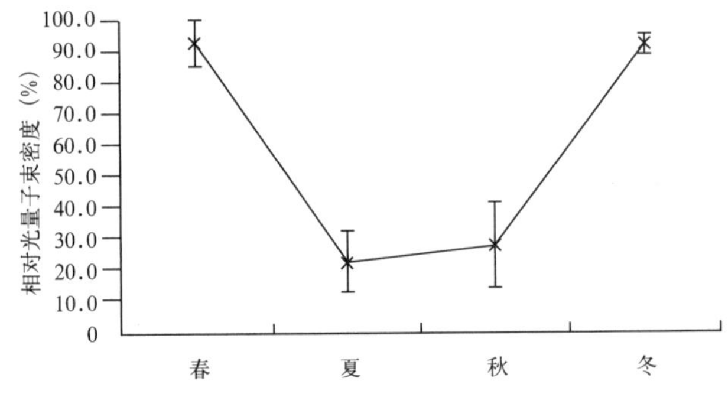

图 6　原生地 A 的相对光量子密度的季节变化

关于水质，在两块原生地测定了电导率（EC）、氢离子浓度（pH）、化学需氧量（COD）、硝酸和亚硝酸性氮元素（NO_2-N）。结果显示，原生地 A 的电导率值为 200 ～ 400 μS/cm，原生地 B 测定了三处电导率值，分别为 260 ～ 450 μS/cm，200 ～ 550 μS/cm，280 ～ 550 μS/cm。两块原生地的 pH 都在 7 ～ 8.5。两块原生地的 COD 在冬季都是 5mg/L，而在夏季则都显示为 10mg/L。两块原生地各个地点的 NO_2-N 值通常都在 0.02mg/L 以下。

试验还测定了全年的气温和水温。

通过以上方法，掌握了原生地的发育环境。

（4）移栽地的选择

在选择移栽地之际，掌握移栽地中与移栽种的发育和群落形成相关的环境潜能很重要。

环境潜能是指，在某处土地中，某个生态系统能够正常生长的潜在可能性[3)]，此处将环境潜能分为①种子供给潜能、②发育环境潜能、③社会环境潜能三种加以考察。

① 种子供给潜能是某一地点中移栽对象的种子从周边获得供给的可能性。在将珍稀种移栽到其他地点的情况下，可以认为移栽地的种子供给潜能几乎没有。

② 发育环境潜能显示了某块土地中移栽种的发育可能性，同时表示了在没有种间竞争的状态下可以发育的可能性，即生理方面的最适宜环境。

③ 社会环境潜能显示了移栽种在与其他种之间的竞争、共生和寄生的关系中可以发育的可能性，表示了生态方面的最适宜环境。

在移栽珍稀种之际，掌握移栽目标地中的发育环境潜能和社会环境潜能很重要。

在形成只有单一种的纯群落之际，如果掌握了发育环境潜能，再现发育环境就相对较为容易。在这种情况下，由于是针对没有种间竞争状态下的发育，因此如果有威胁珍稀种发育的其他种入侵的话，就必须要进行人为排除等管理。

在形成由多个种构成的群落之际，就必须要掌握社会环境潜能，在这种情况下，虽然在群落的形成方面伴随着技术上的困难，但是一旦形成了稳定的群落，就不再需要管理。

关于上述几点，由于对象种和管理方法的不同，有各式各样的案例，必须要根据情况进行探讨。

以上述与移栽地环境潜能相关的思路为基础，在移栽濒危物种的地域个体群之际，关于移栽地的选择，有以下 3 点原则。

① 种子供给潜能的原则：移栽地要尽量距离原生地较近。

② 发育环境潜能的原则：移栽地的环境与原生地的环境类似。

③ 社会环境潜能的原则：在移栽地也要尽可能以与原生地植物群落的维持机制相同的维持机制来维持植物群落。

根据该原则，可以选择如下甜茅移栽候补地。

关于①，植物种的地域个体群发育地是该种进化史上长期历史的产物，在对其进行移栽之际，必须要考虑将地理条件的改变控制在最小限度。为此，要求移栽候补地是与原生地的湿地位于同一水系非常近的地点。具体来说就是距离自生地 50m 左右的范围内，具有曾经是甜茅繁育地的可能性，同时也被认为具有种子供给潜能的地点。

关于②，在上述范围内设定若干处移栽候补地。

关于③，由于甜茅是由单一种形成纯群落的，而且其群落的维持不需要人为的参与，因此在移栽地的选择方面不做考虑。

为了比较移栽候补地的环境和原生地的繁殖环境而选择最为接近的环境，进行了以下调查和试验，来决定移栽地。

1）移栽候选地与原生地的环境

为了在原生地附近选择甜茅的移栽地，将移栽候补地Ⅰ（St.1）和移植候补地Ⅱ（St.2）这两处选为移栽候补地，测量了2处移栽候补地和自生地共计3处的光环境、水质和气温。

结果显示，St.2的相对照度在春季到秋季之间比原生地要高，而St.1的相对照度在春季到秋季之间则比原生地要低（图7）。

移栽候选地和原生地之间的水质则没有差异。

如同在前一项生活史中已经掌握的那样，甜茅是喜好明亮光环境的物种，因此认为St.2作为移栽地最为适宜。

2）移栽候选地与原生地的甜茅香蕉的生长状况

为了最终确定移栽地，在St.1、St.2和自生地中，进行了关于甜茅生长的试验。试验方法是，在装进了自生地土壤的1/2000公亩大小的瓦氏钵中植入若干甜茅个体，然后在St.1和St.2两处分别埋入3个培养钵。测定方法是，为了掌握甜茅高增长量的差异，测定了各个移栽候补地和自生地的高增长量。根据该试验结果，在整个调查期间，基本上St.2的高增长量较大，能够形成较大的个体群（图8）。

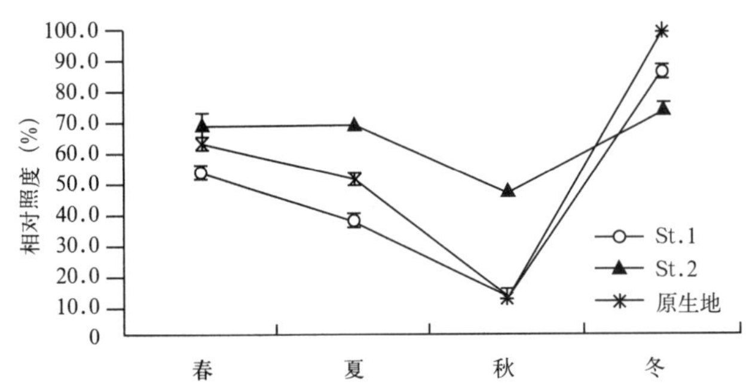

图7　甜茅的移栽候选地与原生地的相对照度的季节变化

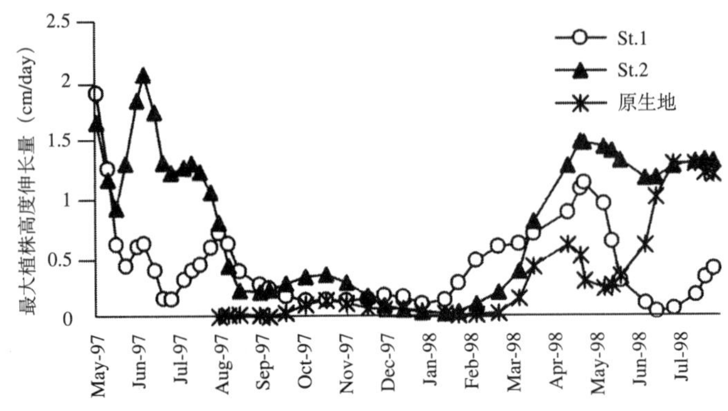

图8　移栽候选地与原生地的每天平均的最大植株高度伸长量的季节变化

3）移栽地的确定

根据以上结果，决定选择相对照度较高、甜茅发育较好的 St.2 作为移栽地。

（5）规避危机的讨论

由于以濒危物种为代表的珍稀动植物种的繁育地因某些因素受到了限制，因此即便是选择具有类似环境的土地作为移栽地，也无法保证其繁育的确定性。因此，必须认识到移栽地由于某些因素可能导致没有该物种存在的事实。

因此，在移栽保存之际，必须要探讨针对移栽失败进行规避方法。

1）增殖

作为在移栽个体数较少的珍稀种之际规避危险的方法，增殖是最为有效的。增殖的方法有种子繁殖、分株、扦插等，也有利用土壤种子库的方法。在种子繁殖方面，有在首都圈中央联络道（圈央道）的东京都内区间，濒危植物宝珠草通过采用大量种子繁殖的方法，来规避危机的例子。关于土壤种子库，则在本章第 2 节（E）进行了介绍。

2）种子保存

可以通过开花结实获得种子的物种，还可以通过保存种子的方法来规避危机。不过，一般来说种子的保存方法因种而异，由于对珍稀种缺乏相应的知识，因此称不上是安全的方法。最好能够在充分的试验之后再实施。

3）个体保存

濒危植物常常会因为发育不良而无法开花，或是由于没有花粉的传播媒介而无法结实，导致无法获得种子。在这种情况下，保存个体就可作为防止因移栽失败而导致该种消失的方法。该方法是在植物园和自然保护研究单位等具备发达栽培技术单位中，长期保存个体的方法，在甜茅的保护中，也准备了这种体制。

（6）移栽与监测调查

根据移栽地的选择结果，准备了在原生地上游约 50m 处的地点即 St.2 进行认正式移栽为目的的替代池。

1）移栽的阶段性实施

在移栽濒危植物之际，最为重要的就是规避失败。因此，为了按照从小规模试验性移栽到大规模全面移栽的顺序进行阶段性的移栽，分别在 1% 模型、1/3 模型和全面移栽 3 个阶段进行试验性的移栽。在该实验中，对于甜茅生长都进行了测定，并持续进行了监测。1% 模型实验采用了 1/2000hm^2 大小的瓦格纳培养钵，同时兼做为本章第 4 节（2）的实验。

而在 1/3 模型实验中，由于仅在一处移栽的话会伴随风险，因此从原生地挖掘出 1/3 的甜茅后，分别移栽到 4 个地点。关于全面移栽，则是以上述试验结果为基础，在之后进行。

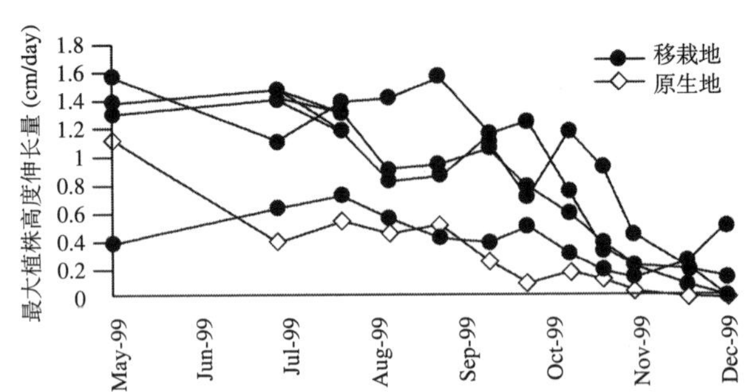

图 9　移栽地与原生地的每天平均的最大植株高度伸长量的季节变化

2）监测调查

为了确认甜茅移栽后的发育状态，测定了移栽地与自生地的甜茅生长量。

结果表明，在 1/3 模型的实验中，尽管一时出现了比自生地生长更糟的移栽个体，但是总体上比自生地的生长良好，能够形成较大的个体群（图 9）。

（7）移栽保存的要点

根据图 1 的流程进行移栽工作，获得了成功。

该成果，以下实践具有重要的作用：

① 必须充分掌握关于对象种的生活史和发育环境的知识。

② 由于缺乏移栽的案例，在进行移栽地的选择时要十分慎重。

③ 为了防止失败，要分阶段的进行移栽。

④ 在移栽后要持续进行监测调查。

监测在验证计划的不成熟和假说方面发挥了重要作用。

另外，在移栽地选择方面应该考虑的要点有以下 3 点。即：

① 移栽地要距离原生地非常的近。

② 移栽地的环境要与原生地的环境相类似。

③ 移栽地必须具有能够形成与原生地相同的群落维持机制。

如果考虑以上几点来制定移栽保全计划的话，那么不光能够保全珍稀种，还能够保全许多其他种，通过这种积累，能够减轻项目施工对于生态系统的影响。

（仲辻周平・亀山章）

参考文献

1）亀山　章（1997）：高速道路に保護された湿原.エコロード（亀山　章編著），p.104-115，ソフトサイエンス社.

2）倉本　宣（1995）：多摩川におけるカワラノギクの保全生物学的研究　緑地学研究，**15**，1-120.

3）日置佳之（2000）：湿地生態系復元のための環境ポテンシャル評価に関する研究，p.1-185.

6. 昆　虫

昆虫类是对环境状态十分敏感的生物种群，如果栖息场所改变的话，种群构成和优势种等都会发生大幅度变化。这是因为昆虫各个种群的食性有限制，对于环境的适应幅度较为狭小。例如，日本虎凤蝶的幼虫只吃马兜铃科日本细辛类，而锚纹虎甲津则栖息在背后地有自然植被的沙滩。另外，尽管昆虫类具有移动和分散力，但是除了每年跨海从南方飞来的薄翅蜻蜓等具有较大移动性的部分种类之外，其他种类移动性都有限。例如，衣鱼类和蚻蠊类等无翅类型和步行虫类等后翅退化无法飞行的种类，在昆虫类中不在少数。

这种昆虫类的形象，也许与一般人的理解略有不同。斋藤[1]提到："许多人都认为，昆虫虽然没有多少种类，但是个体数却多得惊人，不知不觉之间就会突然冒出来"。确实，在城市地区和耕地等频繁受到人类干涉、历史较短的环境中出现的昆虫类，有很多都具有移动力和繁殖力，适合生存在干扰较多的环境中。这种先驱性的种，有很多是外来昆虫和移动性昆虫，在天敌等的抑制作用没有效果的情况下，虫害就会大规模发生。例如，第二次世界大战之后，从美国入境继而从东京传播到日本全国的美国白蛾具有寄生在许多树种上的能力，成为了行道树和果园里的害虫，与之相反的是，迄今为止还没有入侵过自然林[2,3]。

另一方面，姑且不说原生林和高低湿原等原生态的自然，在池沼和神社寺庙林等人为影响较少的场所、以及山村和稻田水系等通过人为管理维持一定状态的场所中，常常能够观察到定居性且繁殖力相对较小的昆虫。目前，面临灭绝危机的昆虫大多数是栖息在这种具有长期历史的环境中。从这层意义上来说，在昆虫类的多样性保全中不能缺少尊重生物与人类互动的历史态度[4]。因此，在考虑昆虫类栖息场所的保全和生态缓和之际，必须要获得目标昆虫及其栖息场所方面的充分信息。在本章，将根据不同的栖息场所类型、或者是以不同的主要昆虫类型，对昆虫类及其栖息场所的保护、保全以及生态缓和的现状加以探讨。

(1) 各种栖息地昆虫类别特征及濒危要素

除了海洋，在地球生物圈的各个地点都能观察到昆虫类。话虽如此，昆虫类的栖息场所基本上是由种类和类型决定的，由于与该环境相应的人为影响的程度不同，因此分布和栖息的现状也不同。此处将以环境厅红皮书（RDB）中记录的代表性种类为例，对各种栖息场所中生活的昆虫的危机要素加以概述。

在 1991 年版野生动物红皮书（RDB）[5]中，罗列了 206 种和 1 个个体群，根据平屿[6]的目录，该数字相当于日本产昆虫（28973 种）的 0.7%（表 1）。由于蝶类和蜻蜓类研究者和爱

表 1　环境厅（1991）的日本版 RDB 中记录的昆虫的各种栖息场所的详情

排名	目名	洞窟	森林	草原	池沼	地下水	溪流	中游	入海口	海滨	高山	岛屿	合计
灭绝种 EX	鞘翅目	2											2
濒危种 E	蜻蜓目				1				1				2
	蛩蠊目		1										1
	半翅目									1		2	3
	鞘翅目	5			4				1			2	12
	双翅目									1			1
	鳞翅目		3	1									4
危急种 V	蜻蜓目								1				1
	半翅目				1			1				1	3
	鞘翅目				3				1	1			5
	膜翅目		1										1
	双翅目									1			1
	鳞翅目		2	1							1		4
珍稀种 R	蜻蜓目				6							32	38
	直翅目											2	2
	半翅目		1		5							3	9
	脉翅目											1	1
	鞘翅目		7	4	11	2		1	1	4		8	38
	膜翅目		16									15	31
	长翅目											2	2
	双翅目				1		1						2
	毛翅目						1						1
	鳞翅目		8	6							13	15	42
地域个体群 Lp	半翅目											1	1
	昆虫合计	7	39	12	32	2	2	2	5	8	14	84	207

灭绝种（Ex）：被认为在日本已经灭绝的种或亚种

濒危种（E）：濒临灭绝危机的种或亚种，如果造成目前状态的压迫要素持续发挥作用的话，其存活就将变得困难

危急种（V）：灭绝的危险正在增加的种或亚种，如果造成目前状态的压迫要素持续发挥作用的话，在不远的将来会确实进入“濒危种”行列

珍稀种（R）：存活的基础较为脆弱的种或亚种，目前还不属于“濒危种”或是“危急种”，不过其具有由于栖息条件的变化而易于进入上一级行列的要素（脆弱性）

地域个体群（Lp）：应该注意保护的地域个体群。是在地域上孤立并且具有灭绝危险的个体群。

好者较多，约有日本产品种的 20% 记录在了 RDB 中，因此 0.7% 这个较低数值是因为关于现状的信息较少而造成的。实际上，在 2000 年 4 月公布的修订版红色清单中，记录种增加到了 390 种和 3 个个体群。

通过将 RDB 记录的种按照栖息场所进行分类，可以了解日本产昆虫类的危机要素[7]。首先，1991 年版 RDB 记录种的约 3/4 是日本固有的分类单元（种或亚种）。另外，有 84 种（相当于

约 40%）是分布于小笠原诸岛、对马、屋久岛等的岛屿性种（表 1）。在其余的本土产 123 种当中，高山性的有 5 种，产地为 1 处的有 19 种，有多处的有 13 种，约有 3 成是小范围分布种。

从各个栖息场所来看本土产的记录种的话，已经灭绝的 2 种步行虫类属于洞窟性；此外，森林性和池沼性的种分别占了约 3 成，而入海口海滨种和草原性种分别约占 1 成。在森林性种中，不仅有原生林和顶级林中的种，还包含了不少栖息在山村林中的种。另外，在池沼性种中，除了原生性的湿原种之外，还包含了许多稻田水系的种。除此之外，在草原性的种中，有很多被认为是依赖位于耕地周边的结缕草草原和湿性草原的种都被列入了清单之中。在以下的论述中，笔者将危机昆虫及其危机要素分为原生性或是特殊的栖息场所、人为维持的栖息场所和容易受到人为影响的栖息场所来探讨保全和生态缓和。

1）原生或特殊的栖息地

原生林和高地湿原、洞窟、高山等是在特殊的地质和气候、水位学条件之下，在漫长的历史中形成的自然环境。在这种环境中栖息的昆虫，除了保护这些自然环境之外，其他保全措施都较为困难。

A．原生林

原生林（顶级林）昆虫的主要威胁有森林采伐和林道建设等造成的栖息场所的破坏、缩小和分裂化。例如，山原长臂金龟虫栖息在残留于冲绳岛北部的顶级林（常绿阔叶林）中，幼虫靠食用湿度较高的树龄在 50 年以上的青冈栎等树洞内的腐殖质成长[8]。而棋石小灰蝶栖息在九州山地和纪伊山地这两处顶级林（常绿阔叶林）中，幼虫仅仅食用湿度较高的林内着生于橡树类成熟大树上的吊石苣苔（苦苣苔科）的花蕾。这些种由于林道建设等砍伐了一部分森林导致森林干燥化，其生存状况开始恶化。另外，这两个种都因为爱好者等的捕捉而受到较大的威胁[8]。其他的原生林珍稀种还有蔚青紫灰蝶、臭斑金龟、对马拟寰螽等，另外还有西表岛的生活于树洞水洼中的树穴蜻蜓等种。

B．自然湿地与湿原

基准产地是尾濑原的铜线细蟌、钏路湿原特产的赤眼细蟌和山西蜓等都是生活在高地湿原的蜻蜓，它们由于高地湿原这种环境的稀有性而遗存式的分布着。例如，铜线细蟌除了在钏路赤沼、八幡平和宫城县岩沼等地之外，在今市市的湿地中也能够观察到，因此被认为其产地曾经零散分布于本州以北。但有些地方如长野县明科本地种的产地却是人工林，推测其遗存式分布与人类的活动相关。为了保护高地湿原的昆虫，就必须保护湿地本身不受到开发、干燥和富营养化的影响。

夜叉龙虱仅仅栖息于福井县亚高山带，由于山岳道路建设使得登山者增加从而导致了水质污浊，再加上还投放了黑鲈等，这些影响威胁着夜叉龙虱的生存。

C．洞窟

目前，在日本被认定为灭绝种的昆虫仅有栖息在洞窟中的 2 种盲步行虫。不过，除此以外，还有若干种甲虫成为了濒危物种。每个种的产地都被限制在 1 ～ 2 处洞窟这样狭小的范围内，危机的要素有石灰岩和砂土的挖掘、大坝建设造成的洞窟破坏和水淹以及栖息地丘陵开发等。洞窟性昆虫中有很多是遗存式分布的种和小范围分布的种，一个洞窟的消失往往会对栖息在其中的昆虫种产生深刻的影响。

D．高山带和亚高山带

高山带的种在分布方面和生态方面都具有较为强烈的冰期遗存性质，与岛屿性昆虫等其他小范围分布的种相同，可以说生存基础本身很脆弱。高山带由于位于山顶附近，其范围较为狭窄，同时又是低温的贫营养地带，因此植被遭到破坏的话恢复也较为缓慢。栖息于此的生物在非常严酷的条件下生存，对于环境变化的适应能力较弱。例如，在长野县，从昭和 30 年代（1955 年～ 1964 年）起，植物的踩踏和盗挖以及垃圾的增加，导致高山自然环境开始发生变化[9)]。高岭酒眼蝶分布于飞驒山脉和八岳的高山带，幼虫生活在山顶附近的砂砾和岩砾地中，以岩苔草、姬苔草等为食，其需要 3 年时间化为成虫。八岳的栖息范围极为狭小，最后出现是在 1984 年的记录中。威胁该高山蝶的因素有登山者增加造成的栖息地踩踏以及偷猎等。在大雪山高山带的挨雯绢蝶中，有某些个体群被认为是由于偷猎和其寄主植物荷包牡丹的盗挖等导致灭绝的。

亚高山带的昆虫面临着与高山型昆虫不同的要素造成的危机。栖息于中部山岳亚高山带的溪谷、疏林林际边缘、牧场等的小檗绢粉蝶在上述高地等的灭绝十分显著。其影响的要素有：在建设野营地和别墅区、进行人工林管理之际，长满刺儿不受人们喜爱的食树（红叶小檗、黄栌木）遭到了砍伐，播撒农药、发大水造成的食树的流出，偷猎及田鼠造成的食树侵害，以及别墅区抽取自来水造成的河水枯竭等。分布于南北阿尔卑斯的亚高山带的黄翅银弄蝶曾经也能见于上高地，但是已经消失。本种栖息于生长有其食草大叶章的湿地沿岸的草地中，但是由于南阿尔卑斯的自然林遭到人工林化，以及自然林的荒废和林道建设等造成的山洪暴发频繁发生，使得该物种濒临危机。类似情况，在生长于溪谷沿岸的齿叶芥南和山芥菜中的橙尖粉蝶中同样能够观察到。

2）人为维持的栖息场所

薪炭林（里山村林）、稻田水系和采草地等长期以来由人类经营维持的广义的里山环境属于次生性自然，不过却孕育了独特的昆虫区系。具有较长历史的宅邸林和神社森林等，也可以被认为是相当于里山林的昆虫栖息场所。

A．里山林

里山林是指薪炭林或者是农用林，它是为了获取柴薪、木炭、绿肥、堆肥等，通过农民进行定期的间伐和除草来维持的次生林。本州的里山林有很多是以枹栎和柞树等落叶阔叶树以及赤松等作为乔木层主体，这些里山林是独角仙、锹形虫类和日本桤翠灰蝶等多种昆虫类的栖息场所。里山林随着化石燃料和化石肥料的普及而逐渐失去价值，同时开发和植树等造成的里山林破坏、缩小以及分割化又在推进，日本虎凤蝶和大紫蛱蝶等昆虫正在减少。里山林即便没有遭到破坏，如果弃置不管的话，苦竹等会生长，常绿阔叶树也会侵入其中，随着迁移的进行里山林会逐渐失去其独特的生物相[10, 11]。

B．草原

在草原性生物种群中，特别是栖息在结缕草草原和湿性草原的种正面临着危机，不过也有一些种受到了芒草草原减少的威胁。在结缕草草原种中，衰退的典型有蟾福蛱蝶和大琉璃灰蝶等蝶类。前者曾经广泛的分布于本州、四国、九州各地，而后者也曾经广泛分布于东北、中部、九州 3 个区域，但是目前这两者的产地都减少到了仅有几处。这两个种衰亡的原因是：寄主植物（分别为堇菜和苦参）生长的阳光充足的结缕草草原，由于牛马放牧、烧荒以及以草葺屋顶和牛马饲养为目的的采草等行为不断进行，随着迁移、植树和开发等行为的发生而逐渐减少。目前，蟾福蛱蝶残留在秋吉台和九州的自卫队演练场，大琉璃灰蝶则残留在阿苏草原和新潟县的自卫队演练场等，这是由于观光、演练和畜牧业等维持了这些地点的结缕草草原的生长。花弄蝶、大麻多节天牛和栗灰锦天牛等，同样由于结缕草草原的减少而正在衰退。

在湿性草原，典型的衰退种有大网蛱蝶和苜蓿多节天牛等。大网蛱蝶曾经栖息于关东、中部、中国地区等各地，但是目前仅残留于山梨和广岛两县。在广岛县，本种依赖于生长在山脚涌泉湿地中的烟管蓟，但是由于不再有种植牛马青饲料的必要，这些湿性草原逐渐迁移，转变为灌木丛，或是由于各种度假村的建设等而遭到填埋，温性草原逐渐的变质和消失。苜蓿多节天牛栖息于北海道和本州高地的湿性草原中，幼虫和成虫都依赖于麝香萱草。本种的威胁有度假村开发等导致的湿性草原的填埋和迁移，除此以外还有森林砍伐造成的湿地的干燥化等。其他衰退种还有爱珍眼蝶、金华虫、渡良濑敏步甲等。

在芒草草原种中，尽管只有栖息于冲绳岛和宫古岛的琉球螽斯等被记录进了红色清单，但是林地边缘和河滩的高茎草原也由于开发等正在全国范围内减少，使得各地的螽斯、日本纺织娘和云斑金蟋等人们身边的鸣虫减少。

C．池沼

在此，将依赖于池沼等静水以及生长于此的水生植物的昆虫称为池沼性种。池沼性昆虫中，目前以低斑蜻、大田鳖和龙虱为代表的以“稻田水系”为生活场所的种处于最为危险的状况。

低斑蜻曾经广泛分布于本州、四国和九州，但是其栖息的池沼由于生活废水和农药的流入、伴随着开发填埋和护岸工程等造成的消失或是环境恶化而急速减少。目前，低斑蜻在本州的确切产地仅有九州 11 处，本州 4 处[12]。在静冈县桶谷沼，曾有报告称有的年度由于水位下降造成了低斑蜻个体数的减少，因为本种的幼虫生活在芦苇和茭白等生长的沿岸带水底[13]。话虽如此，即便是有若干的水位变动，本种的个体群还是会存活的；但是其在神户市的贮水池中的灭绝，则被认为是由于 1995 年秋季在兵库县南部地震灾害修复工程中进行了放水而致[14]。本种的其他危机要素有：同属近缘种之间的竞争与杂交[13]、大口黑鲈和蓝鳃太阳鱼等的放流以及向岸边植被喷撒杀虫剂[15]等。

译者注：上高地位于长野县西部的梓川上游，属于中部山岳国立公园。

大田鳖截至 1950 年，尚且常见于本州以南的贮水池和水田中，但是由于农药、苗圃建设和贮水池改建、开发填埋等影响，其数量在各地急剧减少。在稻田水系中，除了大田鳖之外，三星龙虱、水金花虫、江崎水黾等也被列入了红色清单。另外，分布于北海道东部湿原的东方短斑白颜蜻，在有些由于不再进行农耕并且开始迁移的湿原中也已经消失了。

3）容易受到人为影响的栖息地

河流和海滨是容易受到人类活动影响的环境。河流的上游容易由于大坝和林道的建设等丧失原本的环境，而中游流域则容易由于混凝土护岸和河滩的多功能利用、外来植物的入侵等丧失原本的环境。另外，自然的入海口和海滨，也由于填埋或是上游部分的防沙堤堰造成的来自河流上游的砂土供给减少而正在缩小。在这种环境中栖息的种，近年来衰退现象显著。在西南诸岛和小笠原诸岛，由于长期隔离形成了包含许多固有种和固有亚种在内的珍稀昆虫生物系，但是由于观光开发和外来种的引进等，这些岛屿独特的问题成为生态系统危机的主要原因。

A．河流

在河流性昆虫中，栖息于上游部分的溪流或是细流等山地溪流中的种以及利用中游流域河滩的种正面临灭绝的危机。小笠原诸岛和西南诸岛的固有红色清单中的蜻蜓类大部分都是山地溪流性的。例如，冲绳春蜓和褐勾蜓等冲绳本岛产的种栖息在周围环绕着树林的清流和具有砂砾河床的溪流区域，但是受到了大坝建设引起的森林采伐、道路工程以及整理耕地等导致的赭土流入等威胁。小笠原产的小笠原弓蜓和岛茜蜓除了受到森林采伐的威胁之外，还受到了铺路和排水道整备、山羊野生化引起的森林啃食害等造成的岛屿保水能力下降和环境变化的威胁。此外，栖息于奄美大岛和德之岛的河流上游的抉玉划蝽，也由于河流护岸工程而面临危机。

在自然的河滩中，包含了小溪和水潭组成的湿地、芦苇滩与河畔林、裸地、结缕草草原、芒草草原、砾石河滩等多样的环境，是各种昆虫类栖息的场所。因此，近年来的河滩环境变化对于许多昆虫造成了影响，影响的内容和程度也是各式各样的。例如，长野县依赖于生长在河流堤防的结缕草草地中日本瓦松的玄灰蝶，由于杂草植被向河滩入侵、汽车驾校和工厂等的建立、堤防上的烧荒或是混凝土化以及道路工程施工等，数量急剧减少。还有研究人员指出，蟾福蛱蝶的全国性衰退，也包括了河流堤防上结缕草草地减少的因素。尽管水龟甲能见于关东地方荒川河滩内的湿地，但是也由于河流改建和河滩利用等面临灭绝危机。在神奈川县，常见于相模川和酒勾川河滩砂砾地中的河原蝗急剧减少，其危机要素被认为是河流改建、河滩利用以及汽车的驶入等[16)]。

B．海滨和入海口

在海滨性昆虫中，包含了入海口性、沙滩性和岩岸性的种，而前两者中的危机种较多。入海口型的典型种有暗色白缘虎甲和黄细步行虫。前者分布于濑户内海岩岸与九州海岸线的一部分，栖息于入海口附近芦苇滩邻接的砂泥地中，受到了护岸工程和填埋等造成生活场所破坏和改变的威胁。后者仅分布于东京湾沿岸，曾经也栖息于墨田川入海口和江户川入海口，但是目前仅能见其残留在木更津市小柜川入海口的广阔芦苇滩中。四斑细螅栖息于从东北到关西的太平洋沿岸芦苇和茭白繁茂的入海口附近苦咸水区域的湿地，不过由于护岸工程和填埋、水质恶化等因素而面临危机。在山口、长崎和佐贺 3 县有记录的盐水黾除了在入海口附近，还常见于盐田的海水导入沟中，不过由于自然入海口的减少和盐田的废止，其数量急剧减少。

在沙滩性中，典型的种是锚纹虎甲。在于石川和鹿儿岛两县（包括种子岛）生长有海岸植被沙丘背后的沙滩的一些地方能看到这种昆虫。但是由于护岸工程和海岸线的污染以及观光带来的人流，另外再加上近来汽车和摩托车的驶入而面临危机。日本肉蝇曾经常见于石川和鸟取两县的海岸植物群落中，不过近年来急剧减少，研究人员指出其原因与上述相同。

岩岸性昆虫记录于红色清单中的有神奈川、和歌山和爱媛 3 县都有记录的大洲海隐翅虫。这种甲虫是栖息于满潮时被水淹没的岩礁地带的珍稀种，不过其具体的生态和危机要素尚不明确。

C. 岛屿

岛屿性昆虫暴露在与上述各个栖息环境相同的危机要素之中，此外还考虑到了其栖息范围受限同时受到岛屿独特的威胁因子的影响。例如，小笠原诸岛的父岛和兄岛特产的小笠原虎甲生活在丘陵地带细土的裸地上，但是 1937 年之后父岛上就没有了关于该种的记录，而在兄岛的栖息场所则预计建设机场。南北大东岛特产的大东姬春蝉于 1983 年再次发现，但是由于岛内森林较少，因此通常处于灭绝的危险之下。该情况也出现在依赖于村落周边蚊母树的端黑蝉的宫古岛个体群，以及栖息于石垣岛北部正在变成观光地的椰子林中的该岛特产种石垣蟪蛄等。另外，有研究称小笠原在明治时期引进的蜜蜂野生化，使得父岛上原有的准蜂类急剧减少[17)]，因此，在岛屿这样栖息环境受到限制的地点，这种外来种造成的固有种遭到驱逐的危险性也被认为较高。

（2）不同昆虫群体栖息地保护和生态缓和措施

在对昆虫类进行保护之际，原则上要确保栖息场所本身，并且对其进行长期保护的机制和努力都是必须的。然而，不仅如此，对于在山村林、草原、湿地、贮水池、水渠和河滩等容易迁移的地点或是容易受到人为影响的场所栖息的种，还必须要进行包括适宜的栖息场所管理在内的保全工作。目前，日本最常进行的种和栖息场所的保护、保全活动是针对蝶类、蜻蜓类和萤火虫类的，近年来，还将已经消失了的昆虫类栖息场所作为“群落生境”进行了复原。不过，此时对于作为对象或是指标的昆虫种和群体的性质，必须要有充分的知识，应该以此为依据，并以保护生态学的思路来探讨保全措施[18～20)]。否则的话，不仅会适得其反招致目标种的衰退，还会导致该场所生物多样性的减少。在此，将针对主要的昆虫群体的、在探讨保全措施之际被普遍认为重要的生态特性进行概述。

1）蝶类

蝶类栖息于大部分陆地生态系统当中，种数适当，在分类学和生态学上都被人们所熟知，因此，作为陆地生态系统的环境指标之一，其受到了人们的关注[21)]。许多蝶类是食植性的，是野生植物的花粉传播者，同时还是多种捕食者和寄生者的食物或是寄主，其栖息条件必须满足许多生态学要求等等，由于这些性质，蝶类的群落构造被认为能够反映森林和草原生态系统的状态。另外，由于蝶类具有清晰的斑纹而且是昼行性的，容易识别，加上其美丽无害，容易得到市民们的理解。在英国和美国等地，为了掌握生态系统的状态，而对蝶类进行了持续性的监测调查[22)]。在日本各地也对蝶类进行了普查（统计调查），对蝶类进行了各种分析研究。

比较[①]近畿地区的顶级林、山村林、都市公园、独门独户住宅区等的蝶类群落的话，即便是乍看之下充满绿色的绿地，其群落构造在种构成和种多样性程度方面与顶级林和山村林都是不同的[23，24)]。例如，都市绿地的构成种以移动性较高的种和访花性的种居多，一化性和以细竹为寄主的种极为少见（表 2）。另外，蝶类群落的种多样性程度（shannon-weiner 指数 H'）则是以[②]里山林为最高，常绿阔叶林次之；而都市绿地的群落则各不相同，既有程度中等的服部绿地，也有极为低下的大阪城公园（图 1）。服部绿地蝶类群落的种多样性程度之所以较高，被认为是因为其立地位于郊外，是保留了一部分原有里山林的半人工的公园。与之相对的，大阪城公园是位于市中心的通过人工栽植建设的绿地，进行了除草等管理[25)]，这与其蝶类群落多样性低下有关。在蝶类群落的平均密度（普查平均 $1km^2$ 的个体数）方面，具有里山林和都市绿地的平均密度较高，而常绿阔叶林密度较低的倾向（图 1）。

表 2　大阪府内山村林与都市公园的蝶类群落比较

调查地	类型	确认种数	访花性的种		食用细竹类的种		1 化性的种		移动性的种		文献
			种数（%）	个体数（%）	种数（%）	个体数（%）	种数（%）	个体数（%）	种数（%）	个体数（%）	
三草地	山村林	49	85.7	53.2	12.2	46.5	30.6	24.2	4.1	1.0	石井等人（1995）
服部绿地	都市公园	32	78.1	93.0	12.5	2.9	6.3	0.5	12.5	22.7	石井等人（1991）
大泉绿地	都市公园	22	81.8	97.5	0.0	0.0	4.5	0.1	81.8	68.3	石井等人（1991）

关于成虫的食性、幼虫的食性、化性和移动性，分别显示了访花性的种、以细竹类为食草的种、1 化性的种和移动性较高的种的种数以及个体数的比例。

今井和夏原[26)]从各种角度对大阪都市绿地的蝶类群落进行了分析，认为可以通过绿地面积 A 和距离山的距离 D 来解释蝶类的种数 S（$S=9.32\log A-0.457D+11.2$）。该方法是将都市绿地看做岛屿，将山看做供给地，从岛屿生物地理学的观点来进行考察的，但是实际上，在大阪市

译者注：①近畿地区位于日本本州中部的西侧，是日本第二大重要工业区，包括京都府、大阪府、滋贺县、奈度县 、三重县、和歌山县、兵库县等 2 府 5 县。

②化性县指昆虫在一年内的世代数。1 化性则是一年一代，有用“1 化性”也有用“一化性”。

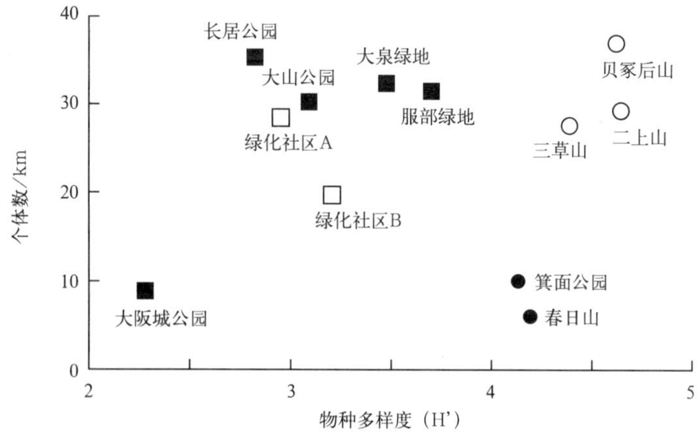

图 1　近畿地方各种绿地的蝶类群落的物种多样度与平均密度

○表示后山，●表示常绿阔叶林，■表示城市公园，□表示独门独户建筑住宅区中的蝶类群落。根据日浦（1973、1976），石井等（1991、1995），石井（1996），石井、官部（未发表）绘制。

中心的长居公园中，能够确认到不断有来自公园外的蝶类[27)]。不过，由于这些蝶类因某些原因不会在公园中定居，因此认为该公园的蝶类在 26 种左右[28 ~ 30)]变动。

在考虑市中心孤立绿地中蝶类群落贫乏的原因之际，东京市中心国立科学博物馆附属自然教育园的事例也许能够作为参考。该园最初是中世豪族的府邸，江户时代是大名的别墅，明治时代是火药库，大正时代则成为了皇室所有地；虽然经历了如此变迁，仍旧保留了武藏野地区特有的自然环境，并于昭和 24 年（1949 年）被指定为国家保护区以及史迹。从该园作为占地约 20 公顷的自然教育园对公众开放以来，周围开始了城市化，其成为了孤立林。

该园在开放之初（1949 年）约有 50 种蝶类，到了 1971 年约有 35 种，目前仍然在减少[10, 31)]。其原因被认为是除了该园从农村式的环境种孤立出来之外，随着其被指定为国家保护区，落叶树成长并开始向常绿树林迁移等[10)]。以栅黄灰蝶为代表的翠灰蝶类和深山珠弄蝶等落叶树林性的种以及眼蝶等草地性的种的消失诉说着植被的变化。

在蝶类中，日本虎凤蝶、大紫蛱蝶、朝灰蝶、翠灰蝶等里山林性的种，以及蟾福蛱蝶和大琉璃灰蝶等草原性的种往往会成为保全活动的对象，保全活动包括：对这些种进行分布和栖息状况的监测调查，除草、间伐等栖息场所的孤立，寄主植物、蜜源植物等的栽植，针对采集者的指导巡逻，以启蒙周围居民为目的举办自然观察会，督促行政机关及发行内部刊物等。例如，在大阪府北部的三草山，栖息着 10 种翠灰蝶类的山村林部分被指定为大阪府的绿地环境保全地域，由大阪绿色信托协会（财团法人）进行管理[32)]。另外，值得特别一提的活动还有，从遭到破坏的栖息场所移栽寄主植物，通过挂网等保护幼虫，将饲养个体放生到野外（即所谓的放蝶）等尝试[33)]。较为特别的案例有，在海外，如巴布亚新几内亚、伊利安加亚（印度尼西亚）和云南（中国）等地，为了保护亚历山大鸟翼凤蝶等大型凤蝶及其栖息场所热带雨林，尝试进行了蝴蝶放牧的事业[34]。该事业是指政府机构从居民手中收购蝶蛹等，并委托当地居民保护热带雨林以及栖息于此的蝶类。

还有案例通过对蝶类群落的变化进行调查，从而对道路和大坝建设中利用埋土种子进行植被恢复的效果做出评价。日光宇都宫道路与东富士五湖道路在开工前、竣工后以及开始启用之际，共进行了 3 次蝶类群落的调查[35]。这两处在竣工之际蝶类种数和个体数都减少了，但是在开始启用之际又出现了恢复的倾向。不过，关于种构成，日光宇都宫道路则出现了森林性种减少、草原性种增加的倾向，在东富士五湖道路也出现了眼蝶逐渐消失、菜粉蝶和蓝灰蝶逐渐出现的种群演替现象。在箕面川大坝的建设过程中非常注重植被的保护，采取了减少挖掘和填埋部分、停止向砂土斜面倾倒及保存表土进行播撒等措施；不过为了弄清楚这些措施的效果，在试验灌水之后以及 6 年后，对蝶类群落等进行了调查[36]。在这种情况下，尽管蝶类的种数和群落的种多样性程度没有太大的差异，但是朴喙蝶和尖钩粉蝶等减少或是消失，透纹孔弄蝶和酢浆灰蝶出现或是增加等，种构成出现了明显的变化[37, 38]。

如上所述，蝶类与寄主植物之间的联系较强，形成于某个地域的群落的种构成能够敏锐的反应植被状态并随之发生变化。在日光宇都宫道路、东富士五湖道路和箕面川大坝中，考虑到了植被的保全和恢复，由于周围原有的自然环境大规模保留下来，可以认为存在种构成的变化，但是蝶类群落没有较大的种多样性程度的变化。与此相对的，在东京都心的自然教育园事例中，尽管具有良好的自然环境，但是显示出在孤立的环境中蝶类区系会变得贫乏。这些在说明了蝶类是反映植被变化的有用指标之外，同时还说明了在通过生态缓和保护蝶类等昆虫时，不光要考虑植被的保全，还要考虑不使蝶类等个体群被孤立起来。

2）静水昆虫类

红色清单中记录了很多栖息于池沼和湿原等湿地中的昆虫类。这些种衰退的因素除了自然湿地的填埋、护岸工程、水质污染、以及迁移的进行之外，还与稻田水系中贮水池的护岸建设和改造、外来鱼的放流，苗圃建设造成的旱地化，农药污染，弃置水田的增加和迁移的进行等要素有关。在稻田水系中，由于大米的进口自由化导致的米价低迷和后继者不足，使得山间地域水田的弃置和苗圃建设、农药的使用等农业高效化的风潮不会轻易停止[39]。在这种情况下，各地开展了以蜻蜓池建设为代表的静水性昆虫栖息场所确保的活动[39, 40]。

对于蜻蜓类，针对较少特定对象种，在池沼以及其周围进行植被保全并利用休耕田进行了“蜻蜓公园”建设等[41, 42]。前者的例子有，在栖息着低斑蜻等 65 种蜻蜓类的静冈县磐田市桶谷沼，市民团体、土地所有人、自治会和行政机关合作将其作为静冈县自然环境保全地域进行保护的事例。另一方面，在“蜻蜓公园”建设方面，市民团体利用四万十川下游谷户的弃置田，在 WWFJ（世界自然保护基金日本委员会）和行政机关等资金支援下建造的蜻蜓自然公园（通称“蜻蜓王国”）堪为嚆矢，埼玉县寄居町等也进行了同样的活动。

虽然不仅仅限于静水性种的保护，但是在保全昆虫类栖息场所之际，应该留意的点之一是详细掌握对象种的生活史和生活场所利用情况（图 2 ～图 4），另一点是不要使各个栖息场

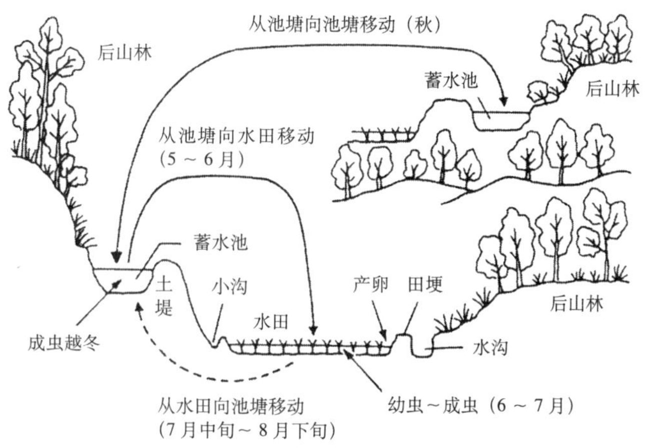

图 2　蝎蛉的一生与后山空间的利用（日比、山本，1997）

转载自田端英雄编《生态学指南　后山的自然》（保育社）

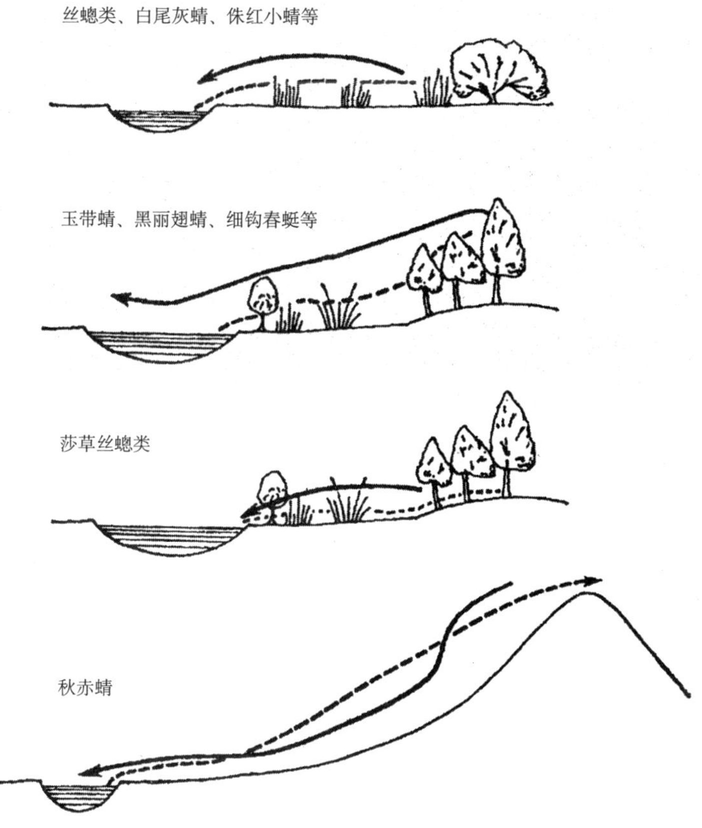

图 3　蜻蜓在繁殖地点与非繁殖期中栖息地点之间的移动（上田，1998）[43]

丝蟌类、白尾灰蜻和侏红小蜻等在附近的草地中，玉带蜻、黑丽翅蜻和细钩春蜓等在池塘附近的树林林冠中，莎草丝蟌类在距离池塘略远的林床或草地中分别度过非繁殖期。秋赤蜻则长距离移动至海拔超过 1,000m 的山岳地带，并在此度过非繁殖期。

图 4　不同种类的蜻蜓利用蓄水池地点的差异（上田，1998）[43]

所孤立。一般来说，生物栖息的环境都是呈补丁状存在的，而贮水池可以说是最容易理解的例子（图 5）[43]。在贮水池这样较小的水系中，由于存在基因多样性低下和灾难式环境干扰导致的栖息场所变化等问题，单独且长期维持水生昆虫个体群较为困难。守山[44]通过标记再捕法调查了筑波市蜻蜓类在水滨之间的移动和分散距离，推测能够通过从其他池引进成虫来弥补某一池中灭绝的蜻蜓类的距离在 1km 以内。必须认识到，维持了丰富水生昆虫区系的贮水池并不孤立存在，而是与其他贮水池之间形成了网络。如果城市化等造成池沼孤立的话，就仅仅只有白刃蜻蜓这样具有较高适应能力和较高的分散能力、能够在孤立的状况下构筑网络的种才能存活[43]。

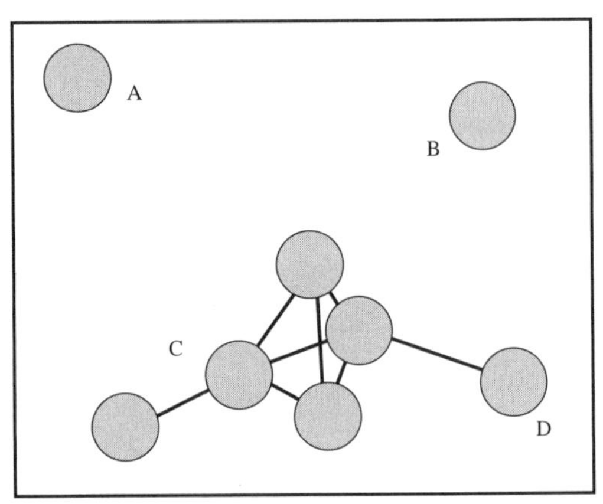

图 5　蓄水池网络与物种供给潜能（上田，1998）[43]

C 池附近的池塘较多，水生昆虫的物种供给潜能较高，而稍远处的 D 池则较低，孤立的 A 池和 B 池非常低。

以 1992 年《物种保护法》的实施为契机，对低斑蜻进行了生态方面的详细研究和调查[12]。本种于 4 月～ 5 月份羽化，未成熟的成虫分散开来生活在贮水池周边日照条件较好的草地中，不过雄虫成熟后会在沿岸地带干枯的挺水植物尖端划出势力范围[45]。关于未成熟雌虫的移动，桶谷沼中最大的纪录为 17km[45]，而大分县则推测未成熟雌虫是从产生幼虫的发生池分散到距离 2km 以内的多个池中的[46]。三时和平田[47]通过标记再捕法在山口县进行了调查，其调查结果说明，未成熟成虫和成熟成虫都是频繁往来并生活在半径 300m ～ 500m 范围的草地和水域中，在维持本种的个体群方面，在较近距离内存在多个栖息的水域这一点很重要。从这种思路出发，桶谷沼于 1992 年在沼的东南部选取 6 处地点，在北侧采石地区也选取 1 处地点，分别建设了复原池和试验池，结果据说还飞来了低斑蜻[45]。在建设贮水池之际，要向下挖掘至 1.5m 深，铺上塑料膜之后铺上黏土，再回填池底的腐殖质土至水涤 0.5m 处。在实验池中，除了生长有茭白和菱等挺水植物、黑藻和狸藻等沉水植物、定居着水龟虫和龙虱类之外，据说岸边还逐渐自生了艾蒿等草本植物[45]。

小红蜻蜓原本的栖息场所是平原或是低山地中日照条件较好并且自生有茅膏菜等的涌泉湿地。本种也会出现在休耕田中，不过在大多数情况下会由于植被的迁移而在短时间内消失[48]。不过，在栃木县东南部开发预定地的休耕田上确认到了继续出现的本种，于是进行了连同土壤一起将其栖息场所转移到其他休耕田的尝试[49]。转移过程中，在冬季将原本栖息场所的土壤块状挖起，采用了将连同幼虫一起转移到保全地域的方法。成虫在经过 3 年之后还是能够确认到，据说在换土区雄虫尤其多。由于也有报告[50]称将该种蜻蜓的成虫放到良好的湿地中，但是其却没有定居，因此认为换土不仅为雄虫圈地盘的行动提供适宜的条件，还为幼虫的生存提供了适宜的条件。根据 Tsubaki 等人[51]的研究，小红蜻蜓的雄性成虫会在卵孵化率较高的场所圈地盘，而与这些雄虫交尾的雌性成虫会在地盘内产卵。井上[49]指出，在换土区圈地盘的雄性成虫较多，是与灯芯草科等植物有关，这还有待今后的探讨。

在蜻蜓之外的静水性昆虫中，大田鳖的保全活动受到了人们的关注。市川[52]在兵库县利用休耕田建设了“田地群落生境”，引进了大田鳖的成虫。于 1997 年 5 月及 6 月，在枝谷奥建成的约 3 公亩的群落生境中投放了雌雄各 9 个成虫个体，产下了 10 个卵块，其中有 7 个卵块出现了孵化，最终羽化的有 31 个个体。第二年产下了 12 个卵块，不过羽化的个体为 25 个，因此市川认为 3 公亩面积上能生产的成虫个体限度在 25 ～ 35 个。大田鳖成虫的移动较为活跃，除了在繁殖前和繁殖期反复移动之外，新的成虫还会由于分散和越冬的原因而移动。在移动之际，每天会飞行 2 ～ 3km，1997 年羽化的 31 个个体中，据说有 1 个出现在了距离原地点约 7km 的地方（日鹰，未发表）。另外，在这种田地群落生境中，会出现日本红娘华和中华螳蝎蝽等水生半翅类和小型龙虱类等许多静水性昆虫[52]。

笔者的研究室也与大阪自然环境保全协会合作，于 1996 年春季利用大阪府丰能町棚田最上部的弃置田建成了约 180m^2 的浅池，截至 1998 年秋季，研究人员对水生昆虫群落的迁移进行了调查（小林等人，未发表）。根据该调查，水生昆虫的移入进行迅速，累积种数截止到第一年冬季为29种，截止到第二年冬季为50种，在调查结束时，达到了56种。关于现存种数，则显示了夏季增加而冬季减少这一显著的季节变化，第一年的顶峰值为18种，而第二年与第三年都是27种。另一方面，包括幼虫在内的水生昆虫的个体数不会出现大幅的季节变动，而是会随着时间缓慢增加。按照昆虫的类型来看现存种数的话，蜻蜓类和椿象类没有消失的种，其种数会随着时间的增加而增加，与之相对的，甲虫类中种的替换则较为显著，种数会逐渐减少。另外，除了在建成的池中繁殖并度过一生的种外，还有许多将浅池作为临时栖息场所的种。在丰能町的人工池中会在短时间内移入许多水生昆虫，其原因被认为是周围保留有包括水田和贮水池在内的能够作为供给源的湿地。

3）萤火虫类

在萤火虫类当中，源氏萤、平家萤和姬萤是保护活动的主要对象，在各地从很早就看到行政机关的积极活动。早在大正13年（1924年），源氏萤的产地滋贺县守山就将其指定为国家级和县级的保护物种，而大正14年（1925年），长野县辰野也做了同样的指定，之后，各地的地方自治体也纷纷加以指定（不过，守山在源氏萤灭绝之后解除了该指定）。近年来，上述萤火虫类在各地衰退，其原因除了栖息环境的减少和变质、水质的污浊和农药污染、作为饵料的贝类减少等之外，还有水田排水时的变化以及街灯等人工照明的影响[53)]。在流经横须贺市的河流中，在阻止生活污水的流入之外，还改变森林沿线的水路，改良混凝土堤坝和河床，使得植物能够自生，从而又唤回了源氏萤。另外，还有为了保护栖息于名古屋城外护城河周边的姬萤，进行除草及改变附近高速公路照明方向的事例[54)]。在上述辰野的案例中，高中生物部在町居民的支援下，从野外成虫处采集虫卵，孵化幼虫后放流到水路中，为了缓和天龙川的水质污染，采用泉水进行稀释，并利用休耕田建成了萤火虫的养殖水路[42)]。

应昭和天皇的要求，于1973年到1981年期间，在皇居内的清流中引入了源氏萤和平家萤的个体群[55)]。引进的个体群产自多摩川上游，在这9年期间，共放流了14700个源氏萤幼虫个体，1900个平家萤幼虫个体，以及放逸短沟蜷，并使其成功定居。在此期间，为了保护幼虫，进行了克氏原螯虾的清除；为了确保萤火虫类的蛹化场所和产卵场所，还在水滨建设了湿地。1996年，在皇居中两种萤火虫共确认到了708个成虫个体[55)]。另外，在定居板桥区的温室内成功进行了源氏萤与平家萤的累代培育[56)]。该设施利用了植物园温室内的空调室，在内部建成了小河、湿地带和水池；1989年从福岛县引进了约300个源氏萤的虫卵，从栃木县引进了约700个平家萤的虫卵，并开始进行培育。放逸短沟蜷也从两个产地分别引进了少许。在空调室中的培育良好，之后虽然没有继续追加萤火虫和贝类，但是其在持续的产生。该设施颇具深意的一点是，以再现萤火虫栖息的生态系统为目标，不仅保持适宜的水质和水温，还认识到了食物链和物质循环，使萤火虫和鳉鱼、匙指虾、石蚕蛾等多样生物共存。从1994年起，由于栃木县平家萤的原个体群衰退，还尝试从该设施实施逆向引进。今后，昆虫的培育和展示设施也许会在此方面发挥重要的作用。

4）土壤及地表性昆虫

如果将生物的栖息区域大致分为地上界、土壤界和水界的话，那么生活在土壤界的动物就被称为土壤动物[57, 58]。土壤动物包含了从阿米巴原虫等原生动物到鼹鼠等哺乳动物的极为多样的种群，而在中型动物区系（中型群体）当中，则以节肢动物，尤其是以跳虫类为主体的昆虫与扁虱类的个体数较多。另外，从广义上来说，土壤动物还包括了在落叶和石头下等土壤表面（地表）生活的动物，在昆虫类中，则是步行虫类和埋葬甲等甲虫占据优势。森林等丰富的自然表土是有“活性”的，通过各种各样生物的互动进行着枯枝落叶、动物粪便和遗体等的分解和还原过程。青木[57]认为，土壤动物作为物质和能量循环的承担者，或者是土壤的生产者在生态系统内部具有重要地位，它们是土壤的指标生物。

根据食性不同，可以将土壤性昆虫分为 7 种类型[57]。即：食用活体植物（主要是根）的根食型，食用枯枝落叶和倒伏木等植物残渣的枯食型，食用处于各种分解阶段动物尸体的尸食型，食用大型动物粪便的粪食型，食用菌类等低级植物的菌食型，捕食其他动物的捕食型以及具有上述性质中若干种的杂食型。根食型除了叩头甲和墨绿彩丽金龟的甲虫类幼虫和蝉类幼虫之外，还包括了蝇类和蛾类的幼虫。枯食型在土壤动物中种数最为丰富，昆虫中则包括了土壤中个体数最多的跳虫类、白蚁类、蜚蠊类、甲虫类和蝇类等。在尸食型中，除了蝇类和埋葬甲类会聚集到新鲜的尸体上之外，酱曲露尾甲和皮金龟等甲虫类和蚁类会聚集到干枯的尸体上。在粪食型中，紫蜣螂、直蜉金龟、蜣螂等又被称为屎壳郎的甲虫类和蝇类的幼虫较为人们所熟知。昆虫类的菌食型则包括了蕈蝇幼虫、隐食甲、缨甲、大蕈甲等甲虫类和跳虫类。捕食型的个体数比枯食型要少，不过种数也较为丰富，昆虫类中包括了甲虫类和蝇类的幼虫等。肥螋类和蚁类等则是杂食型的代表性昆虫。

甲虫类是昆虫类中最大的群体，许多种的生活史的一部分或者是全部时期都是在土壤中度过的[59]。由于土壤性甲虫类中有很多都是微小的种，因此在分类学和生态学上的研究都还比较缺乏；不过，它们被认为占据了上述各种营养阶段，在生态系统中发挥着重要的作用。野村[60]在日本各地调查了森林中土壤性甲虫群落，结果认为常绿阔叶林中种多样性程度最高，不过在落叶阔叶林中也形成了包括独有种在内的多样性程度较高的群落。另外，泽田等人[61]在大阪府北部的山村林中调查了土壤性甲虫群落的季节消长，在落叶树林占据优势的林地中，甲虫群落构造富于多样性，调查表明一年四季其密度都较为稳定。另一方面，在杉树和丝柏的人工林中，土壤性甲虫的种多样性程度和密度都较低，季节性的变动也较大。

土壤动物的群落构造会因为植被状态不同而不同，如果出现较大的环境干扰的话就会发生变化[57]。森林采伐会通过改变光照、温度、水分等条件使得土壤动物群落发生变化，例如原尾目类中寒地系的种会首先消失，接着如果杂草消失的话，到第二年冬季结束，所有的种都会灭绝[62]。观光道路的建设也被认为会对土壤动物群落产生超过森林采伐的影响。观光道路建设带来的问题有：

① 森林采伐面呈带状；

② 进行了砂土的挖掘和混凝土的铺设；

③ 砂土掉落到山谷河流中；

④ 排水渠改变了水分的移动方向；

⑤ 废气增加；

⑥ 很多人类进入其中。

这些问题与单纯的森林采伐不同[57]。例如在建成于1960年代的石鎚山际线和富士昴星线的事后调查中，由于道路建设形成的林地边缘部分的土壤动物群落在质和量的方面都比残留在森林内的群落要贫乏[57]。

近年来蚁类作为环境指标受到了人们的关注[63]，并且开始被用于都市绿地的环境评价。桥本等人[64]对兵库县三田市新城区内残留的孤立林中蚁类区系实施了调查，发现以面积10000m^{2}为分界线，在面积小于10000m^{2}的森林中，伴随着孤立林规模的缩小，蚁类出现的种数就会减少。另外，Yui等人[65]通过蚁类群落对EXPO70纪念公园中自然的恢复状况进行了评价。蚁类的种数和森林性、捕食性昆虫的种在腐殖质层较厚的林地中居多，捕食性种的比例则要比位于大阪城公园的森林要高，而与最近被分割的三田市的森林相同。从以上情况可以推测该纪念公园的土壤已经恢复到了良好的状态。此外，Ito等人[66]针对冲绳本岛北部山原森林中割草对于蚁类群落的种群多样性程度的影响进行了调查，但是没有发现与非割草区域之间有明显的差异。

在地表性甲虫中，步行虫类的环境指标性受到了人们的关注[67~73]。石谷[73]对次生林、耕地、河滩和市区等受到人为影响程度不同的环境中的步行虫群落进行了调查，并开发出了特有的"干扰度指数"对环境进行评价。干扰度指数在森林环境中最低，在耕地、住宅区、市区以及人为影响较大的环境中则会升高。河滩的指数因地点不同而不同，但是与各种耕地的指数相重合。这些结果说明了，能够充分适应环境并能够很好反应干扰程度的步行虫群落是优秀的环境指标。

如同上文反复提到的，不管是原生林还是里山林，如果长期持续的栖息场所状态发生较大改变的话，昆虫的种构成就会单纯化并变为种多样性程度较低的群落。在该过程中，记录在红色清单中的定居性较强的独有种会衰退，从而发生被移动力和增殖力较强的种取代的现象。这被认为是由于昆虫类栖息场所已经孤立，在因人为影响而缩小的个体群中雌雄相遇的机会减少，导致基因多样性[74]丧失，从而造成了昆虫类的自我灭绝。为了利用埋土种子而保存表土并在竣工后播撒的手法虽然在植被的尽快恢复原状方面效果较好，但是在保存期间土壤性昆虫会死亡，在植被恢复到原本的状态之前，昆虫相的置换是不可避免的。

考虑到上述情况，可以说昆虫类栖息场所的生态缓和最好能够在现场进行。另外，在对昆虫的各种个体群进行长期保护时，必须要保全基因多样性，为此必须要力图维持或是创造原型个体群构造。鹫谷[75]探讨了以不断衰退的动物、植物为对象的生态缓和措施，认为实施之际应该注意的事项是：第一要确保栖息环境，在进行动物、植物增殖时，要利用当地的对象生物和饵料生物等并努力维持其基因变异；在放养生物之际，则要考虑防止生物群落的干扰和向其他地域的入侵，在保留记录的基础上进行追踪调查等。另外，在这种项目中，至少在规划和监测阶段最好能够有保全生态学研究人员的参与。

（石井实）

参考文献

1）斉藤秀生（1992）：昆虫の保護と課題．環境研究，**85**，43-48．
2）伊藤嘉昭編（1972）：アメリカシロヒトリ－種の歴史の断面，中公新書，中央公論社．
3）鷲谷いづみ・森本信生（1993）：日本の帰化生物，191pp.，保育社．
4）平川浩文·樋口広芳（1997）：生物多様性の保全をどう理解するか，科学，**67**，725-731．
5）環境庁編（1991）：日本の絶滅のおそれのある野生生物－レッドデータブック－無脊椎動物編，272pp.，日本野生生物研究センター（日本自然環境研究センター）．
6）平嶋義宏監修（1989）：日本産昆虫総目録，九州大学農学部昆虫学教室・日本野生生物研究センター共同編集・発行．
7）石井　実（1999）：昆虫類の種と多様性の永続的保護のために．昆虫類の多様性保護のための重要地域第1集（巣瀬 司・広渡俊哉・大原昌宏編），p.1-6．日本昆虫学会自然保護委員会．
8）伊藤嘉昭（1995）：沖縄やんばるの森－世界的な自然をなぜ守れないのか，187pp.，岩波書店．
9）長野県自然教育研究会編（1997）：信州の希少生物と絶滅危惧種，258pp.，信濃毎日新聞社．
10）守山　弘（1988）：自然を守るとはどういうことか，260pp.，農文協．
11）石井　実・重松敏則・植田邦彦（1993）：里山の自然をまもる，築地書館．
12）松木和雄（1997）：絶滅危惧種ベッコウトンボの現状と諸問題，昆虫と自然，**32**(7)，2-5．
13）福井順治（1997）：桶ヶ谷沼におけるベッコウトンボの生息環境条件，昆虫と自然，**32**(7)，6-10．
14）青木典司（1997）：ベッコウトンボ発生池における個体数激減の過程と考察，昆虫と自然，**32**(7)，37-41．
15）江平憲治・津田　清（1997）：藺牟田池におけるベッコウトンボの現状と課題，昆虫と自然，**32**(7)，33-36．
16）神奈川県立生命の星・地球博物館（1996）：追われる生きものたち－神奈川県レッドデータ調査が語る物もの，130pp.，神奈川県立生命の星・地球博物館．
17）加藤　真（1997）：生物の種間関係と群集の多様性，遺伝別冊，**9**，31-40．
18）鷲谷いづみ・矢原徹一（1996）：保全生態学入門－遺伝子から景観まで，270pp.，文一総合出版．
19）樋口広芳（1996）：保全生態学入門，253pp.，文一総合出版．
20）プリマック,R. B.・小堀洋美（1997）：保全生物学のすすめ－生物多様性保全のためのニューサイエンス，398pp.，文一総合出版．
21）Kudrna, O. (1986)：Aspects of the Conservation of Butterflies in Europe. Aula-Verlag, Wiesbaden. (7)，2-5.
22）石井　実（1993）：チョウ類のトランセクト調査．日本産蝶類の衰亡と保護第2集（矢田　脩・上田恭一郎編），p.91-101.，日本鱗翅学会・日本自然保護協会．
23）石井　実・山田　恵・広渡俊哉・保田淑郎（1991）：大阪府内の都市公園におけるチョウ類群集の多様性，環動昆，**3**，183-195．
24）石井　実・広渡俊哉・藤原新也（1995）：「三草山ゼフィルスの森」のチョウ類群集の多様性，環動昆，**7**，134-146．
25）みどりと生き物のマップづくり会議（1992）：大阪のみどりと生き物1991．239pp.，大阪市立環境科学研究所．
26）今井長兵衛・夏原由博（1996）：大阪市とその周辺の緑地のチョウ相の比較と島の生物学の適用，環動昆，**8**，23-34．
27）Ishii, M.(1996)：Decline and conservation of butterflies in Japan. Decline and Conservation of Butterflies in Japan Ⅲ（Ae, S.A., Hiro watari, T., Ishii, M. and Brower, L.P. eds), pp.157-167, Lepidopterological Society of Japan, Osaka.
28）日浦　勇（1973）：奈良県橿原市箸喰および大阪市長居公園における蝶の生態（1972年の観察），自然史研究，**1**，175-188．
29）宮武頼夫（1976a）：大阪市内の蝶の観察記録（1），*Nature Study*，**22**，50-54．

30) 宮武頼夫（1976 b）：大阪市内の蝶の観察記録（2），*Nature Study*，**22**，66-71.
31) 国立科学博物館附属自然教育園（1994）：東京でみる都市化と自然．63pp.，㈶科学博物館後援会．
32) 広渡俊哉（1997）：「三草山セフィルスの森」における自然活動，昆虫と自然，**32**(8)，4-7.
33) 石井　実（1998）：種と生息環境の保護・保全．チョウの調べ方（日本環境動物昆虫学会編），pp.111-128，文教出版．
34) Parsons, M. J.(1996)：Butterfly farming in the Indo-Australian region: An effective and sustainable means of combining conservation and commerece to protect tropical forest. ***In*** Decline and Consrvation of Butterflies in Japan Ⅲ（Ae, S.A. *et al.* eds.), pp.63-77, Lepidopterological Society of Japan, Osaka.
35) 桜谷保之・藤山静雄（1991）：道路建設とチョウ類群集，環動昆，**3**，15-23.
36) 永野正弘（1990）：調査研究の主旨と概要．箕面川ダム自然回復工事の効果調査報告書，pp.1-7．大阪府．
37) 日浦　勇・宮武頼夫（1983）：蝶類による箕面川ダム地域の環境調査．箕面川ダム自然回復工事の効果調査報告書，p. 79-87，大阪府．
38) 宮武頼夫（1990）：蝶類による箕面川ダム地域の環境調査－1988～1989年の調査結果．箕面川ダム自然回復工事の効果調査報告書，p.55-65．大阪府．
39) 市川憲平（1996）：関西における水生カメムシ類の現状と保全の必要性について，昆虫と自然，**31**(6)，5-8.
40) 新井　裕（1995）：トンボ公園作りの意義，昆虫と自然，**340**(8)，2-3.
41) 杉山恵一（1992）：自然環境復元入門，212pp.，信山社サイテック．
42) 杉山恵一監修（1996）：みんなでつくるビオトープ．246pp.，合同出版．
43) 上田哲行（1998）：ため池のトンボ群集．水辺の環境保全－生物群集の視点から－（江崎保男・田中哲夫編），pp.17-33，朝倉書店．
44) 守山　弘（1997）：むらの自然をいかす，128pp.，岩波書店．
45) 細田昭博（1996）：桶ヶ谷沼のベッコウトンボ，昆虫と自然，**341**(6)，22-26.
46) 倉品治男（1997）：ベッコウトンボの環境選択性について，昆虫と自然，**32**(7)，42-45.
47) 三時輝久・平田真二（1997）：ベッコウトンボの移動習性－山口県の生息地におけるマーキング調査の結果より－．昆虫と自然，**32**(7)，27-32.
48) 上田尚志（1997）：休耕田のハッチョウトンボ－14年後の追跡調査，*Iratsume*，**21**，32-33.
49) 井上　堅（1998）：生息地の土壌とともに移転されたハッチョウトンボ個体群の生息状況，環動昆，**9**，1-7.
50) 馬場金太郎（1956）：ハッチョウトンボの移植，昆蟲，**24**，137.
51) Tsubaki, Y., Siva, M. T. and Ono, T.（1994）：Re-copulation and post-copulatory mate guarding increase immediate female reproductive output in the dragonfly ***Nannophya pygmaea*** Rambur. ***Behav. Ecol. Sociobiol.,*** **35**, 219-225.
52) 市川憲平（2000）：タガメビオトープの試み，ため池の自然，**32**，6-14.
53) 大場信義（1997）：ホタル研究20年の歩み，インセクタリゥム，**34**，132-146.
54) 大場信義（1996）：ホタルの里，55pp.，フレーベル館．
55) 矢島　稔（1997）：皇居にホタル飛ぶ－定着までの試み，インセクタリゥム，**34**，154-160.
56) 阿部宣男（1997）：ホタル復活への道－板橋区ホタル飼育施設，インセクタリゥム，**34**，148-151.
57) 青木淳一（1973）：土壌動物学－分類・生態・環境との関係を中心に－．814pp.，北隆館．
58) 青木淳一編（1999）：日本産土壌動物－分類のための図解検索，1076pp.，東海大学出版会．
59) 平野幸彦（1985）：落葉下の甲虫，昆虫と自然，**20**(12)，4-8.
60) 野村周平（1993）：土壌甲虫の生息する環境，昆虫と自然，**28**(2)，2-10.
61) 澤田義弘・広渡俊哉・石井　実（1999）：三草山の里山林における土壌性甲虫類群集の多様性，昆蟲ニューシリーズ，**2**，161-178.
62) 今立源太良（1970）：無翅昆虫類．動物系統分類学，第7巻下A，節足動物Ⅲａ．昆虫類上，pp.344-399，中山書店．
63) 寺山　守（1997）：多様性保護の視点からの環境保全－アリ群集を用いた研究例を中心に，生物科学，**49**，75-83.
64) 橋本佳明・上甫木昭春・服部　保（1994）：アリ相を通してみたニュータウン内孤立林の節足動物相の現状と孤立林の保全について，造園雑誌，**57**，223-228.
65) Yui, A., Njoroge, J. B., Natsuhara, Y. and Morimoto, Y.（2000）：An evaluation of the recovery conditions for reclaimed land using ant diversity. Proceedings of the 10th IFLA Eastern Regional Conference 2000, p. 179-186.
66) Ito, Y., Takamine, H. and Yamauchi, K.（1998）：Abundance and species diversity of ants in forests of Yanbaru, the northern part of Okinawa Honto with special reference of effects of undergrowth removal. ***Entomological Science,*** **1**，347-355.

67) Yahiro, K., Hirashima, T. and Yano, K. (1990)： Species composition and seasonak abundance of ground beetles (Coleoptera) in a forest adjoining agroecosystems. ***Trans. Shikoku Ent. Soc.,*** **19**, 127-133.
68) Yahiro, K., Fujimoto, T., Tokuda, M. and Yano, K. (1992)： Species composition and seasonak abundance of ground beetles (Coleoptera) in paddy fields. ***Jpn. J. Ent.,*** **60**, 805-813.
69) 巣瀬　司 (1992)：地表性甲虫類から見た見沼たんぼの自然環境，昆虫と自然，**27**(2)，13-15.
70) 富樫一次・橋本将行 (1994)：金沢市平栗地区で無餌ピットフォールトラップにより採集された地表性甲虫類，環動昆，**6**，78-82.
71) 富樫一次・杉江良治 (1994)：石川県河内村で無餌ピットフォールトラップにより採集された地表性甲虫類，環動昆，**6**，27-30.
72) Ishii, M., Hirowatari, T., Yasuda, T. and Miyake, H. (1996) ：Species diversity of ground beetles in the riverbed of the Yamato River. ***Jpn. J. Environ. Entomol. Zool.,*** **8**, 1-12.
73) 石谷正宇 (1996)：環境指標としてのゴミムシ類（甲虫目：オサムシ科，ホソクビゴミムシ科）に関する生態学的研究，比和科学博物館研究報告，**34**，1-110.
74) 椿　宜高 (1997)：個体群の縮小と絶滅過程，科学，**67**，740-749.
75) 鷲谷いづみ (1997)：里山の自然を守る市民運動，科学，**67**，779-784.

7. 水生昆虫

（1）河流环境整治与水生昆虫的生态缓和措施

在关注特定生物群并进行生态缓和之际，首先必须在相当大的范围内掌握该对象生物的生态学和生物学特性，以及该生物群栖息的环境和生态系统的特性。在本章中，主要探讨了栖息于河流中的被称为水生昆虫、河流昆虫或河虫的群体。尽管可能多少有些迂回，但是笔者将首先介绍水生昆虫本身的生态学特性和河流生态系统的特性，进而介绍河流环境所具有的性质。

1）关于水生昆虫

水生昆虫并不是表示特定分类的术语，而是表示生活史的一部分或者是全部阶段都在水中或水面等度过的昆虫整体的生态群体的总称。全部生活史在水中度过的种类很多，不过卵、幼虫和蛹时代在水中度过的种类最多。水生昆虫常见于多种分类群（目等），基本上被认为是会上陆一次，之后再以水中为生活场所。不过，在属于较为古老的系统的有翅昆虫群如蜉蝣类（蜉蝣目）和蜻蜓类（蜻蜓目）中，除了极少数例外的种类之外，所有的种类都是水生昆虫，在进化系统方面值得人们关注。

在摇蚊类和水黾类中也有生活在海水中的种类，不过这些作为水生昆虫的整体是较为例外的，基本上水生昆虫都是生活在淡水中的。河流、湖沼、湿地等是水生昆虫主要的生活圈。生活在滨水湿性地区的种类被分类为土壤动物，不过也有很多是包含于广义的水生昆虫范围内的。其中还有些种类是在淡水中生活之后，再回到陆地上生活的（陆生的水生昆虫）[1]。

水生昆虫除了蜉蝣类、蜻蜓类之外，还有石蝇类、椿象类、黄石蛉类、甲虫类（鞘翅目）、石蛾类（毛翅目）、蝶类（鳞翅目）、蝇类（双翅目）等许多群体[1]。尤其是蜉蝣、蜻蜓、石蝇、石蛾类，除了极少数的例外种类之外，所有的种类都属于水生昆虫的群体（目）。在社会上受到较大关注、常常成为保护和保全对象的是萤火虫（甲虫类）和蜻蜓类，不过在除此以外的水生昆虫如蜉蝣、石蝇、石蛾类和网蚊（双翅目）等中，被记录在RDB（濒危生物种类目录）里的也有很多。

水生昆虫还有具有气管鳃或是肛门鳃等水中呼吸器官的种类以及改变体表的一部分以增加表面积的种类。不过，也有许多种类并没有进化出特别的器官。有报告称，建设工程等排放出来的细泥如果附着在鳃或是体表的话，就会导致缟石蚕类和蜉蝣类等具有枝状或是叶状气管鳃的水生昆虫的死亡率提高[2]。具有筒巢的石蛾是通过波状活动身体制造出水流从而促进呼吸的[3]。在河底建成巢管的蜉蝣类也是通过同样的运动或是活动鳃，在巢管中制造水流的。

另外，在这些种类中，进入筒巢或是巢管中的幼虫比赤裸的幼虫呼吸效率要高，这一点也是众所周知的。淤泥和细泥会因为堵塞筒巢而提高昆虫死亡率。

水生昆虫主要的栖息场所是池沼和湖泊等静水区域和河流等流水区域。在前者中，蜻蜓类和甲虫类以及大田鳖和水黾等半翅类居多，但是在河流等流水中，水生昆虫群落的组成与静水区域大不相同。从生态缓和和保全恢复的观点来看，这两个系统尽管具有淡水这一共同性，但是性质却大相径庭。此处，将以河流的水生昆虫及其生态缓和的思路为中心加以介绍，并对河流这一地点的特性以及包括生物在内的河流生态系统的特性加以详述。

2）河流生态系统的基本特性（河流连续体假说与生态循环）

河流生态系统与其他陆地生态系统和海洋生态系统具有许多不同点，其中最为重要的特性就是水从上游向下游单方向的流动，砂土等堆积物、有机物和营养盐也被水流搬运到下游[4]。该方向性极大，远远超过下游向上游的动向。在自然的河流当中，能够逆着该单向性的水流搬运有机物和能量的是鲑鱼和鳟鱼类等逆流性鱼类和水生昆虫成虫的逆流飞行。不过有报告称，这种流向上游方向所谓的“生物泵”，尽管规模本身不大，但是却在磷和氮的能动输送方面发挥了较大的作用[5]。不论是流下还是逆流而上，妨碍了这种动向和水流的构造物建设和河流整治，都会对河流生态系统产生较大的影响。

在河流生态系统中，通过这种单一方向性和流水形成的搬运作用，上游一侧的生态系统会对下游一侧产生巨大的影响，而这种影响可以称得上是上下一体的影响。另外，河流还会通过不断的汇聚支流或是增加来自流域的水等的供给量，从而从上游到下游连续性的扩大河流规模。与之相伴的，河流环境或者说周边与河流之间的关联程度基本上也会缓缓的发生变化。不过，在规模相同的支流汇合的地点，有些情况下会出现“变曲点”这样河流特性和环境不连续变化的现象。但是，从宏观上来看，自然河流中从上游到下游的变化，不论是水温等物理环境还是水质环境，包括有机物组成方面，都是在连续变化的。这是河流连续性的第一观点[6]。

支撑河流生态系统的基础资源大致可以分为两类。一类是利用太阳能附着于河床上的藻类群落和水生植物群落，另一类是从周边森林等获得供给的落叶。前者以鲜食食物链（古典食物链）为基础，后者以腐食食物链（从微生物活动的观点来看的话就是微生物食物链）为基础，这两个食物链共存是河流生态系统非常重要的特性[7]。尤其是在从源流开始的上游流域，许多研究都证明了这两者是并存的[8, 9]。

着眼于这种从上游到下游的生态影响、环境的连续性变化以及食物链状况的河流生态系统框架方面的思路，就是河流连续体假说[6]。这是河流连续性的第二个观点。根据该假说，自然河流中水温、河流宽幅、流量和有机物组成会从上游到下游以连续性并且可以预测的形式进行变化。另外，河畔林等周边植被的繁茂程度与河流水路之间的关联程度在上游较大，而随着河水向下游流去，它们之间的关联会逐渐变小（图 1）。

在上游流域，河畔林繁茂，在紧靠着滨水的地方有时还会覆盖水路；由于到达河床的光照较少，河床的附着藻类群落和大型水生植物群落的发育情况较差。因此，在该部分，以落叶为

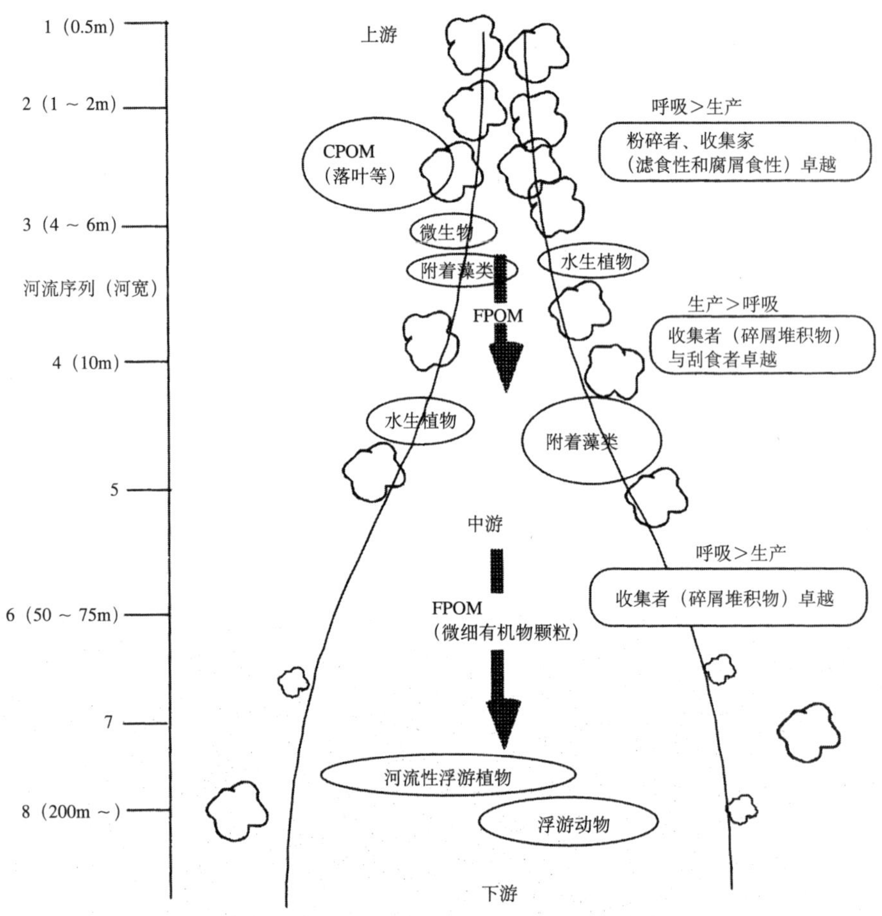

图 1　河流连续体假说概念图（引自 Vannote 等[6]，有改动）

基础的腐食食物链发达，而在底生动物中则是以落叶为饵料的食屑动物（粉碎者）较为发达。颗粒有机物（POM：Particulated Organic Matter）的大小组成则是以较粗的颗粒有机物（CPOM）居多。其水温环境也由于距离泉水等水源较近，并且河床受到的日照较少，因此整体低温，年温差和日温差都较小（图 2）。

在中游流域，河流宽幅扩大，河床受到的日照量增加，附着藻类群落较为发达。在此，以附着藻类等鲜植物为基础资源的古典食物链比例开始增大，以此为饵料的草食生物（铲除者）开始变多。在河流昆虫当中，舌石蛾类和扁蜉蝣类较为典型，不过在日本列岛还有一种被称为香鱼的特殊草食淡水鱼。另外，上游供给的小型化有机物颗粒（FPOM）也成为重要的饵料资源，在底生动物中，利用这些的滤过型收集者（造网性昆虫）或是腐生生物（腐泥收集者）成为优势种。缟石蛾类和角石蛾类是日本列岛河流中代表性的滤过型收集者。由于水温环境和日照量变多而且水深也较浅，因此中游流域水温比上游流域整体要高，年温差和日温差都变大了。

在日本，自然度较高的大型河流下游流域较少，在这里，由于水深变深，以及细微有机物等造成的浑浊程度较大，因此河床受到的日照量再次减少。与上游不同的是，来自周边河畔林的落叶供给较少。在此处支撑生态系统的是从上游搬运而来的细微有机物颗粒（FPOM）。由于水量和水深增大，河水的年温差和日温差再次缩小（图 2）。

生态系统另一个较大的特性也是与水流相关的。流水中包含了有机物、营养盐等对于生态系统来说必不可少的物质。构成河流生态系统的生物要素是附着藻类等固着性植物、以水生昆虫为主要成员的底生动物群落以及鱼类。就算将这些生物量集合起来，也远远少于流经过程流失中所包含的有机物等的量（图 3）。即，在该系统中，相对于存量，流量具有压倒性的优势。这种生态系统在海洋和湖沼沿岸地带也能够看到，但河流中流量的作用非常突出，在这样的情况下上游一侧连续性的供给物质和能量，从而使生态系统[4]得以维持。

尽管存量小于流量，生态系统成立的背景又是什么呢。应该是较少的存量得到了健全的维持，以及存量与流量之间的物质和能量交换通常是顺利进行的。河流整治采取了破坏这种关系的策略，这是河流中生态缓和的原点同时也是基本。

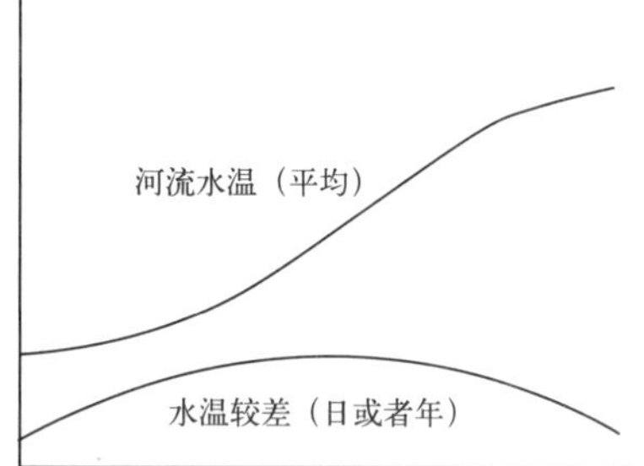

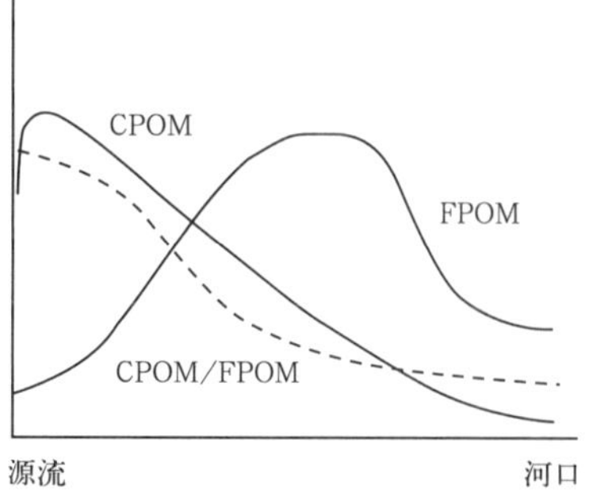

图 2　河流中环境等连续性变化的系统（模式图）
CPOM：粗大有机物颗粒
FPOM：细微有机物颗粒

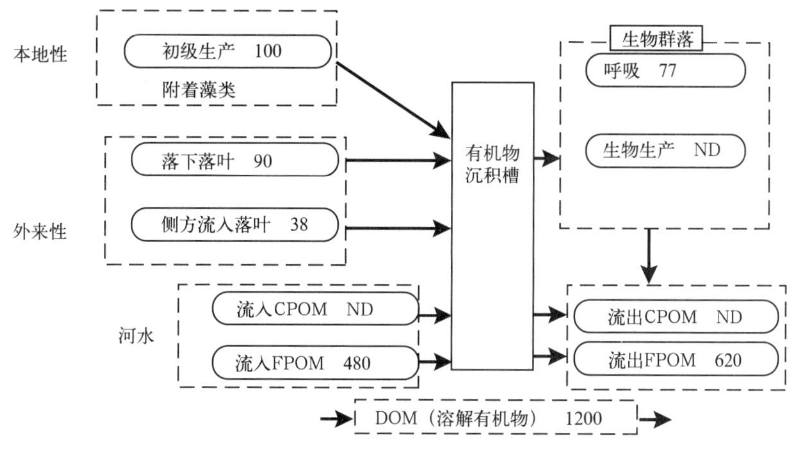

图 3　河流生态系统中物质流与物质储备的示例
（在多摩川源流的示例：根据安田等[9]为基础制作）
CPOM：粗大颗粒状有机物
FPOM：细微颗粒状有机物
ND：数据未发表

3）河流昆虫的生态特性

A．食性

栖息于河流中的水生昆虫的特性各种各样。与陆地昆虫相比显著的特点是，在水生昆虫中除了有利用新鲜植物以外的种之外，还有许多利用有机物颗粒（碎屑）等植物遗体的种，并且杂食性的种类也较多。将陆地昆虫的代表鳞翅目与其在水生昆虫中的姐妹群毛翅目相比的话，就比较容易理解这一点。在蝶类中，日本虎凤蝶和菜粉蝶等作为饵料的植物限定到种或是科的较多；而对石蛾类而言，则有仅以栖息于泉水水流中的苔藓类为饵料的龟甲姬石蛾（姬石蛾科）这样极少数的例外[10]。尽管有着食落叶和食碎屑的区别，但是大部分种均可以利用两种饵料资源。即便是基本上以植物性饵料为食的种类，在蛹化前或者是能够取食水生昆虫的时候，也会以其他水生昆虫为饵料。相反的，即便是肉食性的种类，在幼龄期和饵料不足的时期，也会以落叶和碎屑为饵料。以流下的有机物为饵料的结网的缟石蛾类和角石蛾类对流下来的食物具有较强的不加区别食用的倾向[11]。

在蜉蝣类中，有很多种类被分为以碎屑为饵料的收集者和以附着藻类为饵料的铲除者，不过很多动物都可以将两种作为饵料。但是，硅藻等藻类的营养价值较高。在大型石蝇中，肉食性的种类较多，不过神村石蝇、大山石蝇、鞍挂石蝇等有时也会以藻类等植物作为重要的饵料[12]。

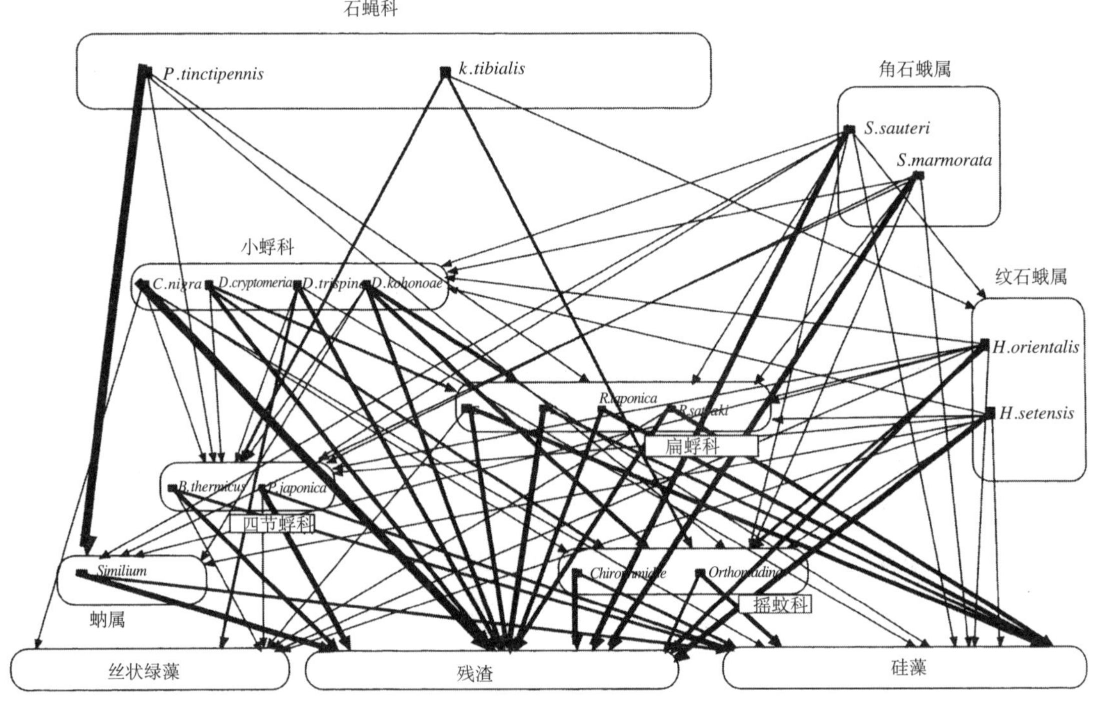

图4 山地河流浅滩中食物链的示例（引自新名[13]）

山地溪流的食物链关系分析也说明了这种水生昆虫具有较强的杂食性倾向（图4）。以能够通过胃内容物判断的基础资源（该情况下为碎屑、硅藻和丝状藻类）和水生昆虫群为单位，单纯计算食物链之间结合程度的话（即被称为结合度的食物网系数），结果会达到70%。这是在其他生态系统当中难以见到的高结合度[13)]。这种高系数的接近要素，就是由于水生昆虫的杂食倾向较高。此外，最终的要素是由于河流受到洪水等干扰的频率较高，因此狭食性种类在饵料出现临时不足之际灭绝的概率会提高。

B．栖息场所的分割利用

许多水生昆虫都在饵料利用方面范围很广，但是从栖息场所的利用方面来看，其选择范围变窄的倾向较强。今西锦司提出的“生境隔离”，就是扁蜉蝣类幼虫从河流中心到岸边对应于流速梯度的细微分布模式和场所的分割利用[14)]。另外，在砾石表面建造定居性的巢室和结网的缟石蛾类中，甚至能够观察到分为砾石的上面和下面的、更为细微的“生境隔离”[15)]。即便不是所有的水生昆虫都是如此，在许多群体里能够观察到这种小栖息场所或者说微栖息场所水平的“生境隔离”，说明保全多样的栖息场所对于水生昆虫的种多样性保全来说十分重要。当然，不仅仅是这种近缘种之间的栖息场所的分割利用（“生境隔离”），对于场所选择性较为狭窄的种类也有很多。关于这一点，下文将从栖息场所的方面进行详述。

C．生活史

水生昆虫，尤其是很多河流昆虫的生活史特性中最为显著的特性，就是幼虫时代在水中度过，成虫等时期在陆地上度过。这意味着，在以水生昆虫的保全和恢复为目标的生态缓和中，不仅要在河流的水路内，还必须保全成虫所利用的河畔等陆地环境。如人们所熟知的源氏萤，蛹期在河岸等陆地环境中（土壤等）度过，另外在甲虫类和黄石蛉类中也很常见。同时，羽化期是对捕食者和环境压力非常敏感的时期，必须在河流和陆地的分界线部分（群落交错带）中度过。

河流昆虫的成虫期，如同典型的蜉蝣类中常见的那样，与幼虫时期相比非常的短，而且成虫的移动分散距离河流不太远的种类也有很多。但是，如果不保全成虫期的栖息、繁殖等场所的话，就无法进行子代的再生产。因此不仅要着眼于河流水流内部，还必须要着眼于周边的群落交错带或是陆地环境。

4）河流的场特性

A．浅滩 - 深潭构造的重复

日本生态学界较为知名的可儿的研究[16)]中进行了河流景观的分析，以河流流速较快的浅滩和较慢的深潭的组合作为单位，通过其重复的配置形式和浅滩形状，将河流分为了上游、中游和下游。近来，欧美河流地理和水文研究人员以及日本河流土木研究人员也广泛认识到了浅滩 - 深潭是景观单位，这种景观的保全对于河流的自然保全和复原十分重要[17)]。也即是说，这是在半个多世纪之后对于可儿的河流理论的再次发现。

可儿比较分析了景观和物理环境，还通过略微古典的方法弄清楚了该单位是底生动物群落单位这一事实（图5）[16]。在京都市北部贺茂川水系的鞍马川中游（可儿的Bb型），沿着河流中心，在2个单位之间设置18个方形框，绘制出面积——种数累积曲线。从急流浅滩开始的样本，截至设置于第一个单位形态的9个样本，曲线缓缓上升，而到了设置于第二个单位形态的9个样本中，基本上不再上升。不过，从第10个样本开始再次积累种类时，是以与最初相似的模式增加的。这一点表明，从浅滩到深潭的1个景观单位，从底生动物群落的种组成来看也是一个单位。说明了，在水生昆虫的生态缓和，尤其是在种多样性的保全方面，浅滩-深潭构造的保全和恢复十分关键。

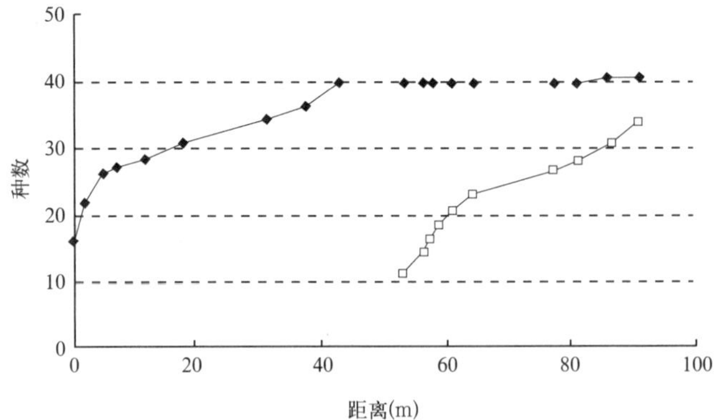

图5　溪流的底栖动物群落的面积—种类曲线

（根据可儿的资料[16]制作）

B．河流的小栖息场所和微栖息场所

关于河流的栖息场所及其配置，笔者的研究室也进行了详细调查。可儿的调查仅限于河流中心部分，而我们的调查则对水路内所有场所的微环境进行了测定，并且河流宽度为5～10m，长度为40m左右，包含了从缓流浅滩到急流浅滩以及下游较大的深潭。尝试从景观、物理环境以及底生动物等分布方面来对该场所细微水平的栖息场所进行区分。如表1及图6所示，该场所能够区分为11个栖息场所[18, 19]。

除此之外，下游一侧水深较深的砂底深潭、上游一侧砂石和砂砾混合的流速中等的缓流浅滩在景观上也能够清楚的区别开来。急流浅滩、深潭以及缓流浅滩在以往的河流生态调查中也是进行区别调查的场所。不过，有必要对这之外的栖息场所进行少许说明。这就是被称为河床间隙的部分。也就是存在于河床的表面堆积之下、比表层水流速度要缓慢但是又比地下水流速快得多的伏流水通过的部分。在该调查中发现，堆积大面积砂砾堆的整体河床间隙和沙州周边间隙中的底生动物相是不同的。扩展到河床整体的河床间隙，在这种水流良好的山地流中，不光栖息着其特有的水生昆虫，还是蜉蝣和石蛾的幼龄幼虫的重要栖息场所（保育院或者是摇篮）。沙洲周边的间隙也有细微有机物的堆积，是饵料资源丰富的间隙。由于该河床间隙从表面上看不到，因此以往没有受到关注，不过在河流底生动物的保全和恢复方面，是必须注意的地点。

可儿[16]指出，岸边部分是必须与急流浅滩、河流浅滩以及深潭区别开来的栖息场所，在本次调查中，也从生物区系方面明确区别了砂砾堆积河岸与岩盘河岸。河岸岩盘上由于有水的飞沫，不仅具有独特的昆虫区系，而且作为成熟幼虫的羽化场所或是羽化前的集合场所也具有重要意义。在水路中形成的挺水砾石不仅是鹡鸰类采食时的定位位置，也是金袄子的鸣叫地点

表 1　山地溪流中栖息场所类型与动物区系

栖息场所类型		特征种等
1. 河床内间隙 （砂砾堆积整体）	Hyporheic zone over the entire bar	褐蜉、吉野斑蜉蝣等的幼龄幼虫
2. 河床内间隙 （沙洲及其周边）	Hyporheic zone along the point bar edge	泥虫类、毛黑大蚊类、石蝇属、仙女虫类
3. 砂砾堆积河岸	Shore areas of accumulated graved	山地亚美蜉属、棘褐蜉的成熟幼虫
4. 岩盘河岸	Shore areas of rocky substrata	日本长石蝇
5. 悬浮石急流浅滩	Accumulated stones in a riffle of high flow	高翔扁蜉、网蚊类、二叉摇蚊类
6. 枯枝落叶堆积 （腐殖质包）	Litter-pack	泥虫（特定种）、黑斑蜉
7. 苔藓垫（苔藓垫） （基础岩盘上）	Moss-mat on the surface of bedrock	东方侧枝纹石蝇、上野丸筒石蝇、花背丸筒石蝇、黑斑蜉
8. 水滩（边池）	Side pools(Lateral pool)	东方蜉蝣、春蜓类、马口鱼、珠星三块鱼的幼鱼
9. 挺水砾石	Submerged stones	金袄子、灰鹡鸰（采食场）
10. 浅滩 - 深潭交界处的水滨	Pool-riffle transition	东方蜉蝣（产卵场）
11. 岩洞（大型洞）	Rock caves in a pool	珠星三块鱼、玫瑰马苏大马哈鱼（隐蔽场所）

根据谷田和竹门[18]的研究制作

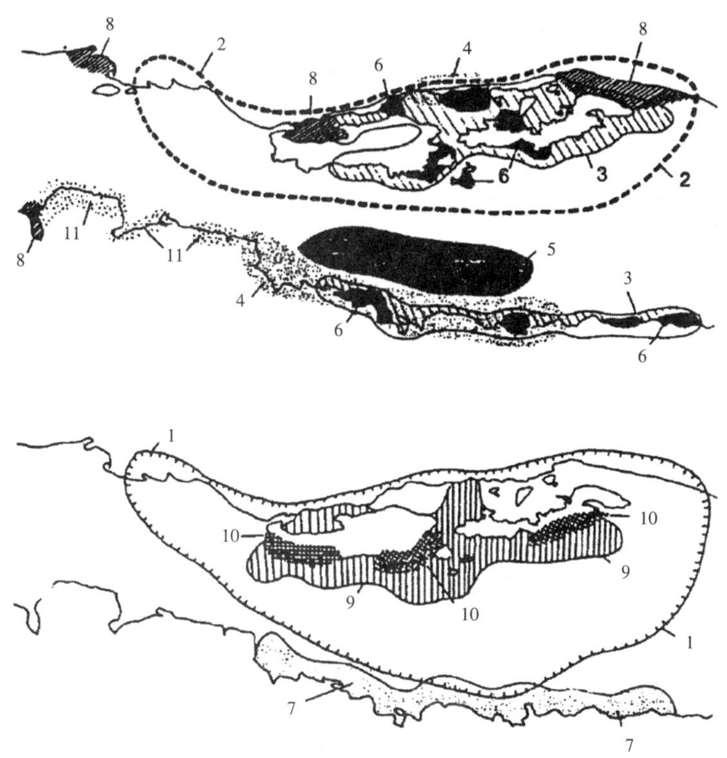

图 6　山地溪流中栖息场所的空间配置

（引自谷田、竹门）[18]

和藏身之处。苔藓垫（苔藓群落）不仅在山地溪流中发达，而且在中游流域也较为发达，这里不仅是种密度较高的场所，还有许多像丸筒石蛾等仅能在此观察到的水生昆虫。苔藓类形成的略微微小的垂直构造在提供复杂的栖息场所的同时，还发挥着作为碎屑等饵料资源的捕捉装置的机能。河岸形成的水滩（也被称为边池）由于各自的大小、形状、与河流之间的关联性以及成因等因素不同，其种类组成各不相同，具有与河流相去甚远的原型群落组成。

以上述调查为基础，作为略为普通的评价栖息场所多样性（即水生昆虫群落多样性的基础）的方法，如表 2 所示制作了核对清单[20]。在该表中，从河流横截面方向区分为沿岸和流心，并加入了浅滩 - 缓流浅滩 - 深潭等中等规模的构造。不过，在可儿的基本区分中，进一步将急流浅滩划分为了阶梯状（可儿的 a 型）和非阶梯状（可儿的 b 型），在沿岸部分加入了水滩和河湾等从河流分离出来的构造。并且，在上述构造中加入了能够形成底生动物栖息场所的微栖息场所要素，将这些要素的交叉资料表作为评价栖息场所多样性的核对表。关于各个要素，附记了起源、位置的稳定性以及种的多样性与场的特有性。

例如，悬浮石要素上栖息了很多以缟石蛾属和角石蛾属等结网性石蛾和蜉蝣类为中心的种类，还有很多以此处为生态分布中心的种类，不过很多种的生态分布较为广泛，特有性并不高。另一方面，在挺水植物根和茎的要素中，具有基本仅栖息于此的四节蜉蝣属的一种即 G 四节蜉蝣和色蟌类、萤石蛾属等种类，尽管种密度与悬浮石急流浅滩相比较低，但是特有性较高。能够在岩盘湿润区等特殊场所栖息的种类虽然较少，但是具有扁石蝇科和带蜉蝣等仅仅能见于此的种类。为了保全溪流中水生昆虫的种多样性，在保全种密度较高的栖息地的同时，还必须考虑保全这种场的特有性较高的栖息地。

（2）栖息场所生态缓和的基本技术

保全栖息场所尽管对于溪流生物多样性的保全来说必不可少，但是如果将表 2 所示的栖息场所建成盆景形式的话，就没有任何意义。原本起源于河流堆积作用的栖息场所及其要素是在河流涨水引起的砂砾搬运和堆积作用之下形成的，即使人为建成，也会由于洪水等干扰而轻易遭到破坏。这一点，在我们研究室历时 10 年对溪流、河流持续进行的监测中也得到了验证。即：砂砾堆以及伴随于此的栖息场所如急流浅滩、河床间隙和沙洲上的水滩等的空间位置变动较大。另外，在河流中人工直接创造生物形成栖息场所如挺水植物、腐殖质垫、苔藓垫等是极为困难的。

另一方面，在历时 10 年的持续观察中，岩盘的河岸、岸边和水中巨石的配置和形状基本上是不会发生变化的（图 7）。洪水等形成的砂土搬运作用和岩盘与巨石造成的略为微小的流况，形成了对于底生动物栖息场所来说必不可少的砂砾堆积构造。如此一来，通过在河流中附加相当于这种巨石和岩盘的构造物，也许在一定程度上会有助于建成这种动态的（不稳定）的栖息场所。

作为近年来生态多样型河流建设施工方法之一，拔石法被尝试应用于施工中。该施工方法是，在改建护岸和河道时，将原本存在于此的巨石在竣工之际再次配置，以此来进行生态缓和

表 2　山地溪流中微栖息场所的要素与配置

区分	景观区分	微清除场所要素											
		岩盘	湿润区	悬浮石	嵌石	砂砾	挺水植物	植物根	苔藓垫	沙地	堆积型腐殖质垫	大坝型腐殖质垫	河床内部间隙
水流的中央部分	瀑布状的浅滩	◎							○				
	急流浅滩	○		◎	○							○	○
	缓流浅滩	○		○	◎	○							○
	深潭	○		○	○	○				◎	○		○
河流的岸边	瀑布状的浅滩	○	◎						◎				
	急流浅滩	○	○	◎	○	○	○	○	◎	○		○	○
	缓流浅滩	○	○	○	◎	◎	○	○	○	○	○	○	○
	深潭	○	○	○	○	○	○	○	○	◎	◎		○
	边池			○	○	○	○			◎	◎		○
起源		侵蚀		侵蚀	堆积	堆积	生物	生物	生物	堆积	生物	生物	侵蚀
稳定性		◎	○										◎
多样性水平		—		◎		—	◎		◎	—	◎	◎	
固有性水平		○	◎		—		◎		◎		○		○

○较为常见

◎为重要的栖息场所

改动了谷田[20]的一部分

图 7　溪流中巨石和岩盘河岸等稳定性的构造
（奈良县东吉野寸吉野川支流高见川）

图 8　通过拔石法进行巨石的配置。由于在洪水时会引起乱流，因此没有形成砂砾堆
（兵库县大屋町圆山川支流大屋川）

的尝试。具有采用当地性材料等值得好评的方面。不过，在很多施工事例中，人们将巨石像园林假山一样整齐地布置在水流中（图 8)。这种将巨石分散布置的方法，在涨潮时会引起水路内的乱流，从而妨碍砂砾的堆积。这些事例说明，通过如同治水工程一样有规律地布置巨石，就能够开发出既对底生动物有利又对其他河流生物有好处的、伴随着砂砾堆积作用的栖息场所建设技法。从这一点来说，涨潮时的水文计算和伴随着水量变化的水文模拟也必须要应用到实际的现场施工中来。

如果将砂砾堆等栖息场所称为动态构造的话，那么相对的就能够把岩盘和巨石等称为稳定构造。另外，虽然在弯曲点形成了规模较大的深潭，但是其堆积也具有可变动性，不过尽管如此，深潭的存在本身在相当长的时期内都是稳定的。另外，这些大型深潭不仅是鲑鱼和鳟鱼等大型鱼类的重要栖息场所，而且还作为香鱼等利用浅滩的种类在夜间的休息场所而发挥着重要作用。在日本基本上没有关于深潭水生昆虫的研究，但是人们发现有些蜉蝣类仅限于在这种地点栖息（小林、私信)。虽然人工深潭也被作为河流的生态缓和技术进行了尝试，但关键是为了不受一定规模（10 ~ 20 年一遇的水平）的洪水的破坏，进一步挖掘位于弯曲点等的深潭，配置巨石等以促进冲刷和堆积作用，从而改善深潭的环境。在直线河道和伴随着交错沙洲的地点勉强建成的人工深潭寿命往往较短，常以浪费税金而告终。

（3）河流改造工程中环境影响的缓和与修复

如上所述，河流的构造特性之一就是浅滩 - 深潭这种栖息场所的反复配置。另外，微栖息场所也与这种景观单位的配置相对应，能够反复观察到。此外，对于作为保全对象的河流昆虫来说，这些景观单位也是分别作为生物群落的单位的。也就是说，只要不是同时在河流的较长流程中进行河流改造工程，那么即便某一场所的水生昆虫群落遭到了破坏，通过其附近、尤其是上游一侧群落存量的流下和移动等过程，其恢复还是比较容易的。即，河流中由于存在这种

浅滩 深潭构造以及微栖息场所的反复构造，就不需要进行移栽等伴随着风险且消耗成本的生态缓和。当然，也存在一些仅限于分布在某些特定场所（河流流程）的种类，不过，这种情况没有陆地生物那么多，因此可通过事先监测，对于特殊生物进行个别对待。

图 9 不必要的河道内临时道路

（石川县吉野谷村手取川支流蛇谷川）

河流施工的注意点与生态缓和（减轻影响）有关。首先，要尽最大努力使施工本身的影响不要波及下游和上游。设置砂土和淤泥等的沉淀池和构筑适当的迂回水路都是必不可少的。另外，将冲击限制在最小的河流范围之内也是很重要的。仅仅为了让工程用车进入位于比道路更低位置的河流建设工地而在河滩内修建较长的临时道路是不可取的（图 9）。通过在工地附近的堤防和道路上采用起重机等搬运物资，能够大为减轻施工的影响。

另外，一定要杜绝在较长流程中同时施工的情况。考虑到水生昆虫群落跨越世代的恢复，即通过成虫产卵和移动进行的恢复至少需要花费 1 年时间，就必须制定长达若干年的施工计划。当然，如果能够确保作为存量的上游水生昆虫群落不受施工影响的话，也就可以期待通过幼虫的流下和移动在短期内恢复受到破坏的下游水生昆虫群落。不过，为了使遭到相当大程度破坏的河流昆虫群落得以恢复，还是依靠由成虫交尾和产卵过程供给的大量幼龄幼虫比较有效果。该恢复过程，往往需要花费 1 年以上的时间。

在自然河流中，洪水等干扰会季节性对水生昆虫群落的恢复过程产生较大的影响。在秋末台风等造成的洪水干扰之后进行繁殖的昆虫较少，其影响长期存在。与此道理相同，破坏越冬世代幼虫的河流施工的影响也会长期存在。目前，不仅工程集中在年度末，而且为了避开香鱼等的渔期、为了回避发大水造成的施工中断，河流改建工程往往在秋季到冬季进行，但是站在河流昆虫生态缓和的观点出发，要对此重新审视。

在护岸等河流改建工程中，为了进行迂回水路等的建设，重型机械往往会在河床整体上造成干扰。修建平坦的河床被认为不利于河流栖息场所和河流昆虫的恢复，但是对此还没有实证性的研究。不过，上述通过拔石法在河流整体配置巨石的施工方法确实非常糟糕。

如上所述，从长期来看勉强建造栖息场所原本就是不合理的，也会造成预算的浪费。涨潮时引起的砂土移动会创造出沙洲和急流浅滩等栖息场所。为此，今后的方向就是：在涨潮时尝试水文模拟，并在事前探讨治水式的砾石配置等。这种模拟，会随着计算机能力和栖息场所水文学的发展而逐渐变得简单易行。另外，在山地溪流更加靠近上游的地点引进流木等 CWD（大型树木堆积），不仅能够创造出鲑鱼和鳟鱼类的栖息场所，而且也能够为水生昆虫创造出多样的栖息场所。今后的课题就是开发能够促进这种竣工后的栖息场所和水生昆虫群落恢复的方法。

（4）防沙堤堰及大坝的生态缓和

大坝和防沙堤堰等横跨构造物，根据其规模、目的以及运用的方法不同会对水生昆虫群落产生不同的影响。此处将在介绍这些影响的同时，考察包括未来展望在内的生态缓和。关于大坝对于河流生物造成的影响，笔者整理了日本国内外的文献[21)]。下文将基于这些文献内容进行介绍。

1）大坝下游的河流生态系统

堤体高度在15m以上的堤坝称为大坝。在这种大坝下游部分的生态系统当中常常能够观察到相当大规模的堤坝影响（图10）。

作为大坝对下游产生的环境压力，流况稳定（平滑化）会对生物群落产生直接和间接的较大影响。通常情况下，底生动物群落的种多样性会减少，而群落整体的个体数密度和现存量则会增加。这种情况被解释为，在流况（环境）稳定的条件下，在存在干扰的环境中曾经共存的种群之间的竞争加大，竞争引起了排他，导致特定的种占据优势[22)]。物理环境稳定的话，唯有适应该环境的种才会发达。另外，流况稳定会促使大型水生植物和藻类（刚毛藻）或是苔藓类生长茂盛，植被变化会作为所谓的间接影响使得河流昆虫群落组成发生变化，这在国内外的大坝下游河流研究中都有过报告[23, 24)]。这种环境的变化以及群落内关系尤其是竞争强度的增加，常常会伴随着附近自然河流中优势种的替换。

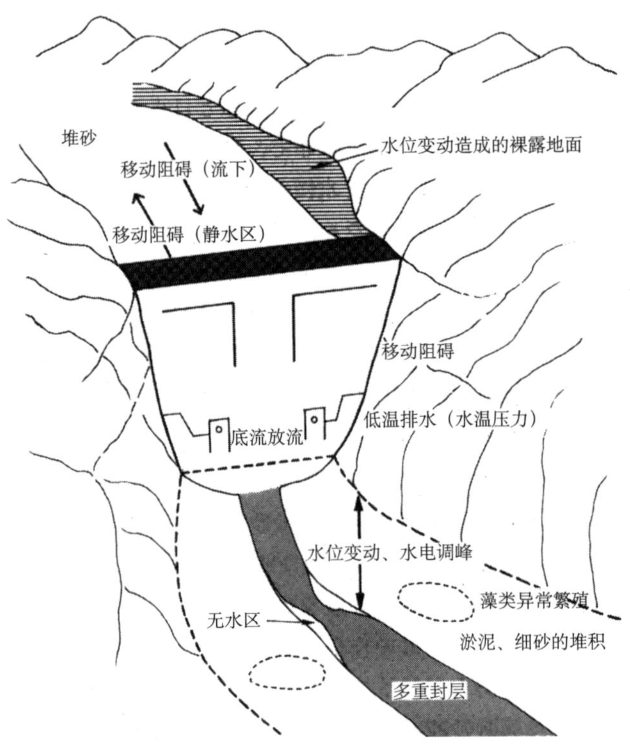

图10　大型水库的生态影响

有研究报告称，在坝湖中繁殖的浮游物尤其是浮游藻类，如果供给到下游河流则会导致过滤收集者等石蛾类即大缟石蛾和缟石蛾类的增加[25, 26]。

这些结网性的石蛾类，在流况稳定的河流中也会成为占据优势的种类。国内外有很多报告大坝下游河流大量出现结网性石蛾的情况，这应该是由饵料供给和河床稳定性共同造成的。

流况稳定的话，河床材料的变化和替换会减少。在大坝造成的砂土供给减少的推动下，会出现细小颗粒成分较少的砾石不再移动、进而形成护甲层化的河床的情况。另外相反的，在有些情况下，伴随着大坝施工，细小的砂土和淤泥会堆积到下游一侧，并由于大坝竣工后洪水减少而继续堆积，从而使水生昆虫的栖息场所变得单调，其质量也会降低（谷田等人，未发表）。

在水量减少的情况下，一般静水部分会增加。在河流中也报告了池沼性底生动物群落发生变化的事例。

最好通过可以引起人工洪水的放流调控，经常的向下游排放出能够引起河床干扰的流量。不过，由于日本的大坝蓄水容量较小，像美国科罗拉多河的格伦峡坝那样引起大规模人工洪水的方式目前实施起来还比较困难[27]。日本各地已经开始通过人工洪水改善下游一侧河流的河床环境，不过，仍然是以放流量为平时水量的数倍到数十倍的案例居多。这种放流能够冲走河床表面的淤泥、细砂、有机堆积物以及一部分藻类，但是却不能冲动颗粒直径较大的粗砂和砾石。并且，这种规模的洪水尽管可能会多少改善河床表面的状态，但是却无法带来河床间隙环境和伏流水的改善。必须要探索通过提高降水和洪水的预测精度、在自然洪水的基础上追加放流，从而实现能够干扰河床的大坝放流的运行方式。

大坝造成砂土供给量的减少不仅会引起下游栖息环境的较大变化，而且对于大坝蓄水池自身也会引起砂土堆积以及伴随于此的蓄水量减少等较大的问题。另外，从流域整体来看，还会引起沙滩海岸后退的问题。为了减少砂土的堆积，必须要向大坝下游部分运送和供给砂土。并且，砂土的供给还有利于大坝下游水生昆虫群落栖息场所的改善。在近来建成的大坝中，有些具有排砂闸，还有些具有能够将上游供给的砂土尤其是浮游砂绕过蓄水池运送到下游的水路。

在富山县的出平坝，施工人员尝试采用排砂闸进行砂土供给，但是长期处于缺氧状态的砂土、有机物和低层水流向下游，反而会引起水质浑浊造成了渔业灾害。因此在利用排砂闸进行砂土供给时必须频繁进行排砂，事先调查低层水和堆积物，并根据需要向低层透气，从而使得质量较好的砂土和堆积物供给到下游。此外，有些大坝虽然设置了砂土的迂回水路，但是洪水造成大量砂土同样充满迂回水路，无法流至下游（图 11）。尽管我们知道通过调控水来调控砂土较为困难，但是今后在这方面还有待于砂土水文学及其实用技术的开发。在没有排砂闸和迂回水路的大坝中，可以采用重型机械和翻斗车搬运砂土，不过这种方法却不适用于大量砂土堆积（图 12）的情况。洪水等自然的搬运和堆积作用在栖息场所的创造和恢复方面更为有效。

水力发电站由于要根据用电需求运行，因此在一天当中会出现激烈并且较大的河水流量变化。而且在需求量大的时期内，这种变动会每天反复进行。此种流量变动在欧美被称为调峰

图 11　淤积在砂土迂回水路中的砂土及其恢复作业

（福岛县三春町三春坝）

图 12　从堆积了砂土的大坝中排除砂土的作业

（长野县箕轮町箕轮坝）

(hydro-peaking)，在日语中没有合适的译词。能够忍受这种短时期内反复出现的剧烈流况变动的河流昆虫较少。尤其是会对缟石蛾类和角石蛾类等结网的定居性幼虫和固定在水底的蛹造成毁灭性的影响。另外，由于基本上每天都反复出现大规模的流况变动，水生昆虫个体群和群落几乎没有恢复的机会。

针对这种调峰的生态缓和非常困难，没有有效的方法。尽管确保充分的持续流量是第一要点，不过如果采取了在落潮时也能够确保水路和水体的河道构造的话，也许会在个体群的水平上作为避难场所发挥作用。例如，建成人工深潭的话也许会有一定程度的效果。这种变动引起的最大问题是不能形成水域和陆地之间的生态过渡带（群落交错带）。在水位变动频繁的水库库岸也会出现同样的问题。对此具有效果的生态缓和方法现阶段还没有开发出来。将岸边部分修建成类似于梯田的阶梯构造这一方法，虽然对于河流昆虫的生态缓和效果较小，但其有可能在湿地和水域之间创造出过渡部分。该方法在水库周边已进行了局部尝试，具有一定效果。

以美国大坝为中心的事例说明了水温变化会对生物群落产生较大影响。在放流口固定的大坝中，放流出来的常常是蓄水池底层的水。在这种大坝中，夏季向大坝下游放流水的水温比河流水温要低；而冬季则相反，放流水的水温较高。尤其是在发电站，为了提高涡轮的效率，夏季会放流底层的低温度水。这些会改变河流昆虫的种类构成，同时也会改变栖息种的世代数和羽化时期。这样，大坝使得河流夏季水温降低、冬季水温升高，在缩小年水温差的同时，从蓄水池这一热容量较大的水体中放流出来的水还会使日水温差缩小。由于河流昆虫中有很多种是利用水温的变化来调节生命周期[28]的，因此大坝造成的水温环境变化很有可能会对河流昆虫产生预料之外的巨大影响。

为了避免这种人为造成的水温环境变化，在放流闸位置能够变动的大坝最好从与河流水温相对应的水温层取水和放水。不过，由于这不仅与发电用水的利用效率有关，还牵扯到农业、城市和工业用水的利用，因此在现实中，着眼于大坝下游生态系统的生态缓和的放流操作目前还难以实施。另一方面，关于大坝下游的水温压力对水生昆虫和鱼类等生物群落造成的影响尚且不具备科学的、量化的数据。为了以生态缓和（减轻影响）为前提与水利权者和大坝管理者进行协商，首先必须收集相应的数据。

在山地间的大坝中，淤泥部分等细微无机颗粒会长期滞留，并且浑浊的水会随着放流而流向下游。这不仅在景观方面存在很多问题，而且对于河流昆虫造成的影响也较大。尤其是对于结网性的石蛾类和蚋类等过滤捕食者来说，会造成饵料质量和摄食效率下降等直接的负面影响。另外，浑浊会导致到达河床的光量减少，从而使得附着藻类等的光合活性降低。这种淤泥成分向下游的放流，是可以通过选择性取水来达到某种程度的规避，因此要求进行慎重和灵活的大坝放流闸操作。

在用于水利和发电的大坝中，由于是从迂回水路和发电用水路中取水的，因此在大坝的正下游会出现无水区间或是缺水区间[29]。由于河流昆虫的移动性较小，因此根据流况的变动来改变栖息场所几乎是不可能的。为此，首先要进行的生态缓和就是确保环境持续流量。在表面完全没有流水的无水区间，理所当然河流昆虫的密度会显著减少。近来伴随着水权的更新等，在大坝的下游河流，确保生态系统维持流量的案例多了起来，这是一个进步。关于生态系统保全中的维持流量，考虑到其作为水资源的成本，就必须要科学的判断放流对于生态系统恢复的效果。以往只是从景观的角度去理解表流流量的确保的问题，而即使在无水区间为了确保河流中的昆虫栖息还需维持河流的伏流水，今后必须掌握其实际状况并力图加以保全。

2）堤堰型缓流浅滩

在小规模的大坝和防沙堤堰中，堤堰上游一侧会堆积砂土，缓流浅滩状的部分会长期持续，栖息场所的多样性常常会减少。这被称为“堤堰型缓流浅滩”[30，31]。在这样的河流中，砂土颗粒直径多样，水路的坡度平滑化，流速较大的急流浅滩和深潭部分会减少。深潭不仅对于鱼类来说很重要，仅仅栖息于此的河流昆虫也有很多。当然，河流整体的生物种的多样性也会减少。

防沙坝的上部即使堆积了砂土，但是由于坡度缓和，因此仍然能够防止泥石流发生。如果让这种上部堆积状态一直持续的话，弯曲的河道会渐渐恢复，还常常会形成浅滩 - 深潭构造（图13）。不过，由于即便发生洪水也难以引起砂土的移动，因此恢复需要花费时间。

连续低坝施工[32, 33]原本是考虑到鱼类洄游的一种施工方法。不过，从促进砂土移动的观点来看，或是从河水落差较小有利于河流昆虫洄游的观点来看，这种施工方法或许都是值得推荐的。

图 13　防沙堤堰上形成的浅滩 - 深潭构造

（石川县白峰寸手取川支流西又谷）

3）对伏流水系的阻碍

除了影响河流表流水和表面的砂土移动之外，河流横跨构造物还会阻碍伏流水的流动。大坝不用说，就连农业取水堤堰等低坝混凝土地基的设置常常也会阻挡伏流水的水路，造成上下方向伏流水分割。如果伏流水的流动受到阻断的话，下游一侧的伏流水水位就会下降，而在上游一侧则会出现伏流水的流动停滞。

如果伏流水水位下降的话，在表流水减少的同时，伏流水水量也会急剧减少。生活史分别利用河床表面和河床间隙的种类就会难以生存。如上所述，河床间隙是很多水生昆虫幼龄幼虫的重要栖息场所，专门栖息在这里的种类不在少数。而出乎意料的是，有很多种类仅在河床表面无法生存。

大坝上游一侧伏流水流动停滞的话，河床间隙中伴随着有机物的分解会出现氧气浓度下降的现象。除了一部分能够在厌氧条件下生存的摇蚊和贫毛类之外，河床间隙基本上会处于无生物状态。这种状态会进一步对河流昆虫造成巨大影响。

近来在防水堤堰等构筑物上开始尝试设置裂缝构造和开口部分等不会妨碍表面水和小直径砂土移动的堤堰构造。对于伏流水的水流，我们有充分的可能性可以在河床以下的部分建设同样的构造。不过，由于地基要比一般堤堰设置的更深，工程成本也会增加。另外，在发电和用水等水利大坝中，伏流水流动的构造会引起水的损失，因此难以实施。但是，将流向下游一侧河流的维持流量的一部分作为伏流水进行供水的方法，在今后有必要作为有效的生态缓和措施加以探讨。

4）对水生昆虫成虫的洄游障碍

水生昆虫不光在治水和水利的大规模大坝中有洄游障碍，在小型的防沙堤堰中也会出现洄游障碍。河流昆虫的洄游行动在日本国内以角石蛾较为著名[34)]，不过，这种将以雌虫为主体、以产卵为目的的洄游行动作为幼虫期在河流中流下的补偿机制（拓殖循环），在东方蜉蝣、大型石蛾类、缟石蛾类等许多水生昆虫中都具有。由于洄游飞行是以水面作为标记进行的，因此飞行高度距离水面数十厘米到 10m 左右的种类居多，而比飞行高度要高的大坝就成了洄游的障碍。在大坝正下方，河流特有的昆虫密度会增大的情况众所周知；不过随着环境的变化，大坝会变成成虫的洄游障碍，有些种类的密度之所以会增大是由于产卵集中造成的。

对于鱼类的洄游人们开发出了各式各样的鱼道，但是对于大坝中河流昆虫的洄游，却没有开发出有效的生态缓和技术。在低坝中，针对河流昆虫的洄游，研究人员考虑通过限制堤坝的高度，使得洄游成虫能够通过或者回避，或者是建成保留了水路的开口部分。从这一点来看，在以防沙为目的的堤坝中采用连续低坝施工也许更为有效。

（谷田一三）

参考文献

1）川合禎次編（1985）：日本産水生昆虫検索図説，409pp.，東海大学出版会.

2）Roux, C., Tachet, H., Bournaud, M. and Cellot, B.（1992）: Stream continuum and metabolic rate in the larvae of five sepcies of *Hydropsyche*（Trichoptera）. *Ecography*, **15**, 70-76.

3）Wiggins, G. B.（1996）: Larvae of the North ametican Caddisfly Genera（Trichoptera）, Second edition. 457 pp., University of Toronto Press, Toronto, Buffalo, London.

4）谷田一三（1999）生態学的視点による河川の自然復元：生態的循環と連続性について，応用生態工学，**2**，37-45.

5）Bilby, R. E., Fransen, B. R. and Bisson, P. A.（1996）: Incorporation of nitrogen and carbon from spawning coho salmon into the trophic system of small streams : evidence from stable isotopes. *Canadian Journal of Fisheries and Aquatic Sciences*, **53**, 164-173.

6）Vannote, R. L., Minshall, G. W., Cummins, K. W., Sedell, J. R. and Cushing, C. E.（1980）: The river continuum concept. *Canadian Journal of Fisheries and Aquatic Sciences*, **37**, 130-137.

7）Cummins, K. W.（1973）: Trophic relations of aquatic insects. *Annual Review of Entomology*, **18**, 183-206.

8）Coffman, W. P., Cummins, K. W. and Wuycheck, J. C.（1971）: Energy flow in a woodland stream ecosystem : 1. Tissue support trophic structure of the autumnal community. *Arch. Hydrobiol.*, **68**, 232-276.

9）安田卓哉・市川秀夫・小倉紀雄（1989）：裏高尾の山地渓流における有機物収支. 陸水学雑誌，**50**，227-234.

10）Ito, T. and Hattori, T.（1986）: Description of a new species of *Palaeagapetus*（Trichoptera, Hydroptilidae）from northern Japan, with notes on bionomics. *Kontyû, Tokyo*, **54** , 143-151.

11）谷田一三（1982）：トビケラの生態学. 昆虫と自然，**17**(8)，7-11.

12）松井ゆう（1972）：ヒゲナガカワトビケラの巣について，吉野川の生物生産力の研究，**4**，31-36.

13）新名史典（1996）：河川昆虫群集の食物網，多様性と動態，海洋と生物，**18**，434-440.

14）今西錦司（1949）：生物社会の論理．毎日新聞社（1981，第 3 版－生物社会の論理，p.5-184，思索社）

15）Tanida, K.（1984）: Larval microlocation on stone faces of three *Hydropsyche* species（Insecta: Trichoptera）, with a general consideration on the relation of systematic groupings to the ecological and geographical distribution among the Japanese *Hydropsyche* species. *Physiology and Ecology of Japan*, **21**, 115-130.

16）可児藤吉（1944）：渓流棲昆虫の生態．日本生物誌，昆虫（上），研究社.

17) Church, M. (1992) : Channel morphology and typology. The Rivers Handbook. 1, p.126-143. Balckwell

18) 谷田一三・竹門康弘（1995）：日本の２，３の山地渓流における微生息場所構造と底生動物群集. Ecoset' 95: International Conference on Ecological System Enhancement Technology for Aquatic Environments : p.95-100.

19) Takemon, Y. (1997) : Biodiversity management in aquatic ecosystems : Dynamic aspect of habitat complexity in stream ecosystems. Abe, T., Higashi, M. and Levin, S. A. (eds.) Ecological Perspective of Biodiversity, p.259-275. Springer.

20) 谷田一三（1996）：川虫で河川水辺の自然度を調べる. 昆虫ウオッチング（日本自然保護協会編集），p.260-266，平凡社.

21) 谷田一三・竹門康弘（1999）：ダムが河川の底生動物に与える影響. 応用生態工学，**2**，153-164.

22) Camargo, J. A. (1993) : Dyanmic stability in hydropsychid guilds along a regulated stream : the role of competitive interactions versus environmental perturbations. *Regulated Rivers* : *Research & Management*, **8**, 29-40.

23) Zimmermann, H. J. and Ward, J. V. (1984) : A survey of regulated streams in the Rocky Mountains of Colorado, U.S.A. In Regulated Rivers (eds. A. Lillehammer and S.J. Saltveit) : p.251-261. Oslo University Press, Oslo

24) 内田朝子（1998）：矢作川における付着藻類と底生動物，その2. 矢作川研究，**2**，19-31.

25) Oswood, M. W. (1979) : Abundance patterns of filter-feeding caddisflies (Trichoptera : Hydropsychidae) and seston in a Montana (U.S.A.) lake outlet. *Hydrobiologia*, **63**, 177-183.

26) 古屋八重子（1998）：吉野川における造網性トビケラの流程分布と密度の年次変化，とくにオオシマトビケラ（昆虫，毛翅目）の生息域拡大と密度増加について. 陸水学雑誌，**59**，429-441.

27) Ward, J. V. (1984) : Stream regulation of the upper Colorado River: channel configuration and thermal heterogeneity. *Verhandlungen international Verein Limnologie*, **22**, 1862-1866.

28) Takemon, Y. (1990) : Timing and synchronicity of the emergence of *Ephemera strigata*. Cambell, I.C. (ed.) Mayflies and Stoneflies, p.61-70.

29) 谷田一三（1988）：蛇谷川及び途中谷禁漁区（白山，尾添川水系）の底生動物群集と河川環境の長期変動. 白山自然保護センター研究報告，**15**，21-45.

30) 谷田一三（1992）：白山の河川と水生昆虫. 白山－自然と文化－（白山総合学術書編集委員会編），p.218-239，北国新聞社.

31) 日浦　勇：自然観察入門. 中公新書.

32) Takahashi,G. (1988) : Sabological study on conservation of stream environment. *Research Bulletin of College of Experiment Forest, Faculty of Agriculture, Hokkaido University*, **45**, 371-453.

33) 太田猛彦・高橋剛一郎（1999）：渓流生態砂防学. 東京大学出版会.

34) 西村　登（1987）：ヒゲナガカワトビケラ. 144 pp.，文一総合出版.

8. 鱼　类

近年来，在进行各种尺度的自然改变之际，为了尽量减轻其影响，在施工中开始运用了具有考虑自然环境目的的施工方法。项目施工材料的选用从以往的以混凝土为中心转换为以石头和木材等自然素材为中心。然而，这些施工项目很多都是将重点仅仅放在材料上。即便是石头组成的护岸，其地基很多情况下也依然是用混凝土进行加固的。在栽植方面还会使用外来种。另外，尽管河流和湖泊具有各自的特性，但很遗憾的是，施工内容难免单一。也就是说，这些案例很多仍然留有以往以土木技术和造园等为背景的公园化施工的影子。不过，注重日本庭园和园艺的亲水公园中的景观建设与实际的生态系统的复原和恢复是有着必然的不同的。这些案例，说明对于考虑自然的理念和以此为目的的项目而言，这仅仅是一部分并且仍然处于初步阶段[1~6]。

生态缓和是将由人为改变引起的自然环境的恶化和退化限制在最小范围内，并且使其自然复原和恢复的工作和行为。也就是说，通过对该场所自身进行保全和改善、或者是将其移栽或放流到其他适宜的场所，从而将自然环境受到的影响限制到最小范围的人为行为。生态缓和应以该场所和区域本来的自然特性为前提，从生态学的观点把握受到改变的自然环境的原本形态结构，并以接近该前提为目标[7]。

（1）河流环境的现状和鱼类

我们出于治水和水利的目的，基于水文学的观点，对河流环境进行了各种的改造，使其仅仅承担起作为水路的作用，并给其造成了较大的影响（图1）。这种河流中土木构造物的增加

图1　河流改造工程

最初规划完成图中没有考虑自然理念的工程，给河流环境造成了较大的负担。图是考虑自然理念并以此为目的实施的改造工程。然而，对于现存的河流环境却没有任何保护，施工时使用重型机械在河流内平整河床，并在河流中央采用混凝土建造了人工绿洲。该工程2001年仍在建设当中。

带来的是河流环境的单一化，意味着“多样性”和“特性”的缺乏。这种河流的多样性，对于种群的多样性来说也很重要[1, 3, 8)]。

从土木工程、与技术及建设管理的观点来看，“河流是物质循环的重要载体，同时对人类来说它是身边的自然，在长期与人类的交流之中孕育了地域文化”，这一定义体现了“流域”的理念，鱼类及其他水生生物栖息环境的保全及生态缓和的前提。在此，围绕河流环境工程学和生态学的交叉领域，以何种价值和目标展开包括人类生活在内的流域环境的互动方案十分关键。

也就是说，生态缓和仅仅单纯依靠硬件方面是无法成立的。不论河流的一部分是用如何成功的考虑到了自然的施工方法进行改造的，如果从上游常常有污水和沙土流下并淤积于鱼道的话，就无法期待其能实现有效的保全。

在本章中，将以目前仅天然分布于岐阜县和滋贺县的刺鱼科小头刺鱼和仅分布于东海 3 县（爱知、岐阜、三重县）的叉尾黄颡鱼科石川氏拟鲿 2 种淡水鱼为主，分别以其各自具体的栖息现状和保全为中心，探索生态缓和的方向性，揭示生态缓和事业中应该反映的策略。尤其是，以过去的研究成果为基础，在实际应用方面，应该采用何种调查方法并以什么为重点。小头刺鱼是岐阜县的保护动物，石川氏拟鲿是日本国家级保护动物，两种都被选入环境厅（红皮书）以及水产厅的珍稀物种[8)]。由于两个种的栖息地都很稀少，因此隐去了具体的地名。

（2）实例 1（小头刺鱼）

1）小头刺鱼的生境

小头刺鱼被称为“泉水鱼”，针对其生活，人们进行了生态学、形态学和行为学方面的研究，获得了相对较多的知识[9～17)]。以这些知识为基础，笔者希望提出与有效复原和恢复不断减少的小头刺鱼的栖息地相关的生态缓和的策略。

A．小头刺鱼的分布与泉水

小头刺鱼是目前仅天然分布于滋贺县东北部和岐阜县西南部的刺鱼科三刺鱼属淡水鱼[18, 19)]（图 2）。小头刺鱼原本是北方系鱼，其同类广泛分布于北极圈周围北半球高纬度地区，日本的小头刺鱼是全球范围内刺鱼科分布区域的最南端（北纬 35 度）之一。这些冷水性鱼类在日本本州栖息的首要条件是夏季必须要有水温不会升高的泉水区域[1)]。在本州中部，河流中游流域的干流部分夏季的水温普遍都超过 25℃，在这种水域，小头刺鱼无法生活以及进行世代交替[20～22)]。

图 2　正在连接营巢材料的小头刺鱼雄鱼

B．干流与泉水域的营巢条件

三刺鱼的栖息环境：能够进行世代交替的环境

泉水的存在：使环境具有多样性

生存条件：
夏季水温也不会达到 20 度以上的水域 =
北方系鱼类（系统性质）

繁殖条件：
营巢所需环境条件的特定性（水温、水澡、流速、底质、水草与岸边的距离）= 带来生态学意义
↓
繁殖期的长期化营巢地点的扩大化：
在时间和空间上同时扩大繁殖活动的范围

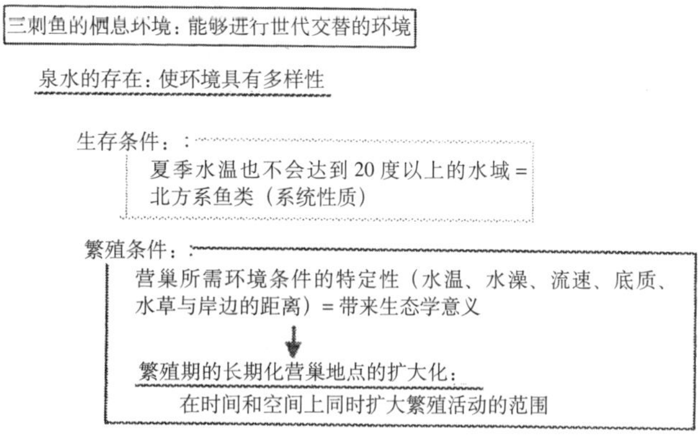

图 3　三刺鱼栖息所需环境条件的概要

对于动物的生活史来说，保障繁殖和摄食能够成功进行的环境状况最为重要（图 3）。笔者将在比较泉水域和干流的同时，明确小头刺鱼繁殖期的营巢条件的特性[10, 11]。在此，将以河流环境维持的比较接近于天然状况的岐阜县的河流为例，解析对于通过营巢进行繁殖活动的小头刺鱼的营巢条件来说，水环境中重要的要素是什么。

营巢地的环境条件：

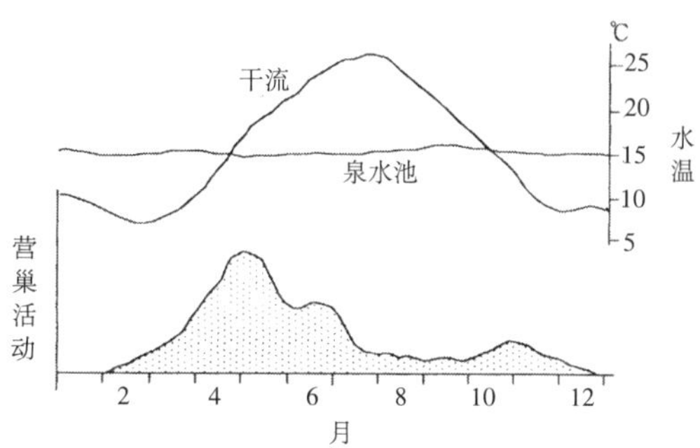

图 4　泉水域与干流中水温与营巢活动的逐年变动

（引自 Mori，1985，有改动）

在水温全年基本稳定在 15 度的泉水域，营巢数最多的繁殖峰值在 4 月下旬～ 5 月上旬，不过发现基本全年都有营巢活动[16)]。而且，在 10 月份左右，还发现一个小峰值（图 4）。值得一提的是，这种全年性的繁殖期对温带区域的淡水鱼来说是极为稀有的生态。另一方面，干流部分在 4 月出现峰值，进入 5 月份营巢数开始减少。营巢绝大多数（90%）在 14 ～ 18℃的范围内，这与泉水的水温是相同的。

干流区域最大的水深超过 2m，而泉水域的水深整体都较浅，在 50cm 左右。营巢地的水深在泉水域和干流区域大多都在 20 ～ 40cm，两个区域的平均水深没有明显的差别。不过，其分布的形式不同，在干流环境中，营巢地的水深分布比起干流的水深明显地偏向较浅的方向（图 5）。而另一方面，泉水域的水深分布与营巢地的水深分布基本一致，在比干流部分更深的水深也会营巢。也就是说，在泉水域没有特别偏向浅滩，在水域整体都观察到了营巢[23)]。

泉水域中流速在 15cm/s 以下的地点较多，整体比较缓和。在干流区域平均水流速度则是 25cm/s，范围较大，既有静水也有流速为 60cm/s 的地点（图 6）。不过，两处水域在营巢上的流速大多为 7 ～ 10cm/s，没有明显的差异。

小头刺鱼在泉水域和干流区域中营巢使用的底质都是泥沙、砂以及这些的混合物，在两处水域没有明显的差异[23)]。在砾石底也有营巢活动，但是数量较少。在干流区域中，小头刺鱼的巢常常较浅，沿着水流缓和的岸边营造。另一方面，泉水池中小头刺鱼的巢在距离岸边较远的中心部分也有不少。

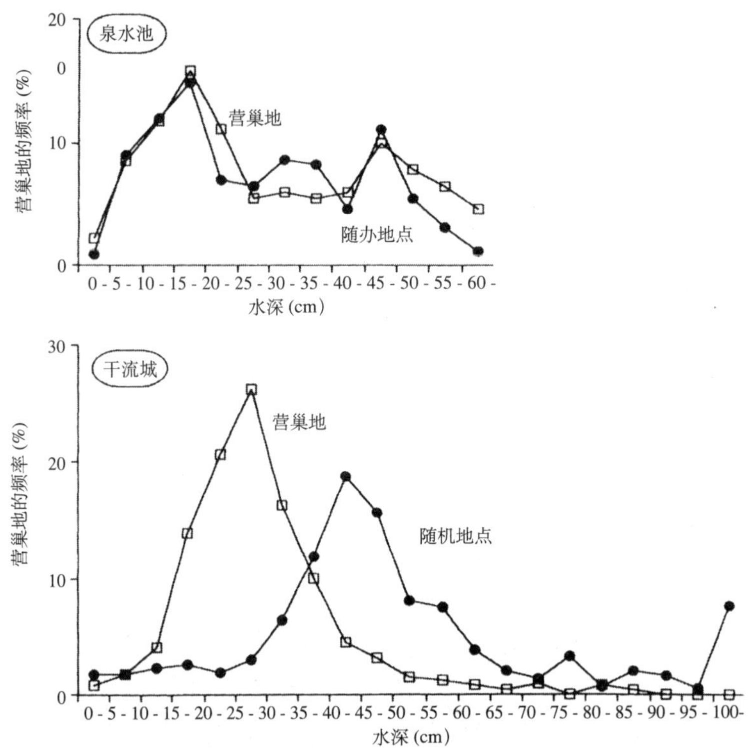

图 5　干流与泉水域中营巢与不同水域的水深分布（引自 Mori，1994，有改动）[23]

上述情况说明，比起干流区域，泉水域作为营巢地的面积相对较大，可以定位为有效的利用场所。

另外，泉水域的鱼类、水生昆虫、底生生物以及水生植物的个体数，与干流区域相比明显较少，泉水池之间的构成鱼种则比较类似。例如，泉水域中的主要鱼类为小头刺鱼、长尾鱵、斑北鳅和雷氏叉牙七鳃鳗。相反的，这 4 个种在干流区域相对较少，在没有泉水影响的干流下游流域，基本采集不到。水生植物在营巢材料和饵料生物附着方面是重要的环境要素，另外还被认为是躲避捕食者的避难场所。

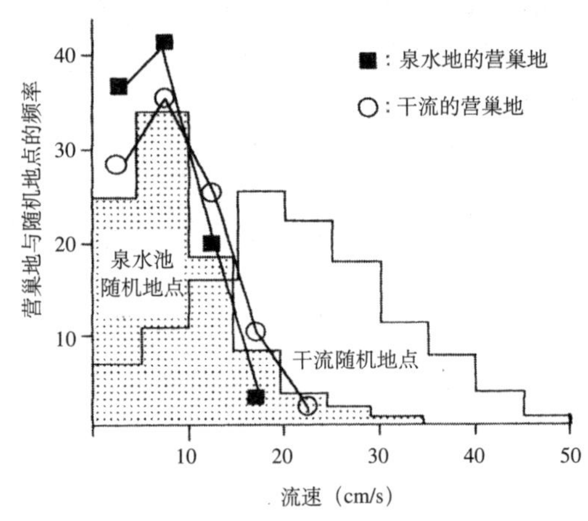

图 6　干流与泉水域中营巢地与不同水域的流速分布（引自 Mori，1994，有改动）[23]

2）泉水域的保护：以池田町八幡池为例

如上所述，我们已经从生态学上掌握了小头刺鱼繁殖场所的营巢条件 [23]。营巢条件的模式大致分为河流干流区域和泉水域两类，关键是要以考虑到这一点的形式进行小头刺鱼的保护工程。首先，定量并且持续的掌握作为小头刺鱼生活场所的环境要素很重要，其次，如何将获得到的知识应用到生态缓和的实施现场也是重要的要素[1, 2, 24)]。

以岐阜县池田町的中川及其源流八幡池（图 7）为例，介绍了充分反映基于这种生态学知识，并考虑到小头刺鱼生活习性的工程建设项目的情况。值得一提的是，该小头刺鱼栖息地被指定为岐阜县自然保护区。在该町，从 1983 年起，为了保护小头刺鱼，采取各种措施以维持处于减少趋势中的泉水，以上述研究成果为基础，虽然有些缓慢但是切实的尽量实施了小头刺鱼栖息地的保护施工。施工之初就考虑到该泉水池中小头刺鱼栖息进行护岸改造，并于 1995 年度基本竣工（图 10）。不仅是在八幡池这一中川的水源、在下游一侧的河流中，也实施了考虑到小头刺鱼栖息的护岸建设长期规划（图 8）。同时，实施了作为岐阜县土木部评估调查的历年来的生态学评价。不过目前，由于八幡池和河流部分存在落差，鱼类的往来逐渐变得困难（图 9）。

图 7　岐阜县池田町得到复原的八幡池

图 8　八幡池下游考虑到了小头刺鱼栖息的护岸工程的状况

为了使营巢容易，在左岸一侧设置了露台，形成了水流缓和的较浅水域。

图 9　从八幡池流向河流的落差

此处设置了鱼道，但是由于小头刺鱼无法游上去，因此是应该改善的点。并且，处于下游的黑鲈也无法游上去。

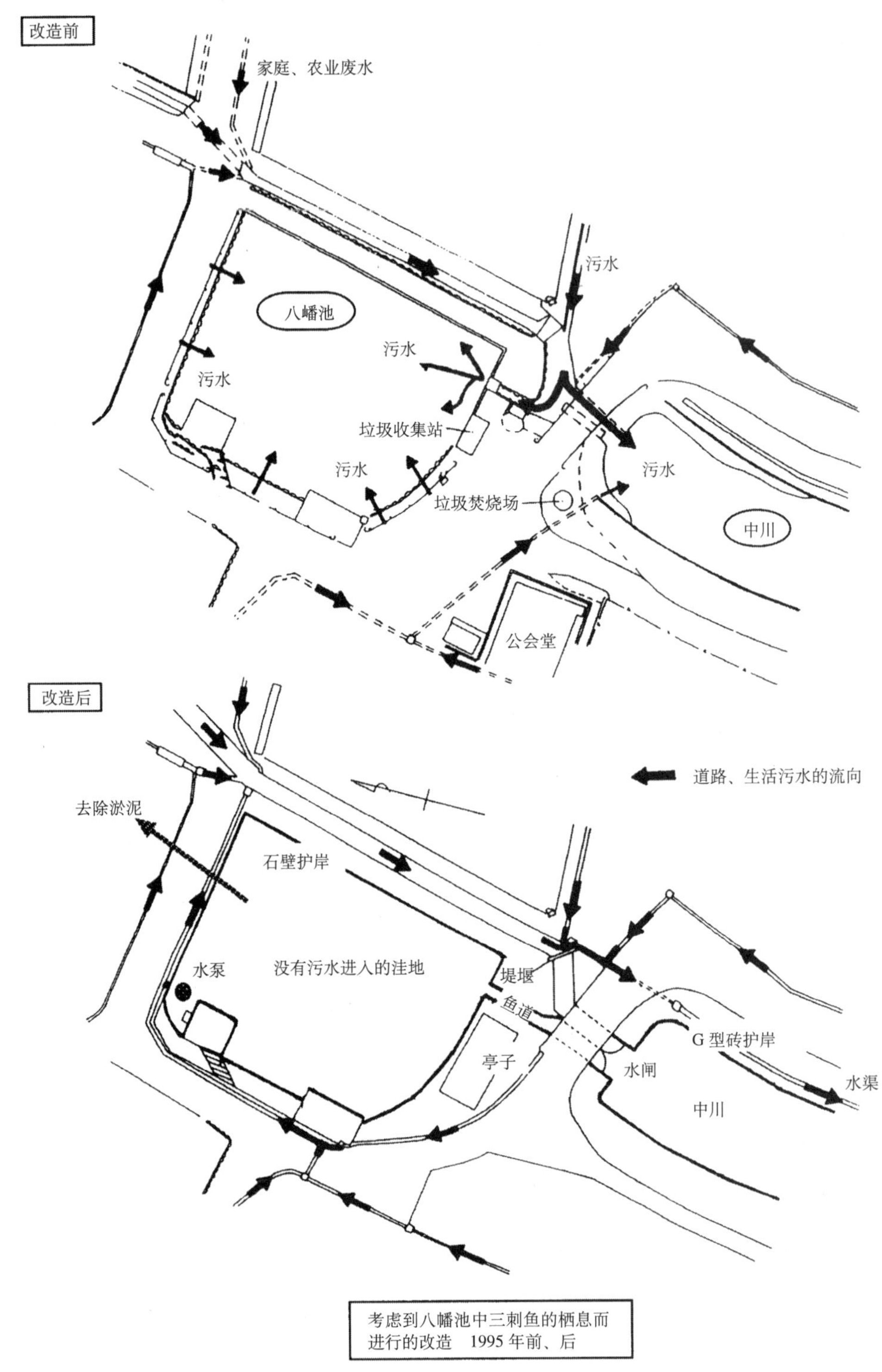

图 10　八幡池中反映了三刺鱼栖息的施工结果

A．泉水的类型

泉水的涌口有 2 种类型，分别是从水底喷涌而出的喷出型和从岸边或是水滨渗出的渗出型。在改变泉水域之际，其涌口的确认是必要的。在利用泉水建设人工池时，必须要先考虑到泉水口的类型再进行施工。不过遗憾的是，在实例当中，有时尽管其地点有渗出型的泉水，还是会在岸边建成垂直的混凝土护岸，形成给泉水盖上盖子的状态。因此，泉水当然无法涌出，水绵会变成糊状积聚起来。

B．施工步骤

施工要避开春季的繁殖期，在秋季～冬季期间进行。首先要清除沉积在底部的淤泥（由家庭和农业废水、道路水产生的）。然后要除去以往使用的混凝土护岸。这项工程较为困难，不过还是要尽量不采用混凝土，而是采用天然石作为周围的护岸，这样做的目的是为了使泉水更加容易涌出。接下来在水底设置斜坡，使得从岸边开始水深慢慢加深。另外，在泉水无法自喷之际，要设置人为汲水的水泵，这样做的目的是为了防止水的滞留。在泉水池中，如果水流缓慢且静水区较多导致水循环停滞的话，很快水绵就会覆盖整个区域。

其次，仅采用泉水来补充泉水池的水量很重要，由于地表水的流入会引起富营养化，因此必须要避免使用地表水。为此，要设置护墙板防止来自下游一侧的悬浊物较多的逆流，并且要在池周围设置侧沟，还要与地表水沿岸的居民和行政机关合作防止来自周围的地表水的流入。工程告一段落后，从周边水域移栽水草。另外，在池畔建设了设置有保护启蒙解说板（图 11）的附属设施（凉亭）。

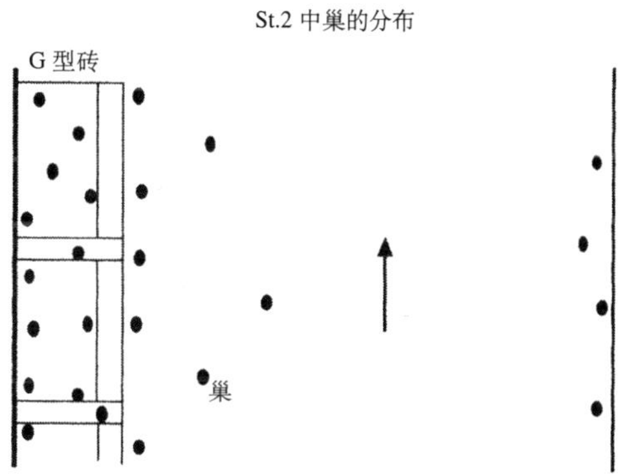

砖块带（St.2）与非砖块带（St.3）中营巢数的峰值

	St.2	St.3
1995 年 5 月	38	9
1995 年 6 月	72	25
1996 年 5 月	54	18

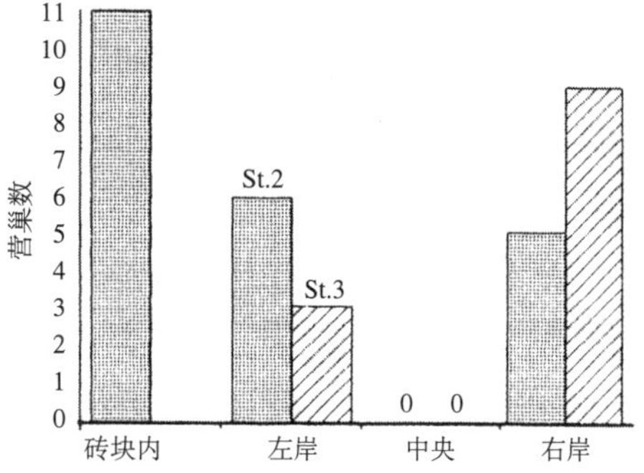

图 11　作为小头刺鱼繁殖地的泉水池畔写有保护事项的解说板

图 12　作为施工的事业评估的营巢数的变化

这些施工尽管有一部分没有按照预定计划进行，不过由于保护力度超过以往，因此具有相当好的效果。目前，泉水不断持续涌出且保持着较高的透明度，小头刺鱼在其中营巢并反复进行着世代交替（图 12）。

在小头刺鱼保护的生态缓和中，最大的课题是如何构建作为栖息地的泉水域。为了形成自然的泉水池，举例来说，就必须要有坡度较缓的土堤岸或是石岸（具有加固岸边的意义），泉水从岸边涌出或是在附近的水底有涌水口以及水边生长有挺水植物或是水草的水滨环境。另外，泉水池通过细流与干流连接，并在细流之间形成湿地。这样一来富于起伏的湖岔会形成复杂的地形，产生多样的微环境[24)]。为了保全小头刺鱼，就必须保证这些具有泉水生态系统特性的多样环境条件。

（3）案例 2（石川氏拟鲿）

1）道路建设规划中关于石川氏拟鲿的规定

岐阜县 X 町近年来（目前仍在建设中）提出了在石川氏拟鲿栖息的 B 川进行新的道路建设的规划[4)]。该规划中，在河流某处弯曲部分有个地点的道路宽幅非常狭窄，关于像这样沿着河流拓宽道路还是架设桥梁在靠山一侧挖掘打通道路，各方面争论不休（参照图 7）。这条道路的定位是町里的生活道路，在连接各个村落方面非常重要。县政府有效的引入了保护石川氏拟鲿生活的施工方法进行了道路建设。此时，首先必要的是，通过调查弄清楚该弯曲部分的河流环境对于石川氏拟鲿来说具有何种意义。

A．石川氏拟鲿是什么？

首先，来简单介绍一下石川氏拟鲿这种鱼类。石川氏拟鲿属于鲶形目黄颡鱼科，是仅仅分布于流入伊势湾和三河湾的河流中的日本固有的淡水鱼。栖息于河流的中、上游流域，容易受到人类活动的影响，近年来其栖息场所显著减少。石川氏拟鲿的保全不仅单纯意味着珍稀种的保护，还意味着对于本种的分布区域即东海地方的中游流域的河流环境进行保全，目前，紧急的重要课题就是探索其保护的方向性[4，18，28 ~ 31)]。另外，关于本种的基本生态和生活史，近来积累了很多知识[32 ~ 35)]。

B．个体数的掌握

在伴随着该河流区域道路规划的河流改造规划中，为了实现石川氏拟鲿的保全，首先必须要掌握该场所中本种的现状。以掌握个体数的现状为目的，验证了该区域对于石川氏拟鲿来说作为栖息地的意义。在实施调查之前，从文化厅取得了与调查相关的特别捕捞许可。

调查河流是属于木曾川水系的 B 川。目的是掌握相当于道路建设预定范围的约 1km（图 7）内栖息的石川氏拟鲿的个体数。由于事先知道石川氏拟鲿是以深潭为中心栖息的，因此调查了范围内全部共 21 个深潭（图 13）。对于捕捞到的石川氏拟鲿，在测量了标准体长并辨别了雌雄之后，再放流回原本的采集地点。还进一步测量了深潭的形状（长、短直径，水深），并调查了鱼类区系。

该调查的结果是，石川氏拟鲶肉眼观测总计 408 个个体，尤其是在深潭 P10 和深潭 P11 观测到了最多的数十个个体（表 1）。另外，根据采用了事先标示再捕法的个体数推测法，可知在各个深潭中栖息的个体数的推测值为观测数的约 3.02 倍。根据该推测法，推测调查区间下游流域的深潭 P1 和深潭 P3 中栖息有大约 100 个个体，而在位于弯曲部分顶点的深潭 P7 以及略微靠近上游的深潭 P10、深潭 P11 中则确认到了相对较多的个体。根据上述调查结果，推测在不足 1km 的流程中的 21 个深潭内，栖息着超过 1200 个个体（±110 个个体）的石川氏拟鲶(表 1)。该推测值显示了迄今为止在其他水系中很罕见的个体数。

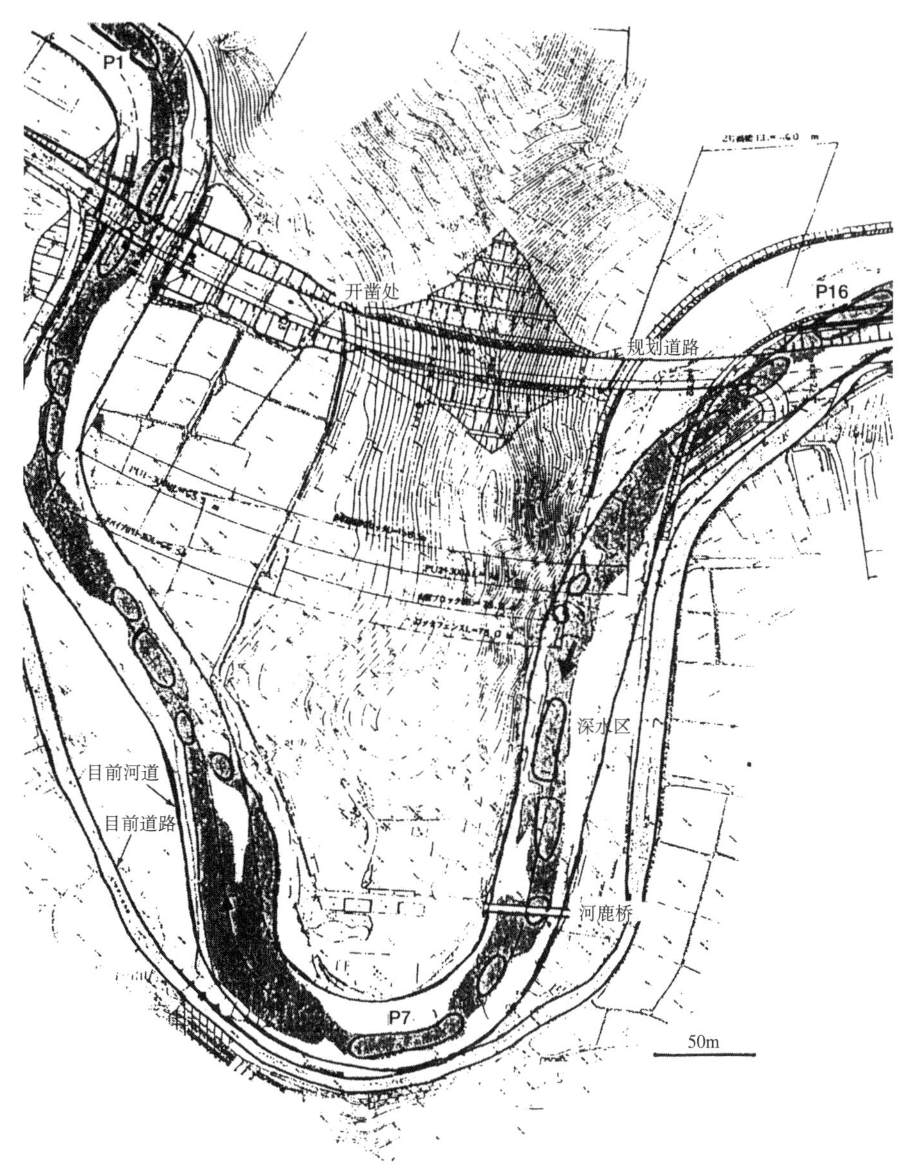

图 13　属于木曽川水系的 B 川与开凿道路的规划位置

（目前的规划转移至图中更上方的位置）

弯曲部分的调查区域与深水区（P1 ~ P16）的位置

图 14　石川氏拟鲑的栖息区域

从弯曲顶点面临下游。能够看到左岸的道路护栏。由于该道路较为狭窄，因此规划了道路建设。

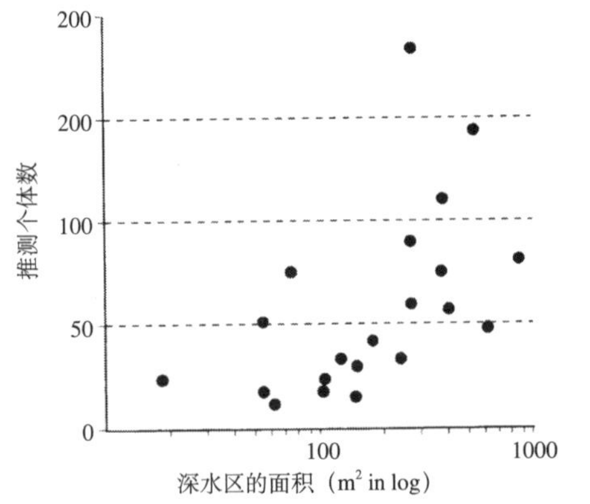

图 14　不同深水区中的个体数与深水区大小的关系

表 1　各个深潭的肉眼观测数和推测个体数

各个深潭的推测结果

	di	^yi	SE(yi)
P1*	25	111.5	40.7
P2	16	48.4	15.4
P3	30	90.7	28.9
P4	19	57.5	18.3
P5	25	75.6	24.1
P6	11	33.3	10.6
P7*	38	82.3	32.7
P8	17	51.4	16.4
P9	15	75.6	24.1
P10	48	145.1	46.2
P11	61	184.5	58.7
P12	8	24.2	7.7
P13	5	15.1	4.8
P14	8	24.2	7.7
P15	6	18.1	5.8
P16*	21	60.2	17.8
P17	14	42.3	13.5
P18	6	18.1	5.8
P19	10	30.2	6.9
P20	4	12.1	3.9
P21	11	33.3	10.6
总计	1233.7 + / − 110.4		

资料来源：根据标识再捕法推测。

C．个体数与深潭大小

经过测量各个深潭的大小和形状，发现具有深潭面积越大其夏季的石川氏拟鲑的个体数越多的倾向（图 14）。即便是在 12 月份这个非活动期的调查中，在较大的深潭的砾石间发现了 5 尾石川氏拟鲑。不过，如果深潭较大但是空隙较少则栖息数并不多（未发表的数据）。作为夜行性石川氏拟鲑在白天的栖息场所和繁殖场所，岩石的裂缝、悬浮石下方、砾石之间、植物带的根茎等空隙具有重要的意义。石川氏拟鲑利用的空隙大小，既有仅能容纳下身体的小空隙，也有能够来回游动的大空隙。这说明，作为繁殖场所的深潭和空隙的减少，对种群维持来说会产生较大的破坏。

D．生态调查的反应

根据以上结果，在该对象区间，石川氏拟鲑栖息的密度在其他水系极为少见，说明具备了对于它们的生活来说相当适宜的良好环境条件。不过，如果在对河流环境进行人为改变之际没有采取充分的对策与管理，该河流中的石川氏拟鲑种群的个体数就会急剧减少。正因为自然度较高，所以更容易受到人为变化的影响。因此，在进行道路维护之际，为了控制对河流环境和石川氏拟鲿生境的破坏程度，还是架设桥梁直线穿越的方式比沿着河岸拓宽道路宽幅更好些。这样一来，就要去尽量不对河岸和河床施加人为变化，并且不改变河道使其保留现状。尽量回避河道变更这一点本身，就是对于石川氏拟鲿的生活和生态进行的非常有效的保护。即，即便不在河道内设置鱼床、鱼巢块和鱼道等构造物，实施其他方法而不对河道进行加工的话，就是对于自然有益的保护[4, 26, 27]。

笔者相信，看到该结果，岐阜县土木行政单位在道路规划中，目前应该正在进行着不去处理弯曲部分而是将道路直线化的规划（参照图 13）。并且，比起最开始提出的道路直线化规划，新的规划在制定之际考虑到了不去改变河道，而是弯曲规划道路，从而不给河流造成影响。关于该建设工程对石川氏拟鲿生活的保护，进行了与以生态学根据为基础的施工方法相关的讨论，可以说是在确定伴随着河流改造的道路规划的决定事项之际，能够提供依据的案例之一（图 15）。

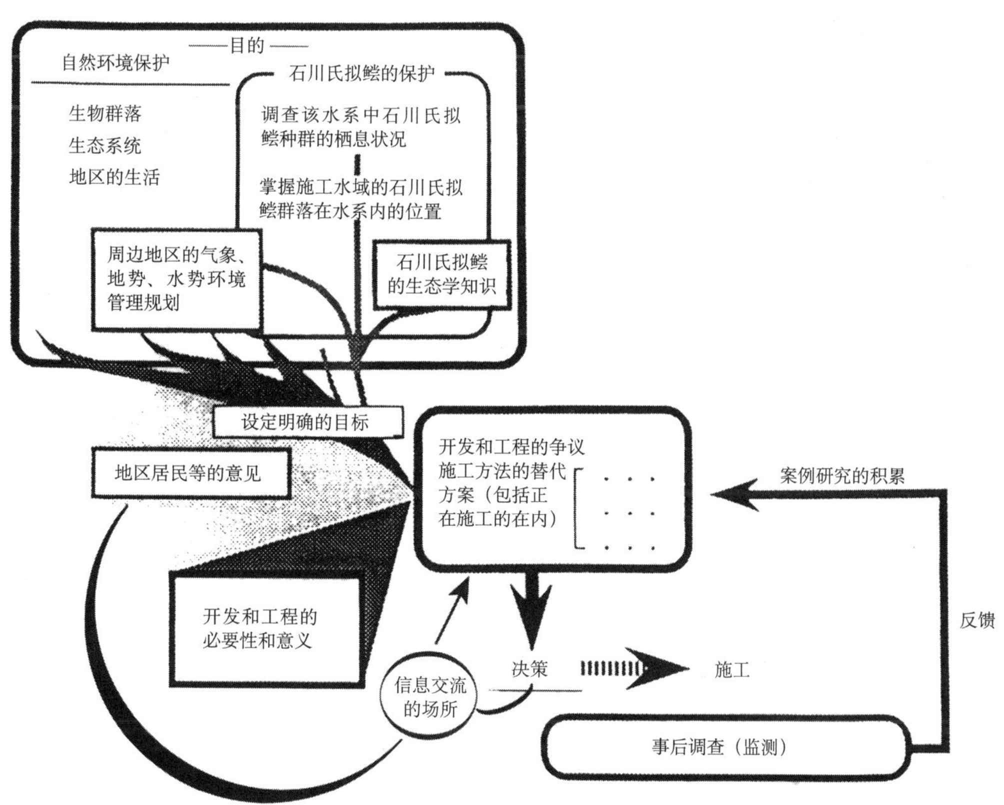

图 15　河流改造规划事业中考虑自然的决策过程（引自渡边、森，1998，有改动）[31]

2）今后的保护对策

以此为基础，从保全石川氏拟鲿以及作为其栖息条件的清流环境的观点出发，笔者整理了在对景观维护及施工方法进行规划时，应该考虑和参考的要点。

A．保护之际应该考虑的环境

石川氏拟鲿主要的隐蔽场所以及繁殖场所是砾石之间等的空隙。对于石川氏拟鲿的栖息来说，从深潭到缓流浅滩，具有某种深度且水流较为缓和的水域很重要。另外，它们利用的饵料生物（主要是水生昆虫）在缓流浅滩中居多。砂土堆积和水位的变化会使得饵料的利用变得困难。必须预测堆积作用等造成的水深分布的变化，以保证充足的隐蔽场所。因此，必须要以水文学分析为基础，预测河床深掘和沙土堆积，创造出能够持续保持充足面积的深潭和缓流浅滩的流水区域。

作为该调查区域中应该考虑的事项，在位于最上游的堤堰中没有石川氏拟鲿能够向上游去的鱼道，出现了完全阻碍上、下游流域之间水生生物移动的情况。在该堤堰中，规划设置保持鱼类等能够移动的机能的鱼道不失为策略之一。在设计该鱼道方面，与渔业工会之间必须充分协调意向。

B．工程的实施

考虑到石川氏拟鲿的生活史，如果需要施工的话，原则上应该考虑以可以称得上是不活泼的非活动期的冬季为中心。另外，如果在冬季施工，应该考虑尽量不使工程废水流入石川氏拟鲿的栖息地，尤其是避免流入缓流内。石川氏拟鲿的移动性较低，在工程实施的初期阶段，有可能会遭受到长期无法恢复的影响。因此原则上，还必须要注意工程的步骤和施工方法，做到完全不对河流内以及河水造成影响。例如，施工中设置的道路和重型机械驶入河流内的话，就有可能对栖息场所造成恶劣的影响。另外，施工中和竣工后出现的砂土堆积与河床深掘等，被认为会对石川氏拟鲿生活的重要空隙条件产生影响。并且，这些河床变动还会对作为饵料的水生昆虫等动物、植物区系产生较大的影响。

也就是说，作为石川氏拟鲿的保全对策，笔者总结了以下几点，即：维持作为石川氏拟鲿栖息场所的包括空隙较多的深潭在内的自然河流形态，采用不会威胁石川氏拟鲿的饵料生物等生物群落存活的施工方法和规划设计，在施工中和竣工后都要尽可能的防止人为的环境干扰和水质污染。

C．临时性避难

实施工程之际，在有些情况下，不得不使石川氏拟鲿进行临时性避难。该临时性避难的方法是，在该河流的其他水域设置沉水鱼笼和水族馆等设施，并在其中饲养石川氏拟鲿，等竣工之后再放流回原处。施工过程中，动物避难期间可能出现各种问题。如果施工期短，仅在一代内进行移动，虽然有中途意外死亡的可能，但没有太大的问题。即便如此，也必须在迫不得已的情况下，经过慎重判断，才能实施。如果饲养时间达两三年，子代会诞生，就会出现如何对待子代的问题。由于饲养繁殖的鱼类可能会出现遗传偏离，因此如果没有进行详细的调查和探讨，就不能进行放流[31)]。

另外，在栖息地恶化的情况下，放流到其他水域也可以作为保全的策略之一。不过，在决定放流场所之际，解决问题常常会遇到困难。将多个个体移动到已经有石川氏拟鲿栖息的其他场所的话，就是忽视了该场所的环境容纳量。而放流到没有石川氏拟鲿栖息的场所的话，又可以说缺乏放流的合理根据。并且，是否掌握了该场所对于该种是否合适也是个问题。

（4）生态缓和的发展趋势

鱼类（本章介绍的是小头刺鱼和石川氏拟鲿）的保护对策的第一要点，可以说是对作为其栖息环境的河流物理环境（水温、水深、流速、底质及空隙）进行系统详细的测定，掌握环境条件的哪方面对于其生活来说较为重要。其次，在构造物建成之后，最好能够对鱼类生活与河流环境之间的关系进行持续的追踪评价。并且应该将该评价应用到今后“考虑到了自然”的建设工程中去[5, 26, 27)]。即作为保护事业的生态缓和的第一要点，就是掌握它们自身的生态，开发反映其生态的施工方法和技术并引进到实际的建设工程当中。在此，在保全小头刺鱼和石川氏拟鲿方面，笔者列举整理了如下重要事项。

① 调查在已经确认到对象鱼种栖息的周边区域中的分布以及栖息状况。尽可能从生态学上，在与其他水系的栖息地的比较过程中，进行现状环境作为栖息场所是否适宜的评价。以该结果为基础资料，考察今后应该如何进行保全。

② 必须要对小头刺鱼和石川氏拟鲿如何生活（例如食性和摄食行动等）进行生态学方面的持续调查。哪怕是实施保护，如果对他们的生活不利的话就没有意义[24, 26)]。也就是说，必须从生态的角度掌握鱼类的生命周期内适宜的物理（水温、水深、底质、流速、空隙）和化学（水质、pH）栖息环境，并把该结果运用到建设工程中，否则是无法达到目的的。

③ 由于小头刺鱼和石川氏拟鲿的栖息地是局部性的而且极为稀少，因此，从“分散风险”的角度来看，寻找其他能够放流的水域十分关键。在发现适宜水域的情况下，也应该考虑将放流事业作为策略之一。当然，并不是只要判断适宜就可以放流到任何水域的，必须要慎重进行[8, 21, 22)]。另外，这么做也不会降低现有栖息地的价值。

④ 从系统保存的意义上来说，可考虑人工饲养并增殖保存，或是冷冻标本化。例如，水族馆、内水水面水产试验场、机关单位和学校池塘（作为群落生境）等也可以作为候补地。如果是小集团的话，在有些情况下基因多样程度容易降低并退化。

⑤ 禁止放流大口黑鲈和蓝鳃太阳鱼等肉食性鱼类。以池为中心，常常会采集观察到肉食性的外来种。这会对该池中小头刺鱼等固有的小型种造成威胁。如果可能，应尽早将禁止放流条例化。不管如何整备水池和进行管理，那么就算是设置了考虑到小头刺鱼的池，如果放流肉食性鱼种的话，还是毫无意义。因此，在将原有珍稀种的保全定位为第一要点的情况下，最好能够制定大口黑鲈和蓝鳃太阳鱼等的放流规定以及清除的规定。

⑥ 必须要制定禁止宠物店相关人员和爱好者大量捕猎的法规，和包括监视在内的保护体制。例如，被选定为保护动物或是登记进红皮书等、珍稀性得到认同的种或是濒危程度越高的

种，由于价值提高，有些情况下人为的捕猎压力会上升。不论对恶化的地点进行何种程度的复原，如果肉食性鱼类的放流和偷猎造成毁灭性打击的话，实施保全的意义就会所剩无几。该逻辑的内容简单易懂，十分明了。

图 16　岐阜县池田町架设于中川的小头刺鱼桥栏杆

这种标志在促进当地居民的环境意识方面发挥了一定的作用

⑦ 对当地居民进行关于小头刺鱼和石川氏拟鲶栖息意义的普及教育，在水环境保全活动的惯例化方面很重要（图 16）。这在上述保护体制和形成地域共识方面是必不可少的工作[18, 19, 23]。最好能够在普及这种自然环境实际状况的启蒙场所，例如学校以及终生教育的第一线进行。另外，今后对如何考虑自然的理念的讨论地点及时机也是很关键的。这不仅是考虑信息公开的要求更是与本土的自然相和谐的更本质的需求。

（5）今后对于自然的关注

上文指出了河流中自然环境的若干个要素之间的关系，以及定量并持续掌握作为生物生活场的环境在生态学上的重要性[1, 7, 24]。重要的不仅是，事先进行生态学方面调查，并将该结果反映到项目的方向性上，还有如何保持行政机关和研究人员之间信息交换的场所和关系。即，如何在生态缓和事业中，有效的反映出以生态学观点为基础的事前调查和项目评价[37]中（参照图 9）。

在城市近郊，住宅区等的建设开发使得城市周边部分更加扩大。位于平原和山地之间的平地和丘陵地，目前成为了自然和人工建筑之间攻防战的战场。曾经，村落零星分布，平地是以水田为中心耕种的场所，在距今仅仅约 40 年前，还保留着自然的形态，是人类生活的地方。这种丘陵地作为人类的生活据点成为了主要的场所，城市化会愈演愈烈。当然，在此无法简单论及是非，但是可以事先注意。这并非是对于小规模栖息地的局部改善和维持现状，而应该将流域作为考虑的范围。今后，关于未来自然环境和人类生活之间共生的状态，必须以流域为单位，具体的提出。

（森诚一）

参考文献

1）森　誠一（1998）：自然への配慮としての復元生態学と地域性，応用生態工学，**1**，43-50.
2）森　誠一（2000a）：必要な魚道，不要な魚道，応用生態工学，**3**，235-241.
3）森　誠一（2000b）：多自然型川づくりへの枚挙的指摘，応用生態工学，**3**，265-268.
4）森　誠一（2000c）：道路計画箇所におけるネコギギの実態調査と行政の対応，森　誠一編集，環境保全学の理論と実践（所収），信山社サイテック．
5）森　誠一編集（2000a）：環境保全の方法：理論と実，信山社サイテック．
6）森　誠一編集（2000b）：特集：魚道の評価，応用生態工学，**3**，151-241.
7）Fiedler, P. L. and Kareiva, P. M. (eds.) (1998) : Conservation Biology, For the coming decade, Chapman & Hall.
8）森　誠一（1999a）：ダム構造物と魚類の生活，応用生態工学，**2**，165-177.
9）Mori, S. (1987a)：Divergence in reproductive ecology of the three-spined stickleback *Gasterosteus aculeatus, Japan. J.Ichthyology,* **34**, 165-175.
10）Mori, S. (1987b)：Geographical variations in freshwater populations of the three-spined stickleback, *Gasterosteus aculeatus* in Japan. *Japan. J. Ichthyology,* **34**, 33-46.
11）Mori, S. (1993)：The breeding system of the three-spined stickleback, *Gasterosteus aculeatus* (forma *leuira*), with reference to spatial and temporal patterns of nesting activity. *Behaviour,* **126**, 97-124.
12）Mori, S. (1995a)： Factors associated with and fitness effects of nest-raiding in the three-spined stickleback, *Gasterosteus aculeatus,* in a natural situation. *Behaviour,* **132**, 1011-1023.
13）Mori, S. (1995b)： Spatial and temporal variations in nesting success and the causes of nest losses of the freshwater three-spined stickleback. *Environmental Biology of Fishes,* **43**, 323-328.
14）Mori, S. (1998)： Dyadic relationships in nesting male three-spined sticklebacks, *Gasterosteus aculeatus. Environmental Biology of Fishes,* **52**, 242-250.
15）森　誠一（1985）：ハリヨの分布-減少の一途，淡水魚（大阪），**11**，79-82.
16）森　誠一（1991a）：わき水の魚・ハリヨの生活史，岐阜県南濃町教育委員会.
17）森　誠一（1991b）：イトヨ属－繁殖システムの多様性，陸水生物学報，**6**，1-10.
18）森　誠一（1988）：淡水魚の保護—いくつかの現状把握といくつかの提，関西自然保護機構会報，**16**，47-50.
19）森　誠一（1989）：ハリヨノ分布とその減少，関西自然保護機構会報，**17**.
20）森　誠一（1994）：魚と人を巡る水環境—ハリヨのこれまで—，水資源・環境研究，**7**，22-29.
21）森　誠一（1997a）：トゲウオのいる川：淡水の生態系を守る，中公新書，中央公論社.
22）森　誠一（1997b）：希少淡水魚の現状と系統保存（長田芳和・細谷和海編），緑書房.
23）Mori, S. (1994)：Nest site choice by the three-spined stickleback, Gasterosteus aculeatus, in spring-fed waters. *J. Fish Biology,* **45**, 279-289.
24）森　誠一（1999b）好ましい湧水環境，ビオトープの構造-ハビタットエコロジー入門（杉山恵一編），朝倉書店.
25）森　誠一・渡辺勝敏（1990）：淡水魚の保護—ハリヨとネコギギの場合から—，淡水魚保護，**3**，100-109.
26）森　誠一編集（1998）：魚から見た水環境，信山社サイテック.
27）森　誠一編集（1999）：淡水生物の保全生態学，信山社サイテック.
28）森　誠一・渡辺勝敏（1999）：床固め河川改修とネコギギの生活．淡水生物の保全生態学（森　誠一編），信山社サイテック.
29）東海淡水生物研究会（1997）：河川生態系における環境保全のための生態学的研究，第21回日産学術研究助成.
30）渡辺勝敏（1997）：ネコギギ，日本の希少淡水魚の現状と系統保存（長田芳和・細谷和海共編），緑書房.
31）渡辺勝敏・森　誠一（1998）：橋の架け替え工事に伴うネコギギの生息場所の変化．魚から見た水環境（森　誠一編），信山社サイテック.
32）美濃加茂市教育委員会社会教育課・東海淡水生物研究会編（1992）：清流に棲む夜行性の魚ネコギギの生活史，美濃加茂市教育委員会.
33）三重県教育委員会・東海淡水生物研究会編（1993）：天然記念物ネコギギ—三重県における分布・生態調査，三重県教育委員会.
34）Watanabe, K. (1994a) : Growth, maturity and population structure of the bagrid catfish, Pseudobagrus ichikawa, in the Tagiri River, Mie Prefecture. *Japan. J. Ichthyol.,* **41** (3), 243-251.
35）Watanabe, K. (1994b) : Mating behavior and larval development of Pseudobagrus ichikawai (Siluriformes : Bagridae *Japan. J. Ichthyol.,* **41** (3), 243-251.
36）Young, A. G. and Clark, G. M. (eds.) (2000) : Genetics, Demography and Viability of Fragmental populations. Cambridge Univ. Press.
37）Sutherland, W. J. (2000) : The Conservation Handbook, Research, Management and Policy, Blackwell Science.

9. 两栖类和爬虫类

（1）日本的两栖与爬虫类的现状

1）两栖与爬虫类的生态

日本栖息着2目8科15属64种、亚种(包括引进种在内)的两栖类和2目14科47属97种、亚种的爬虫类[1, 2]。这些物种中，除了小鲵类之外，在吐噶喇诸岛以南种数增加，在岛屿出现了固有的种分化。小鲵类被认为是由以往经由朝鲜半岛进入日本西部的祖先演变而来的，在本州的日本海一侧出现了分化。

两栖类的幼体在水中生活，多数种类在变为成体之后会上岸（图1）。卵则产在水中或是水滨。幼体靠鳃呼吸，上岸之后用肺呼吸，不过由于也进行皮肤呼吸，所以通常栖息在湿润的环境中。由于具有这样的生活史,因此行动范围有限，包括岛屿固有种在内分布都较为狭窄。因此，容易受到伴随着开发的栖息场所分割的影响。两栖类的栖息场所为水中、水滨、森林和草地等，产卵场所（幼体的栖息场所）则可大致分为流水区和静水区两种。从环境的稳定性这一点来看，流水要胜过静水，不过静水的饵料更为丰富，并且水温也较高，对发育有利。小鲵类的寿命比蛙类要长，平均每次产卵数量较少，幼体期较长。产卵场所为溪流、具有泉水的静水区中相对比较稳定的小水潭或湿地。幼体以水蚤和摇蚊幼虫等水中小动物为食，成体在林地植被中以土壤动物为食。每只雌性成体的产卵数从12（日本爪鲵）到500（日本大鲵）不等，静水性种为70左右。幼体期较短的为几个月（云斑小鲵），长的有3年（日本爪鲵）。多数种类发育至性成熟需要3年以上时间，而寿命则从10年（云斑小鲵）到数十年（日本大鲵）不等。蛙类的栖息场所为水田、湿地、临时性的水滩等静水和溪流等。在吐噶喇诸岛以南的阔叶林地区的溪流里栖息着许多珍稀种。栖息在溪流中的种，既有湍蟾蜍等在缓流深潭在产卵的种，也有石川赤蛙等在岸边坑穴里产卵的种。一般来说，雌性成体的产卵数较多，日本蟾蜍和牛蛙会达到1万个以上。幼体期大多为1～3个月左右，不过也有牛蛙这样幼体过冬的种。幼体大多是杂食性的，也有以藻类和动植物遗体等为食的。成体为捕食型，以昆虫和蚯蚓等为食。

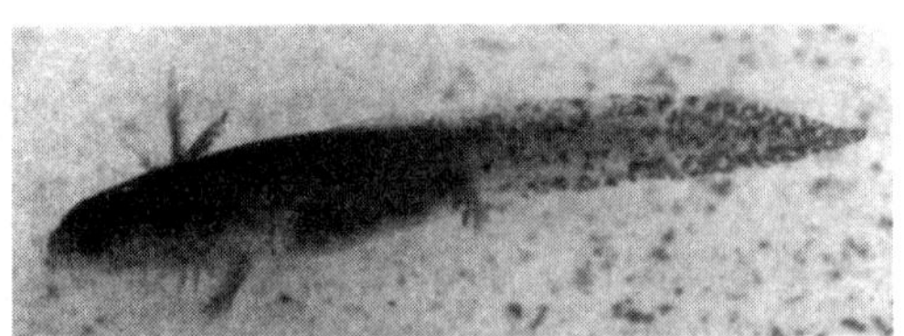

图1　挂榜山小鲵的幼体

（竹田俊雄拍摄）

爬虫类有龟类、壁虎、蜥蜴类和蛇类。主要的栖息场所为陆地，不过有些种类除了产卵期之外，一生都是在水中度过的。与两栖类相比，雌性成体的产卵数较少。龟类的栖息场所为海洋、湖沼和陆地，不过产卵全部都是在陆地上进行的。除海洋性的种外，九州以北的种全部栖息在池沼或是水流缓和的河流中，属于杂食性。在冲绳，栖息着琉球长尾山龟等陆龟（图 2）。石龟的寿命为 20 ～ 30 年，产卵之际会在干燥的地面上挖坑产卵，一个地点的产卵数为 1 枚，每年产卵 10 ～ 20 枚。壁虎类和蜥蜴类都在陆地上捕食昆虫等小动物，不过前者是夜行性的，后者主要是昼行性的。壁虎类的栖息场所以住宅及其附近的树上较多，还有一部分栖息在海岸等地。多疣壁虎在住宅的天花板后或是墙壁的缝隙里产卵，一次产卵数为两三个，卵壳较硬，抗干燥力较强。栖息于冲绳诸岛的琉球睑虎栖息在湿润的林地植被中。蜥蜴类多数栖息在林地边缘和疏林等。日本石龙子于 6 月下旬在石头下面等处产卵 6 ～ 15 枚，雌性保护卵。蛇类的栖息场所多种多样，既有像海蛇那样栖息在海中，也有像菊里后棱蛇那样栖息在溪流、林地植被及石灰岩洞窟等。蛇类的饵料也因种而异、多种多样，包括小动物、鸟类和昆虫等，也有琉球钝头蛇这样专吃蜗牛的种类。

图 2　长尾山龟

2）两栖类和爬虫类红色清单 [3)]

在小鲵类、蝾螈类的 22 种和亚种当中，有 14 种（约占 2/3）进入了红色目录（表 1）。蝾螈类除了 2 种之外，分布在九州以北。多数静水性种栖息在丘陵地区的次生林和与耕地相连的山村林环境中，都市开发、耕地整备和放弃耕作造成的干燥化等导致了其繁育环境的丧失。红色目录记录中衰退的原因有开发、水质恶化、乱捕等。

在蛙类 42 种和亚种当中，记录在红色目录的种在九州以北仅有孔疣蛙，而在吐噶喇诸岛以南指定的 8 种全部都栖息在常绿阔叶林的水滨，衰退的主要原因被认为是林道建设和森林砍伐。

爬虫类个体数的减少受人为造成的环境破坏的影响较大。而从日本国外和其他地方引进的鼬等肉食动物也成为了爬虫类生存的威胁。另外还存在滥捕爬虫类作为宠物的问题。

除了海洋性的种之外，在龟类 8 个种和亚种（驯化种 1 种）当中，冲绳县的 2 种被指定为 VU（易危）。这两种都栖息于湿润的常绿阔叶林的林地植被中，衰退的主要原因被认为是森林砍伐、滥捕及引进种的影响等。蜥蜴和壁虎类 36 种和亚种当中记录在红色清单的种和亚种为 11 个，除了日本石龙子和冈田石龙子之外，剩下的都是奄美大岛以南的岛屿性种。VU 中的黄口攀蜥是林地边缘性的，岩岸岛蜥是海岸性的，而奄美石龙子和睑虎 5 个亚种栖息于湿润的常绿阔叶林中。衰退的主要原因被认为是森林砍伐、滥捕及引进种的影响等。其中，向岛内引进鼬，对于蜥蜴类来说造成了巨大的威胁。蛇笼 38 种和亚种当中记录在红色清单的 13 种和亚种全在奄美诸岛以南。栖息于湿润林地植被的种较多，CR（极度濒危）中的菊里后棱蛇是淡水性的，衰退的原因被认为是水质污染、滥捕和捕食者的入侵等。其他濒危种主要的衰退原因被认为是湿地和森林的开发、捕食者的入侵等。

3）保护的机关法律

A．物种保存法

以保存濒危野生动植物的物种为目的，于平成4年（1992年）制定，适度追加了保护种。此法的主要内容为：禁止对指定种采集和买卖、保护栖息地及实施保护增殖事业等。在该法中，河氏小鲵和菊里后棱蛇被指定为日本国内珍稀野生动物、植物物种。

B．天然纪念物

日本大鲵被指定为特别天然纪念物，其栖息地中也有被指定为保护区的地点。森树蛙和杜父鱼蛙的繁殖地和栖息地中有被指定为天然纪念物的地点。萩市见岛的龟类（地龟、乌龟）栖息地及岩国市的日本锦蛇的白化型栖息地也被指定为天然纪念物。

表1　日本产两栖类和爬虫类清单（1）

日本名	主要分布	产卵和发育环境	RD
●鲵类			
日本大鲵	岐阜县以西的本州、四国、大分县	山地河流	NT
极北鲵	钏路湿原	平地静水	NT
滞育小鲵	北海道全境	平地到山地的静水	
费氏小鲵	新潟县、群马、栃木、茨城县北部、东北地区	低地到山地的静水	
东京小鲵	关东地区到福岛县东部	低地到丘陵地的静水	LP
白马小鲵	长野县白马村、富山县立山周边、岐阜县北部	山地的静水	ED
挂榜山小鲵	石川县、富山县	丘陵地的静水	EN
河氏小鲵	京都府和兵库县北部、福井县西部	静水	CR
黑小鲵	关东地区北部、东北地区、中部地区（日本海一侧）	低地到山地的静水	
云斑小鲵	铃鹿山脉以西、四国、九州	低地到丘陵地的静水	LP
邓氏小鲵	大分县、熊本县东北部、宫崎县、四国西南部	丘陵地到山地的静水	VU
对马小鲵	对马	丘陵地的溪流	
隐歧小鲵	隐歧	山地的溪流	VU
飞驒小鲵	关东以西的本州（日本海一侧）	山地的溪流	
黑疣小鲵	铃鹿山脉以西的本州、四国、九州	丘陵地到山地的溪流	

续表

日本名	主要分布	产卵和发育环境	RD
琥珀小鲵	熊本县、宫崎县、鹿儿岛县	山地的溪流	NT
布氏小鲵	奈良县、和歌山县、三重县、四国、大分县、鹿儿岛县	山地的溪流	LP
日本爪鲵	本州、四国	山地的溪流伏流水	
蝾螈	本州、四国、九州	低地到山地的静水、缓慢的流水	
剑尾蝾螈	奄美诸岛、冲绳诸岛	低地到山地的静水	NT
琉球棘螈	奄美大岛、德之岛、冲绳岛、渡嘉敷岛	低地到山地的湿润的林地内池沼	VU
●蛙类			
关东蟾蜍	本州东北部	开阔环境的静水	
日本蟾蜍	本州西南部、四国、九州	开阔环境的静水	
湍蟾蜍	本州中央部	山地溪流	
宫古蟾蜍	宫古岛、伊良部岛	旱地、草地的静水	
蔗蟾蜍	小笠原诸岛、大东岛、石垣岛	开阔地点的静水	
日本树蛙	九州以北全日本	开阔环境的较浅静水	
哈氏雨蛙	奄美诸岛以南	平地村落周边的较浅静水	
日本林蛙	本州、四国、九州	低地、丘陵地的森林附近的较浅静水	
对马赤蛙	对马	低地、丘陵地的森林附近的较浅静水	
琉球赤蛙	奄美诸岛、冲绳岛、久米岛、德之岛	低地到山地的森林附近的池沼、湿地	
田子蛙	本州、四国、九州	山地溪流的伏流水	
隐岐田子蛙	隐歧	山地溪流的伏流水	
屋久岛田子蛙	屋久岛	山地溪流、湿原的岩石缝隙和伏流水	
流田子蛙	本州中央部	低山溪流的深潭	
北海道赤蛙	北海道	森林、草原的较浅静水	
山赤蛙	本州、四国、九州	丘陵地、山地的较浅静水	
东北林蛙	对马	山间森林的静水、水田	
黑斑蛙	除了关东、东北南部之外的本州、四国、九州	水田	
东京短脚赤蛙	关东、东北南部	低地水田、较浅的静水	
孔疣蛙	中部地方南部、东海、近畿地方中部、山阳地方东部、四国的一部分	低地水田、较浅静水	VU

续表

日本名	主要分布	产卵和发育环境	RD（物种濒危等级）
粗皮蛙	本州、四国、九州	低地到低山的水滨	
牛蛙	日本全国	低地的水滨	
泽蛙	本州中部以西、四国、九州、奄美诸岛、冲绳诸岛	水田、较浅的静水	
先岛蛙	八重山诸岛	各种环境的较浅静水	
浪江蛙	冲绳岛	常绿阔叶林内的河流源流	VU
石川赤蛙	奄美大岛、冲绳岛	常绿阔叶林的溪流	EN
尖鼻蛙	冲绳岛	常绿阔叶林的溪流	VU
奄美尖鼻蛙	奄美大岛、德之岛	常绿阔叶林的溪流	VU
大尖鼻蛙	石垣岛、西表岛	森林覆盖的水流清澈的流水	NT
小尖鼻蛙	石垣岛、西表岛	常绿阔叶林的溪流	EN
竖琴蛙	石垣岛、西表岛	平地到山地的池、湿地	
拇棘蛙	奄美大岛、加计吕麻岛	常绿阔叶林的水滨	VU
赫氏赤蛙	冲绳岛、渡嘉敷岛	常绿阔叶林的源流区域的泥沙地和水流附近的水滩	VU
森树蛙	本州	森林的池、水田	
施氏树蛙	本州、四国、九州	平地和低山的水田、湿地	
奄美树蛙	奄美大岛、德之岛	低地森林的水田和池	
冲绳树蛙	冲绳岛、伊平屋岛	森林附近的水田和湿地	
八重山树蛙	石垣岛、西表岛	森林附近的水田和池岸	
白颌树蛙	冲绳岛、宫古岛	市区和耕地的静水边缘	
艾氏树蛙	石垣岛、西表岛	山地森林的树洞等水滩	
杜父鱼蛙	本州、四国、九州	山地溪流	
日本树蛙	吐噶喇诸岛	水田和山地森林的溪流	
冲绳姬蛙	奄美诸岛以南	各种环境的静水	
●淡水、陆龟类，蜥蜴、壁虎类			
食蛇龟	石垣岛和西表岛	林地植被的湿润常绿阔叶林	VU
琉球长尾山龟	冲绳岛、渡嘉敷岛、久米岛	常绿阔叶林的湿润地	VU
乌龟	本州、四国、九州	河流和池沼	

续表

日本名	主要分布	产卵和发育环境	RD（物种濒危等级）
地龟	本州、四国、九州	山间部分的河流和池沼	
黄喉拟水龟	京都、大阪、滋贺	静水区域和缓和的水流	
八重山南方石龟	恶石岛、冲绳诸岛、八重山诸岛	河流、池沼	
巴西红耳龟	本州以南	河流、池沼	
中华鳖	本州以南	水流较缓的河流、湖沼	DD
黄口攀蜥	冲绳诸岛和奄美诸岛	自然林的林地边缘部分和次生林	VU
先岛黄口攀蜥	宫古岛、八重山诸岛	自然林的林地边缘部分和次生林	
日本石龙子	九州以北	草地和石墙、日照良好的斜面	LP
冈田石龙子	伊豆诸岛	草地和石墙、日照良好的斜面	LP
奄美石龙子	冲绳诸岛、奄美诸岛	常绿阔叶树的自然林	VU
石垣石龙子	八重山诸岛	山地的森林	
冲绳石龙子	冲绳诸岛	草地和石墙、日照良好的斜面	
大岛石龙子	奄美诸岛	草地和石墙、日照良好的斜面	
岸上石龙子	宫古诸岛、八重山诸岛	草地等比较开阔的环境	NT
沿岸蜥蜴	宫古诸岛	海岸	VU
先岛滑蜥	宫古诸岛、八重山诸岛	森林内的林地植被	
对马滑蜥	对马	低地到山地	
日本光蜥	冲绳诸岛、奄美诸岛、吐噶喇列岛		
小笠原石龙子	小笠原列岛、鸟岛、南鸟岛、南硫磺岛		
胎生蜥蜴	北海道北部		
先岛草蜥	石垣岛和西表岛、黑岛		
翡翠草蜥	宝岛、奄美诸岛、冲绳诸岛		
宫古草蜥	宫古诸岛		
日本绿草蜥	九州以北		
黑龙江草蜥	对马		
安乐蜥	小笠原诸岛		
截趾虎	奄美诸岛以南		
多疣壁虎	本州、四国、九州		
铅山壁虎	九州南部、除了大东诸岛		

续表

日本名	主要分布	产卵和发育环境	RD（物种濒危等级）
四国壁虎	本州西部、四国、大分县		
屋久壁虎	屋久岛、种子九州南部		
半叶趾虎	西表岛、宫古岛		
鳞趾虎	小笠原诸岛、冲绳诸岛以南		
疣尾蜥虎	德之岛以南、小笠原诸岛		
原尾蜥虎	奄美诸岛以南		
南鸟岛壁虎	南硫磺岛、南鸟岛		
琉球睑虎	冲绳岛、古宇利岛、濑底岛		VU
日本睑虎	渡名喜岛、渡嘉敷岛、阿嘉岛、伊江岛		EN
豹纹睑虎	德之岛		EN
伊平屋睑虎	伊平屋岛		CR
山科睑虎	久米岛		EN
●陆产蛇类			
钩盲蛇	吐噶喇列岛中部以南、八丈岛、小笠原诸岛	草地	
琉球钝头蛇	石垣岛、西表岛	栖息在森林，树上性	NT
黑脊蛇	本州、四国、九州	山地等的林地植被	
日本脊蛇	奄美大岛、枝手久岛、加计吕麻岛、德之岛、冲绳岛、渡嘉敷岛	除了林地植被之外，还有与湖沼相邻的草地	NT
八重山脊蛇	西表岛和石垣岛	保持着适宜湿度的常绿阔叶林和石灰岩植被	NT
日本四线锦蛇	北海道、本州、四国、九州	草原和林内	
黄颔蛇	北海道、本州、四国、九州	山地的林地植被	
王锦蛇与那国亚种	与那国岛	林地边缘、疏林	VU
日本锦蛇	吐噶喇列岛以北	范围广阔	
黑眉锦蛇台湾亚种	冲绳本岛	民居附近和森林	
黑眉锦蛇先岛亚种	宫古岛、大神岛、池间岛、伊良部岛、下地岛、来间岛、多良间岛、石垣岛、西表岛、小滨岛	范围广阔	
冲绳翠青蛇	冲绳诸岛、奄美诸岛、吐噶喇列岛南部	林地植被、耕地、草原	
先岛翠青蛇	八重山诸岛		NT

续表

日本名	主要分布	产卵和发育环境	RD（物种濒危等级）
菊里后棱蛇	久米岛	常绿阔叶林的流水	CR
半棱鳞链蛇	奄美诸岛和冲绳诸岛	耕地到森林	
赤链蛇	对马	森林和水田	
先岛赤链蛇	宫古诸岛和八重山诸岛	森林和草地、耕地、人家附近	
东方链蛇	屋久岛以北	低地到山地	
先岛梅花蛇	石垣岛、西表岛、宫古岛、伊良部岛	森林及其周边	NT
费福氏铁线蛇	宫古岛、伊良部岛	湿度适宜并堆积有腐殖质的场所	EN
尖尾两头蛇	与那国岛	常绿阔叶林的自然林	VU
东亚腹链蛇	本州、四国、九州	山地的森林	
东亚腹链蛇男岛亚种	男女诸岛的男岛	山地的森林	
宫古腹链蛇	宫古岛、伊良部岛	湖沼（小型、微型）及其周边	VU
背棱腹链蛇	奄美诸岛、冲绳诸岛	山边的湿地、苗圃	
八重山腹链蛇	石垣岛、西表岛	山边的苗圃的周边、水滨	
虎斑颈槽蛇	本州、四国、九州	沿山的苗圃和河流	
岩崎环纹赤蛇	石垣岛、西表岛	湿润的常绿阔叶林的林地植被	NT
日本丽纹蛇	奄美大岛、加计吕麻岛、与路岛、请岛	常绿阔叶林林地植被等相对比较湿润的环境中较多，陡坡等更加干燥的地方也能观察到	NT
布氏丽纹蛇	奄美、冲绳诸岛	常绿阔叶林林地植被和石灰岩植被内	NT
日本蝮	屋久岛以北	山地森林	
对马蝮	对马	山地森林	
冲绳烙铁头	奄美诸岛和冲绳诸岛	山地森林	
琉球原矛头蝮	八重山诸岛	分布广泛	
蝮蛇	奄美诸岛、冲绳诸岛	分布广泛	
鹿儿岛原矛头蝮	宝岛、子宝岛	分布广泛	
原矛头蝮	冲绳岛		

RD：物种濒危等级，CR：极危，EN：濒危，VU：易危，NT：近危，LP：地域个体群，DD：信息不足

参考文献：

千石正一、疋田努、松井正文、中谷一宏（1996）：日本动物大百科 5 两栖类、爬虫类、软骨鱼类，平凡社

前田宪男、松井正文（1989）：日本蛙类图鉴，文与综合出版；环境厅（2000）

修订· 日本濒危野生生物—红色数据册—（爬虫类· 两栖类篇 2000）

C．环境影响评价法

在环境评估中，知事、环境省大臣根据必要，对批准权限者提出环境保全方面的意见，在批准之际应充分考虑到环境。例如，在能登机场的建设评估中，由于发现挂榜山小鲵等濒危物种的栖息，因此环境厅对具有批准权的运输省提出了意见书。在此，除了转移的保全对策之外，还提出了对转移地以及残留的栖息地进行持续管理的必要性。环境影响评价的事例数据库[4)]范围有限，不过与两栖类相关的居民意见、知事意见、环境保全措施有 24 件（全部为阁议评估），其中，事业方提出的环境保全措施的两栖类对象有费氏小鲵、日本爪鲵、云斑小鲵、东京小鲵、黑小鲵、森树蛙、杜父鱼蛙及孔疣蛙等。对于除此以外的普通种，也提出了“虽然山赤蛙以及蟾蜍不属于珍稀种因而不是预测和评价的对象，不过在今后实施工程建设时，会考虑自然理念采取环境友好的措施推进建设”（三远南信公路）。

此外，关于通过划分一定地域进行保护的制度，设立鸟兽保护区和自然环境保护区域等从森林行政的方面进行保护的案例，藤森等人的报告中[5)]进行了详细的论述。

（2）地域个体群的维持方法

两栖类和爬虫类多数种衰退的原因，是由开发造成的栖息场所的消失和环境变化导致的。因此，最佳的方法是对国家和地方自治体记录在红皮书上的物种进行地域规模的规划，以避免其栖息场所的消失；对于其他物种，也最好通过代偿等进行同质生态系统总量的保存。

1）个体群灭绝的原因

在种的分布区域内，由于地形或是其他原因遭到实质上的隔离的群体就是种群，有些情况下，也被称为地域种群。各个地域种群多数情况下会被分成栖息在零星分布的补丁状栖息场所的个体群即局部种群。具有这种构造，局部种群之间的个体移动率相对较低的地域个体群，称为原型种群。即便属于同一物种，在地域种群之间也能够观察到伴随着基因变化的生态差异和基因差异，基本上是将地域种群作为单位进行保护。

使得个体群灭绝的有两种途径[6)]。其一是使种群水平下降的因素，其二是使得小种群灭绝的因素。生物的个体数分为由能够利用的饵料等资源量和被天敌捕食的概率等决定的决定论式的部分，以及有无法预测的变动决定的部分。根据红皮书的记录，使两栖类和爬虫类的个体群水平下降的因素以开发（城市化，道路、河流改造，森林采伐）为最多，其他还有捕食者和竞争种的引进、滥捕等。这些原因导致规模减小的种群，由于人口统计学式的偏差、环境偏差、基因退化等 造成的灭绝风险会上升（图 3）。

人口统计学式的偏差，是指在环境一定的情况下，即便到繁殖环节为止的存活率和产卵数的平均值没有变化，也会有由概率论原因造成的子代数的变化。例如，假设某生物截止繁殖环节的存活率为 50%，个体群尺寸大的话到繁殖环节为止存活的个体频率基本接近 50%，但是如果仅有 5 个个体的话，即便只有 1 个个体无法存活，那么概率即达到 1/32。环境偏差则是指由气象条件的恶化和捕食者的增加及山火和洪水造成的灾难等导致的死亡率的增加。这种环境

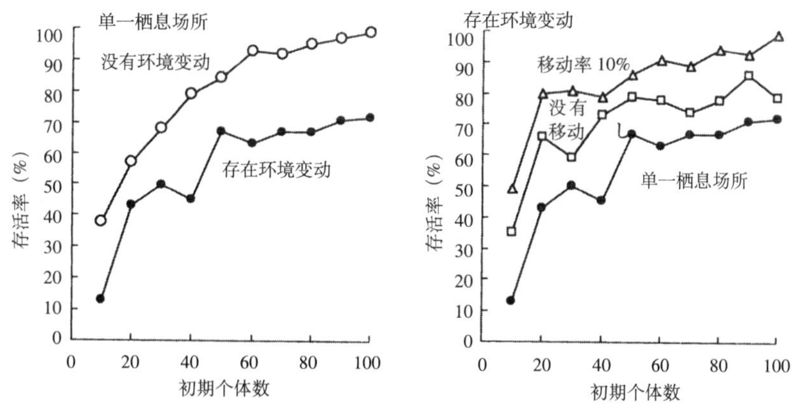

图 3　对种群存活率产生影响的各种条件

左：环境变动的影响。通过 100 次反复推测出 50 个世代后的存活率。单性生殖的情况下，1 次繁殖产出 25 个子代后死亡。发育至能够繁殖的存活率为 4%，在存在变动的情况下，会取 5% 或者 1.6384% 的值，取这两个值的概率分别为 80% 和 20%，由随机决定。平均每 5 年会出现 1 次小年。没有密度效应，个体数能够无限增加。
右：栖息场所分割的影响。在存在 2 个栖息场所的情况下，每个场所的个体数各占一半。在每个栖息场所，环境会独立发生变动。该图假设在栖息场所移动之际没有个体死亡。

偏差会增大个体群灭绝的风险。

在存在环境偏差的情况下，局部个体群中具有原型种群构造的个体数会较为稳定，而且灭绝的风险也会降低。在这种情况下，当环境偏差在各个栖息场所不同时，分为多个栖息场所的话对个体存活较为有利，而所有的栖息场所环境都同步变动时，多个栖息场所的有利效果就会减少。实际上，尽管没有调查过日本的两栖类和爬虫类的栖息场所之间环境偏差的同步程度为多少，不过作为生态缓和栖息场所的构建，规划建设多个生物个体可相互移动栖息场所是很好的。

基因退化有基因变异的减少导致的适应能力下降、近亲杂交劣势、异种间的交配机会增加等。这种基因退化在暂时性的个体数减少时也会出现（瓶颈效应），即使是在个体数恢复之后，也会维持较高的灭绝风险。在伴随着施工的临时性的饲养保护以及向新保护区移动个体之际，尤其要注意这一点。防止基因退化所必需的个体数因种和条件的不同而异，不过有假说认为，在所有个体参加繁殖、随机交配的条件下，至少需要 50 ～ 500 个个体 [7]。

2）地域个体群维持的基本原则

维持地域个体群的基本要点是，第一防止地域栖息场所的量的减少和质的退化，第二防止栖息场所的隔离，第三在具有原型种群构造的情况下适度维持局部个体群之间的网络，第四不使局部种群的规模缩小。在具体的开发规划中可考虑设置核心区域。核心区对开发进行的相对较少的森林环境中栖息的种比较适用，而在为开发较多的丘陵和平原中栖息的种设置核心区域之际，则必须要探讨生态缓和银行等深入的手法。关于种的恢复规划，Langton[8] 整理了必要的事项（表 2）。

关于濒危物种，在进行栖息场所调查的同时，还应该通过生长环境模型推测潜在的栖息适宜地，建立 GIS 数据库以回避这类场所来进行开发规划[9]。

另外，近年来农业的变化也对一部分两栖类和爬虫类的栖息产生了影响，因此也必须要有加强建立耕地生物多样性保护机制。例如，像欧盟各国采用的搁置规定[8]那样，提供一部分休耕地作为两栖类和爬虫类的栖息场所等也可产生一定保护作用。

表 2 恢复规划的必要事项

种的记述
栖息场所的记述
过去和现在的分布
个体数的现状和倾向
生活史
引起减少的原因
法律保护的现状
种的威胁
研究以及保护项目的现状
公共机构和民间保护的兴趣
推荐的保护手段
恢复的目标
恢复的时间表
第三方对于恢复规划的评价

3）地域种群保护的案例

针对受到物种保存法保护的河氏小鲵和菊里后棱蛇，设定了保护区，而河氏小鲵于平成 8 年（1996 年）被指定进行增殖项目。不过，关于其他的种，还没有国家规模的保护和恢复规划。

作为地域保护规划实例，NGO（非盈利组织）东京小鲵研究会的例子较为突出[10]。该实例是以 2 个优秀的数据为基础的。其一是通过研究会和市民实施调查，弄清楚栖息场所的分布和各个栖息场所的卵囊数（繁殖雌体个数），其二是在草野积累长期的种群生态学数据，以此为基础进行个体群存活可能性分析（PVA）。PVA 是通过调查得到的各个年龄段的存活率和繁殖率数据，来推测未来个体数和灭绝概率的手法。而 50 年或者是 100 年等一定年份之后将灭绝概率控制在 5% 甚至 1% 等基准值以下的必要的最小个体数称为最小生存可能个体数(MVP)。据推测，为了使 100 年后个体群存活的概率达到 95%，必须要有约 100 个繁殖雌个体。在调查过的 86 个个体群中，满足这一条件的个体群仅仅有 4 个。不过，由于各个个体群的规模有增大的倾向，因此，推测 50 年后存活的个体群为 21.5 个；并且推测，东京都内雌个体数会由目前的 1750 减少 70%。作为种群保全的措施，提出了通过在孵化后马上进行临时性的饲养来改善幼体期的存活率和复原倾向场所的提案。

在岛根县瑞穗町，于 1993 年～ 1994 年在整条河流实施了日本大鲵的调查，推测栖息有 1800 头。町教育委员会的森冈弘典指出，调查的目的是“日本大鲵的保护问题，从开始施工开始，（中略）受到临时保护这一点是有其现实性的，因此事先在制定开发规划之前就准备好了数据，等到规划制定出来，（中略）就能够根据日本大鲵的栖息情况来修改规划”[11]。

英国的黄条背蟾蜍的保护常常得到研究[12]。本种在位于灌木丛或是河流的沙丘等开阔的环境中的较浅池沼里繁殖，但是植被开始迁移的话，就会被欧洲蟾蜍置换。本种衰退的原因被认为是由池沼的减少和放牧的衰退导致的植被发生种群演替造成的。这样的话，首先个体群规模的增大就可能通过建设池沼来实现。虽然没有推测 MVP，不过成体数不足 100 个的个体群也能够长期存活，因此将 100 作为了最低目标。个体群较小且地下水水位较低的所有场所都成为了建设的对象。在 25 年间，建成了相当于现存栖息场所的 67% 的 200 处池沼，在约半数的场所中，新的池沼避免了个体群的概率论学上的灭绝。但建设中也有失败，造成失败的原因有：场所设定的失败、不充分的植被管理，地下水水位判断失误导致池沼过深等。

(3) 生态缓和的规划

1) 生态学条件

种群规模是生态缓和成功的重要条件。可能栖息的个体数与面积成正比，因此必须要确保充足的栖息场所面积。两栖类的成体和幼体的栖息场所不同，因此必须满足两个方面的要求。Wilbur[13] 根据要求的条件可分为以下几类：

① 密度依赖调节仅在幼体期发挥作用：栖息在有限的栖息场所，或是成体寿命较短的种。

② 密度依赖调节仅在成体期发挥作用：即仅在寿命较长或是成体的栖息场所的生产力比幼体的栖息场所要低的种中发挥作用。

③ 密度依赖调节在成体和幼体两方面都发挥作用：成体的个体数较高时，以满足幼体的栖息场所为主；幼体的栖息场所的生产力较高时，以满足成体的栖息场所为主。

在①的情况下，为了产卵和幼体建设而管理池沼十分重要。然而，在②的情况下，就必须把重点放到成体的栖息场所的维持管理上来。当然，调节两栖类个体数的模式并不只有上述 3 种，此外在很多情况下，个体数是受到非密度依赖性的干扰才被抑制在较低水平的。

关于东京小鲵，研究推测幼体期和上陆后生存率的提高在降低灭绝风险方面具有积极意义[10]。成体个体数不存在密度依赖性，而幼体期由于受到捕食导致初期的死亡率较高，说明了饲养从卵囊至幼体初期的个体之后再将其放流的方法具有增大个体群规模的可能性。该方法被认为是当种群规模降低到一定程度以下或是向新的栖息地转移之际的有效手段。

如上所述，栖息场所存在多个且具有相互移动的可能，对于环境偏差造成的灭绝是有效的。在采取代偿措施的情况下，为了维持独立的个体群，最好是保持新的保护地与外部的网络或是重新形成网络。

2) 发育环境

在实施工程之际，最好能够回避对于保护对象种来说重要的发育环境。两栖类和爬虫类的栖息环境多种多样，有溪流、池沼等的水面、湿地、林地植被、草地及洞窟等。Richter[14] 从 1989 年至 1995 年对 Puget Sound 流域 19 块湿地中的小鲵和蛙类做了代偿，根据其结果，在促进繁殖方面，水温、水质、流速、水深、水位波动、植被率、植物茎干的粗细及泛滥河滩的持续性等很重要。由于黄条背蟾蜍喜欢栖息于在通常雨量情况下初夏会干涸的浅池，因此认为最大水深不超过 1m。当水质呈酸性时，可在灌木丛中建设混凝土池，以利于水质中和及水位保持。在较大的池沼，为了保全水质，在夏季干涸之际清除底泥。

两栖类成体所必须的陆地栖息场所，对于孔疣蛙等基本上不离开水滨的种等能够满足其最小生存面积即可，而栖息于森林中的种则需要稍大些的面积。有名的例子是，欧洲蟾蜍成体的栖息场所距离繁殖池可达几千米。在日本通过标识再捕法和遥测技术进行的调查事例中，繁殖个体距离繁殖池的分散距离是：蟾蜍为 20 ~ 500m，森树蛙为 200m 以内[15]。关于孤立的栖息场所，云斑小鲵在约 $2.5hm^2$ 的树林（圆户、私信）中维持着种群，而森树蛙则是在金泽城（28ha）和世博公园自然文化园等中维持着种群。

由于蛇类和蜥蜴类的栖息场所在岩石裂缝等处，因此采用人工制造的具有各式各样的裂缝大小（最大 10mm）的大型铺设材料等（宽度 30 ~ 45cm，厚度 5 ~ 10cm）增加栖息数获得了成功[16]。

3）遗传条件

在由于施工而临时进行饲养保护或是转移到新的栖息场所的情况下，必须要注意保存原本种群所具有的基因多样性。即便是临时性的个体数减少及原型接合度减少，也会使适应度下降。在进行黄条背蟾蜍转移之际，转移的量为 5000 ~ 6000 卵，仅为约 2 个卵囊的量，但是为了保持基因多样性，是从多个卵囊中取样的[12]。

另一方面，局部个体群之间的遗传距离存在与地理距离成正比的倾向，受到地形等的隔绝之后，其效应会增大。在隔离与生态选择相结合的情况下，远距离个体群之间的杂交，估计会出现降低适应度的情况。因此，在从保护区之外引进个体的情况下，要在注意形态和生活史的遗传变异的同时，以回避来自远距离的移动为好。

4）移栽

国际自然保护联盟的物种保存委员会 IUCN/SSC 整理了再引进指南[17]。再引进的基本目的是，在野外确立能够存活的自由的个体群，对象是全球范围内或是局部濒危和接近濒危的种和亚种以及种族。应该在种以往自然栖息场所和分布范围内进行再引进，必须要有最小的长期管理。再引进分为 4 种类型（表 3）。

表 3　种移动的种类

再引进	是种的历史分布范围，不过要在根绝或是灭绝的区域确立种
转移	在野生生物的栖息范围内，有意识的间接移动
强化	是向现存的同种个体群追加个体，实施对象是由于性别和年龄构成不均衡而濒临危机的个体群以及原型接合度低下的个体群。
保全引进	为了保全种，在有记录的分布区域之外、但是生态地理学的区域内合适的栖息场所中，力图确立。只要在种的历史分布区域中不存在合适的场所，就是能够实行保全手段的场所。

在转移之前，必要的条件是：

① 实行可行性调查和背景研究（分类学、分子遗传学、个体群生态学、生活史及放逐后管理的模型实验）

② 转移地的选择（必要条件是在种的历史分布范围内，没有残存野生个体的存在，转移

地未来能够保全，具有环境收容力）

③ 获得转移存量的可能性（放养动物来自野外个体群最佳。）

如果在补充移动初始存量之际选择了野生个体群的话，放养个体群在遗传上就接近原生自生存量，表现出与原生个体群类似的生态特征最为理想。

④ 社会、经济、法律的必要条件等。

未来，转移后的必要课题有：①实施监测（个体群生态学和长期的适应过程、死亡因素），②必要的情况下引进补充性的饵料等，③修订规划、调整日程、决定中止等，④栖息场所的保护和修复，⑤通过教育和大众传媒等进行持续的推广活动，⑥再引进技术的相对费用效果和成功的评价，⑦定期向学术杂志和大众杂志投稿等。

关于两栖类和爬虫类再引进的实行可能性，在 Dodd 和 Seigel[18] 以 25 种两栖类和爬虫类的转移计划中有 5 种成功、6 种不成功、15 种无法确定，因此认为成功率仅为 20%，给出了消极评价。例如，休斯顿蟾蜍的转移，是于 1978 年由休斯顿公园策划的。当时选择了 10 个地点，于 1982 年开始转移，截至 1991 年人工放养了 50 万个个体（幼体和成体），但是没有成功。在伴随着个体移动的保护规划之际，必要的探讨事项有：①弄清楚种减少的原因，②弄清楚生物制约，③弄清楚集团遗传学和社会构造，④感染症，⑤长期监测。对于该评价，既存在批判的声音，同时还有认为成功率比实际要略高的看法，以及认为饲养繁殖是两栖类再引进的重要手段的看法[19]。一般来说，在两栖类中，产卵数相对较多则通过饲养繁殖进行转移的实行可能性较大，而在产卵数较少的爬虫类，则估计会更为困难。

黄条背蟾蜍的再引进是在经过设定优先地域并评价再引进成功的可能性之后进行的。卵囊的引进持续了 2 年时间。关于再引进的成功，设置了 3 个基准。

① 初期成功：2 年中每年内最少有 10 个亚成体上岸。

② 中间成功：再引进 3 年（性成熟的年数）以内成体回归。

③ 完全成功：产卵至少持续 5 年，成体数稳定或是增加，亚成体诞生 2 代。

失败的基准是，从最初转移开始的 10 年间，成体回归后没有产卵的情况。25 年间，20 例中失败了 6 例，不过其中 5 例是在 20 世纪 70 年代初期进行的，以后方法得到了改善，失败减少了。

（4）生态缓和的案例

关于日本的两栖类和爬虫类，回避的案例有中止建设挂榜山小鲵等栖息的富山县的核工业基地（1998.5）等，其余案例大多数采用了补偿的形式（东京小鲵[20]、挂榜山小鲵[21]、森树蛙[22]）。

1）静水性小鲵

在石川县羽咋市，作为伴随着丘陵地开发的挂榜山小鲵保护对策，1990 年建成了增殖池（图 4、图 5）[21]。沿着山谷宽度 5 ～ 6m、长度 47m 的区域采用混凝土板分割成 6 段，水深设定为 10 ～ 20cm。底面铺设了橡胶薄膜。

图 4　为挂榜山小鲵建成的人工湿地

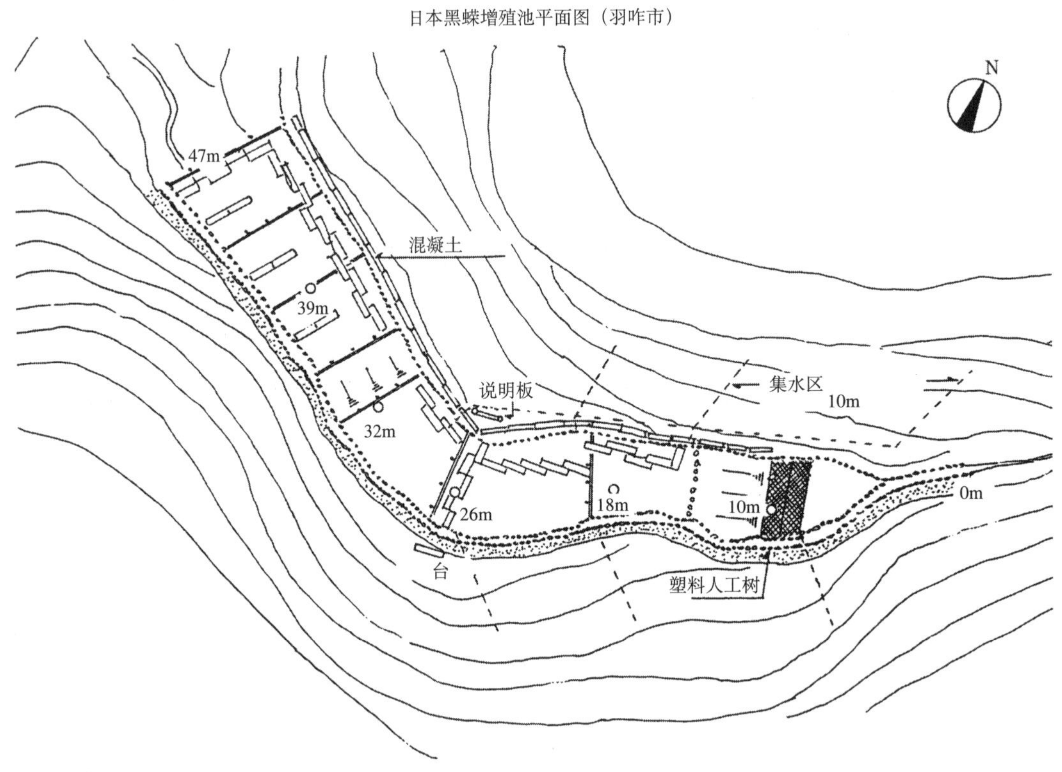

图 5　保护日本黑蝶所修建的人工湿地[21)]

池的一侧采用了石砌结构，对面一侧则沿池在单面设置了涨水时排水用的 U 字沟。作为水源，在池上部斜面的沿水平方向钻孔，确保泉水的涌出。之后，由于周边树木的采伐导致泉水减少，就通过管道从附近的贮水池引水。由于本种喜好将昏暗的地点作为产卵场所，因此在池上铺设了木制和混凝土制板。

在增殖池建成后，于 1990 年到 1996 年放流了卵囊，首次观察到产卵是在 1993 年。由于 1994 年的干旱，1995 年卵囊数减少，但于 1998 年以后卵囊数恢复。考虑到石川县境内能够确认到 30 对以上的卵囊的区域有 4 处，这里就是重要的栖息场所。

水最好能够确保使用泉水，不过羽咋的例子是通过从贮水池引水来维持的，也许对于水质没有必要过于在意。但是，管道引水会由于落叶等堵塞，因此必须进行管理。另外，由于池自身也会沉积枯死的植物和泥等，必须要定期进行扫除和疏浚。这种管理缺乏预算，存在交由志愿活动的问题。

云斑小鲵、东京小鲵的栖息环境与挂榜山小鲵类似，被认为保护方法也共通。在东京小鲵栖息的千叶县长南町高尔夫球场规划地内，整体共有 600 对卵囊，不过随着地形的改变，作为对于产卵场消失的代偿措施，建成了池[20]。产卵场在规划地的南侧和北侧共有 2 处，其中，北侧的湿地是利用了原本的谷津田地形，形成 9 段湿地。每一处用椰子纤维绳固定表土，建成了人工池。施工后监测的结果表明，尽管卵囊数比施工前的 1995 年有所减少，不过 1998 年确认到了 68 个卵囊，可以说在短期内取得了成功。

极北鲵广泛分布于西伯利亚地区，不过在日本仅分布于钏路湿原。但是，栖息地的大部分位于钏路湿原国立公园之外，受到开发的影响。因此，在公园内本种原本不存在的场所新建了 8 个人工池，从 1986 年至 1990 年的 5 年间，移入了成体雄性 66 条、雌性 150 条、卵囊 2140 对[23]。然而，此处产出的卵囊数每年最多不过 41 对（1994 年）。有研究人员指出，产卵必须要有适度的水深（40cm）和具有适度水深的面积（方圆 1.5m），人工池没有满足这些条件是导致卵囊数量少的原因。

2）日本大鲵

兵库县的建屋川在从 1991 年开始的 5 年间进行灾害修复工程之际，发现了日本大鲵，栖息个体中的 35 个个体放流到了支流中，227 个个体转移到池中进行了临时饲养，施工结束后再放流[24, 25]。保全对策是：①将全面多层式落差工程的一部分设置成斜路，方便日本大鲵向河流上游移动，②使护岸的一部分约 10 ~ 20m 凹陷进去 1m，堆上岩石，在岩石的最下方设置斗，将混凝土管作为与水路部分相连的人工巢穴（图 6、图 7），③将 50cm 以上的大岩石保存并列在河床上。在阶梯水路的情况下，为了使日本大鲵能够逆流而上，阶梯高度在 10cm 以下、宽度在 30cm 以上（冈山县旭川水系）；而在建屋川，由于阶梯高度为 30cm，因此在岸边用乱石设置了斜坡。进行了竣工后的监测，在巢穴中确认到了沿鱼道向上爬的大鲵。同样在兵库县的市川，设置的由直径 20cm、长度 2m 的混凝土管引导的直径 60cm 的巢穴，在实际中被用于产卵。

不过，栃本也介绍了伴随着河流改造的人工巢穴存在的问题[26]。在人工巢穴中产下的卵，有时会因为缺氧而全部死亡。这并不是巢穴自身的缺陷，而被认为是由于能够利用的巢穴较少才产生的问题。但是，有研究人员指出，在自然巢穴中，地下水会从岸边斜面渗透出去，而在混凝土护岸内的人工巢穴而无法做到。在自然河底设置人工巢穴的例子中，有时由于河底遭到

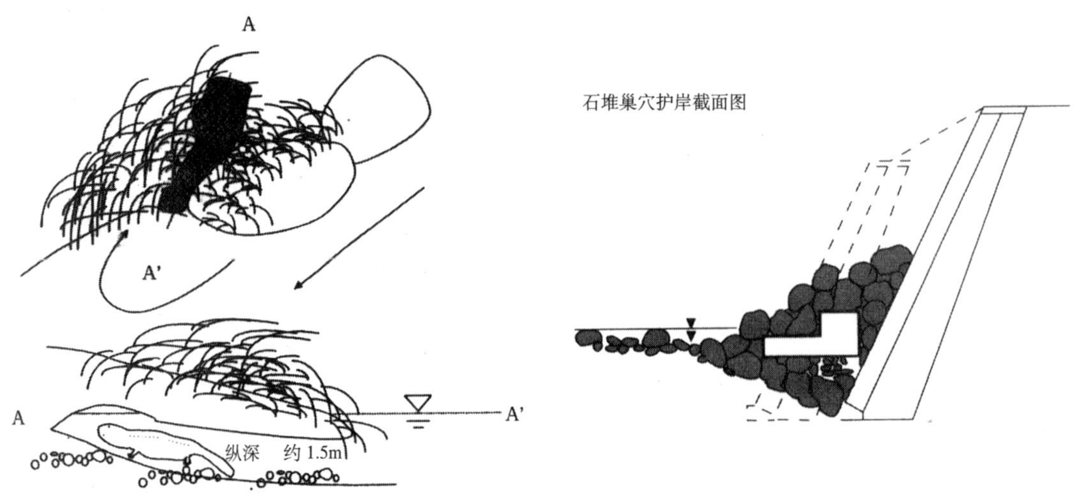

图 6　日本大鲵的自然巢穴（兵库县八鹿土木事务所，1999）　　**图 7　日本大鲵的人工巢穴** [25]

河流水流的侵蚀，棉被笼被冲走，巢穴会浮上水面。巢穴中还会出现砂土掩埋的问题。为了防止掩埋，在巢穴的上游一侧河底设置了混凝土带工，尽量使水流冲走巢穴入口处的砂土[27]。

除此之外，还有大阪府蟹势町天王川 、岐阜县的和良村等（1996 年，在护岸混凝土砖的下部设置了纵深 1m 的人工巢穴，1997 年 5 ～ 6 月在人工巢穴内确认到了日本大鲵）。

1996 年在中部电力的铁塔施工现场，确认到了白马小鲵的栖息。此时，采取了：①复原在施工中挖掘的地层，在地中铺设防水膜以保全地下水脉，②将树木砍伐的范围控制在最小，进行表土复原并通过植树快速绿化的保护措施。

作为对于普通种的栖息场所减少的生态缓和措施，将放弃耕种的谷户田作为公园，尝试进行了复原[28]。山谷水田复原后，最初一年日本林蛙的产卵数为 12 个卵块，第二年变为 1004 个卵块，第三年增加到 1071 个卵块。

3）移动路径的确保

众所周知，道路妨碍了两栖类和爬虫类的自由移动，分割了个体群，为了对此进行缓和，人们尝试了很多方法[29, 30]。防止交通事故最为有效的方法就是建立高架公路，其他的方法还有缩小道路宽度、降低行驶速度和交通量等。另外，隧道、栅栏及坑洞有时也会减少交通事故。为了使掉进路旁水沟里的个体能够脱离，尝试采用了附带有斜面的 U 字沟（图 8）。用于休斯顿蟾蜍和小鲵的一种（Ambystoma maculatum）隧道，在隧道入口附近采用了悬垂的高度 30 ～ 50cm 的栅栏。栅栏是像引路那样将动物引导至隧道(图 9)。隧道的口径,因种的不同而异，美国市场上销售的类型为 30cm × 30cm。在道路宽度较宽的情况下，就必须要扩大隧道的口径。不过，隧道的长度越长，利用的动物就有减少的倾向。

（夏原由博）

图 8　附带有斜面的 U 字沟（冲绳县）

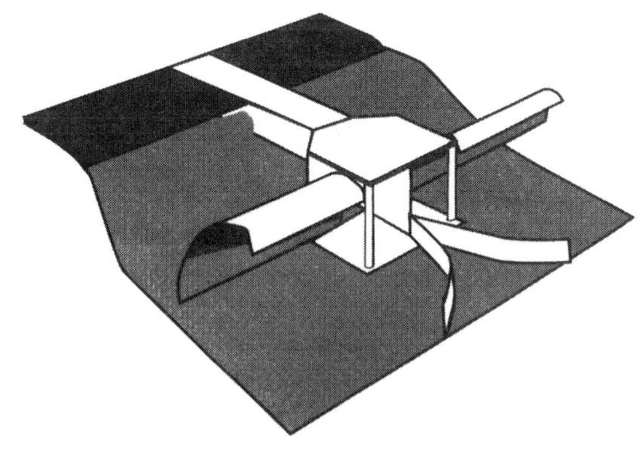

图 9　道路沿线带有栅栏和通路的隧道[30)]

参考文献

1）千石正一・疋田　努・松井正文・仲谷一宏編（1996）：日本動物大百科5両生類・爬虫類・軟骨魚類，p.189，平凡社.

2）前田憲男・松井正文（1989）：日本カエル図鑑，p.223，文一総合出版.

3）環境庁（2000）：改訂・日本の絶滅のおそれのある野生生物－レッドデータブック－（爬虫類・両生類編2000），http://www.biodic.go.jp/rdb/rdb_f.html

4）環境庁企画調整局環境影響評価課（2000）：環境影響評価情報支援ネットワーク，http:// www. eic. or. jp/ eanet/ assessment/jirei.html

5）藤森隆郎・由井正敏・石井信夫（1999）：森林における野生生物の保護管理，p.255，日本林業調査会.

6）宮下　直・藤田　剛（1996）：野外における希少種の保全．保全生物学（樋口広芳編），p.107-164，東京大学出版会.

7）プリマック，リチャードB.・小堀洋美（1997）：保全生物学のすすめ，文一総合出版.

8）Langton, T. (1998) : Amphibians and reptiles, Conservation Management of Species and Habitats, p.96, Council of Europe Publishing, Strasbourg Cedex.

9）夏原由博・神原　恵・森本幸裕（2001）：ニホンアカガエルの大阪府南部における生息適地と連結性の推定，ランドスケープ研究，**64**，617-620.

10）草野　保・川上洋一（2000）：トウキョウサンショウウオは生き残れるか？　p.69，トウキョウサンショウウオ研究会.

11）兵庫県自然保護協会（1997）：オオサンショウウオとの共生を考える－シンポジウム報告書－，p.79，兵庫県自然保護協会.

12）Denaton, J., Hitchings, S. P., Beebee, T. J. C. and Genti, A. (1997) : A recovery program for the Natterjack Toad (Bufo calamita) in Britain. *Conservation Biology*, **11**, 1329-1338.

13）Wilbur, H. M. (1980) : Complex life cycles. *Ann. Rev. Ecol. Syst.*, **11**, 67-93.

14）Richter, K. O. (1995) : Criteria in the restoration and creation of wetland breeding amphibian habitat. King County Environmental Division, Bellevue, WA 98106-1400, (206) 296-7264.

15）戸田光彦（1999）：両生類・爬虫類．森林における野生生物の保護管理（藤森隆郎・由井正敏・石井信夫編），p.69-73，日本林業調査会.

16）Webb, J. K. and Shine, R. (2000) : Paving the way for habitat restoration: can artificial rocks restore degraded habitats of endangered reptiles. *Biological Conservation*, **92**, 93-99.

17）IUCN/SSC Re-introduction Specialist Group (1998) : IUCN guidelines for re-introductions, IUCN

18）Dodd, C. K. Jr. and Seigel, R. A. (1991) : Relocation, repatriation, and translocation of amphibians and reptiles: are they conservation strategies that work? *Herpetology*, **47**, 336-350.

19）Bloxam, Q. M. C. and Tonge, S. J. (1995) : Amphibians: suitable candidates for breeding-release programes. *Biodiversity and Conservation*, **4**, 636-644

20) 横山能史・飯田健夫・長谷和昭・川田直良・滝本信春（2000）：ほたる・トウキョウサンショウウオの生態系保全，住友建設技報（土木編），**115**, 17-24.

21) 羽咋市教育委員会（1994）：ホクリクサンショウウオ増殖池の経過報告書，p.27，羽咋市.

22) 梅迫泰年・中尾浩之・長野　修（2000）：モリアオガエルの生息場所の創出，平成12年度日本造園学会全国大会シンポジウム・分科会講演集，p.153-154.

23) 神田房行・羽角正人（1999）：サンショウウオの生態とその生息域としての河川流域湿原植生構造の解明，秋山記念生命科学振興財団研究成果報告書**10**，p.26-31.

24) 栃本武良（1996）：人と動物との共生－河川工事とオオサンショウウオ－，姫路市水族館だより，**29**，2-4.

25) 兵庫県八鹿土木事務所（1996）：自然に優しい川へ... 一級河川鍵屋川における試み，兵庫県八鹿土木事務所，p.144.

26) 栃本武良（1998）：オオサンショウウオと共存できる環境づくりの試み，姫路市水族館だより，**32**，2-4.

27) 栃本武良（1999）：市川におけるオオサンショウウオの人工巣穴設置の試み－産卵場の復活にむけて－，兵庫陸水生物，**50**，95-102.

28) 福山欣司（2000）：復元された谷戸田における両生類相の変化，日本生態学会47回大会講演要旨，p.161.

29) Langton, T. E. (ed.) (1989) : Amphibians and Roads.- Proceedings of the Toad Tunnel Conference. Rendburg, Federal Repubric of Germany, 7-8 January 1989. ACO Polymer Products Ltd Hitchin Road, Shefford

30) Evink, G. L., Garrett, P., Zeigler, D. and Berry, J. (1996) : Trends in Addressing Transportation Related Wildlife Mortality. Proceedings of the Transportation Related Wildlife Mortality Seminar. State of Florida Department of Transportation, Tallahassee.

10. 鸟　类

（1）鸟类栖息环境中的生态缓和课题

鸟类的栖息环境，在这半个世纪当中受到人为改变的巨大影响，濒危种急速增加。在考虑鸟类栖息环境的生态缓和之际，仅仅避免开发造成的大规模环境破坏的观点是不充分的。也就是说，避免破坏目前残存的自然环境是基本的，还应该在确认需要保护的鸟类栖息环境的社会价值的前提下，在 21 世纪的发展过程中，尽可能考虑将已经遭到大规模破坏的栖息环境进行复原。

考虑到鸟类栖息地的保护、爱知县的案例是取消建设工程或是力图大幅度降低其影响的典型案例。藤前海涂是名古屋市原本预定开发为垃圾处理厂、后来发现是鹬鸟和鸻鸟类的重要的中转地。名古屋市希望在创建人工海涂的同时进行开发，但是受到自然保护团体等的反对，最终在环境厅的干预下转为对藤前海涂进行保护。另一个案例是濑户市海上森林的国际博览会规划，因确认当地为苍鹰营巢地，对最初的规划进行了大幅度变更。

在本章中，将介绍这些生态缓和案例的思路，并整理今后的课题。作为素材，将列举与水鸟的栖息环境即重要湿地保护相关的措施。

（2）国际湿地公约与生态缓和

1）国际湿地公约与水鸟

国际湿地公约是 1971 年通过的关于湿地保护的国际环境公约。

作为公约的发源地，欧美水鸟研究人员的作用较大，公约的正式名称是《关于特别是作为水禽栖息地的国际重要湿地公约》，在公约的正文中，包括名称在内水禽一词共出现了 11 处，因此容易让人误解是以保护水禽本身为目的的公约。

不过，目前，国际湿地公约作为湿地公约的性质已经明确，水禽的栖息环境的保护终归是湿地保护的结果。在每 3 年召开一次的缔约国会议的决议案和建议书中关键词明确为湿地的保护和合理的利用（不减少湿地价值的可持续利用），在其语境中能够体会到生态缓和明确为是重要的思路。

下面，笔者将介绍 1999 年 5 月在哥斯达黎加召开的第 7 届缔约国会议中，在考虑生态缓和之际不可忽视的 4 项决议案的主要内容[1)]。

2）国际重要湿地目录中湿地界限的变更和湿地栖息环境的补偿（决议 VII.23）

国际湿地公约规定，缔约国至少确定 1 处保护湿地，在国际范围内对湿地的保全和合理利用进行信息公开（日本截至2000年列入国际重要湿地目录的共有钏路湿原、琵琶湖等11处，面积共计83.725km^2）。

公约（第4条第2款）规定，国际湿地公约的缔约国保留在紧急国家利益情况下删除或缩小保护湿地的权利，此时，“要尽可能弥补湿地资源的丧失”，为了水禽的保护等“创设新的自然保护区”，并在决议中明确该手续。要求在紧急的国家利益之际，实施最高级别的影响评价，并向在栖息地的代偿等生态缓和方面有经验的缔约方提供信息。

日本的重要湿地除了琵琶湖之外，大多数是国立鸟兽保护区内的特别保护区域（未经批准不得改变自然环境），一般是国家严格管理的场所，这类界限不易发生变更；相反列入重要湿地的必要条件过于严格，也成为了重要湿地难以增加的背景原因。

3）消失的湿地栖息地及功能的补偿（决议VII.24）

许多国家的湿地丧失或是退化，以发达国家为代表，在这50年间，占总面积70%的湿地消失。有效的湿地保护生态缓和措施，首先是通过回避影响来保全湿地，其次是降低影响，最后手段则是补偿。

这些措施在欧盟以栖息地导则和《自然2000网络计划》的政策为代表、在美国则以湿地机能整体上不出现净损失（无净损失）的政策为代表，正在成为发达国家的政策，在要求各缔约国将这些原则列入政策的同时，还提议在2002年的下届缔约国会议中提出关于湿地栖息地补偿的指南。

另外，在决议中介绍的美国的无净损失的政策思路在考虑生态缓和之际可以作为参考。该政策思路是，即便建设工程造成的湿地破坏不可避免，也仅仅在其他地点能够确保复原遭到该建设工程破坏的湿地更大规模的面积、并在确认到了目标湿地机能完全恢复的情况下，批准建设工程的进行，该思路也可以说是补偿原则。在开发加利福尼亚之际，面积广阔的白额燕鸥的营巢地等通过该思路得到了复原[2)]（大城明夫，私信）。

4）促进湿地保全和合理利用，提倡在国家规划中开展湿地复原（决议VII.17）

湿地的复原和创造尽管不能取代丧失或者是退化的自然湿地，但是如果在湿地保护的同时进行复原规划的话，会为人类和野生生物双方带来莫大的利益。在各个缔约国的报告中，报告称76个缔约国在国内进行了湿地复原活动，不过作为国家湿地政策的一环进行的国家却仅有少数。

在湿地的“复原及机能恢复计划和项目中须探讨的要素”的附录中，对环境方面的利用、费用与效果之比的判断及对于当地居民利益的事先评价等十分重要，即便是试验性质的项目，如果成功的话，也会对未来的复原计划和项目的发展做出巨大的贡献。

5）湿地名录的优先顺序（VII.20）

有必要以国家为单位制作整体的湿地名录，但是正在制作该名录的国家即便有也极为稀少。在掌握全球范围内湿地资源的现状是极其困难的背景下，该决议的主旨是，推荐以风险特别高且缺乏信息、容易被忽视的类型的湿地为优先的顺序制作名录。

在掌握该国湿地的消失和退化方面信息后制作名录之际，除需记录各个湿地复原的可能性，同时还要求获得最应优先进行复原规划的特定湿地的信息（决议 VII.17）。

日本国内面临的课题是如何确定有助于清楚理解湿地名录本身作用的实例。最终应该通过湿地的综合名录掌握多方面的湿地价值的信息，如下文所述，目前最重要的是通过水禽栖息地名录来理解湿地名录的作用。

（3）湿地名录的作用

1）关于湿地名录

在很多案例中，即便是明白湿地是珍稀生物的栖息地，但是由于该信息没有充分传达到开发规划单位和保全部门的行政机关，在按照开发规划动工时为时已晚。通过事先公布珍稀栖息地，就能够控制关于该栖息地的开发规划并推进栖息地的保护工作。

着眼于特定动物群体的栖息地名录（Habitat Inventory①），是保全栖息环境的信息集合（数据库）。是通过独立调查或是通过各地观察者的合作，收集各种栖息地的利用状况、保护方面的问题、收集参考资料和地图等基础数据，成为全国范围内（或者是地方范围内）栖息地状况的总体数据库。

由于雁、海鸥类和鹬鸟、鸻鸟类等水禽大量集中在大规模高质量的湿地中，因此这些种的栖息地名录，即为日本国内重要的湿地名录。

在国际湿地公约中，具有通过水禽的个体数来表示国际重要湿地的基准。其一是有 20000 只以上的水禽定期飞来，另一种是个体数超过个体群 1% 以上的（个体数超过东亚地区该种飞禽的估算数的 1% 以上）水禽至少有 1 种定期飞来的情况。另外，还表示，飞到该国的个体数的 1% 以上飞抵的湿地是国内的重要湿地。

在红皮书等工作中被明确的珍稀物种，由于其珍稀性故而难以获得详细信息，其分布情况也不宜公开（有偷猎和拍照的影响）。但这类栖息地名录可以通过普通种水禽的数据表示湿地的重要度，这样利于多数人共享这些信息。

2）鹬鸟和鸻鸟类的迁徙地湿地名录

藤前滩涂保护过程中，基于对环境厅作出的判断进行充分理解的基础上，在新的环境影响评价法的手续中，加大了环境厅的参与力度。特别值得关注的是环境厅于 1997 年制作的鹬鸟和鸻鸟类湿地名录[3]在藤前滩涂重要性的判断中发挥了巨大的作用。图 1 为依据鹬鸟和鸻鸟类飞来的数量确定的国际和日本国内的重要滩涂（或其他类型湿地）。在判断湿地重要性之际，采用了上述国际湿地公约中水禽个体数作为基准，但在春、秋季迁徙期利用滩涂作为中转地的

---

①“Inventory”具有财产名录的意思。没有财产名录的话，就不能进行财产管理，而且即便财产遭窃也不会发觉。人们对于文化财产作为公共财产的认识加强，同时行政机关也拥有很多能够管理财产名录的专家，但是在应保留给后世的自然财产的财产名录的制作和管理的体制方面却极为落后，目前仅由行政方面、NGO（非营利性组织）和研究人员等感到有必要的人士自主制作并公开发表。

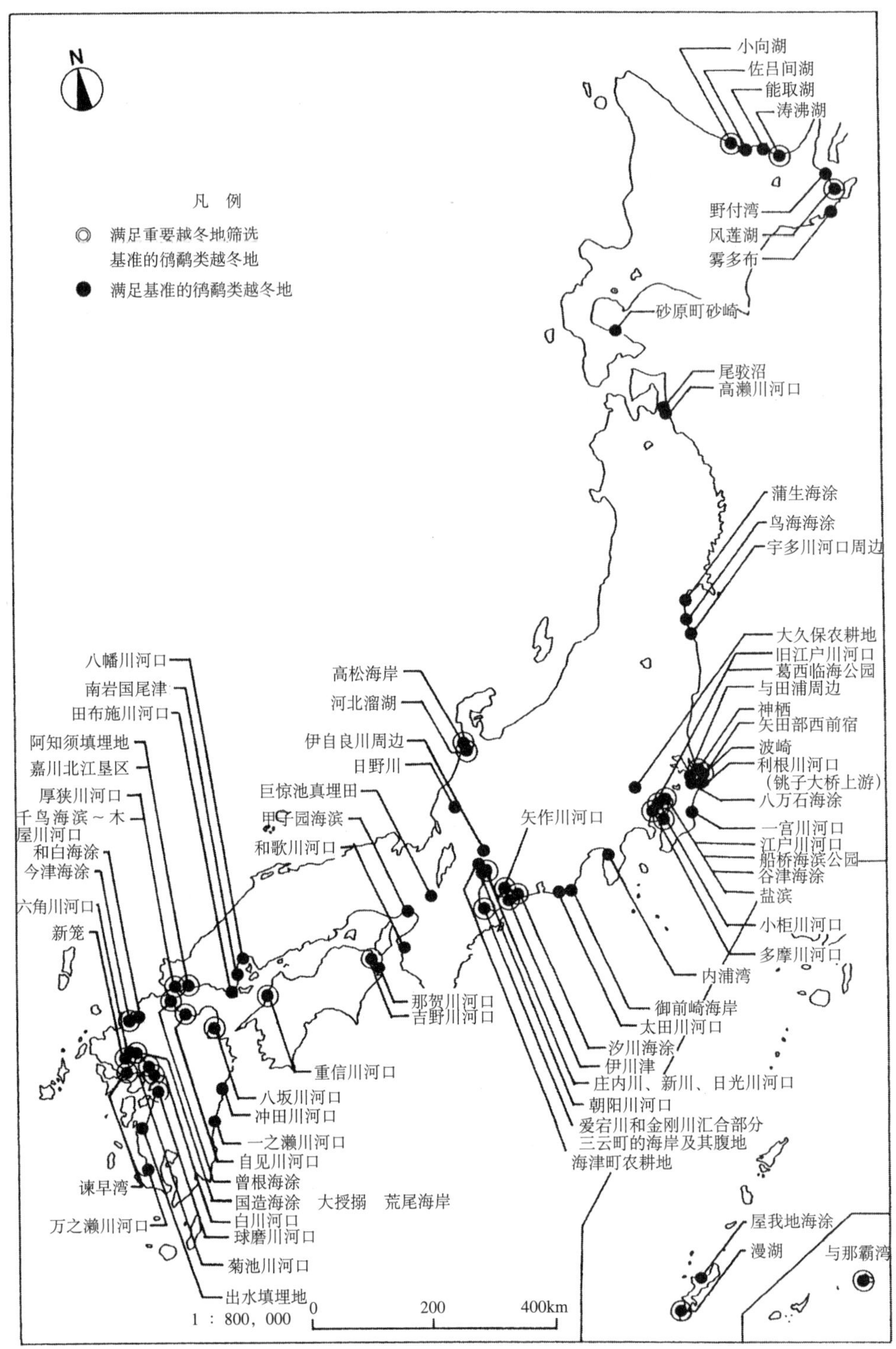

图 1　鸻鹬类越冬湿地目录中满足基准的越冬地 [3)]

满足基准的越冬地：鸻鹬类达到 5,000 只以上，或者存在超过 0.25% 基准值（越冬期以外为 1%）的种。

重要越冬地的挑选基准：鸻鹬类达到 5,000 只以上，或是存在 2 种以上超过 1% 基准值的种，或是存在 3 种以上超过 0.25% 基准值的种。

鹬鸟和鸻鸟类数量预计将达到最大确认数的 4 倍，由此当确认有总数达 5000 以上或达到个体群 0.25% 以上的种存在的情况下，就判断为国际重要湿地。

根据该湿地名录，诹早湾（长崎县）、藤前海涂（名录中记录为名古屋市、庄内川、新川、日光川入海口）、汐川海涂（爱知县）、谷津海涂（千叶县）、三番濑（同属，记录为船桥海滨公园）等是鹬鸟和鸻鸟类的大规模迁徙地，同时作为许多种群中转地或是过冬地的重要滩涂成为国际重要湿地。但是，1997 年在农林水产省的填海工程中，谏早湾的湾口遭到填埋，成为国家无法保护国际重要湿地的案例，鹬鸟和鸻鸟类的迁来数量随之急剧减少。

名古屋市的废弃物处理场规划中提出将面积约 120hm^2 的藤前滩涂中的 46.5hm^2 进行填埋，照此规划实施的话，滩涂环境将急剧恶化，也将对鹬鸟和鸻鸟的迁徙状况造成极大影响。规划中对替代地点的讨论（回避措施）也不够充分，结果带来一些问题，例如对人工滩涂并未如上文所述完全确认了对功能的补偿再施工，因此未能成为缓和环境影响的有效手段。

3）雁类的迁徙地名录

第二次世界大战（简称二战，或战前）前飞往日本全国的白额雁和豆雁等雁类，由于过度的捕猎和湿地开发，从九州、四国甚至环太平洋地带消失，目前仅在山阴、北陆、东北地区和近畿地区、关东地区的极少地区越冬。1971 年白额雁和豆雁被列为保护动物，不再是捕猎对象，其个体数本身得到了很大程度的恢复，但是曾经失去的迁徙地目前却基本没有得到恢复。

为此，民间团体“雁类保护会”为了通过事先公布雁类的迁徙地，从而控制迁徙地的相关开发计划并推动迁徙地的保护，进行了制作日本国内雁类迁徙地名录的工作，第 1 版于 1994 年出版[4)]。该名录得到各地观察者的协助，将关于图 2 所示的日本国内 51 处雁类迁徙地在雁类迁徙状况和迁徙地保护上的问题点、飞抵迁徙地的路径、地图等基础事项和需要详细信息时的咨询单位综合起来，可得到从全国范围内总览迁徙地状况的信息集。

看着该名录，就能够了解雁类在寻找日本国内残留的高质量湿地、并利用为迁徙之际的中转地或是越冬地的状况。同时还会明白，成为雁类迁徙地的湿地实际上还存在着各式各样的保护问题。

“雁类保护会”将该迁徙地名录发放给各个迁徙地的相关机构和团体，以期得到迁徙地的保护。结果，以往成为很多雁类的迁徙地的湖沼获得了补助金，控制了相当部分的开发等计划，另外在进行小规模改变的情况下，事先积极探讨保护策略的事例也增加了。

也就是说，迁徙地名录可以称得上是发挥了处于各种立场的机关和团体对迁徙地进行保护的“媒介的作用”。另外，该名录不仅控制了开发，各地还以此资料为基础，热心地进行了信息交换，转而作为生态旅游和地域振兴的核心，在地域范围内运用这些湿地的价值的事例也有很多。

1999 年 5 月起，以东亚的国际湿地公约缔约国为中心，启动了东亚雁鸭类重要栖息地网络计划，日本国内包括很多雁类迁徙地在内的 14 个地点加入其中。而这些地点，在开展区域级别的活动时考虑了与世界级别框架进行接轨。

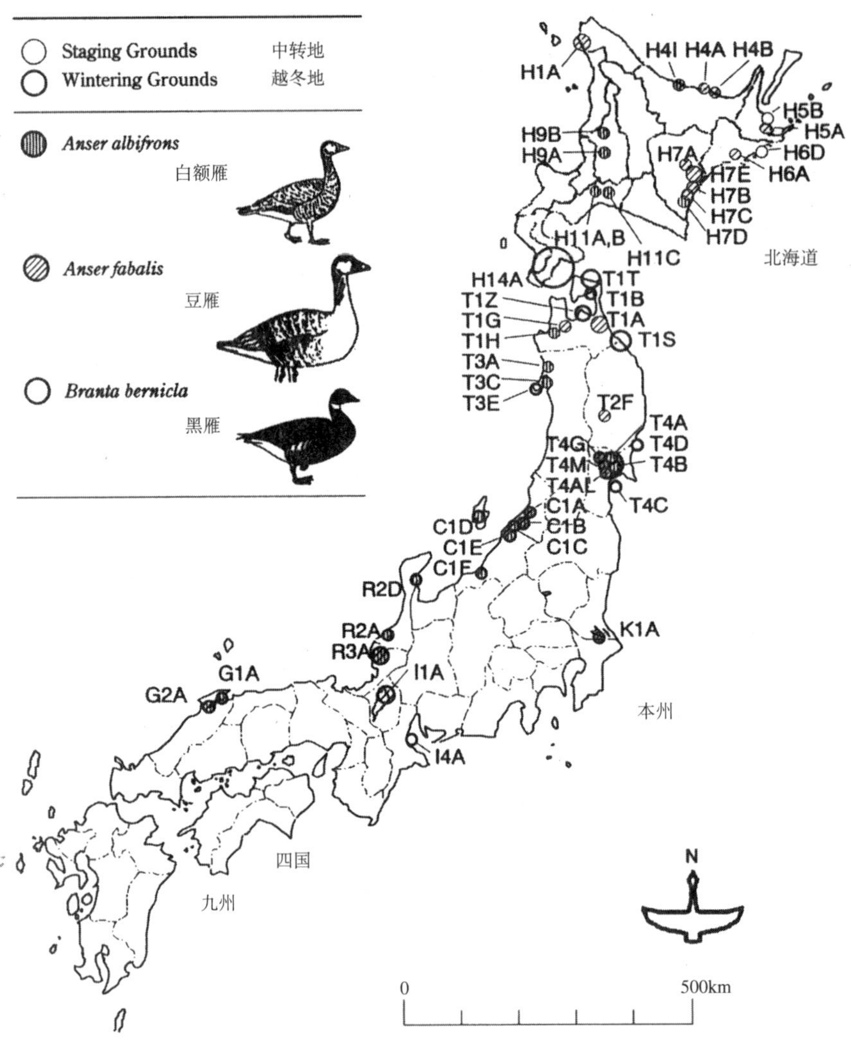

图2　越冬地目录中取集到信息的雁类越冬地[4)]

越冬地和中转地的边界反映出温室化效应，存在北上的趋势。在堪察加的群落营巢地中被颈环标记的豆雁亚种以宫城县为中心越冬，而豆雁中亚亚种则在日本北陆～琵琶湖、宫城县越冬。另外，还在日本山阴和关东地区发现到了无法确认其颈环、因而被认为是其他群落的豆雁中亚亚种的雁群。

4）燕类集体栖息地的名录

燕类因喜欢在住宅屋檐下营巢而受到人们喜爱，在营巢结束后、开始秋季迁徙之前，燕类会在傍晚从半径 10 ～ 20km 的范围内聚集到特定场所集体过夜，具有集体栖息的习性。其集体栖息的场所常常会选择平地内规模最大的芦苇滩，这些芦苇滩常常也是多种鸟类的繁殖地和越冬地，或同时被利用作迁徙期的中转地，并且还是湿地性珍稀植物的繁育地。也就是说，通过观察燕类的集体栖息地，当地居民就能够了解身边珍贵的湿地的存在。

为了保护燕类集体栖息地，进行名录制作等工作也很重要。1981 年近畿地方掌握到的燕类集体栖息地仅有 9 处[5]，之后通过各地观察者的努力，确认到的燕类集体栖息地逐年增加，如图 3 所示，1998 年在近畿地方的 47 处（季节性移动地域中的集体栖息地为 27 处），在燕类集体栖息地中，发现 2 ~ 3 万只燕类集结于此[6]。

为了保护燕类集体栖息地，尽早发现十分必要，例如在大阪府南部，1994 年发现的燕类集体栖息地按预定是计划要进行开发的。随着对燕类集体栖息地的认识的深入，人们建立了观察会，设立了观察地点，燕类集体栖息地的保护对策得到发展，并且当开发计划已经实施时，还有采取下文所述的积极的保护措施的案例。

整理近畿地方作为集体栖息地的芦苇滩面积和栖息最多只数的关系，可知芦苇滩面积在 $5hm^2$ 以上的话，最多只数可多达 5000 只以上，每年在同一地点稳定出现的情况较多，然而在集体栖息地面积不足 $5hm^2$ 的狭小情况下，会出现在同一地域内反复移动的不稳定的情况。

通过制作这些名录，确定了具有人工建成芦苇滩或是扩大面积必要性的地域。在半径 10 ~ 20km 的广阔范围内仅仅确保 1 处能够形成集体栖息地的芦苇滩，在社会方面并不是很困难。

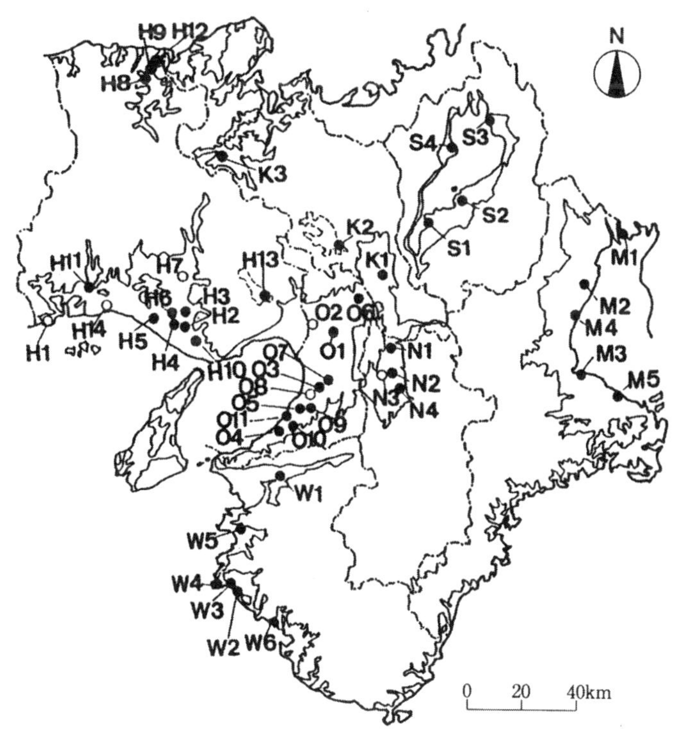

图 3　近畿地方的燕群落营巢地的位置[6]

● 现有营巢地，○消失的营巢地，采用海拔 100m（或是 200m）的等高线表示平地（平原和盆地）（——：海拔 100m 的等高线，------：海拔 200m 的等高线）

在近畿地方，从 20 世纪 80 年代中期开始，通过将平地的范围和已发现的营巢地进行叠加，对可能发现大规模的营巢地的地区范围进行划定，并发起了发现营巢地的活动，因而营巢地的发现数量增加。

在近畿地方，经过长年努力终于掌握了燕类的集体栖息地分布。在其他地方，许多作为过夜营巢地的芦苇滩在其价值为人们认知之前就消失了。集体栖息地的分布，仅靠每年度全国范围的问卷调查难以掌握，必须要以地方为单位持续收集信息。

5）琵琶湖的芦苇群落和营巢种

琵琶湖湖岸过去各种各样的开发，导致残留了孤岛状的芦苇群落，这些群落根据滋贺县的芦苇群落保全条例成为了保护的对象。（芦苇群落规模增大，营巢的水禽等的种类就会增加[7, 8]）。在规模相对较小的群落（大致在 0.2hm^2 以上），中小鷿鷈和大苇莺会在此营巢，中等规模的群落（大致在 1hm^2 以上），白冠鸡和斑嘴鸭会营巢，而在大规模（大致在 8hm^2 以上）群落中，凤头鷿鷈和大麻鳽则会营巢。

关于琵琶湖湖岸的芦苇群落，也能够通过制作名录的思路，掌握不同湖岸在保护方面的存在的问题。

将琵琶湖全长约 220km 的湖岸线以 5km 为单位划分为 44 个区块，有研究在如图 4 所示的各个区块中的面积最大的芦苇群落里，穿上长筒靴实地进入内部勘察，进行了掌握营巢水

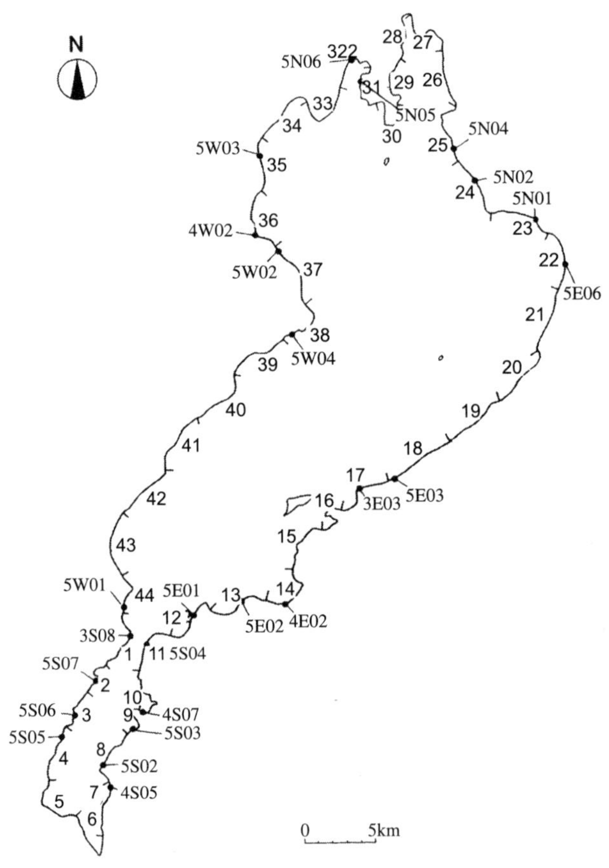

图 4　湖岸线每 5km 的区块（1 ~ 44）的位置与区块中最大面积的芦苇群落的位置 [8)]

区块以大津市志贺町边界为起点，按逆时针方向表示。

禽（以及与湿地相关的鸟类）对数的调查[8]，在表 1 中，表示了各个芦苇群落的规模及发现的繁殖对数。在全部 44 个区块中，共发现芦苇群落的有 25 个区块，完全没有发现芦苇群落

表 1　区块的最大面积芦苇群落的特性与各种鸟类的繁殖对数[8]

（根据 1993 ～ 1995 年调查的结果制作）

区块编号	区块名	调查群落编号	芦苇的起源	流动水面	形状	宽度 m	总长 m	面积 m^2	繁殖对数								繁殖种数	对数总计
									小鷿鷉	凤头鷿鷉	大麻鳽	斑嘴鸭	鷭	白冠鸡	大苇莺	绿鹭		
1	坚田	3S08	1	1	1	13	80	1,040	2						2		2	4
2	雄琴	5S07	1	1	2	70	570	39,900	6			1		2	19		4	28
3	阪本	5S06	1	1	1	14	340	4,760	5			1			2		3	8
4	唐崎	5S05	1	1	2	13	90	1,170	1						1		2	2
7	矢桥	4S05	2	1	1	20	230	4,600	1					1	7		3	9
8	志那	5S02	2	2	1	20	200	4,000	3					1	6		3	10
9	津田江	5S03	1	1	2	30	220	6,600	3					2	5		3	10
10	赤野井	4S07	1	1	2	150	640	96,000	10	1	2	1	3	9	26		7	52
11	木滨	5S04	1	1	2	10	130	1,300	1					1	1		3	3
12	野洲川	5E01	1	1	2	7	60	420							1		1	1
13	日野川	5E02	1	1	2	10	3	30									0	0
14	牧	4E02	1	1	1	40	160	6,400	3					4	13		3	20
17	爱知川	3E03	2	1	2	10	275	2,750	1						8		2	9
18	石寺	5E03	1	1	1	10	550	5,500	1			1					2	2
22	田村	5E06	1	1	2	12	60	720									0	0
23	长滨	5N01	2	2	1	10	250	2500	1						1		2	2
24	八木滨	5N02	1	1	2	6	320	1,920	3				1	1	6	2	5	13
25	延胜寺	5N04	1	1	2	80	400	32,000	6			2	1	2	13		5	24
31	菅浦	5N05	1	1	1	1	200	200									0	0
32	大浦	5N06	1	1	2	3	140	420	1				1				2	2
35	滨分	5W03	1	1	1	10	180	1,800	2								1	2
36	今津	4W02	1	1	1	20	300	6,000	9					3	5		3	17
37	新旭	5W02	1	1	1	30	450	1,3500	1					1	12		3	14
38	安昙川	5W04	1	1	2	35	300	10,500	7					4	1		3	12
44	和迩川	5W01	1	1	1	30	600	18,000	2				1	2	10		4	15
芦苇群落存在于 44 个区块中的 25 个区块								确认区块数	21	1	1	5	5	13	19	1	8 种	
								确认对数	69	1	2	6	7	33	139	2	259 对	

· 芦苇的起源（1：自然，2：移栽）

· 与流动水面之间的关系（1：在通常的水位连接，2：在通常的水位不连接）

· 群落的形状（1：带状，2：其他形状）

的区块有 19 个。完全没有发现芦苇群落的，基本上都是受到地形和冬季风浪的影响而不具备芦苇群落的自然繁育条件的区块，不过大津市区等（区块 5 和 6 等）则是由于填埋等人为因素而没有芦苇群落。

通过观察在芦苇群落营巢的鸟类，掌握了不同区块中出现的以湖岸为单位的芦苇群落保护中存在的问题。

营巢种数和繁殖对数都较多的大规模芦苇群落的区块（区块 10、区块 25、区块 37 中还有燕类的集体栖息地），必须要努力对群落严加保护。

在芦苇群落规模较小、几乎没有鸟类营巢的区块，由于可能存在芦苇群落繁育的基本条件，因此必须要进行扩大芦苇群落规模等的修复事业。在进行修复之际，目标是形成仅在中等规模以上的芦苇群落中营巢的白冠鸡等种能够稳定营巢的芦苇群落。

值得注意的是，在 4 个区块（区块 7，8，17，23）中，通过芦苇的栽植事业形成的芦苇群落，已经在该区块形成了最大规模的芦苇群落，其中 2 个区块（区块 7，8）中确认到了包括白冠鸡在内的 3 个种的繁殖对。不过，在将芦苇栽植到湖岸的工程中，构造上虽然形成了芦苇群落，但是在通常水位浸没在水中的部分较少，很多地方难以形成小鸊鷉等的浮巢。在水质净化和作为淡水鱼的产卵场方面，芦苇的水生部分也很重要，在进行芦苇群落的栽植和管理之际，质量上的提高是今后的课题。

在完全没有芦苇群落的区块，既有类似如北湖北岸等受到地形和冬季风浪的影响完全不具备芦苇群落的自然繁育条件的区块，也有类似南湖大津市区、虽然存在繁育条件但是由于人为因素而丧失的区块。前者的湖岸，在岩礁、砂滨和内陆部分存在珍稀的海滨植物群落等，同时也存在着与芦苇群落无关的湖岸价值，它们均是保护的对象。在后者的湖岸，首先应该考虑复原规模虽小但是水禽能够营巢的芦苇群落。

（4）补偿项目和修复规划案例

1）宇治川向岛的燕类集体栖息地

在宇治川向岛的芦苇滩（图 3 的 K1 地点）中，于 1973 年发现了京都盆地的所有燕类集中的大规模集体栖息地，每年 6 ～ 10 月，在峰值时期（8 月）最多有 3 万只燕类利用此处。位于该河流的芦苇滩，由建设省明确须作为自然地区进行保护，但却进行了横跨河滩、以道路建设为目的的桥梁建设计划。由于变更桥梁位置等回避措施较为困难，为补偿遭到破坏的芦苇滩，将架桥建设导致无法繁育的芦苇的地下茎移栽到了摩托越野车等导致荒芜的、没有被利用为集体栖息地的部分河滩上（图 5）[9]。结果发现移栽并扎根的芦苇滩已经被用作了燕类集体栖息地的一部分。

该项目的规模虽小，但是在架桥工程开工以前，创建了超过被架桥破坏的芦苇滩（长约 400m × 宽约 50m= 约 2hm^2 面积）的约 2.5hm^2 规模的补偿地，其作为集体栖息地的机能，可以满足了上述补偿原则。不过，由于道路与成为集体栖息地的芦苇滩相邻，启用之后是否能够

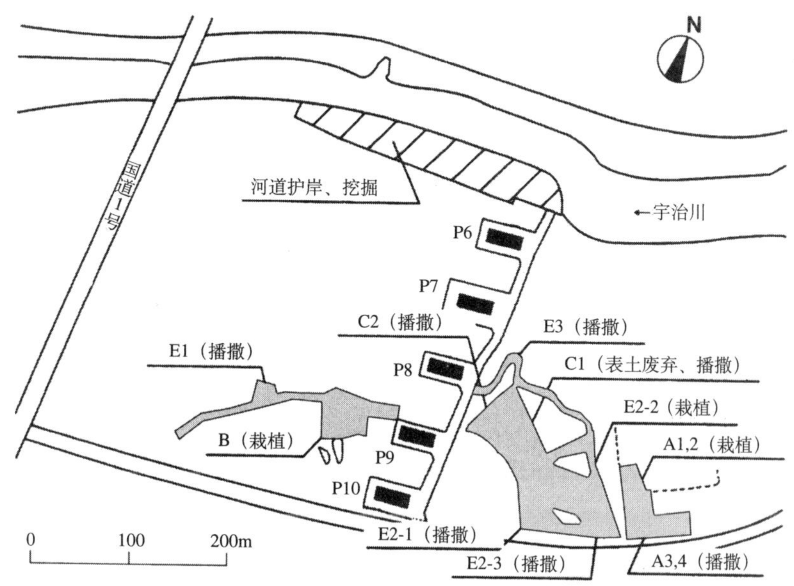

图5　宇治川向岛地区中芦苇移栽地区的配置 [9)]

P6 ~ P10：道路的桥墩的位置

A1 ~ E3：移栽地区，（ ）内为移栽手法

不受影响的继续作为集体栖息地，还有待于今后的关注。

2）芜栗沼的湿地修复规划

芜栗沼(图2中T4B地点)约100公顷，位于宫城县北部田尻町，是超过4万只燕类的迁徙地。1996年，为了增加泄洪功能，宫城县制定了全面挖掘计划，不过在追求绿色旅游等环境保护型农业生产过程中，探索池沼价值的田尻町工作人员和希望保护雁类栖息地的人们携起手来，开展了促使宫城县撤销挖掘计划、推广池沼价值等各种活动 [10)]。

项目启动了将与芜栗沼相邻接的约50公顷的白鸟地区（图6）恢复池沼的工程，水鸟类的栖息环境得到了大幅度的改善，另外还接受了宫城教育大学的援助（友谊事业），成为了附近小学的综合学习场和建设省的水滨乐校计划等的基地成为教育和启发普及湿地价值的场所。项目还探索了多样生物能够栖息的不翻耕栽培的农业经营模式，通过冬季向水田引水来扩大雁鸭类的越冬地，田尻町还制定了对水禽造成的农作物损失进行补偿的条例等，在短时期内出现了沼的环境保全与农业共生的趋势。在国际湿地公约缔约国会议等场合发表成果等国际交流的机会增加，田尻町的居民们自身也不断认识到自己所保护的湿地的巨大价值。关于这些的详细信息，在主页（http：//www2.odn.ne.jp/kgwa/kabukuri/）上有详尽的内容进行宣传。

另外，项目为了能在不进行挖掘的情况下增加泄洪池储水量，以防止湿地干燥化，提出了抽取地下水等方法 [11)]。

由于苍鹰、鹰雕和金雕等珍稀猛禽类的营巢而大幅度变更施工或是中止施工的案例近年来

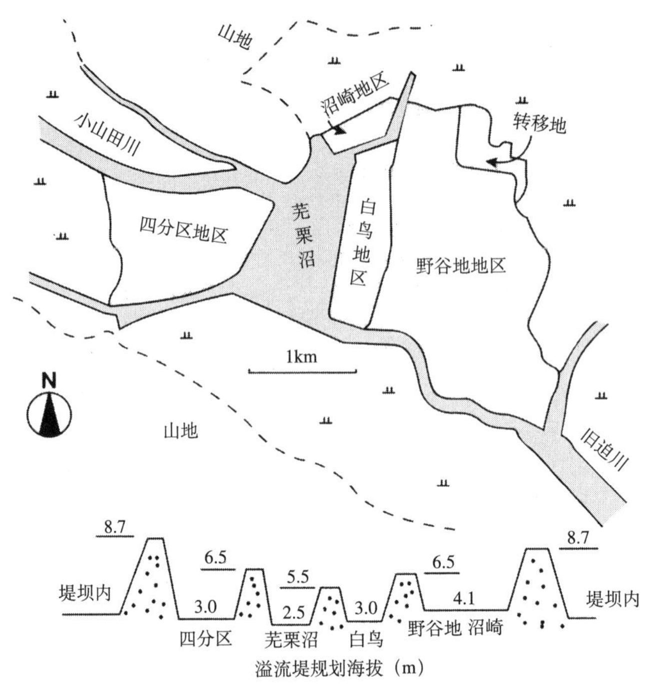

图 6 芜栗沼蓄水池的构成[11)]

采用了栗沼一旦水满，水就会漫过堤坝进入白鸟地区的形式，芜栗沼果然蓄水满负荷的话，就具有日本常见中型水库相当的蓄水容量。

有所增加。其背景是，研究并保护猛禽类的民间组织和研究人员的活跃活动、环境厅和自治体单位的红皮书所进行了珍稀性的确认工作、1992 年制定的物种保存法为营巢地保护提供了法律依据环境厅还制定了以营巢地保护为目的的调查指南等，这说明这些珍稀猛禽的重要性在社会上越来越无法忽视。

然而，如前所述，珍稀猛禽类的分布数据等很多情况下是非公开的，尽管调查花费了巨大的成本，但是常常难以预见实际状态和保全的成果。不过，从调整体制的实例来看，也有公开的可能，栃木县的例子就是公开苍鹰的巢的位置，来推动保护的。关于处在各种立场上的人士如何共享难以观察到的珍稀猛禽类的存在信息这一点，是今后需要关注的问题。

另一方面，地区的居民也难以观察到水禽的存在。本文介绍的制作水禽等的栖息地名录的方法，实例还较少，尚处于初步阶段，不过该方法在掌握区域存在的问题、使得各种生态缓和措施在日本国内得到发展方面，是非常有效的手段。当前面临的课题不是单纯制作数据库，而是如何利用互联网进行公开及制作具备强有力社会影响力的名录（Powerful Inventory）。

（须川恒）

参考文献

1）環境庁（2000）：ラムサール条約第7回締約会議の記録，247pp.，環境庁自然保護局.

2）大城明夫（1996）：コアジサシの人工繁殖地を訪ねて－アメリカ・カリフォルニア－，BIRDER，1996年10月号，66-72.

3）環境庁（1997）：シギ・チドリ類渡来湿地目録，193pp.，環境庁自然保護局野生生物課.

4）宮林泰彦（編）(1994)：ガン類渡来地目録　第1版，316pp.，雁を保護する会，若柳.

5）須川　恒（1982）：宇治川河川敷のツバメ類の集団塒地とその保護について，関西自然保護機構会報，No.8，p.25-30.

6）須川　恒（1999）：ツバメの集団塒地となるヨシ原の重要性，関西自然保護機構会報，No.21，p.187-200.

7）Sugawa, H.(1993)：Birds in Lake Biwa and Conservation for their habitats, Proceedings of the Asian Wetland Symposium, p.161-166, ILEC, Kusatsu.

8）須川　恒（編）(1996)：平成7年度琵琶湖水鳥総合調査報告書，151pp.，滋賀県生活環境部自然保護課・琵琶湖水鳥研究会.

9）高田直俊・有馬忠雄・白取　茂・村上興正（1999）：宇治川におけるツバメの塒地としてのヨシ原の創生，関西自然保護機構会報，No.21，p.257-270.

10）松ヶ根典雄（1997）：蕪栗沼の環境保全と農業の共生をめざして　第1回　蕪栗沼ってどんなところ？，わたしたちの自然（日本鳥類保護連盟発行），1997年8/9月号（No.429），p.12-15.

11）高田直俊（1999）：蕪栗沼の環境保全と農業の共生をめざして　第9回　遊水池としての側面，わたしたちの自然（日本鳥類保護連盟発行），1999年1/2月号（No.443），p.8-11.

11. 哺 乳 类

（1）哺乳类的特征

哺乳类是高等动物，并且听觉、视觉和嗅觉发达，大部分具有和人类类似的感性。例如，就像人类会吃惊一样，对于声音和强烈的闪光等，哺乳类同样会震惊而且不喜欢这类事物。众所周知，实验用的小白鼠受到声音刺激的话，会引起痉挛发作[1)]。另一方面，和住在道路旁边的人类相同，哺乳类也会习惯某种程度的噪声，能够观察到在该条件下鼠类生活的情况[2)]。

哺乳类在空间上广泛分布于陆地的地表、树上（睡鼠等）、地下（鼹鼠类）、河流湖泊（水鼠等）、天空（蝙蝠类）以及海洋等。在陆地环境中，大多数哺乳类以树林环境为基盘，将其周边区域的林地边缘，到包括草地和耕地在内的广阔范围作为生活区域。根据体型的大小可分为大型、中型和小型，大型有猴、鹿、野猪、熊及鬣羚等，中型有狐狸、貉、狗獾、野兔、鼬及松鼠等，小型则有鼠类、鼹鼠类及蝙蝠类等。

各个种类的行动领域分类非常粗略，大致与其大小相对应，大型的范围广阔，小型的范围狭小。小型哺乳类中，喜好低层的草地环境的田鼠和以芒草等禾本科的高茎草地作为生活区域的巢鼠等，以限定的环境作为生活区域的种类较多。关于活动时间，则昼行性和夜行性都有。不过，主要在夜间行动的种类在确认白天安全的情况下，如狐狸等也会频繁行动。食性分为草食性、肉食性和杂食性，有些种类如松鼠只喜好胡桃种子，对于食物的喜好选择十分鲜明。也有一些种类适应性较强，能够根据生活环境适度选择成采食对象和食物。

综上所述，在考虑针对哺乳类的生态缓和之际，必须要充分掌握对象种类的特征以及该地域的栖息特性，以确保其生活空间。

（2）哺乳类生态缓和思路

如上节所示，哺乳类的生活空间从陆地到海洋，范围非常广泛，在此将以与人类活动关系最为密切的陆地为对象进行说明。

陆地上的问题是，哺乳类的行动领域整体上非常广泛，再加上大部分都在地表生活，因此容易受到人类活动影响。例如，饵料场还残留着但是巢穴消失了这样仅仅因为生活区域的一部分受到了影响，栖息本身就变得困难的情况；或者是连续的大范围的自然环境遭到较大的分割，地域个体群规模缩小等情况。哺乳类生态缓和最为重要的是保护环境的整体性以及避免环境的分割。

图 1　利用箱涵的狐狸（伊势公路车道）

1）环境整体的保护

尽管不仅限于哺乳类，但是在考虑环境整体的保护时，重要的是了解保护目标存在的背景、以及其生活是如何进行的。如果可大致掌握该地域自然的形成，梳理与其结构、机能相关的内容，就能够预测项目计划的负荷会有多大、其结果会对哺乳类的生活造成何种影响，找出为了避免并减轻其影响所需保护的地点和对象。在如下图（图 2）所示的情况下，大型、中型哺乳类的分布是由自然性较高的爱鹰山的地形及植被的连续性形成的，并且山谷部分的残存林发挥了该作用[3]。

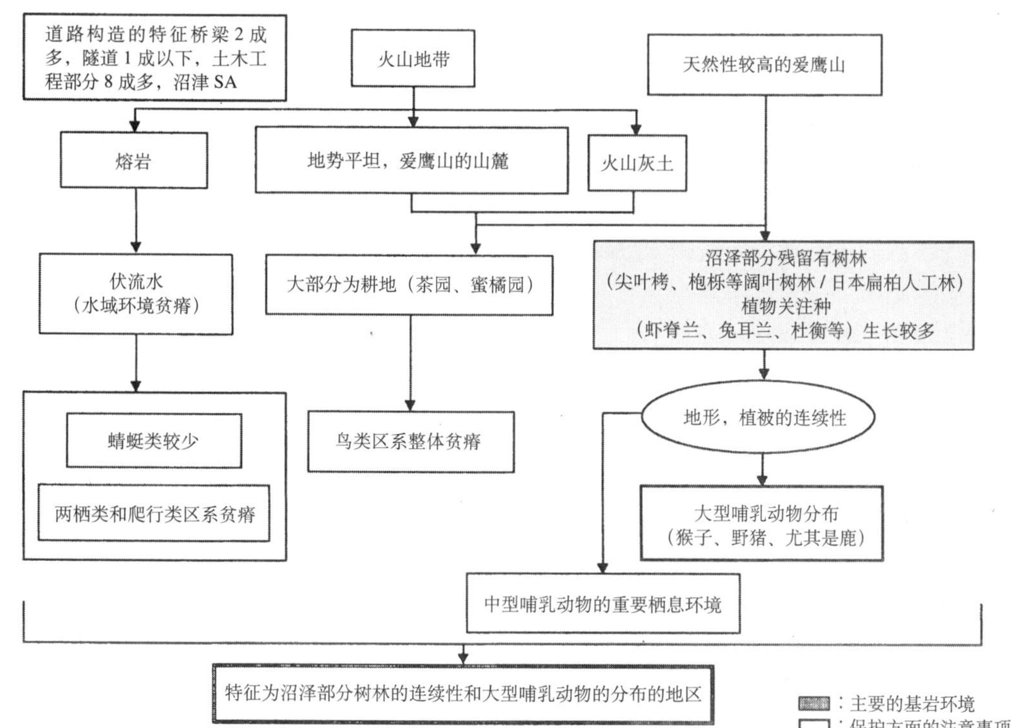

图 2　沼津 IC ～富士市吉永之间（I-1 地区）的地域特性

Ⅲ：针对生物的生态缓和

这是在维持时不损害重要对象地所具备的固有的自然环境特性，对地域整体的哺乳类进行保全的思路，而不是仅限于个别种类。如果把里山作为对象，就不会破坏由村落、耕地、河流、草地和树林等形成的作为整体所发挥作用的自然环境。即便是在受到施工影响自然环境整体的规模缩小的情况下，保留该系统关键的结构和机能也十分重要。另外，在该系统受到该项目影响之前已经陷入破坏状态的情况下，也可以考虑补充不足的部分以恢复丰富生态系统的建设性的方法。

2）避免环境的分割

众所周知，当作为栖息区域的自然环境遭到分割孤立化时，生活于其中的动物个体数会大幅度减少[4)]。当环境一分为二时，一般的变化形式是动物的数量会下降到半数以下。要长期维持该地域动物在基因方面的稳定，就必须要有相应的个体数，例如哺乳类就需要数千头[5)]，在最糟糕的情况下，如果没有这些动物生活的空间，那么该地域的个体群会逐渐减少。近年来强烈提倡建设连接孤立环境之间廊道（corridor）或是建立生态网络就是出于这一原因[6)]。

在陆地上进行的建设工程中，往往会发生这种自然环境的分割，尤其是树林区域的分割。修复曾经分割的环境是极为困难的。考虑到建设廊道需要花费巨大的精力和费用，还是尽最大努力避免环境的分割更为有效。

图 3 显示了处于规划过程中的第二东名公路车道静冈县区间中野猪的分布状况和规划路

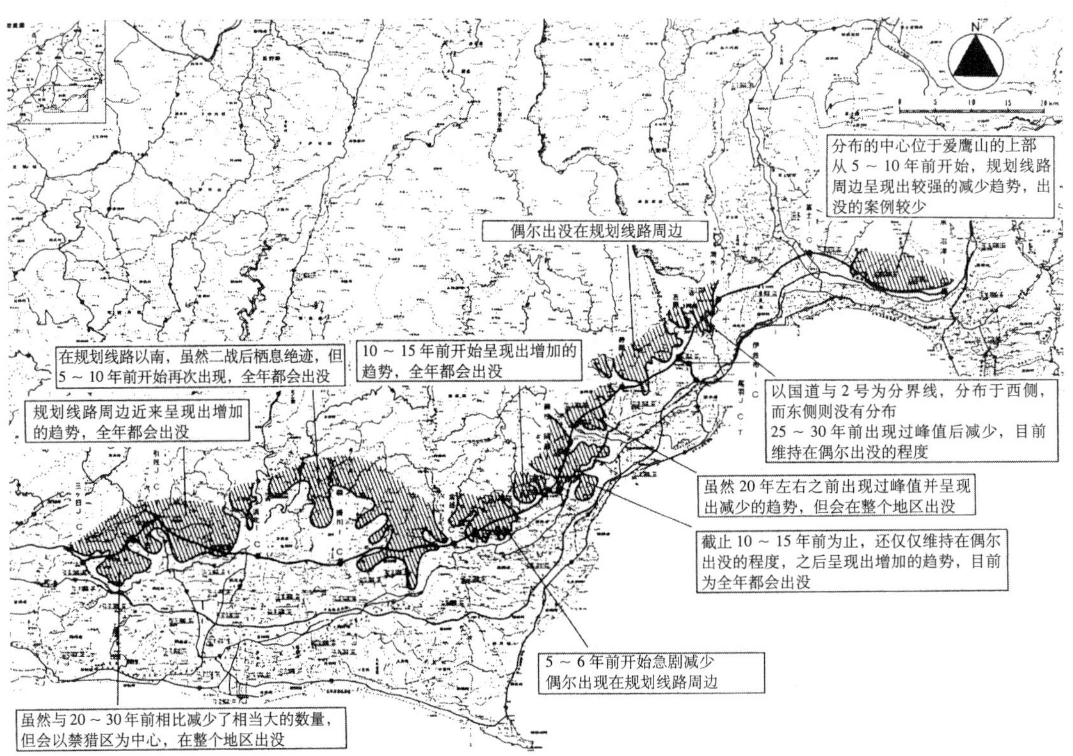

图 3　野猪的分布模式图

线[7]。该地区从东部开始位于爱鹰山、龙爪山、凤来寺山等连续山地的山麓，本种的分布中心位于规划路线的北侧（山地部分），不过分布区域的一部分突出到了规划路线的南侧（平地部分）。因此，假设规划路线完全分割了南北的话，分布于路线以南的野猪个体群可以说已经没有未来了。另外，野猪的分布是以常绿阔叶林和落叶阔叶林、杉树林等植被环境为基础的，因此就以同样的环境为栖息区域的其他大半数哺乳类来说，情况也相同。

（3）哺乳类生态缓和的步骤

在推动生态缓和之际最为重要的是，详细了解该项目的内容和对象地域中栖息的哺乳类实际状态。两者都弄清楚后，在整理保全方面存在的问题基础上探讨必要的对策。本文将就该步骤进行说明。

1）项目内容的确认

在进行该项目的情况下，参照对象地域的自然环境特性，事先预测对于哺乳类会出现何种问题，然后决定实施的实地调查的内容和规模。大坝等山谷部分的湖水化、住宅区平面的人工平整、道路线形的开发等项目的不同会造成哺乳类受到的影响不同。

图 4 显示了关于第二东名公路车道静冈县区间的规划路线的讨论结果[8]。此处首先考虑到的问题是通过山麓造成的山地部分和平地部分的分割，尤其是担心对于平地一侧哺乳类生物种群的影响。另一方面，存在着哺乳类与行驶车辆相撞的问题（碾压），由于在并行的现东名公路车道上已经出现了鹿等动物的相撞记录，因此必须要考虑到这一点。

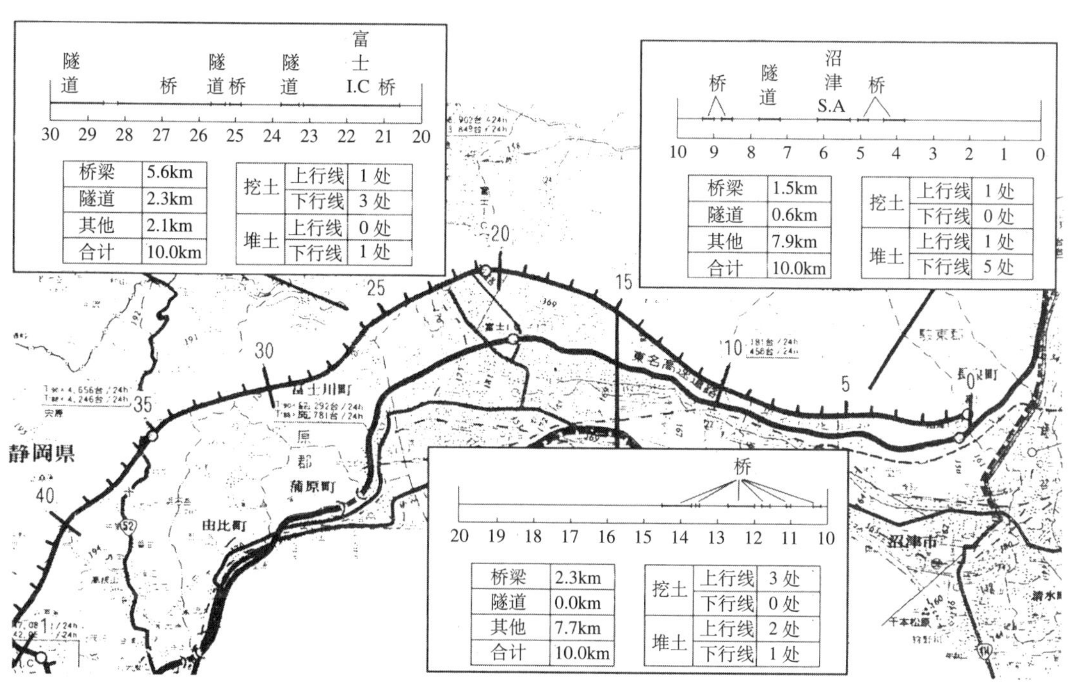

图 4　不同区间道路构造的内容（节选了沼津 IC ～藤枝 IC 之间的一部分）

根据上述几点，在项目内容当中特别要确认规划道路的结构，掌握挖土、填埋的位置和总长以及同一桥梁、隧道的位置和总长。从这些内容可以看出，该规划路线的隧道和桥梁相对较多，被认为对于哺乳类整体的影响较少。不过，由于该规划路线的位置原本贯穿了从山地到平地的动植物种类繁多的过渡带，并且整条线路都断断续续存在挖土和填埋的部分，会造成哺乳类移动困难等影响，因此，在进行实地调查时，必须在规划线路整体范围内确认对象哺乳类的分布状况。

2）现状的掌握

对于哺乳类的现状，首先必须掌握的是区域内在何处分布有何种生物的信息。该信息在探讨生态缓和的必要性时，能够获得全局开发的重要资料。其次是掌握巢穴、过夜营巢地和饵料场等作为生活据点的场所，以及移动路径（兽道）的位置及其季节性变化等。在以广范围作为对象的情况下，考虑最开始实施询问调查、接着以主要地点为对象实施实地调查的形式，而在范围狭小的情况下，则反而以实地调查为中心，补充实施询问调查。另外，询问和实地调查的对象主要是大、中型哺乳类，小型的鼠类和鼹鼠类则必须要进行捕获调查。

图 5 是根据第二东名公路车道的规划路线周边实施的询问调查和实地调查的结果绘制的鹿的分布图的一部分[7]。在该调查中，采用了询问调查和实地调查的方法。不过，由于保护地区范围较长，在 100km 以上，因此实施时采取了重视询问调查的形式。询问是以当地的研究人员和捕猎人员等专业人员为对象，对大型哺乳类进行的，根据这些结果，弄清楚了该地域内大型哺乳类分布的概况。另一方面，实地调查则是以询问信息不足的地域以及发生了哺乳类移动

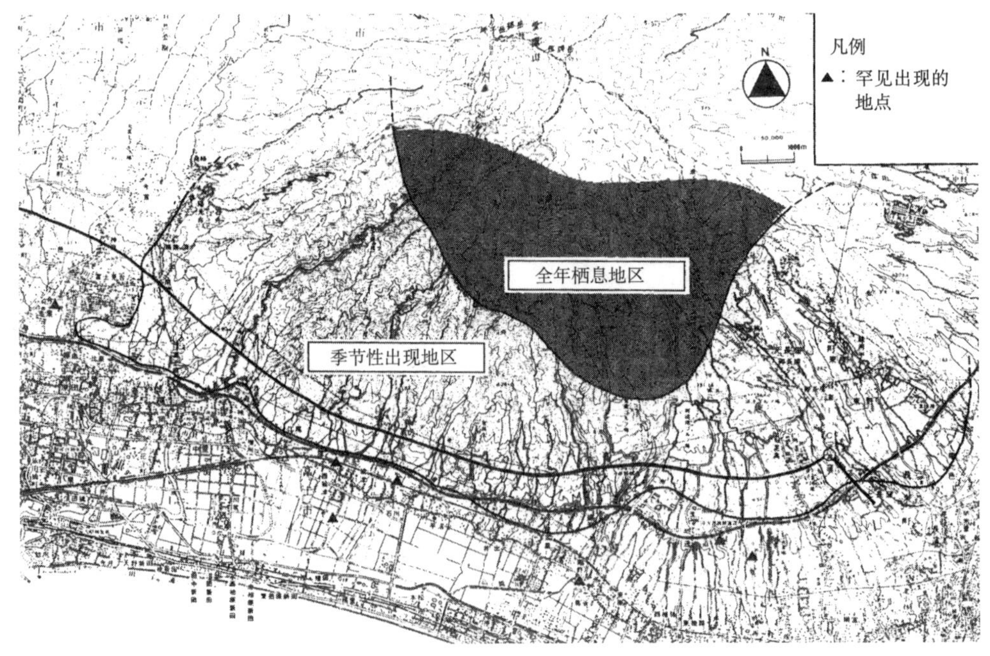

图 5　爱鹰山周边鹿类出现的状况

障碍的建设工程部分为中心实施的，实施前应掌握栖息状况。之所以以大型哺乳类为对象，一是预计作为询问信息具有相对较高的精度，二是大型种的存在本身就表明了该地域自然环境容量的大小，被认为能够大致代表哺乳类种群。调查结果如图 4 所示，整理了清晰的分布界限。

3）对策的探讨

根据项目内容以及现状的掌握结果来探讨对策内容。将项目的规划图和哺乳类的分布状况等信息对照，挑选出问题地点。而对于问题地点的处理，须在详细探讨哺乳类对象的特性和项目内容，并考虑到周边环境未来的土地利用规划的情况下，综合考虑决定对策内容。

（4）哺乳类的生态缓和

与哺乳类相关的生态缓和的关键是“栖息环境整体的保全”以及“迁徙路线的确保”。其内容如下所示。

1）栖息环境整体的保全

哺乳类的生活是在满足了过夜营巢地、繁殖巢和饵料场等各式各样的必要条件的空间进行的，这些条件缺少任何一个，都会导致哺乳类生活平衡的崩溃。行动领域广泛的大、中型哺乳类生活的一部分会受到建设的影响，而行动领域较小的小型哺乳类的全部生活环境在有些情况下可能会因为受到建设项目的影响而丧失。

哺乳类生态缓和的大原则是，考虑到这种栖息环境整体的全面的保护。自然性较高的树林和大直径树木林是熊等许多哺乳类作为生活据点的重要环境，对于这类场所的保全优先顺序排名较为靠前。另外，位于村落的神社寺庙林也对哺乳类发挥了特殊的作用。年代久远的杉树、光叶榉树和米槠等大树为白颊鼯鼠提供了作为巢穴的树洞、作为饵料的树叶以及用于营巢材料的杉树皮等，因此本种以神社寺庙林作为生活据点的情况非常多。此外，有些情况下，树林性日本姬鼠也会栖息在孤立的树林中[9]。另外，树林、草地、耕地等过渡带也是许多哺乳类利用的环境，必须注意这些环境的改变。另一方面，与对于栖息环境整体的影响不同的、对生活机能的一部分造成影响的情况下，以环境整体原则寻找对策很重要。以下将对保全对策方面主要的必要条件加以说明。

A．繁殖巢和过夜营巢地等

许多哺乳类营巢，用作过夜、繁殖和冬眠等。白颊鼯鼠和睡鼠主要在树洞中营巢，狐狸和狗獾在地下的洞穴营巢，而蝙蝠则在洞窟营巢。这类繁殖场或过夜营巢地的取代环境较少，对于该哺乳类来说是非常重要的场所。有研究人员指出，貉在白天的休息场所也具有重要的生态意义[10]。

在建设项目预定地存在上述栖息地的情况下，要极力避免。另外，在此情况下，不仅要保护该巢穴或是过夜营巢地，而是应该考虑保留包括这些在内的树林整体。关于繁殖场保护的成功案例有，青森县上北郡天间林村的天间馆神社中的东方蝙蝠，通过在邻接地域建成蝙蝠窝，成功使其移居的案例[11]。另外，在小规模的案例中，还考虑了设置蝙蝠用的巢箱即 batbox[12]（图 6)。

B．饵料场

多数哺乳类是随着季节的变化，根据对象生物的消长进行采食活动的。活动的方式由当时的饵料状况决定。因此，在确保饵料场之际，就必须保全整体环境。另一方面，根据种类不同，还有些与特定饵料紧密结合的例子。就是狐狸和鼠、貂和果实这样的关系。但这些关系会因栖息环境和条件不同而出现若干差异，并不是绝对的。在确认到该地域中哺乳类对于采食对象具有针对性的情况下，就需要考虑到上述关系。还有根据该地域的环境特性，栽植饵料采食对象的植物。

图 6　美国牙买加湾自然保护地区的蝙蝠箱

C．其他

除了上述场所之外，还有野猪为了降低体温或是清除扁虱等寄生虫而较多利用的泥浴场、貉用于交换群落信息的堆粪场、为松鼠和白颊鼯鼠提供营巢材料杉树皮的杉树林等，这些种类来说都是重要的生活环境的一部分。在对这些环境造成影响的情况下，就必须要采取适当的保全对策。

哺乳类的生活如上所述，各式各样。因此，要在充分掌握现状即对象区域是在何处如何被利用的这一状况的基础上，探讨相应的对策。

另一方面，考虑到基于建设项目规划实施的工程对哺乳类造成的影响也很重要。在施工过程中，一般会出现突发的噪声、震动和车辆的集中等，在进行夜间施工之际，预计其照明以及包括这些在内的人为压力会对哺乳类造成生理上和心理上的影响。由于哺乳类最无法忍受的是整体的人为压力，因此，避免并降低这类影响很重要。

普遍人为哺乳类也会适应一部分人为压力等条件，不过也有报告称白颊鼯鼠离开了施工照明附近的饵料场[13)]，因此还必须谨慎对待。

2）迁移通道的确保

由于哺乳类是在行动领域内大范围移动生活的，因此许多建设工程常常会破坏或是分割其迁移通道。如上文所示，特别是道路工程中带状的人工构造物会将栖息领域一分为二，因此为了维持以往的连续性而确保迁移通道就成为了重要的课题。另外，两面或是三面铺设了混凝土的大型水渠或是存在护墙的河流同样会阻碍移动。近来针对哺乳类的影响缓和措施大多数考虑了这类迁移通道的保全。在地表以外的迁移通道中，既有白颊鼯鼠这样需要中继树的类型，也有松鼠和睡鼠这样需要树冠和树枝的连续性的类型。笔者将以若干案例为基础，说明确保迁移通道的实际状况。

另外，在道路建设等工程中确保迁移通道时，同时还要设置防止哺乳类进入干线的栅栏，以防止哺乳类与行驶车辆的冲撞。该对策同时还在增加迁移通道的利用方面发挥了作用。下文也将提及这些点。

A．迁移通道的必要条件

哺乳类在利用迁移通道时，最注重的必要条件就是安全性和便利性。这一点基本上与人类是相同的。不过，安全性的内容不同，哺乳类的注意力主要集中在回避来自天敌的突然袭击。天敌中也包括了人类。如果不具备在危机时刻能够逃离的条件的话，就不会加以利用。另一方面，关于便利性，原则上只要安全的话就会在需要时利用，而不会特意受到严酷条件的影响。

B．设置地点

作为生态缓和的措施设置迁移通道之际，最为重要的是设置地点。即便建成了很好的设施，如果设置地点糟糕的话，也不会得到利用。迁移通道设施的原则是，设置于以往使用的迁移通道上。这是因为以往的迁移通道是经过该个体从安全性和便利性方面筛选出来的场所。为了发现以往的路径，就必须要进行详细的实地调查。

C．形状

在日本取得了实际效果的迁移通道除了道路下方的箱涵和波纹管、桥梁下部、道路上方的天桥等类型之外，近年来还尝试了将道路上方的标示台改良而成的睡鼠桥[14]（图 7），以及采用宽度约 30cm 的吊桥在空中连接的松鼠桥[15]（图 8）等。另外，比较少见的还有，为了便于白颊鼯鼠在空中滑翔移动而建立了木制的老式电线杆的事例（图 9）。上述情况都考虑到了迁移通道的长度越短越便于利用。关于箱涵的长度和大小之间的关系，建议采用高度 × 宽度 ÷ 长度的公式，在鹿的移动路径中，该数值最

图 7　兼用作标示设备的睡鼠桥

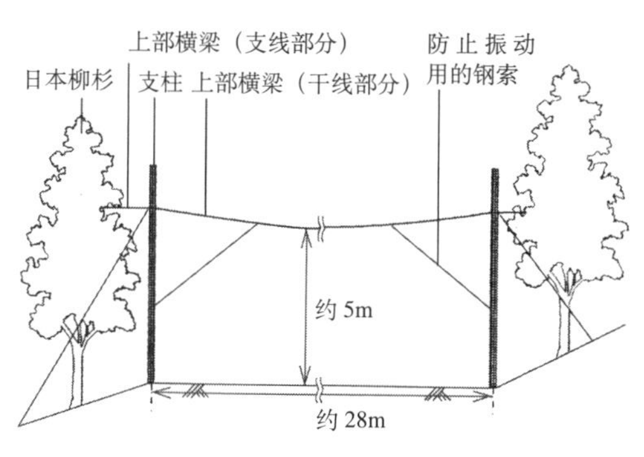

图 8　松鼠天桥的截面图［引自文献 15］

图 9　以白颊鼯鼠的移动为目的设置的老式木制电线杆（山梨县都留市马场）

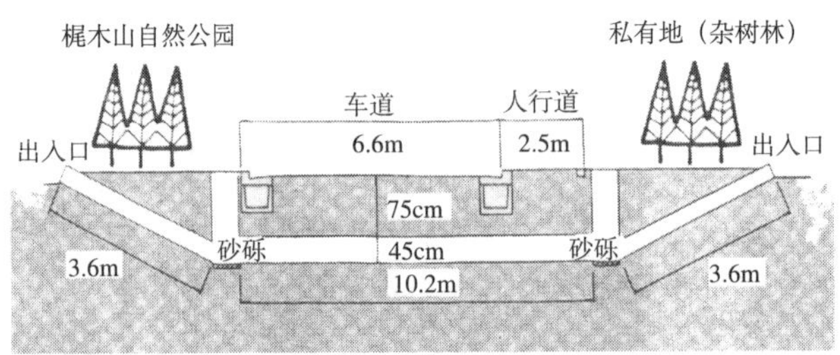

图 10　町田市成濑的市道下方设置的野生貉隧道

（町田市建设部道路维修科）

图 11　从桥梁下经过的野猪（伊势公路车道）

好能够达到 0.6 以上[16)]。动物的种类不同，对于各种形状的利用状况也存在差异，能够观察到貉和鼬沿着箱涵内的侧沟移动的例子。在町田市成濑，考虑到貉的这种特性，建成了小型隧道（高 45cm× 宽 45cm× 长 10m）（图 10）。相反的，在鹿和野兔中存在着较少利用封闭式箱涵的倾向。另一方面，桥梁下方可以说是便于哺乳类移动的环境，在其中发现了警戒心较强的野猪（图 11）。

3）防止进入栅栏

防止动物进入栅栏是公路车道中实施较多的对策，防止动物与车辆的冲撞，是兼具了确保车辆安全和动物保护以及增加迁移通道利用的设施。一般采用了针对人类的 1.5m 的铁网型防止入内的栅栏，不过由于貉等会爬上去，因此使用竖网型的栏杆的事例也在增加。另外，由于鹿的跳跃能力较强，因此必须要有 2.5m 的高度，而对于具有攀爬能力的熊，则设置了高度在 2.5m 以上并且顶部具有锐利尖端的栅栏类型[17)]。防止进入栅栏的要点是，在栅栏和地面、构造物之间没有缝隙[18)]（图 12）。动物常常会利用极小的缝隙进入车道，因此常常会出现长度巨大的栅栏毫无意义的情况。

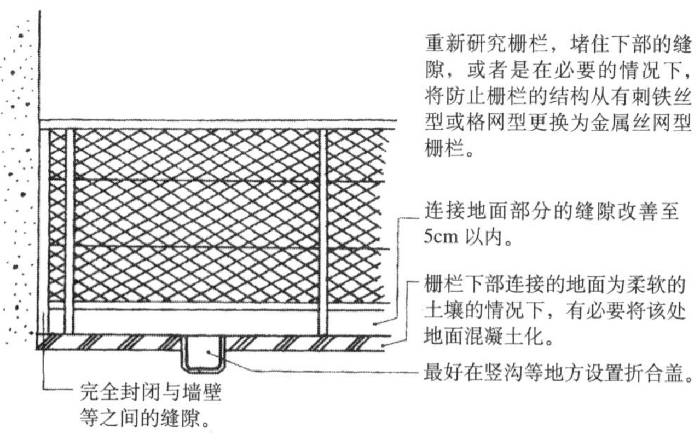

图 12　防止入侵栅栏设置上的注意点

图 13　日光宇都宫道路针对鹿的栅栏

(5) 生态缓和的验证

为了了解设施对策的效果，并应对之后的情况，必须要进行监测。如果只采取了对策，而没有判断该对策是否按照目标发挥了作用的话，就称不上是进行了生态缓和。由于多数情况下没有进行这种评价，因此尽管耗费了时间和精力进行施工，但是生态缓和的效果却不明显。施工人员对于生态缓和的内容也必须要具有强烈的成本意识。在日本生态缓和是实施事例较少，通过尽可能多的了解监测结果，就有可能考虑更加充实的对策，并且能够在没有取得效果的情况下挑选出问题点来尝试加以改善。

（橘敏雄）

参考文献

1）高橋　弘（1977）：音とネズミ，遺伝Vol.31，No.8，p.17-20，裳華房．
2）日本道路公団・㈳道路緑化保全協会（1997）：平成８年度エコロード整備手法検討報告書，p.128-147．
3）日本道路公団静岡建設所・㈳道路緑化保全協会（1996）：第二東名高速道路自然環境保全対策検討（その３）報告書，p.94-95．
4）樋口広芳編（1996）：保全生物学，p.44-48，東京大学出版．
5）由井正敏・石井信夫（1994）：林業と野生鳥獣との共存に向けて，p.123-126，日本林業調査会．
6）奥山正樹（1999）：国土生態系ネットワークの形成とエコ・ネット・マップ，*Widlife FORUM*，**4**（4），127-138．
7）日本道路公団静岡建設所・㈳道路緑化保全協会（1995）：第二東海自動車道自然環境保全対策検討（その２）報告書，p.77-79．
8）日本道路公団東京第一建設局・㈳道路緑化保全協会（1994）：第二東海自動車道自然環境保全対策検討報告書，5pp．
9）㈶産業研究所（1977）：地域環境特性の把握と評価方法の開発に関する研究―房総プロジェクト―報告書，p.204-222．
10）谷地森秀二・山本裕治・高田豊行・吉川欣亮・今井　清（1997）：「休息場」利用状況および分子生物学的技術による野生ホンドタヌキの家族関係の推定，哺乳類科学，**36**（2），153-173．
11）日高敏隆監修（1996）：日本動物大百科１，哺乳類Ⅰ，45pp.，平凡社．
12）山口喜盛：コウモリ用巣箱を利用したニホンヤマネ，リスとムササビNo.6 November，p.12-13，リス・ムササビネットワーク．
13）曽根晃一・高野　肇・田村典子（1996）：多摩森林科学園におけるムササビの食性の季節変化および夜間灯の設置が採餌に及ぼす影響，日林誌，**78**（4），369-375．
14）湊　秋作（2000）：ヤマネって知ってる？，p.108-112，築地書館．
15）小松裕幸ほか（1998）：大規模開発における指標生物を用いた環境保全への取り組み（その２），第９回技術研究発表論文集1998年，アーバンインフラ・テクノロジー推進会議．
16）大泰司紀之・井部真理子・増田　泰編著（1998）：野生動物の事故対策，p.116-125，北海道大学図書刊行会．
17）日本道路公団東北支社・応用生物（2000）：秋田自動車道野生動物等保全対策追跡調査報告書，p.150-157．
18）日本道路公団・㈳道路緑化保全協会（1989）：高速道路と野生動物，p.49-52．

Ⅳ：建设项目的特性与生态缓和

1. 生态缓和与建设项目的特性

在环境评价中，对于环境的冲击会由于各个建设工程的对象空间特性以及事业内容的不同而十分不同，因此生态缓和的思路和方法也会不同。因此，生态缓和必须根据建设工程的特性，考虑生态缓和的现状。

（1）建设项目的空间特征

建设项目对象按空间可大致分为道路建设、铁路建设和河流建设等线形项目，新城建设、港湾建设和大坝建设等平面项目，以及发电站建设等点状项目等。

在线形项目中，保护动物、植物的栖息地和生态系统的消失和分割问题较大。针对消失，探讨通过变更线形来回避影响，而针对分割，则探讨通过确保移动路径等来降低并补偿影响。

在平面项目中，由于对象动物、植物的栖息地和生态系统的消失问题较大，因此要探讨回避对于重要保全对象的影响，以及通过种个体群的移动和转移栖息地来降低或是补偿影响。

在点式项目中，由于要在项目用地内避免对重要保全对象的影响，而这类项目如火力发电站等对于周边环境的影响较大，因此从选地选择阶段开始的探讨很重要。

（2）建设项目的内容特点

各种建设项目产生的冲击因建设内容的特性而异。表 1 是在新城市建设等平面建设事业中与生态系统相关的环境保全措施的例子。表中所示的生态缓和，是从与被预测环境要素的影响内容之间的关系进行探讨的观点，探讨具体的环境保护措施。

在该表中，通过绿化和移栽等进行的栖息和繁育环境的创建，如果从确保保护对象关注种群的栖息和繁育的观点着眼的话，就相当于降低影响，而如果从缓和栖息和繁育环境的消失或是缩小的观点着眼的话，就相当于补偿措施。很难将这类环境保护措施明确的区分为回避、减轻和补偿。

（龟山章）

表 1　平面建设事业中与生态系统相关的环境保全措施的事例 [1)]

影响要素		影响	探讨的观点	环境保全措施	措施的区分
工程的实施	雨水的排水	栖息、繁育环境的变化（水质）	排水水质等的改善	防止浊水流出的措施（斜面保护工程、调节池和沉砂池的设置等）的实施	回避、减轻
	建设机械的运转	栖息、繁育环境的变化（噪音）	噪音影响的缓和	施工计划的变更（峰值台数的降低、回避影响显著的时期等）	回避、减轻
	用于物资材料以及机械搬运的车辆的运行	栖息、繁育环境的变化（噪音）	噪音影响的缓和	施工计划的变更（峰值台数的降低、回避影响显著的时期等）	回避、减轻
	用地的存在（土地的改变）	注目种等生物群的消失和缩小	确保保全对象的繁育和栖息	栖息、繁育环境的残留	回避
				栖息、繁育环境的创建（包括移栽）	减轻
				保全对象以外的种的繁育、栖息环境的创建，或是保全对象以外的环境的创建	补偿
		栖息、繁育环境的消失或是缩小	改变面积的最小化	通过修改斜面坡度（护壁构造的并用等）实现保留	回避
				通过修改斜面坡度（护壁构造的并用等）达到改变面积的最小化	减轻
				通过公园、绿地、调节池及其他公共空地内的详细配置规划实现保留	回避
				通过公园、绿地、调节池及其他公共空地内的详细配置规划达到改变面积的最小化	减轻
				通过住宅区内详细的配置规划实现保留（地区规划、绿地协定等）	回避
				通过住宅区内详细的配置规划达到改变面积的最小化（地区规划、绿地协定等）	减轻
			栖息、繁育环境的创建	通过公园、绿地、调节池及其他公共空地的详细规划创造栖息、繁育环境，通过移栽既有种进行绿化，表土利用，食树、食草的栽植，种子保存及根株移栽等	补偿
				住宅区内绿化（绿地协定等）	补偿
				在事业施工区域外创建栖息、繁育地（包括向事业施工区域外移栽）	补偿

续表

影响要素		影响	探讨的观点	环境保全措施	措施的区分
工程的实施	用地的存在（土地的改变）	栖息、繁育环境的分割	移动路径的确保	通过架设桥梁保留现有的移动路径	回避、减轻
				设置箱涵、天桥、波纹管等	补偿
				通过公园、绿地、河流以及其他系统建设（包括保留）创建移动路径	补偿
				通过住宅区内绿化创建移动路径（绿地协定等）	补偿
		栖息、繁育环境的变化（外来种、园艺种等固有种以外的种的增加）	既存种的利用	表土利用	减轻
				通过采集种子的播种、根株移栽、移栽等进行绿化	减轻
		栖息、繁育环境的变化（新的林地边缘的出现造成残存树林内相对照度的增加、干燥化等）	缓和来自林外的影响（日照、通风等）	林地边缘的保护栽植	回避、减轻
		环境的变化造成栖息、繁育环境以及移动路径的分割	缓和来自外部的影响（来自多种的干涉、人为干涉等）	林地边缘保护栽植、设置防止入内的栅栏等	回避、减轻
	公共设施的照明	栖息、繁育环境的变化（光环境）	控制来自照明的光泄漏	照明器材的改良（采用带有百叶板的照明器材、提高照明设置等）	回避、减轻
			增大光的衰减效应	通过栽植等遮蔽	回避、减轻
	住宅区内的照明	栖息、繁育环境的变化（光环境）	控制来自照明的光泄漏	提高照明设置等（协定等）	回避、减轻
			增大光的衰减效应	通过在栖息、繁育地周围栽植植物进行遮蔽	回避、减轻
	污水的排放	栖息、繁育环境的变化（水质）	改善排水的水质等	设置净化槽等、设施高度处理等	回避、减轻

2. 港湾的环境保护框架

（1）日本沿岸的特性及港湾整备中的环境保护历史

1）沿岸带的特性

总览日本全图，日本沿岸地带的地理特性大致如下。

· 日本国土的七成为山地，平原多由注入内湾的河流扇形地与入海口形成。区域之间的贸易自古以来大多是通过水路和海路进行的[1)]。

· 由于缺乏天然资源，在近代工业化过程中，进口原材料加工后再出口的加工贸易发挥了主要作用。因此，人口和产业主要集中在沿海部分。如今，人口超过 100 万的大城市除了京都以外，基本上都位于沿岸地区。

· 席卷了第二次世界大战后荒废国土的凯瑟琳台风、第二室户台风、伊势湾台风等，给沿海都市带来了巨大损失。沿海地区同时还受到台风和海啸的袭击，地震、季节性暴风浪等自然威胁。为了维持沿海都市居民的安全和经济活动的稳定，海岸线的防灾对策必不可少，在许多情况下，必须采取人工建筑物进行防护。

· 在人口和产业集中的沿海地区，进行了高密度且多样的多层次利用。在二战之后的经济高度成长期，工业用地需求激增，以经济潜力高的内湾为中心，进行了大规模的填海造地。近年来，伴随着经济的全球化进展，日本人的衣食住行开始大量依靠海外的原材料和产品。港湾对于贸易、产业和城市经济承担起了重要的作用。来自邻接城市的环境负荷，最终还是要由沿岸海域承受。尤其是在封闭的内湾中，环境的恶化甚至引起了社会问题。目前，在东京湾等地，比起工业活动产生的流入有机物，来自生活产生的流入有机物等都市活动的负荷效应更加显著。

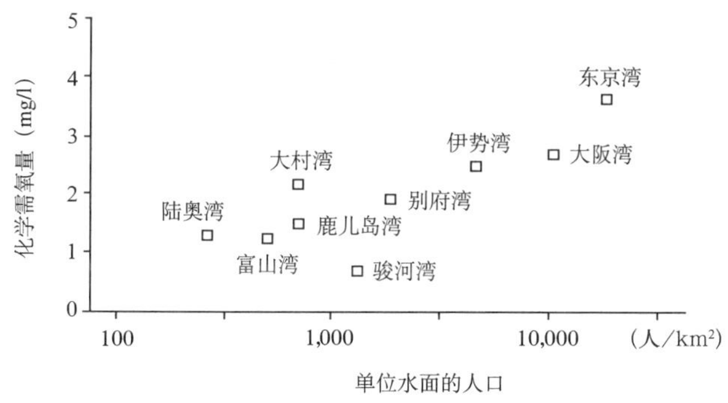

图 1　日本国内主要内海的水质与单位水面面积的流域人口 [2)]

Ⅳ：建设项目的特性与生态缓和

如上所述，内湾的环境恶化是以人口和产业活动向沿海城市过度集中带来的。图 1 的资料略为陈旧，不过显示了人口压力与内湾水质之间的关系[2]。该图横轴表示了封闭性内湾中每平方千米水面面积的所承载的沿海城市的流域人口数量。

从陆奥湾、富山湾到东京湾，随着水面面积平均人口的增加，水质（COD）恶化。在骏河湾等内湾封闭度较低的地区，该相关程度则略为下降。可以看出，人口压力对内湾水质起着决定性的作用。根本的解决对策也许是对人口和产业进行适当的再配置和再组成，不过一举改变历史形成的人口分布、产业结构及生活方式又是极为困难的。较为现实的思路是，在人口和产业的现状中考虑应该如何应对。生态缓和的方法，也应该在这一背景中考虑。

2）港湾环境保护的发展

由于港湾地处滨海地区，因此会对滨海部分的自然环境造成影响。近年来，与船舶的大型化和装卸的高效化相对应的，对于风平浪静的深水良港需求增大，很多工程都伴随着以工业用地或是城市用地为目的的填海造地建设。由于沿岸部分推行多层次高密度的利用，因此港湾的整备工作受到了各式各样活动的影响。在设施完善上投入的时间和经费，建成之后城市活动就会充分利用以收回投资。由于需要长远的计划性，且对于当地社会的影响波及各个方面，因此港湾的整备规划要经过由当地相关人员组成的港湾审议会的讨论才能决定。这种自治色彩较强的地区决策机制，是从港湾法制定的昭和 25 年（1950 年）年开始的。

在公害对策基本法（1967 年）制定后的公害国会（1973 年）中，对港湾法进行了修订，绿地的建设和污染防治、废弃物处理设施的建设也纳入港湾的建设项目。同时，引进了在港湾规划制定时对环境进行评价的机制，并且要接受港湾审议会的审议。

昭和 60 年（1985 年）以后，在港湾建设中不仅作为海运和陆运物流连接点的设施规划，更明晰了形成“综合性的港湾区域”的理念。人们逐渐考虑到港湾作为生活和产业活动场所的

表 1　环境基本法出台之前日本的事业官厅型环境保护措施与美国式生态缓和之间的比较

	美国式生态缓和型	日本的事业官厅型
目标	无净损失原则	在多层次的空间利用当中创建高品质的环境
对象生物	以植被为基础的生态系统	更多的个体数、更多样的生物、更高品质的栖息场所
空间	每个地点的目标设定 多数在 100 公顷以下	在每个较为狭小的空间运用严密的无净损失原则很困难，而且不现实
评价	回避 - 最小化 - 补偿措施 生态系统的评价具有多种指标	加入了大范围的观点，对达到现状以上的水平的说法不是仅指同一水平，而是指同等或是同等以上水平
费用负担	作为个别事业的成本内部化	在以往公共事业财政的范围内负担，往往归结到国家和地方自治体的财力问题
主体	以当地市民的参与为主轴，主体多样； 也注意到了土地利用的规定和引导	建设水平往往取决于当地领导的意向和选择，由委员会和审议会进行决策，与其他事业之间进行合作结合的动向

（以盛冈，1997[3] 为基础重新制作）

作用，开始为亲水性较高的绿地和海洋性度假休闲活动提供空间。利用疏浚航路等产生的优质砂覆盖有机腐殖质底泥建成了人工海滩。三河湾的案例是在沿岸开展了能够在开展滨水娱乐休闲活动的开阔绿地建设、建设了人工海滩、通过覆盖海砂改善底质等，这与当时遵守环境基准值的环境政策的要求不同的建成的高质量沿岸环境而受到广泛好评[3)]。

在广岛港五日市地区，在通过修改港湾规划缩小了填海造地的规模之后，经过与当地野鸟研究人员进行的探讨，尝试在填海造地区域外围建成了与填海建设导致消失的水禽栖息地潮汐带规模相当的潮汐带[4)]。这些是环境基本法出台以前，在港湾建设中进行环境修复的案例。将这个时期日本的环境修复和高品质环境建设的框架与美国式生态缓和措施相对比的话，就能够得到如表 1 所示的特征[5)]。可以看出，日本还缺乏对丧失的自然环境的价值进行评价以及针对发现具有相同功能的自然环境进行判断的计算标准，在这种情况下，要考虑当地的自然特性因地制宜的施工建设措施就不是通过公示促进居民参与，而是依赖包括环保部门在内的地方行政部门的决策（领导力类型）。无论如何，这些经验的积累对其后的政策的实施提供了支撑。

（2）港湾环境保护的法律框架

制定于 1993 年的环境基本法是其后环境措施的基础。对比公害对策基本法（1967 年）和环境基本法（1993 年），可看出环境行政的发展方向。从非常广义的角度来说，公害对策基本法是“通过规定环境基准值来维持人类的生命和生活的良好状态”的市民生活环境最低标准达成措施。该法反映了此前日本不幸的污染历史。通过对“不顾及周围环境的自私企业和因此蒙受损害的众多无辜市民”的指出，使人们了解了环境污染的危害。该法的主要措施是规定和追查，结果是使人们强烈意识到环境保护与开发必须相互折中的关联性。

另一方面，环境基本法则阐明了国家、地方自治体、建设单位和国民之间各自的责任，在公平分担作用的基础上，倡导构筑对环境负荷较少的可持续性发展的社会。尽管其中也包含了环境基准值的规定，但是同时鼓励自主积极的环境保全行动，并努力引进了积极引导的方法。对象也不再是以往的 7 种典型污染，而是将着力点放在了生物多样性和多样的自然环境以及人与自然的多层次接触等方面。要求在国家的所有政策决策中保护环境，并提倡决策之间的有机协作以及有计划性的实施。不再讲求“要么开发要么保全”的二选一的争论，而是提出了通过可持续发展的概念“形成更高层次的社会”。

在濑户内海环境保全审议会的报告“濑户内海新型环境保全和创新措施的现状”（1999 年）中指出在水质改善的同时，恢复失去的良好自然环境的措施是十分重要的，可灵活运用底藻层、潮汐带、海滨的人工修建等技术。该报告体现了在对以上理念的理解，并在今后继续追求自然环境的修复的决心。

环境影响评价法于 1997 年制定，在相关法律法规完善后，于 1999 年起全面实施。作为公有水面填埋法和港湾法的审批依据，1973 年之后的环境影响评价已经决定，不过在一定规模以上的公有水面填埋中，除了必须要根据该法履行对于居民的公害纵览等审批之外，在大规模的港湾规划中，也必须要根据该法履行相应手续。另外，在该环境影响评价法中，还规定并定位了对于开发影响和丧失自然环境的补偿措施。

在环境基本法制定以后，正在推动个别法的修订。各个公共事业发挥了具体实现“可持续发展社会的构筑”的巨大作用。在河流法修订（1997 年）和海岸法修订（1999 年）中，添加了“河流环境的整备与保全”、“海岸环境的整备与保全”等法律条目。

作为港湾环境措施，发布了“与环境共生的港湾的（生态港）”（1994 年），提倡保护沿岸生态系统、积极创建良好环境、削减环境负荷以及进行周全的环境管理等[6)]。此后，在 1999 年 12 月的港湾审议会报告《关于与经济和社会变化对应的港湾的整备和管理现状》中，对以往的环境措施进行反思，认为“由于政策实行手段不够充分，（中略）来推动积极创建适应生物和生态系统变化的环境”，“今后，（中略）在形成良好的港湾环境的方面，应该明确认识其重要性，并积极应对。在实施港湾整备之际，不仅要将对潮汐带和海滨等重要自然环境的影响控制在最小限度之内，还应推行创建生物栖息环境的建设形式，如灵活运用自然能力建成新的潮汐带和浅滩、采用具有缓和护岸倾斜度和海水净化机能的构造等”，有必要推动有计划性的综合环境措施。报告提交后，在港湾法修订（2000 年）中，添加了“考虑环境保全，（港湾维护和运营目标）”的法律目的。在港湾法第 3 条 2 中，将在个别港湾规划制定时应该参照的港湾整备的基本方针作为大臣的基本方针。在修订版港湾法中，重新明示了关于港湾等环境保全的基本方针。

港湾审议会上，审议了港湾整备计划，以及一同实施的环境保全措施和良好环境的创建，形成了地区的决策。新的开发行为导致丧失的自然环境的代偿措施并不仅仅限于海滨和潮汐带的人工建设，还应根据港湾的管理运营和改良整备的情况进行各种环境整治。

（3）沿岸生态系统的特性——以潮汐带生态系统为例

1）潮汐带生态系统的特征

在考虑港湾的实际业绩和技术经验时，生态缓和不应仅限于补偿丧失的自然环境，还应包括积极尝试创建自然环境。由于港湾位于海陆的连接点，因此位于海陆交界处的水滨线的自然环境就是尝试的主要对象。该尝试包括提供泥滩、沙滩、岩礁和海边悬崖等与自然海岸相类似的海岸地形、改善水体底质、改善人的舒适性等各式各样的目标。前者包括人工建设潮汐带（泥滩）和沙滩、防止侵蚀、通过填海地区护岸的缓坡创造附着生态系统等。而改善水体底质的尝试包括设置海水交换的促进设施以及腐败底泥的净化等。而改善人们前往海滨地区的交通状况以及改善来自后部的景观等就是改善舒适性的一例。近年来，泥滩潮汐带以及在其扩展的浅滩受到了广泛重视，因此，本文着重介绍潮汐带和浅滩的人工建设成果。

潮汐带被认为是伴随着水面的升降、重复着水浸与落潮的泥沙质的极为平缓的地带[7)]。因此，形成了以底栖生物为主体的特有的生态系统[8)]。图 2 中的模式图[9)]显示了潮汐带中的食物网。进入潮汐带，最常见到的就是体长几公分的小动物。会残留在 1mm 筛眼的筛子里的微型底栖生物中典型的潮汐带小动物是双壳贝类、沙蚕、螺类、虾和蟹类等。而从 1mm 筛子中通过的小动物称为微小底栖生物。以有机物为饵料生活的潮汐带动物，在生态系统的食物链中是消费者。微型底栖生物依据饵料的摄取方式又可分为吸入海水从鳃过滤并食用残留在鳃中有机物颗粒的过滤食者，以及直接用口摄取底泥上的有机物碎片的堆积物食者等类型。双壳贝类是代表性的过滤食者。

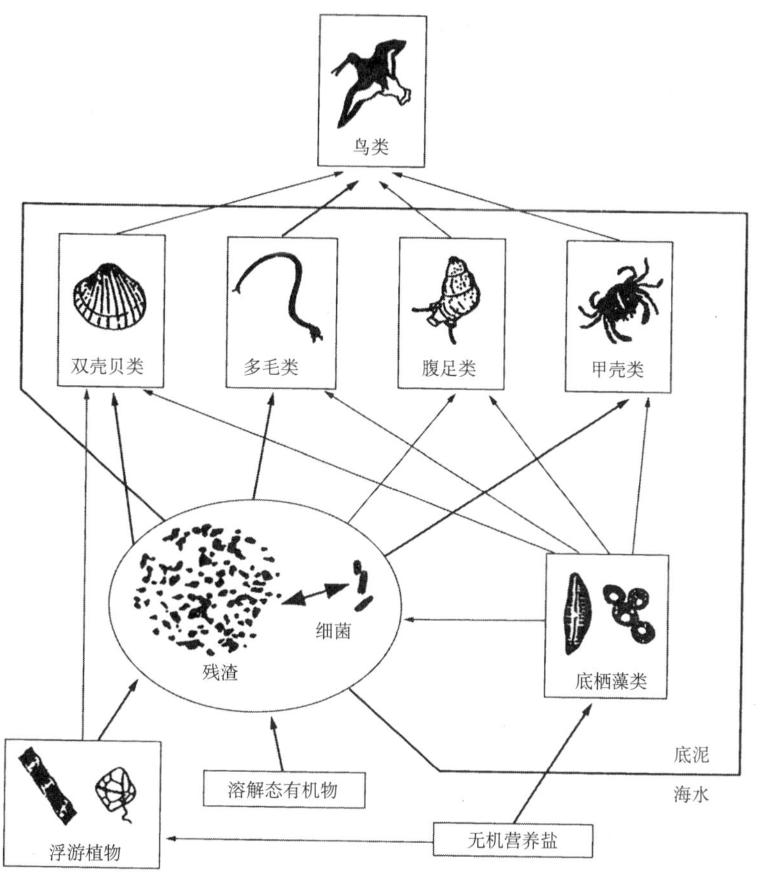

图 2　海涂中食物链网的模式图 [9)]

潮汐带中有机物的代表性生产者是栖息在潮汐带泥表面上的微小附着藻类，栖息在海面上的海藻、海草类，以及涨潮时乘着潮水而来的悬浮在水中的浮游植物等。另外，潮汐带区域的分解者是附着在有机物碎片上的细菌。在近来的研究中有研究人员认为，堆积物食者并不是直接食用有机物碎片，而是食用附着在有机物碎片上进行分解的细菌从而摄入了有机物碎片，需对细菌的作用进行重新评价。在潮汐带上，生产者、消费者和分解者共存，不断适应着涨潮和落潮，保持着相互之间的关联性，构成了一个整体。

从物质循环的观点来看，潮汐带生态系统通过定期从海面涌上来的潮水和来自周边河流的流入，形成了接受来自外部的流入有机物负荷和营养盐负荷的“流动型生态系统”[10]。在城市近郊的潮汐带中，常常能够观察到与生产者的栖息生物量数量相同或是更高的消费者的栖息生物量。从通常食物链构造来看的话，这样的生物量的比例是不自然的。因单靠该地带的生产有机物是无法满足消费者的饵料的，不过考虑到这种构造就是流动型生态系统的话就可以理解了。

采用流程图的形式表现潮汐带生态系统与周边的物质交换以及系统内部生产者、消费者和分解者的关系的观测实例较少。图 3 是以三河湾一色潮汐带 9.18km^2 范围内 7 月份的观测值为基础计算出来的流程图[11]。在该潮汐带中，主要的生产者是附着的藻类和浮游植物。

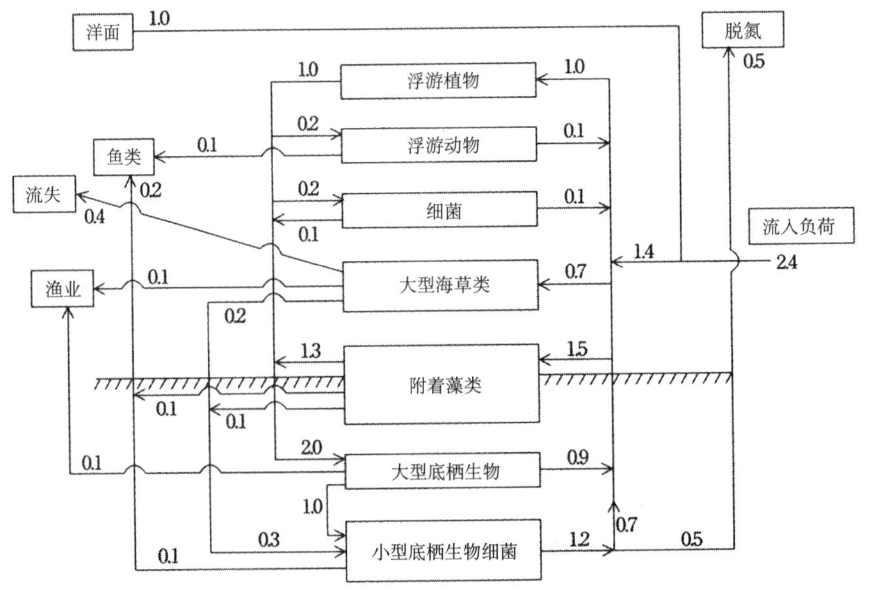

图 3　一色海涂中氮的循环[11]

尽管现存量较大，但是大型海藻对于流程做出的贡献却较小。作为消费者，微小底栖生物和微型底栖生物的作用较为重要，而浮游动物和高层次的鱼类则消费量不大。流入负荷中两成通过及硝化作用脱氮逃逸进入大气，一成被捕捞上岸，四成作为非生物形态营养物质流出到海面中。剩下的三成为了保持收支平衡，将生物体运送到海面上。也就是说，潮汐带中的物质循环是以体长几公分以下的小型生物（微型底栖生物、微小底栖生物、附着藻类、细菌等）为主体形成了巨大的物质流，鸟类和鱼类等大型来访者则从该物质流中分得一杯羹。

2）潮汐带生态系统的恢复能力

一般来说，在流动型且分界线条件大幅度变动的生态系统当中，主要的构成生物多为小型且具有较高的繁殖能力，常常具备多产、短寿命、高分散能力和较强的耐性等特征[10]。具有这种特征的生物群被称为 r 战略者。个体数的大幅度变动是其特征。而在基本上没有输入输出的封闭生态系统当中，相对体型较大、少产、长寿命、竞争力较强的生物个体、数量的变动则较少。在以 r 战略者为主体的生态系统中，通过较高的繁殖能力和移动能力弥补外部干扰造成的个体数的减少，形成了复原力较高的生态系统。只要在一定限度之内，就能够从外部干扰中恢复。而在完善稳定的生态系统当中，复原力却极为脆弱。

潮汐带生态系统从外部干扰中恢复的速度，在实际的潮汐带中也能观察到。在伊势湾和三河湾的潮汐带中，能够观察到台风时期潮汐带地形侵蚀之后生态系统的恢复，以及夏季缺氧水流入侵后生物区系恢复的情况[12)]。也能观察到形成于内湾的护岸壁面等之上的附着生态系统较快的恢复速度[13)]。

构成潮汐带生态系统或是岩礁壁面生态系统的主要生物，在再生产过程中的幼体期常常是在水中浮游度过的[14)]。浮游期间从几天到几周不等。在该过程中，幼体散布广泛，在适宜环境地点附着的幼体发育成成熟个体。

关于从出生到成熟产卵之间的一个世代的长度，报告称双壳贝和多毛类多为 1 ～ 3 年左右。而微小底栖生物则多为数十天左右。一旦附着在底部并且发育成熟的话，每到产卵期就会有幼体从附着处浮游出来。大阪湾入海口潮汐带的代表性生物刀额新对虾，被认为是在湾内的深水处产卵。通过在湾内 3 处产卵场产卵并发育成幼体随着海潮漂流的数值计算[3)]，可以看出在为期 3 周的漂流期内，幼体广泛分布到大阪湾的深处，并抵达入海口的情况。只要具有 2 ～ 3 周的漂流期，就能在内湾广泛分布。可以说，潮汐带的底栖生物是以 r 战略者和具有与之相类似的再生产战略的生物为主体的。栗原[10)]从流动的情况和复原力方面对比了潮涌区域、入海口湿地、森林、河流、耕地及养鱼场等，如图 4 所示对人类干预与否进行了分类。潮汐带生态系统是富于复原力的流动型生态系统，也是人类能够干预的系统。

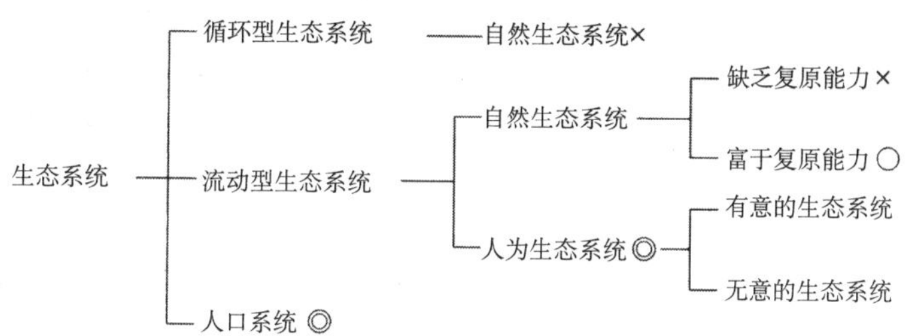

图 4　生态系统的分类[10)]

◎人类的管理不可或缺的系统
○人类可以介入
× 人类不可介入

建成但还没有底栖生物的潮汐带地形在海滨出现之后，要通过围隔实验探讨潮汐带生物是否能够顺利定居以及需要花费多少时间定居[16)]。在实验室内纵 8m× 横 3m 大小的 3 个水槽中铺上潮汐带泥，从东京湾口附近久里滨湾内引来未经处理的海水，并使其具有涨落潮现象。在几个月之后，每个水槽中都观察到了附着在潮汐带泥面上的附着藻类。并且在不到 1 年的时间

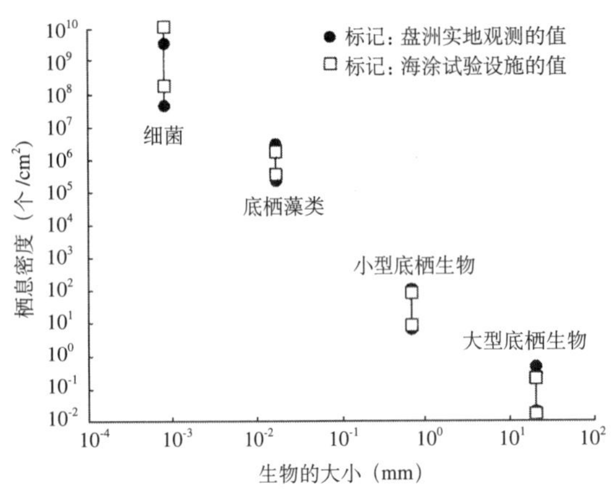

图5　不同生物群落中不同大小的个体数密度[9)]

运转开始后1年以内海涂试验设施内的定居状况与天然海涂的状况之间的比较

● 盘洲海涂 1993.12 ～ 1995.10

□ 海涂试验设施 1995.11 ～ 1995.12

里形成了由细菌、附着藻类、微小底栖生物、微型底栖生物等构成，而且其个体密度比与自然潮汐带十分类似的生态系统（图5）。该现象可认为是与自然海水一同引入水槽中的浮游幼体和卵等在水槽定居的结果。从营养盐循环的测定，观察到了能够在普通沿岸潮汐带观察到的数值范围内的循环系统。该系统完全没有人为进行日照、水温和盐分调节，另外也没有进行生物的搬进和取出，但是在经过了整整6年之后，仍然维持了稳定的系统。底栖动物的种组成在发生季节变动的同时缓慢的变化着。由于该系统的顶级生物相仅能在该系统内部达到，因此关于该现象是一时的变动还是较大的迁移，还需要今后的进一步观察。

这说明如果地形的建设适当的话，1年到数年之内潮汐带生物会逐步进入定居，该系统会具有在不断变动的同时自律维持的可能性。

3）影响潮汐带的环境要素

潮汐带栖息生物是指在具备某种条件的场所经常被观察到的生物群体，在这特有的栖息场所。栖息的生物量也会因场所条件的不同而大相径庭。

来自周边的有机物和营养盐在潮汐带生态系统内部循环，一部分储存到潮汐带，其他的流向周边。储存场所绝大多数在潮汐带底泥，生物体和有机物碎片也会保持一部分。来自外部的负荷变动较大时，底泥颗粒会发挥缓冲作用，维持潮汐带生物的死亡率和物质循环。从长期来看，在富营养化海域，随着颗粒的堆积，储存物质会逐渐被掩埋在底泥深处，多数情况下会从潮汐带泥表面的循环中分离出来。除此之外，底泥颗粒还参与了小动物巢穴的维持机制并维持落潮时泥层内的水分等，还左右了栖息生物种以及潮汐带生态系统的营养盐循环特性等。

在沿岸的岩礁生态系统当中，能够观察到距离水面的不同高度形成的生物种的生境隔离，在潮汐带上，也能够观察到海拔高度造成的带状的栖息种分布。其中，从落潮时水面附近（低潮带）到该海面落潮时也被水淹没的部分（潮下带部分），即使由于生物的耐干燥性较差也能够栖息，因此在多数情况下，常常能够观察到多样而且较大的生物量。另一方面，出现富营养化且水流容易停滞的水域会出现氧气不足的现象，在这种情况下，落潮时不会露出水面的潮下带部分的生物相就会较为贫瘠。同样的，在河水与海水相互混合的入海口部分，地点和时间会造成盐分的大幅度变化。根据水体盐分的不同，可以将水体分为海产性生物丰富的场所和淡水性或是苦咸水性生物丰富的场所。根据潮汐带的位置、地形、底泥质等物理条件，以及来自周边的负荷状况、盐分和氧气浓度等水质条件的不同，各个生物种的栖息分布区域和生物量会受到较大的影响。

潮汐带在很大程度上依赖于潮汐的涨落，并与周围环境结合，进行物质交换。并且，通过拍打潮汐带的小波浪、半月周期的大小潮等潮汐变动，梅雨和台风时水流变大的河水流，台风时的大浪和大潮及冬季季风造成的大浪等各式各样的作用进行物质的搬进搬出。受到干扰和搬运的物质包含了生物体和底泥颗粒，较大的物理干扰会对潮汐带地形和生态位造成直接影响。在相对水深一致的东京湾三番濑进行的观察中，发现生物种受到底泥颗粒和底质环境的影响，并获得了底泥颗粒受到波浪和水流作用大小的影响的数据[17)]。另外，在东京湾盘洲潮汐带进行的为期 65 个月的地形变化观测中，系统内部重复着微小的变化，但是整体上没有出现地形崩溃的迹象[18)]。另外，每年夏季定期来临的缺氧水体等会大幅度改变生物相。与每次降雨时都会复位的日本河流生态系统相似，潮汐带生态系统也可以说是在环境不停变动的场所形成的系统。突发性的大幅度打乱生态系统的干扰（事件），与河流中降雨发大水的频率相比，时间规模略长，而且干扰后生态系统恢复再生的时间也被认为与底栖生物的世代时间相似或是略长一些。综上所述，潮汐带生态系统的时间规模如果从常见的底栖生物系统着眼的话，就可以认为“即便是受到干扰相对较多的潮汐带，也是反复着每一年到若干年出现较大的干扰和再次形成的生态系统”，也是“日周变动和潮汐造成的环境变动较为显著的生态系统”。

（4）生态缓和的实施案例

1）沿岸生态系统的修复

在近半个世纪以来，沿岸自然环境的迅速退化和丧失是目前沿海环境恶化问题的重要原因。因此，目前以内湾深处等为中心、力图修复潮汐带和底藻层等生态系统，努力扩大具有该地形特有的生态系统的泥滩、沙滩、岩礁地形等的规模变得十分重要。从生态系统的概念来看，只要具备了①存在主要的构成要素、②构成要素相互作用、形成了某种机能性的常规状态这两点的话，该实际存在的系统就可被视为是生态系统[19)]。根据“常规状态”的思路不同，提出了理解生态系统的各种时间规模。一般常见的底栖生物相的时间规模，如上述讨论所示，在几年～10年左右。在此期间，期望能够出现针对自然的环境变动而能够持续保持自律且动态稳定的系统。针对“主要构成要素的存在”这一课题，与陆地生态系统的修复相同，目标生物（底栖生物）对于栖息环境条件以及地形和底泥质的依赖性，是修复场所的重要提示。在目标生物的进入和定居方面，则与陆地生态系统的修复不同，人为的栽植和播种、放流等方法基本上不会使用，态度大多倾向于促进自然的进入和定居。

也就是说，目前修复的主流行为被认为是“通过人工重建过去其附近曾经存在的自然地形，或者是人工对地形进行改变，并以此形成该场所以往能够观察到的沿岸生物栖息的物质循环系统”。美国生态修复学会认为，“生态学复原的定义是，为了确立具有特色的以往历史存在的生态系统，而有意图的改变特定场所的过程，其目标是，模仿特定生态系统所具有的构造、机能、多样性和动态”[20]。这一看法与“创建与消失的生态系统完全一致的生态系统”的态度略有不同。

2）修复项目的技术流程

除了在港湾关联绿地中栽植沿岸性树木和草本植物等工作，以及在海滨的背后部分等建设海滨性植被带等工作之外，在水滨线部分（从满潮带到海面一侧）的环境修复项目中，一般不会人为栽植或是引进生物。在人工建设潮汐带中，基本上是期待袭来的海水带来生物或是一同带来人工建设时使用的材料砂土，实现进入和定居的效果。因此，在项目当中，主体是提供栖息基础以及保证栖息环境。

接下来，笔者将介绍在港湾和机场等建设工程中实施的沿岸地形的生态缓和整备实例。其中，既有作为开发造成的丧失环境的补偿而整备的案例，也有与开发行为无关而是以有意图的建设高品质环境为目标的案例，以及在开发行为当中对临时出现的生物（尤其是水禽）栖息场所进行改良并使之存续的案例等。每个案例都是在当地行政机关的技术人员和负责人员的努力之下实现的。将这些案例分为若干种地形类型加以整理的话，得到的结论如表 2 所示[21, 22]。

先来看看建设工程中栖息基础的提供和栖息环境的保证等顺序[23]。栖息环境中，尤其是水温、盐分、营养盐浓度等很大程度上是由周边水域的特性决定的，人为的控制常常较为困难，因此造地成为项目规划重要的课题。

表 2　港湾中潮汐带和浅滩等的人工建设实例

地形分类	场所（港名）	规模	竣工（大致建成）年份	事业主体	主要的对象生物、栖息生物
砂泥滩～泥滩潮汐带、浅滩前滩型潮汐带					
五日市地区人工潮汐带	广岛港	潮汐带 $24hm^2$	1990 大致竣工	广岛县	赤颈鸭、沙蚕类、孔石莼、菲律宾蛤仔
船桥海滨公园	千叶港	海滨总长 1.2km（潮汐带 $40hm^2$）	1983	千叶县	鹬鸟和鸻鸟类、沙蚕类、菲律宾蛤仔
羽田海面浅滩	东京湾羽田机场	浅滩 $250hm^2$	正在建设中	东京都	横滨鲽、黄鳍刺鰕虎鱼等的幼鱼、无备平鲉、菲律宾蛤仔
潟湖型潮汐带					
大井野鸟园	东京港	公园 $25hm^2$	1978（第一期）	东京都	水禽等百余种、沙蚕等、栽植

续表

地形分类	场所（港名）	规模	竣工（大致建成）年份	事业主体	主要的对象生物、栖息生物
大阪南港野鸟园	大阪南港	公园 19hm^2	1983 对公众开放	大阪市	鹬鸟和鸻鸟类、雁鸭类、沙蚕等、栽植
沙滩～砂泥滩					
须磨海岸	神户港	海滨总长 1.4km	1988（第 I 期）	神户市	（通过养滨人工建成海滨）
葛西海滨公园（东渚、西渚）	东京港	沙滩 25hm^2（整个区域 400hm^2）	1988 对公众开放	东京都	鸟类 20,000 只、沙蚕类、菲律宾蛤仔
金泽海公园	横滨港	海滨 9hm^2	1979 大致竣工	横滨市	菲律宾蛤仔
严岛港海蓝事业	宫岛港	潮汐带与浅滩共 6hm^2	1991	广岛县	菲律宾蛤仔、大草藻（通过覆砂改善底质）
蒲郡地区海蓝事业	三河港	潮汐带 30hm^2 等	1998	爱知县	菲律宾蛤仔、日本囊对虾、大草藻（通过覆砂改善底质）
岩礁型的护岸、防波堤和海岸					
关西国际机场岛缓坡度护岸	大阪湾关西国际机场	护岸总长 9km（全长 11km）	1988 护岸大致竣工（1994 开港）	关西国际机场公司	黑昆布、穴状昆布、马尾藻、大泷六线鱼、褐菖鲉、蝾螺、鲍鱼等
那霸港防波堤	那霸港	第一防波堤 3km	正在建设中	国家	珊瑚礁
奥尻港海岸生态海岸事业	奥尻港	潜堤总长 150m	正在建设中	奥尻町	海带、大泷六线鱼、海胆、鲍鱼等

资料来源：以文献 21,22 为基础制作。

另外，栖息环境中波浪和潮涌通道等物理因素，如果花费经费的话，能够进行一定程度的控制，在选址有限制的情况下，可采取一并设置波浪和水流的控制构造物的措施的方式（东京港葛西海滨公园、须磨海岸等）。

关于栖息基础的材料，沙滩中选用海砂，泥滩则选用海底泥或是周边的泥滩泥。但是，也有像横滨港金泽人工海滨那样采用山地砂建成的沙滩。在水滨线部分，常常能够观察到适应海拔的横带状栖息分布。栖息基础的海拔测量方法是极为重要的因素，是地形横截面设计（坡度）

的重要考量。受到波浪影响的沙滩地形，会通过与波浪之间的相互作用渐渐改变地形，会针对该地点的波浪作用变化为稳定的平衡地形。在这种情况下，由于自然波浪会随着气象和季节发生大幅度变化，因此会以平衡地形为中心反复变动。这种状况称为地形的“动态平衡”等。波浪造成的地形变化的机制，正在以沙滩为中心一步步被人类研究透彻，其相互之间的关联性也逐渐明了。以砂为材料的人工海滨在神户港须磨海岸等地逐步建成。

由微细泥形成的泥滩地形尽管比沙滩的坡度缓和也很稳定，但是关于地形坡度和波浪作用之间的关系还有许多部分尚未弄清楚。柔软且散乱的微细泥含水率较高，积累起来的话，由于自身重量，逐渐的其间隙的水分会渗出，并下沉（大阪南港野鸟园，广岛港五日市地区人工潮汐带）。柔软泥下沉的特性被认为是泥的基本性质。目前已开发出来下沉的量、速度和期间等评价法和预测公式[4, 23]。针对材料泥形成的缓和坡度，建设范围有时也不能充分的延伸到海面。在此情况下，材料特有的缓和坡度会在中途截断，变成较深的陡峭坡度，在原有的海底面上形成磨合的横截面形状。在人工材料的海面一端，为了防止材料砂土流失到海面，会采用砾石等坚硬的材料在水中建成堤防（广岛港五日市地区人工潮汐带）。由于是淹没在水中的构造物，因此被称为潜堤。如果波浪平稳、材料砂土颗粒略粗的话，即便是较为陡峭的坡度也能形成稳定的地形。在预计到这种条件的情况下，也可以不在海面设置潜堤（船桥海滨公园、横滨港金泽海的公园）。在位于海面的口袋状深水区会对水质产生恶劣影响等情况下，也会加高海底，降低水深，使其变为连接着潮汐带的浅滩（羽田海面浅滩）。

在施工之际，周边常常会有潮汐带等生物栖息地，采用了减少对于周边生物影响的施工方法。尤其是在担心影响的季节和期间，有时也会取消施工。在水滨线附近非常浅的场所施工时，出于①大型施工船由于吃水的关系无法使用、②柔软的微细泥土壤在投入后到发挥强度为止耗费时间等施工方法上的原因，以及③减轻对于底栖生物的影响等生物保护和环境条件上的原因，常常会施工缓慢。该场所生物定居、地形稳定、外力来袭等变化间的相互关系还没有详细弄清楚，因此常常会采用先进行小规模的建设和试验性施工、在观察其结果的同时逐步进行建设的手法。在该情况下，仔细的监测和分析必不可少。另外，在潮汐带地形等基础整备中，基础上的细微地形和空隙以及凹凸等常常会对生物的栖息具有巨大的意义。因此还必须要考虑到细微地形、形状的建设。

3）潮汐带的整治案例

以广岛港五日市地区为例，来介绍潮汐带人工建设的规划、设计和施工的流程[4, 21, 22]。

A．规划

规划在广岛湾内的广岛港五日市地区进行填海造地。建设连接陆地的填海地的目的是建设住宅和城市设施、确保完整的绿地、保证码头用地等。该填海地会造成八幡川入海口的一部分潮汐带消失。该入海口部分的潮汐带，是有名的以赤颈鸭为中心的水禽的聚集场所。于昭和44年（1969年）制定的建设规划案从保护周边鸟兽的观点出发进行了修订，在昭和56年（1981年）港湾规划修订时缩小了规模（填海面积154hm²）。昭和60年（1985年），设立了有鸟类专家等构成的人工潮汐带建设研讨会。计划在护岸外侧，以与消失的潮汐带面积基本相同的规模、沿着填海地护岸建设总长 1km 宽 250m 的人工潮汐带。计划位置图如图 6 所示。另外，还探讨了在填海地内邻接处设置野鸟公园、在入海口区域不配置港湾设施、将入海口区域海岸线建成绿地、以及制定了考虑到越冬鸟飞来期的施工工程等。昭和 61 年（1986 年）项目获得了填海许可，从昭和 62 年（1987 年）起，作为五日市地区港湾环境整备项目开始了建设工程。

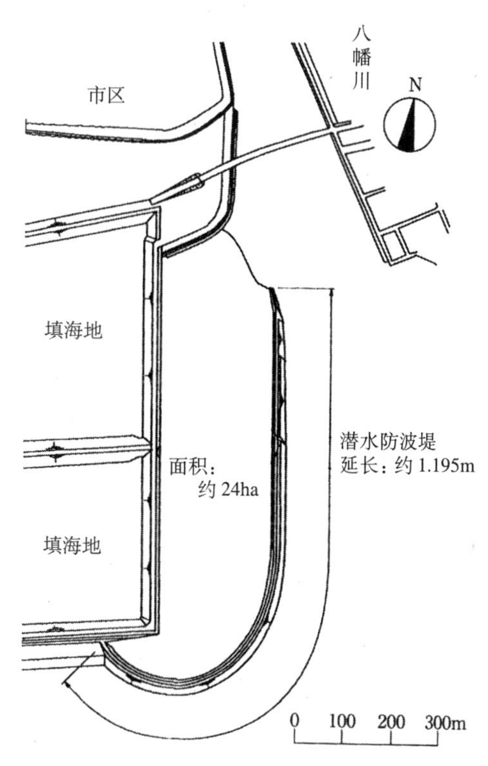

图 6　广岛港五日市地区人工潮汐带建设位置 [4)]

针对潮汐带的建设，以确保赤颈鸭、鹬鸟和鸻鸟类的采食、休憩场所为中心进行了探讨。在昭和 59 年（1984 年）广岛县的调查中，个体数（最大）较大的是赤颈鸭，不到 2000 只，其次是黑腹滨鹬 600 只，赤味鸥不到 500 只，小白鹭 100 只等。

赤颈鸭的饵料为孔石莼，孔石莼在富营养化的海域较为常见，适应的环境范围很广泛。孔石莼的发育以水深较浅且平静的水域为佳。海面部分的水面常常被赤颈鸭用来作为休憩场所。虽然当时没有对黑腹滨鹬特有的饵料生物进行探讨，不过以与鹬鸟和鸻鸟类的分布和沙蚕类的分布关联较高的仙台湾蒲生潮汐带为例进行了参考。指出要避免腐败的黑色柔软泥质，潮上带、潮间带和潮下带并存，采用与附近潮汐带类似的材料和类似的坡度等问题。黑腹滨鹬在休息时，利用了背后地和海面上的牡蛎筏 [4)]。

B．设计

当时还没有充分的经验和实绩在潮汐带设计中反映上述必要条件，因而只通过设定底质构成材料（底泥材料）的条件、预测波浪外力核对地形稳定条件的影响的方法进行了横截面形状的设计。作为与底栖生物的栖息相关的表层底泥，以蒲生潮汐带的土壤条件为参考，采用了中央颗粒直径在 0.4mm 左右、淤泥成分以下的微细泥占 5% 左右的海砂。作用外力按 1 年 1 遇的波浪强度（通常时期的波浪），采用针对海滨的、外力与海滨坡度之间的关系式，探讨了设计的稳定性。海滨的坡度在潮间带的中部定为 1.6%，而满潮带和低潮带则设计的略为陡峭。由于填海地与海岸邻接的部分原有的水深较浅，在潮汐带海面一侧平稳的与原来的底面相连，不过在填海地的尖端部分则由于原有的水深较深而必须在海面一侧设置防止砂土流失的潜堤。潜堤是以能够抵挡大风浪的条件进行设计的，在加固并改良了地盘的基础上建成 [4)]。规划横截面图如图 7 所示。

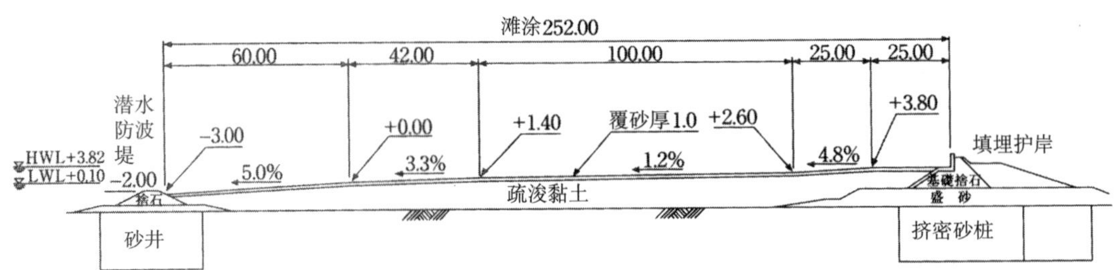

图 7　人工潮汐带的代表规划横截面图[4)]

C．施工

关于施工，为了有效利用伴随着填海造地工程出现的工地底泥，将其用作了潮汐带内部的构成材料。由于预计工程产生的底泥质地柔软，投入后会缓慢下沉，因此通过下沉试验预计下沉量，并且进行了现场埋设型下沉计划的事先设置和监控等。

由于是在非常浅的海域进行的施工，因此作业船吃水困难，柔软泥和潮汐带表层泥的投入是分为数次每次少量进行的。该潮汐带地形与平成 2 年（1990 年）度末基本建成（基本上处于竣工状态）[4，21)]。

D．监测

内部柔软泥的下沉如预期进行。在与现存的入海口潮汐带相邻接的部分，能够观察到河流流下砂土的堆积，与之连接的潮汐带面积扩张。在海面一侧的尖端部分，在涌来的波浪作用下，受到波浪冲击的部分倾斜度进一步变得陡峭。因此，从露出水面的潮上带到潮间带部分，颗粒直径变粗，面积缩小，海面潮下带平坦的扩展。

从大致竣工之后不久，尤其是以海面一侧低潮带为中心，观察到了以褐色角沙蚕和菲律宾蛤仔等为中心的丰富的底栖生物栖息量。在大致建成之后的 5 年间，在低潮带部分的 2 处监测

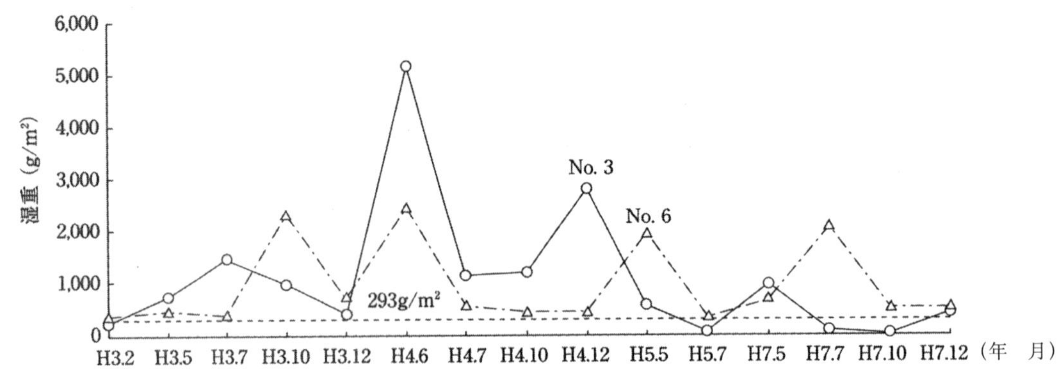

图 8　低潮带部分底栖生物鲜重的变迁[4)]

注）293g/m^2：日本的代表性潮汐带中潮汐带生物鲜重的平均值

No.3，No.6：低潮带观测点

点，观测到了鲜重 300 ～ 2000g/m^2 左右的底栖生物量[4)]。低潮带底栖生物量的变迁如图 8 所示。另一方面，在潮上带至高潮带部分之间，和其他潮汐带相同的生物量较少。

另外，在施工期间逃到附近潮汐带的赤颈鸭在大致竣工之后马上就回到了人工潮汐带。在建成之后 2 年，栖息数就超过了以往的数量，不过之后逐步减少，现在的栖息数在数百只左右（图 9）。在广岛湾各地的潮汐带都发现了类似的倾向，湾内整体的个体数在减少。赤颈鸭栖息数的减少原因被认为是其饵料孔石莼的减少[4, 24)]。

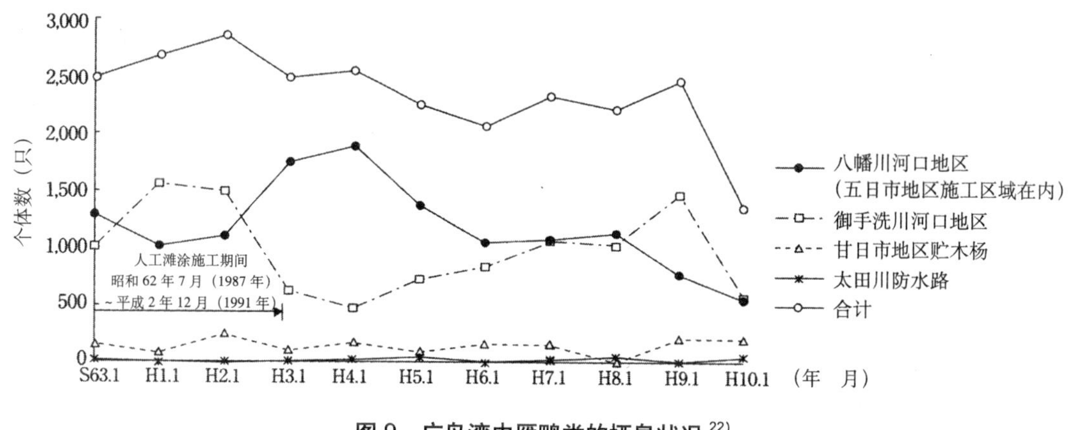

图 9　广岛湾中雁鸭类的栖息状况[22)]

孔石莼生产量的减少原因被认为是广岛湾海域营养盐浓度的低下造成的。

季节性飞来的鹬鸟和鸻鸟类的飞来数量年度变动较大，建成后的变化尚不清楚[24)]。饵料生物栖息的低潮带露出水面的时间逐渐减少等使得观察到的分布区域逐步缩小。另一方面，如果假设中型鹬鸟类每天的平均摄食量为 20g，而作为饵料的沙蚕的栖息密度为 100 ～ 300g/m^2 的话，那么即可计算出每天的饵料供给只需要 100cm^2 左右的潮汐带就足够了[25)]。

根据大致竣工后的结果，填海工程施工单位逐步进行了改良。人工潮汐带研讨会等探讨了表层砂颗粒直径过粗和地形较为单调等问题。

（5）今后的课题

通过依靠海洋的修复能力、人工为自然修复作准备并加以协助的手法，可进行常见的潮汐带生态系统和岩礁生态系统的生态缓和修复。在本章当中，没有涉及无法依靠自然修复能力的海龟和中华鲎等大型生物，不过该类生物的生活史和各个发育阶段中对于环境要求的阐明等有望实现。另外，作为得到修复的生态系统的机能评价之一，净化能力常常会引起争论。净化能力在很大程度上受到该地点水质和污染负荷强度的影响。再者，形成的生物相也会受到水质的影响，水质则通过生物相等的净化作用受到影响。关于机能的评价轴和评价方法，在此也没有涉及。在流动型的沿岸生态系统当中，必须区分清楚物质循环会随着分界线条件发生季节性的变动。

Ⅳ：建设项目的特性与生态缓和

在沿岸的生态系统修复事业中，必须要进行长期的监测。在事例中介绍的监测与反馈手法是重要的必要条件。最好能够得到比较了解当地海域的当地居民的协助。关于如何合理利用当地的海域，应该尊重当地居民的意见。

（细川恭史）

参考文献

1）上田　篤（1996）：日本の都市は海からつくられた，中公新書，中央公論社.

2）環境庁水質保全局編（1990）：かけがえのない東京湾を次世代に引き継ぐために，p.23，大蔵省印刷局.
あるいは，こうした関係性の水質学的な考察も含めて，細川恭史（1991）：浅海域での生物による水質浄化作用，沿岸海洋研究ノート，**29**(1)，p.28-36を参照のこと.

3）盛岡　通（1997）：沿岸域・ベイエリア・内海地域における環境保全創造の新たな展開，瀬戸内海No.9，p.5-11，瀬戸内海環境保全協会.

4）復建調査設計（1996）：広島港五日市地区人工干潟工事誌，86pp.，広島県広島港湾振興局発行.

5）細川恭史（1998）：内湾の環境管理とエコポート技術，Proceedings of Techno-Ocean '98 International Symposium，Kobe, p.25-28.

6）運輸省港湾局編（1994）：環境と共生する港湾＜エコポート＞，87pp.，大蔵省印刷局.

7）栗原　康（1975）：干潟環境の破壊と修復および生物群集の動態，人間生存と自然環境３，東京大学出版会，秋山章男・松田道夫（1974）：干潟の生物観察ハンドブック，p.17.

8）川島利兵衛ほか編（1988）：改訂版　新水産ハンドブック，p.361.

9）細川恭史・桑江朝比呂（1997）：干潟実験施設によるメソコスム実験，土木学会誌，**82**(8)，12-14.

10）栗原　康（1998）：共生の生態系，岩波新書546，p.139-151.

11）佐々木克之（1989）：干潟域の物質循環，沿岸海洋研究ノート，**26**(2)，184.

12）細川恭史（2000）：９干潟生態系の保全と修復．環境修復のための生態工学（須藤隆一編），講談社サイエンティフィク，p.201-203.

13）細川恭史ほか（2000）：浦賀防波堤の付着生物調査，港湾技研資料No.962，17pp.，運輸省港湾技術研究所.

14）新崎盛敏・堀越増興・菊池泰二（1976）：海洋科学基礎講座５；海草・ベントス，p.207，252，276など，東海大学出版会.

15）小田一紀ほか（1997）：内湾の生物個体群動態モデルの開発　大阪湾の「ヨシエビ」を例として，海岸工学論文集第44巻，p.1196-1200，土木学会.

16）桑江朝比呂ほか（1997）：干潟実験施設における底生生物群衆の動態，港湾技術研究所報告，**36**(3)，3-35．より簡単には，上記９）など.

17）古川恵太ほか（1999）：干潟環境調査－環境条件と生物分布－，港湾技研資料No.947，91pp.，運輸省港湾技術研究所．なお，ベントスの粒径依存性の一般的な記述に関しては，例えば上記14）などの成書を参照のこと.

18）古川恵太ほか（2000）：干潟地形変化に関する現地調査－盤州干潟と西浦造成干潟－，港湾技研資料No.965，30pp.，運輸省港湾技術研究所.

19）E.P.オダム著・三島次郎訳（1997）：生態学の基礎（上），p.12，培風館.

20）R.B.プリマック・小堀洋美（1997）：保全生態学のすすめ，p.293，文一総合出版.

21）港湾環境創造研究会（1997）：よみがえる海辺，230pp.，山海堂.

22）エコポート（海域）技術推進会議編（1999）：自然と生物にやさしい海域環境創造事例集，249pp.，㈶港湾空港高度化センター刊.

23）エコポート（海域）技術WG編（1998）：港湾における干潟との共生マニュアル，138pp.，㈶港湾空港高度化センター刊.

24）日比野政彦（2000）：五日市の人工干潟「事業計画から運用まで」，沿岸域，**13**(1)，59-64.

25）門谷　茂（2000）：干潟の再生・創造，瀬戸内海，**23**，56-63.

3. 道路建设

道路在我们的生活当中，如今已经是必不可少的社会资源。道路不单是运输人员和物资，自古罗马时代起，道路是接触文化的场所，道路在社会的形成和发展方面发挥了巨大的作用。即便是在信息化时代的今天，保障人员和物质的流动也是富足的社会最为基本的条件。

1994 年制定的《环境政策大纲》，阐述了建设工程管理中的环境保护框架，其中将保护自然环境的道路建设称为“生态道路”，并作为重要的环境保护措施之一。另外，在发表于 1996 年的《以与多样生物的共生为目标——生物多样性国家战略》中，倡导保护生物多样性，该文提出在所有的人类活动中都应考虑保全生物多样性。另一方面，针对大家长期关注的环境评估，1997 年制定了《环境影响评价法》，并于 1998 年由主管部门制定了技术指南。在环境影响评价法中，在引入了筛查和范围划定等机制的同时，还在新“生态系统”中加入了自然环境相关的环境要素。虽然目前保护生物和自然环境的同时建设的道路的被称为“生态道路”、的还不普遍，但在一般的道路建设当中，已经逐步提出这种要求。

（1）道路建设与自然环境的保全

道路建设一般来说可分为调查和规划、设计、施工、维护管理等 4 个阶段。

在道路建设中保护自然环境，在所有的阶段中都必须要遵循生物学和生态学的原则，并将原则正确的落实到道路建设中（图 1）。

1）调查规划阶段

调查规划阶段可以分为基本规划和建设规划两个步骤。

在基本规划中，决定了起点和终点、主要的通过地域、道路规格等与路线相关的基本方针和基础条件，明确道路建设的区域（称之为项目实施区域）。在建设规划中，要进一步细查项目实施区域，并精确规划线路。同时，对规划线路会对社会环境和自然环境造成的影响进行调查，探讨回避该影响的策略和降低的措施（称之为环境保护措施）。该探讨的成果则被整理成环境影响评价书，向相关的市町村和市民公开。

一般来说，在探讨建设项目中自然环境的保护措施时，越是处于项目的初期阶段，探讨环境保护措施的自由度也就越大。因此，在基本规划中，重点就是调查法律指定的区域或是必须要进行保护和保全的地区，明确在自然环境保全方面存在制约的地域和地区，并选择对自然环境造成的影响最少的项目实施区域。在建设规划中，要以基本规划的结果为基础进行实地调查，尽可能的正确掌握该区域的生物相和生态系统的状况。并以该调查结果为基础选择规划路线。

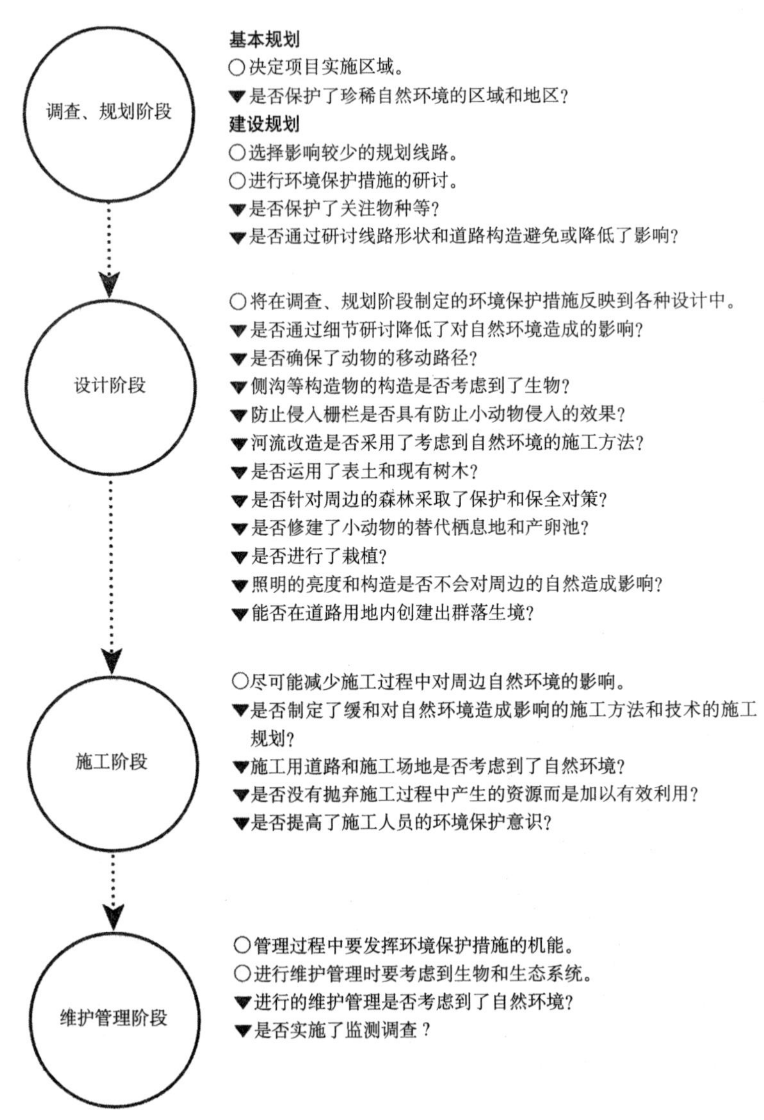

图 1　道路建设的各个阶段中自然环境保护方面的注意点与核实项目

○：注意点　▼：核实项目

通过这些工作，在弄清道路建设对自然环境造成影响的地区和程度的同时，制定以降低对环境造成的影响为目的的环境保护措施。

2）设计阶段

设计阶段以调查规划阶段的结果为基础，是决定具体的道路构造、并制作设计图纸的阶段。根据作业的熟练程度，分为比例尺为 1/1000 左右级别的初步设计，和比例尺为 1/500 或者是更加详细级别的实施设计。在设计阶段，通过这些工作，详细探讨道路构造，并明确与施工相关的所有事项。

因此，在该阶段，要根据设计工作的级别具体讨论各规划阶段制定的环境保全措施，并将结果整理成设计图或是设计说明书等设计图纸。

另外，必须要向负责桥梁、隧道和土木工程部分等设计的技术人员提供关于当地出现的生物种群的发育、栖息状况、自然知识和见解以及自然环境保全的技术等详细信息。

3）施工阶段

施工阶段是根据设计阶段得到的设计图纸在现场实际施工的阶段。

在该阶段，在切实实施经过探讨的环境保全措施的同时，还要求采用减少施工过程对自然环境造成影响的技术和施工方法，对新发现的栖息地等突发事件进行处置，同时监测施工期间的周边环境的影响和对保护措施的效果进行的监测等。

近年来，工程规模出现了大型化和长期化的倾向，与之相应的，对于自然环境造成的影响也容易增大。因此，在施工阶段对于自然环境的保护就极为重要。

4）维护管理阶段

维护管理阶段是指道路建设工程完工后，开始用于汽车行驶的阶段，主要目标是通过管理维持道路的作用和机能。

在该阶段，要调查环境保全措施是否能够发挥预定的机能。如果没有获得充分的效果的话，就必须要采取追加措施。用于与环境保全措施的效果相关的验证及后续的持续探讨，最好的进行监测并积累数据，对于施工中改变的环境通过自然活动恢复的过程，必须进行适当生物学和生态学维护管理，以促进环境的早日恢复。

（2）道路对自然环境的影响

实施道路建设中的自然环境的保全措施，必须对自然环境造成的影响和机制有深刻的理解。

在此，笔者将就道路建设对动物、植物造成的影响以及建设区域的自然特性与道路建设之间的关系加以概述。

1）道路建设对于动物、植物的影响

A．道路建设对周边植被的影响

森林由于道路建设而遭到砍伐时，由于之前郁闭的林冠被打开，因此阳光和风会进入到森林中，引起树木的枯死和衰弱，导致构成种群的组成和生活型的变化，也可能造成林地植被的消长等。

图 2 是在道路建设对不同地区不同植物种群的影响调查中，对影响范围的调查结果。虽然可能测定方法不同会引起差异，但可以看出，大致上影响范围为从道路边缘到距离数十米的地区。

B．道路建设对于动物的影响

动物中既有像候鸟那样穿越地区和国境移动的类型，又有土壤动物那样在数十平方厘米的范围内终其一生的类型，受到道路建设造成的影响也是不同的。一般来说，道路建设对于动物造成的影响，可以归纳整理为如下 4 个类型。

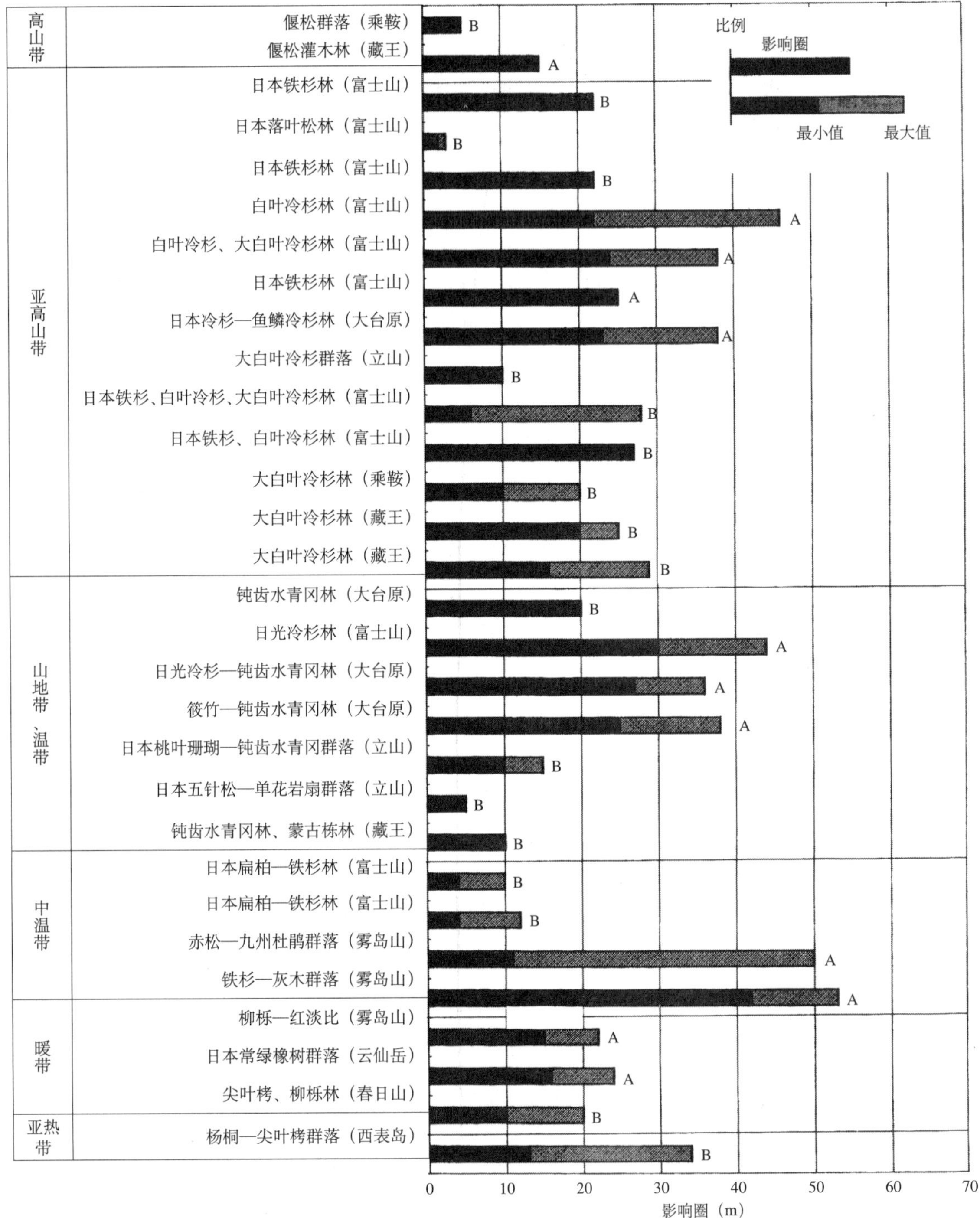

图 2　植被与影响圈的关系（根据文献[5]制作）

注 1. 括号内表示调查地。

2. 影响圈根据物种组成、生活型组成、其他的数量化、树木的枯萎和衰弱、林床植物的消长来判断。

3. A 表示道路边与影响圈的距离，B 表示林缘与影响圈的距离（A 仅有斜面部分比 B 长）。

a 栖息环境的破坏与消失（habitat loss）

道路建设导致森林、草地、湿地和湖沼等环境破坏，使得栖息地消失。这其中不仅包括了道路的路面，还包括了挖土和堆土等形成的斜面和高速公路立体交叉等道路用地带来的影响。特别是近年来，建设规模具有增大的倾向，在这种情况下，栖息环境的破坏和消失范围就容易扩大。

b 栖息环境的劣化与干扰

道路建设过程中森林的采伐导致环境条件的改变，照明、废气和噪声等造成环境条件恶化，此前在该地域栖息的种群可能会死亡或是移动到其他地域，会造成现有些种群的减少和消灭。另外，适应人工环境的都市型生物会导致新的类型的种群入侵，使得区域的环境发生变化。这也会导致区域生物种群的多样性下降。

c 屏障效应（barrier effect）

道路阻碍了动物的移动，并分割（fragmentation）了其栖息地。

生物并不是单个个体独自栖息的，而是以个体群为单位生活。由于屏障效应造成的分割会孤立这种个体群，使该区域的种群存在灭绝的可能性（图 3）。

d 道路碾压

进入道路的动物可能会遭到行驶的汽车的碾压而死亡。

在高速公路上遭到碾压的野生动物，有哺乳类的貉、野兔等，鸟类的鸢、鸽类和乌鸦等（图 4）。

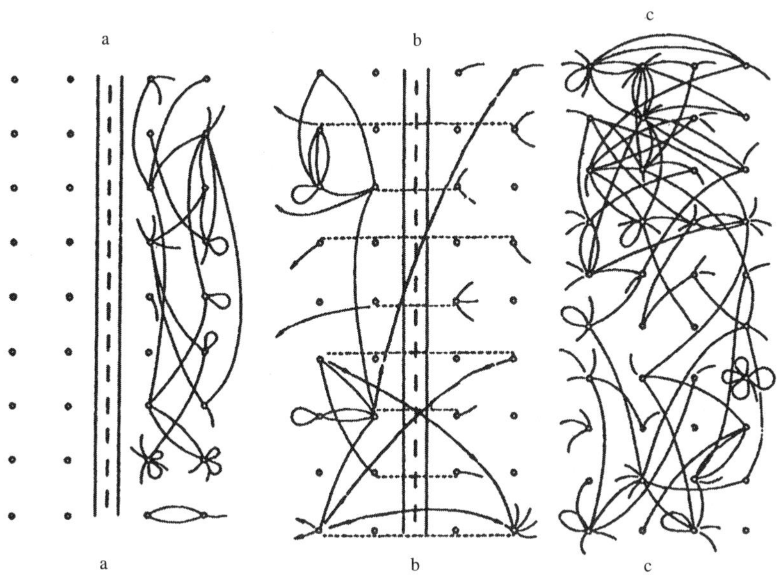

图 3　森林内修建道路的屏障效应（哺乳类）[5)]

a 小型哺乳类会由于道路阻碍其移动而造成分隔。

b 对于能够横穿道路的哺乳类，道路会限制其移动。

c 对照区（表示没有道路的情况下的状态）

发生的时间，哺乳类以日出前和日落后的数小时为最多，龟类则以白天和日落时分居多（图5）。另外，道路碾压集中在貉的繁殖期和亚成熟期，而龟类则集中在繁殖期（图6）。

由于两栖类和爬虫类等对于冲撞危险性的学习能力较低的种来说，只要没有采取特别的措施确保移动的路径，就会持续横跨道路，因此道路碾压在有些情况下会使区域的种群灭绝。

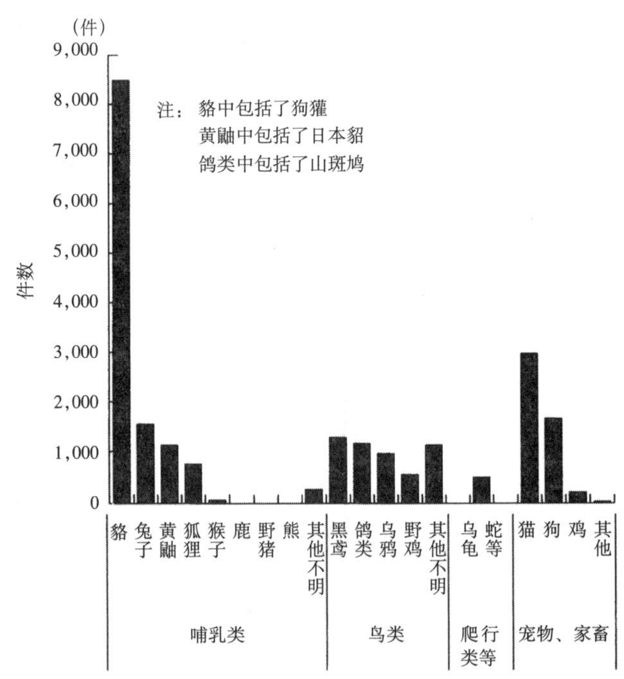

图4　高速公路上动物被车辆撞击致死的发生件数（1993年）[10)]

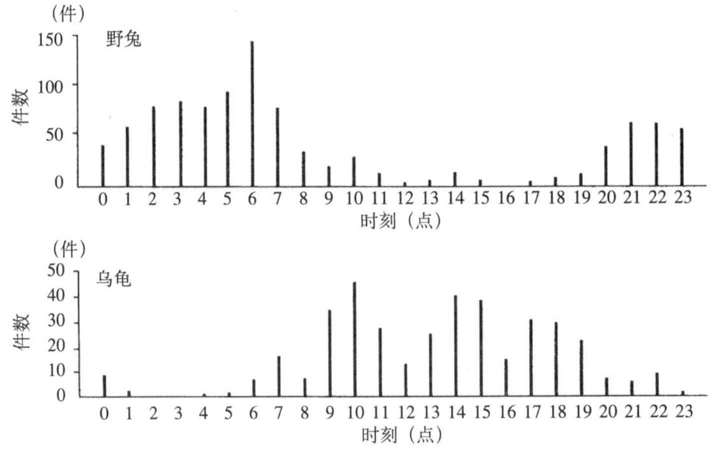

图5　高速公路上动物被车辆撞击致死的发生时间（野兔、乌龟）[10)]

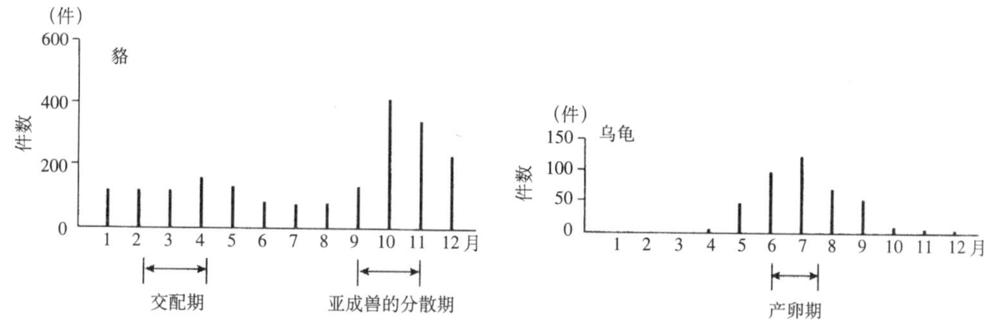

图 6　高速公路上动物被车辆撞击致死的发生季节（貂、乌龟）[10)]

2）道路建设对区域自然环境的影响

如上文所述，道路建设会使区域的生物相和生态系统消失，并降低生物种的多样性。但是，只要如果出现了生物能够繁育和栖息的环境，生物就会入侵并在其中生活。这说明，在改变环境的情况下，通过适宜的生态学方法进行改变，并重新创建生物能够繁育和栖息的环境，就有可能形成良好的生态系统。

因此，在道路建设过程中，必须掌握区域的自然环境和自然资源特征，同时分析在道路建设过程中会受到何种影响。

A．自然环境丰富的地区

在山区和潮汐带等能够观察到多样且丰富的自然环境的区域，繁育并栖息着种类繁多且个体数很大的生物，也存在很多大胸径的树木和泉涌地等栖息必要的环境。截至目前，有很多地方还没有受到开发等人为的影响。这种地区则是容易受到人为改变影响的区域。

因此，在建设道路之际，要尽可能的回避对于环境的改变，并寻求不会丧失现存的自然环境和自然资源的建设方法。

B．半自然环境地区

半自然环境地区也被称为山村地区，是水旱田、杂树林、贮水池等通过人类作用形成的二次自然地区。也被称为里山或是里地。在这里，丰富的自然呈马赛克状分布，但相互保持着密切的关系，形成了特有的生态系统。近年来从交通和获取用地的便捷性等原因出发，道路大多数建设在这类地区。在半自然地区，栖息着猪牙花、萤火虫类、蜻蜓类和鳉鱼等自古以来为人们所熟悉的物种。

因此，在这类地区，在回避对源流部分和山麓部分等存在多样环境要素的地区进行改变的同时，很重要的一点就是要注意不要让道路分割已经形成的自然网络。另外，最好还能在道路的斜面栽植植被，尽量使道路两侧与呈马赛克状分布的自然有机的结合在一起。

C．人工环境地区

都市是人工环境占据优势的地区。基本上没有残留的自然环境，而且呈岛状分布而被分割。

一般来说生物相较为贫瘠。不过，残留在都市中的绿地，是生物能够栖息的唯一空间，大量生物都依赖这类环境。

因此，在人工环境占据优势的地区，就算是面积较小，也要尽可能的保留绿地。另外，一般来说，由于生物的繁育和栖息环境不足，因此必须要考虑灵活运用道路用地，创建出生物繁育和栖息的环境，并使得遭到分割的环境重新连接成网络。

（3）道路建设中的生态缓和

在建设道路时，不会对环境造成影响或是影响的程度可以忽视的情况是极为少见的，在大多数情况下，都会对环境造成影响。道路建设中，对环境不造成影响，或是尽可能的减小影响本身，则被称为生态缓和（mitigation；环境保全措施）。

在自然环境的生态缓和中，尚未弄清楚建设工程造成的改变会对自然环境产生何种影响，另外，像大气、噪声和振动这样保全环境时的基准和指标都还不明确，因此，目前要求尽可能的实施环境保护措施，尽可能的将环境影响控制在最小范围。

以下将以道路建设项目为例，阐述第 1 章中论述过的生态缓和思路。

1）回避、减轻和补偿

生态缓和，可以区分为回避、减轻和补偿。图 7 以道路建设的情况为例，整理显示了生态缓和的概念。

回避（①）是将道路规划的区域或建设地点变更到对环境没有影响的地方或是采取没有影

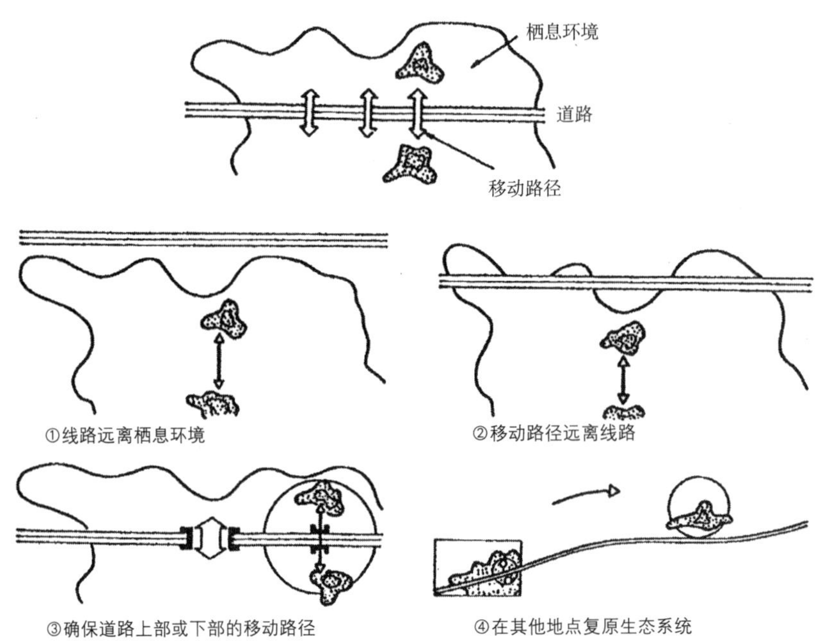

图 7　生态缓和的概念 [5)]

响的方法，从而保全环境整体不受道路建设的影响，或是避免有可能发生的影响。可以采取线路迂回，或是灵活运用隧道、桥梁、护壁等来控制环境改变等方法。

减轻（②、③）是尽可能减小对于生物和生态系统造成的影响的措施。具体来说，就是在选择道路和规划线路之际选择影响最小的地点，在分析道路构造时尽可能去分割繁育地和栖息地，保全动物的移动路径，设置栽植地以避免道路影响等方法。

补偿（④）是针对由于道路建设而消失的环境，通过创建替代该环境所具有的生物价值的新环境来补偿影响。建设替代的栖息环境和产卵池就属于补偿。从广义上解释，补偿是指在道路建设之际创建新的自然环境，从而对地区的生物相和生态系统产生良好影响的尝试。这些尝试的实例有：尽量使道路斜面和绿地带发挥作为周边生物的繁育地和栖息地的机能，将高速公路立体交叉口和服务区、道路的车站带联络设施和休憩设施的一部分建成生态空间等。

2）场内与场外

在道路建设的生态缓和中，将具有保护必要的珍稀动物、植物在道路用地内部移栽或是移动称为现场（on-site）生态缓和，而将珍稀动物、植物移栽或是移动到其他区域、或者是在植物园或动物园进行保护繁殖的则称为场外生态缓和（off-site）。

由于场内生态缓和是在相同的或者是同质的环境中进行的，因此一般来说对于环境的影响较小。而与之相对的，由于场外生态缓和会造成种群入侵到此前没有栖息繁育该生物的环境中，因此有可能会发生种群的杂交或是干扰。另外，经过长期累代的栽培和饲养的话，会妨碍自然条件下的基因交换，因此存在引起种多样性下降的危险性。

3）实物补偿与互相补偿

在道路建设中保护和保全自然环境，原则是通过实物补偿（in-kind）进行生态缓和。

但是，在都市或是填埋地等丧失了原本的自然环境、或是归化植物的簇生地等缺乏生态学复原意义的自然区域中，有时反而需要参考周边的自然植被和潜在自然植被、创建新的自然环境，这被称作互相补偿（out-of-kind），对于区域的生物相和生态系统更加有效。

另外，即便是在单一且面积较大的环境地区，以及缺乏产卵池等栖息所必不可少的环境的地区，创建新环境以弥补不足的方法能够提高环境的多样性，是发挥积极作用的方式。

4）无净损失

无净损失（no net loss）的特征是量对损失（loss）和利益（gain）进行量化。由于其结果是用数值来表示的，因此比较容易理解。不过，目前，创建能够获益的环境的技术仍在开发过程中，判断损失和利益的平衡的基准目前还不明确，因此，实际应用较为困难，还有待于今后的研究和建设。

（4）生态缓和技术及案例

1）调查规划阶段的生态缓和技术及案例

调查规划阶段是构思道路、选择计划路线、并进行环境影响评价（环境评估）的阶段。

Ⅳ：建设项目的特性与生态缓和

实际中，在从构思的计划路线中决定最合适的计划路线时，须从减少对环境造成的影响的角度探讨环境保全措施。

在自然环境的生态缓和中，很多通过选择合适的项目实施区域来控制影响的产生，或是减小影响。由于从初期阶段开始实施调查并研究保全对策因此能获得关于自然环境的丰富信息，有助于在后期阶段进行正确的探讨。因此，在调查规划阶段积极引入环境影响评价制度，就环境保全措施进行充分的分析是非常重要的。

A．UVS（环境适应性探讨）道路规划

UVS（道路规划中的环境适应性探讨；Umweltvertraglichkeitsstudie in der Strassenplanung）是在考虑地区生物和生态环境保护的前提下的路线选择技术，在德国拜仁州首先使用。该方法是在道路项目中，分析评价环境的敏感性和适应性，从而推导出影响最小的路线、道路构造和环境保全措施的是日本技术（图 8）。

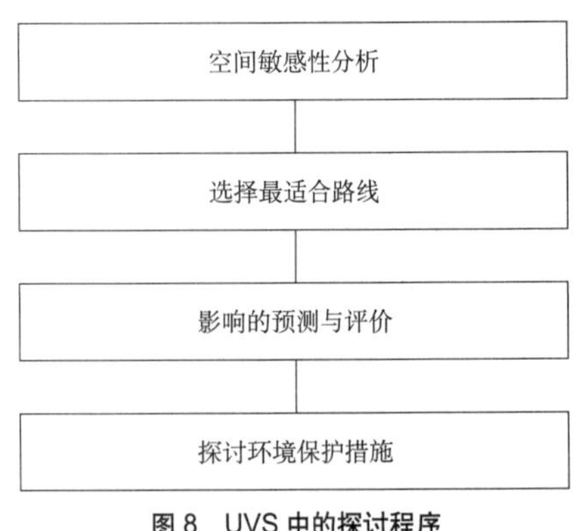

图 8　UVS 中的探讨程序

表 1　空间敏感性分析的调查项目 [8)]

1. 土地利用、群落生境类型
2. 动物、植物
3. 土壤
4. 水
5. 空气、气候
6. 自然、景观
7. 人类、文化遗产、物质遗产

表 2　空间敏感性分析的预测项目 [8)]

1. 动物、植物
2. 土壤、水
3. 自然景观、休闲娱乐
4. 居住机能
5. 居住周边机能
6. 空气、气候
7. 文化遗产、物质遗产

a 空间敏感性分析（REA：Raumempfindlichkeitsanalyse）

在 REA 中，首先通过表 1 所示的 7 个项目，挑选出道路项目实施区域内所有的保护对象。

其次，将挑选出来的所有保护对象，按重要性和敏感性分为 4 个等级（非常高、高、中等、低）进行评价，并用其结果作图。

接着以 7 个评价图为基础，在回避重要保护对象的同时，选择对环境影响较少的地区，制作“相对问题较少的路线规划区域图”。

b 路线的选择

对“相对问题较少的路线计划地域图”进行精确计算，明确满足道路维护的各种必要条件及对环境产生影响最少的计划路线（若干条）的范围。该工作，要由道路技术人员和环境技术人员共同作业完成。

c 影响的预测和评价

对所有规划路线的造项进行实地调查，根据其结果对保护对象进行预测和评价。

预测如表 2 所示，按照 7 个领域进行。

评价区分为 4 个阶段（非常高、高、中等、低），其中被评价为前三个级别的作为环境保全措施的对象。

评价是定性的。

d 探讨环境保护措施

根据对保护对象产生影响的预测和评价结果，分析具体的环境保护措施。

由于已经通过路线选择的分析回避了重要的保护对象，因此在该阶段，探讨以降低和代偿为重点的对策。在德国，常常通过代偿进行生态缓和。

在采用面积大于道路建设可能丧失的土地面积的土地作为替代地时，可通过人工建成池沼和湿地或是移栽等，创建了生物能够繁育和栖息的丰富的环境。

B．英国路线规划的思路

在英国，一般以交通部（The Department of Transport）制定的《道路桥梁技术手册（Design manual for Road and Bridges)》（1993）为基础，进行道路建设。该手册为规划设计道路的技术人员建设良好的道路提供了信息和思路的指南。

在英国，人们对于自然环境保护和保全的关注度也很高，因此全部 7 章中，1 ~ 5 章都是对此进行记述的。该手册中道路建设中自然环境保护保全的必要的基本思路，如表 3 所示。

表 3 道路建设中与自然环境保护和保全相关的基本方针

1. 选择将栖息地的消失和分割控制在最小限度的路线
2. 在道路中进行的栽植，不能降低自然环境的潜力，同时，还要与周边环境融为一体
3. 使箱涵和天桥发挥作为动物移动路径的机能，避免栖息地的分割
4. 关于水系的变化、渗水、大气污染等二次影响，在设计时要尽可能减小

（译自文献 [11]）

为此，在选择避免自然保护重要地区消失和分割的路线的同时，还要选择回避环境多样性较高的地区路线，同时还要确保代偿用地的面积在消失或是遭到分割的环境中可以创建多样的环境（图 9）。

2）设计阶段生态缓和技术及其实例

道路的设计阶段是对道路构造进行详细探讨、绘制工程相关的所有图纸和资料的阶段。一般采用大比例尺的图纸进行详细讨论。

该阶段要具体实现调查规划阶段制定的环境保全措施，并对于地区的生物相和生态系统尽可能的不产生影响（图 10）；另外，不仅要关注保护对象种，还要关注作为饵料的动物、植物以及营巢和繁殖等环境的保全。

设计阶段中生态缓和的技术如下。

A．迁移通道的确保

由于道路是具有线型连续构造的建筑物，因此，对于动物来说会造成栖息域的分割（fragmentation)，成为迁移和行动的障碍。对于动物的地盘也会产生影响。

因此，在预计会出现上述情况的地区，要确保迁移通道（fauna passage)。在欧洲，为此建设了规模极为庞大的动物专用的迁移设施。这类迁移设施，在荷兰被称为生态廊道，在瑞士则被称为绿桥。这些设施的宽度足够大，能够通过大型动物，其上部覆盖有土，或是种植了植被，或是设置了池沼和生态堆栈。

在日本，这种大规模的建设不常见，但是有案例灵活运用了桥梁、天桥、箱涵和波纹管的工程，或采用栽植横跨引导植被，以使鸟类从道路上方安全通过，或利用架线为松鼠架设通道。

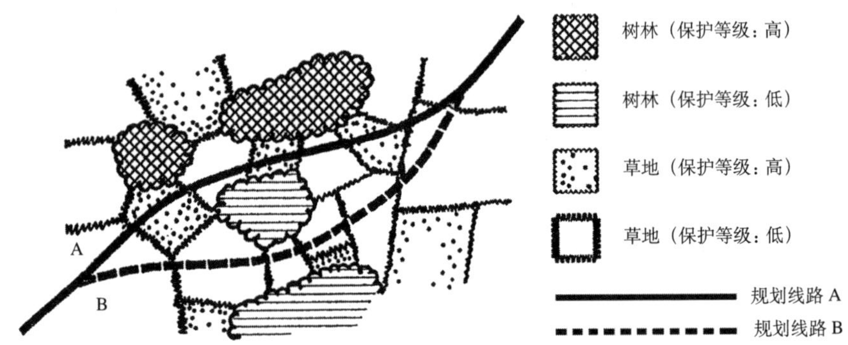

由于规划线路 B 回避了保护等级较高的树林和草地，因此是环境保护方面较为适合的线路[3]。

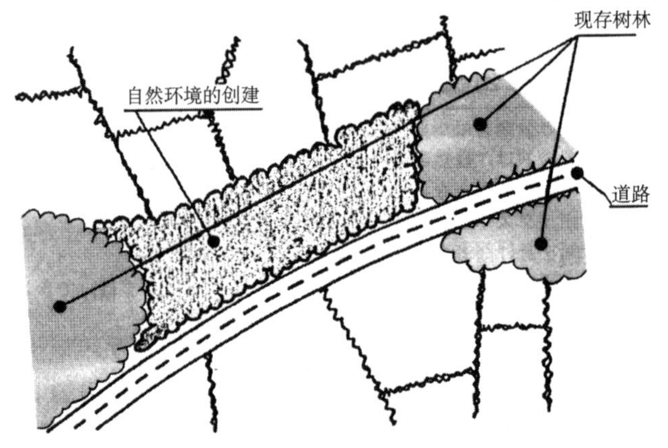

在被线路分隔的情况下，要确保相同面积的用地以创建出多样的环境。

图 9　存在多样环境的地区和被分隔的环境中的道路规划[3]

图 10　通过分析线条形状减少自然环境的改变（日光宇都宫道路）[3)]

通过将路线移动到河流一侧以及将挖掘斜面控制在最小限度，以保全现存植被。
左：1978 年拍摄，右：1996 年拍摄

a．桥梁

< 主要的注意点 >

- 大型种和警惕性较高的种也会利用桥梁下方。
- 山谷部分常常会被用作动物移动的路径，因此道路构造要尽可能的采用桥梁。
- 要避免改变桥梁下部的地形，并保留现有植被。

b．箱涵

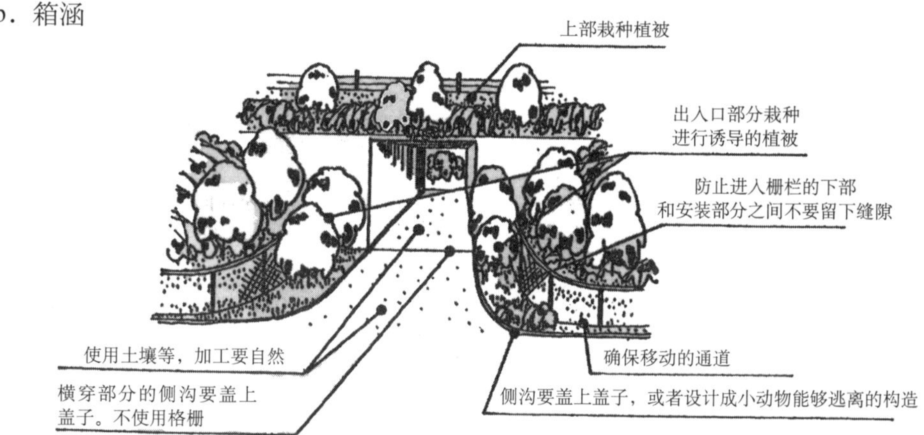

< 主要的注意点 >

- 设想利用的物种并决定形状。也可用汽车或人类使用的箱涵替代。
- 在出入口部分，要栽种诱导或者隐蔽用的植被。
- 为了防止动物跌入侧沟，要在侧沟上加盖。由于格栅会使动物跌落或是使某些动物无法行走，因此不要使用。

图 11　迁移通道的确保（1）［改编自文献 2）］

c．天桥

< 主要的注意点 >

• 幅员要尽可能的扩大。为了遮挡通行的车辆，要设置高栏或者栽种植被。

• 在出入口部分，要栽种诱导或者隐蔽用的植被。

猴子天桥（平原桥）周边部分的处理，具有护轨，人类和车辆无法进入。周边部分栽植了当地原生的植物。设置了竖格型的防止进入栅栏以防止动物进入道路内。

d．波纹管

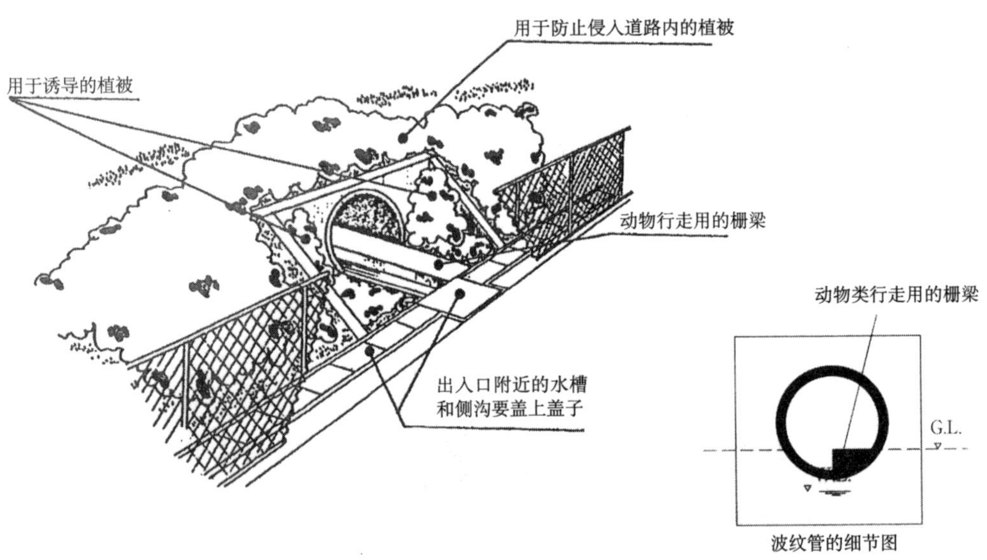

< 主要的注意点 >

• 波纹管由貉、黄鼬、貂等使用。

• 由于这些动物不喜水，因此要在底部铺上土和落叶，并设置行走用的栅梁。

• 在出入口部分，要栽种诱导或者隐蔽用的植被。

图 11　迁移通道的确保（2）［改编自文献 2）］

e．横穿诱导植被

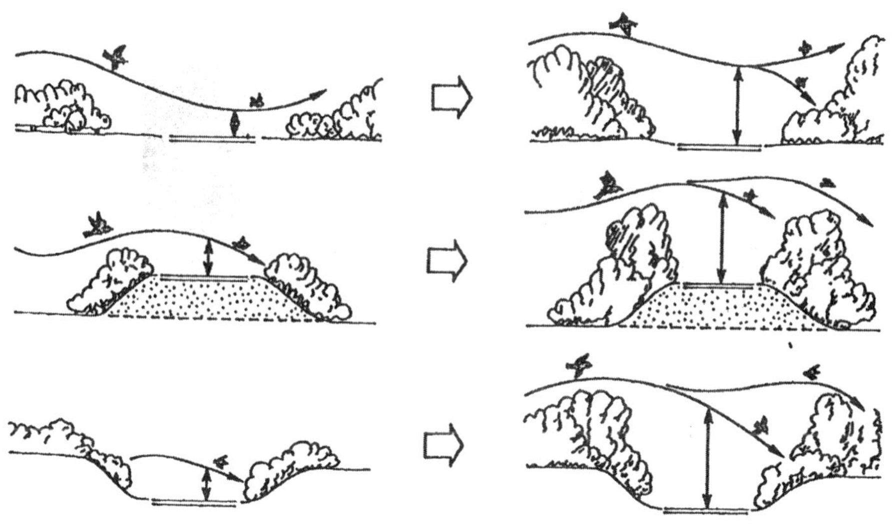

<主要的注意点>

• 在周边的树林或人工林的高度不足的情况下，要通过栽植乔木进行横穿诱导，以确保飞翔高度。

• 横穿诱导植被要设置在砍伐树林的区间和鸟类移动路径的部分。

• 原则上要采用当地原生种。在栽植饵料植物时，要降低栽植的密度以防止过度的引诱。

图 11　迁移通道的确保（3）[改编自文献 2）]

确保移动路径最重要要点在于是否设置在了适当的位置上。即便是最合理的构造，如果设置位置不恰当的话，得到利用的可能性就会降低。在英国，狗獾不会利用距离与以往通行场所数米远的移动路径，所以应注意设置的位置。因此，在设置移动路径时，要事先进行实地调查，详细调查此前使用的兽道和移动路径，并尽可能设置在附近。

图 11 整理了日本使用的移动路径概要和注意点。

B．防止进入道路

动物进入道路内并与行驶的车辆发生冲突的话，就会引起道路冲撞。这会对区域种群个体群的存续产生影响，有时甚至会导致某些种群的灭绝。

因此，需要采取防止动物入侵道路的对策（图 12）。另外，与大型动物之间的冲撞可能夺走驾驶员的生命或是对车辆造成损害。

图 13 为防止动物入侵的栅栏的模式。

防止入侵栅栏的高度针对道路冲撞较多的貉、狐狸和野兔等，采用了防止人类进入相同的栅栏（高度 1.5m 左右）。而为了防止鹿等具有跳跃力的种，则必须要有 2.5m 以上的高度。防止入侵栅栏的高度还必须要考虑到积雪的深度。对于具有攀爬习性的种和小型种来说，要使用网眼较细的铁丝网或是竖格子的栅栏。为了防止从栅栏和地面之间的缝隙入侵，还要在栅栏下

图 12　蟹类的防止入侵对策与移动路径的确保（冲绳县）

为了不使因产卵而爬向大海的螃蟹横跨道路，设置了入侵壁和移动路径（箱涵）。该入侵壁也发挥了将蟹类引导至移动路径的作用。

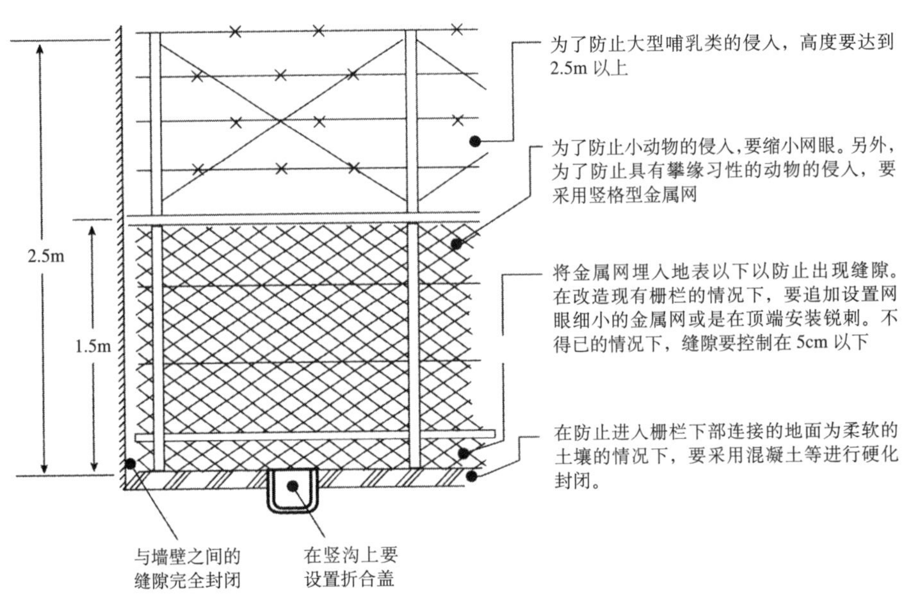

图 13　防止侵入栅栏的模式图 [2)]

部附加网眼细小的铁丝网。

在设置防止入侵栅栏时，要在其附近设置移动路径，以免出现分割。此时，决不能忘记沿着防止入侵栅栏建设动物能够安全移动的通路环境。

C．附属设备的改善

小动物如果掉进设置在道路路边的侧沟或是集水槽的话，靠自己的力量很难逃出来。因此，应该盖上盖子，或是采用如图 14 所示的能够逃脱的构造。

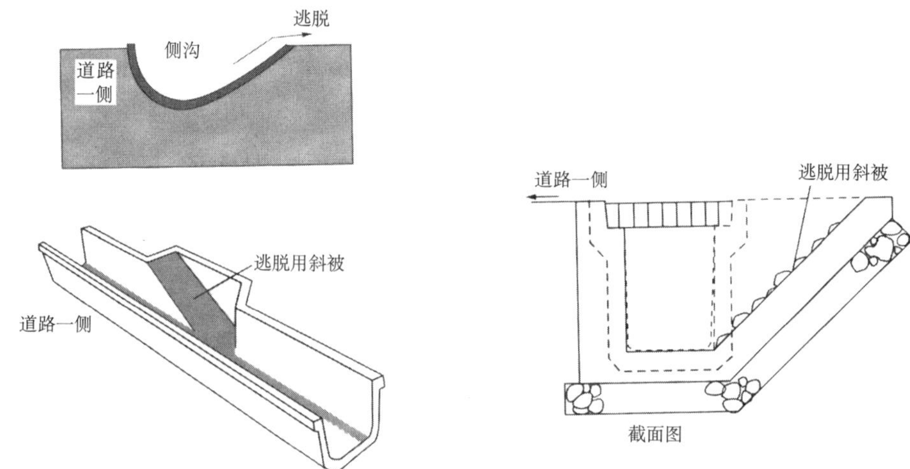

图 14　具有小动物能够自行逃脱的构造的侧沟与集水槽[2)]

在设置照明灯时，为了不向周边泄漏光线，需要考虑设置的方法、位置和构造等。

D．替代栖息地的维护

蛙类和长尾目等具有在自己孵化的特定池沼中产卵的习性。如果产卵池由于道路建设消失、或是规划线路从生活域和繁殖池的通路上通过，就要设置替代的繁殖池（图 15）。

E．移栽和另设

对于在规划线路上繁育和栖息的种，要尽可能的移栽或另设。

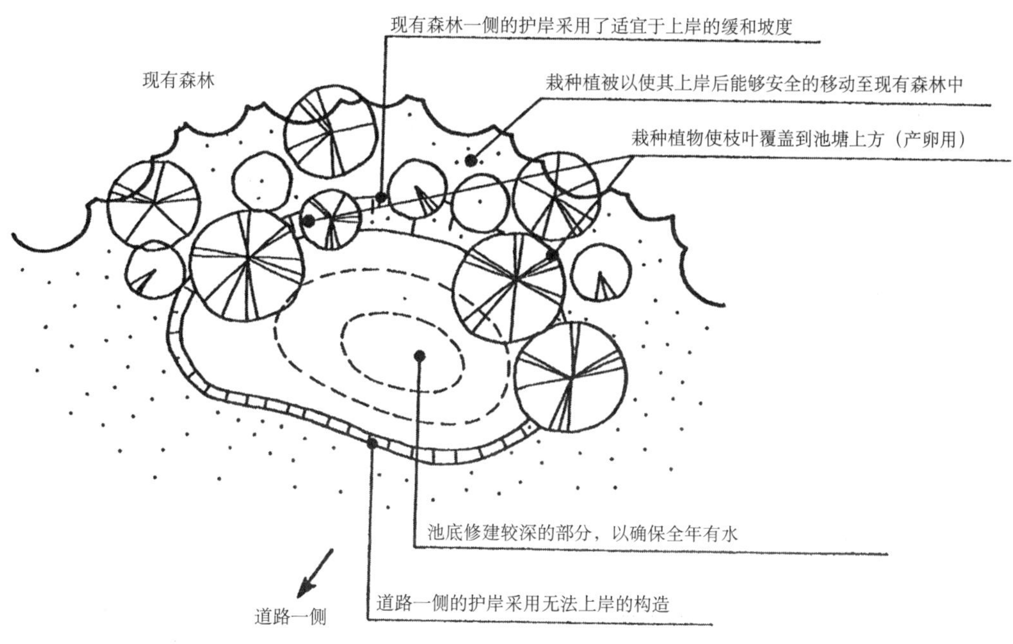

图 15　绿树蛙的替代产卵池的模式图[2)]

在进行移栽或另设时，要注意分析物种的生活史，避免在繁育和栖息的重要时期进行。另外，由于必须对新移栽或另设的地点进行维护，因此必须进行实地调查寻找类似的环境，以建成适宜的环境。

F．现存自然资源的灵活运用

表土在物理上具有生物栖息和繁育所必需的透气性和保水性，在化学上含有生长发育所必需的有机物和营养盐，在生物上则含有该地域固有的土壤动物、种子、昆虫类及其卵等，是珍贵的自然资源。因此，要对道路建设时挖掘的表土进行保全复原（图 16）。

生长在道路建设地域内的现有树木，如果并非保护对象的话，常常会遭到砍伐，但是由于这些树木是形成该地域环境的重要自然资源，因此要尽可能的循环再利用（图 17）。

图 16　以表土保全为目的而采集并堆积的表土

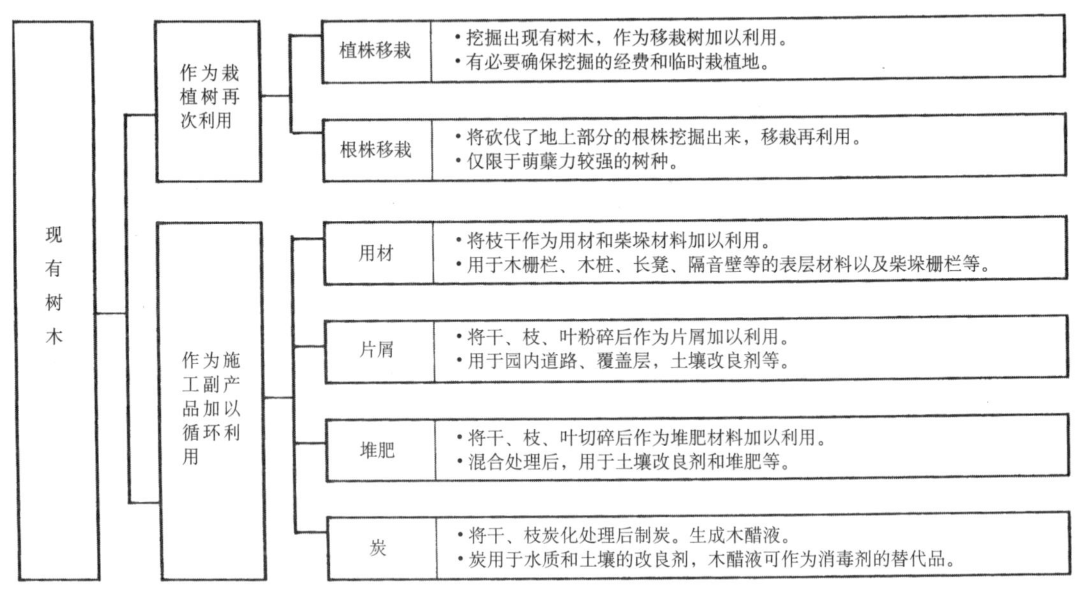

图 17　现有树木的有效利用

G．栽植

在进行栽植之际，要注意采用的植物不会对地域的生物相和生态系统产生影响。

用于栽植的植物，原则上要采用该地域生长的种。即便是同一物种，如果从其他地域引进的话，就有可能引起基因水平上种的干扰。近年来，栽植逐渐采用了事先采集种子并使之发芽生长成的种苗，以及通过从当地采集的插穗生产的种苗。

H．创建生物的栖息环境

近年来，出现了许多在道路的斜面、高速公路立体交叉口、服务区和车站等道路用地内创建新的生物栖息环境的实例。不仅在日本，在德国和瑞士等国家也进行了尝试。在日本，东名高速公路的大井松田入口等作为先行的实例，之后在各个地域都进行了类似的创建工程。

在创建生物的栖息环境之际，要设置生物学和生态学上恰当的目标。除了周边环境的生态价值较低的情况，原则上都采用现场和导入的方法进行。

并不是一定要使生物相按预测的变化发生，有时次生的环境反而会更有利于地域生物区系的多样化。

在创建生物栖息环境时，在进行实地调查弄清楚周边自然环境的特质和特征的基础上，必须尽可能以改善或提高地区的自然环境。

3）施工阶段生态缓和技术及案例

施工阶段是将设计阶段探讨的环境保全措施付诸实施的阶段。由于会实际进行用地的改变，所以，要求通过生态缓和，尽可能的减少施工导致的生态价值的降低。

因此，在该阶段，对于保全对象和周边的自然环境，要探讨施工的方法和时机，以尽可能的减小工程的影响。

另外，施工过程还会出现新的问题，或是会产生预料外的影响，对此要迅速采取措施。近年来道路建设出现了大型化和长期化的倾向，最好尽可能细心的进行施工。

关于施工阶段生态缓和的技术，如下所述。

A．制定保护自然环境的施工计划

道路施工对生物和生态系统造成的影响，因施工时期和方法的不同而异。例如，改变萤火虫类栖息的水路时，在产卵和虫蛹时期进行护岸施工的话，会破坏产卵场和羽化场，就会对萤火虫类的栖息造成巨大影响。因此，在制定施工计划时，要探讨施工的时机、工程和内容等，以将对生物造成的影响控制在最小程度（图 18）。一般来说，必须注意的时间段有营巢期、产卵至抱卵期和幼虫期等。

另外，施工过程产生的污水和粉尘等，以及取土场和弃土场的设置，会对环境造成较大影响，因此对于施工方法和配置场所要进行充分的探讨。

B．施工用道路和施工码头的设置与复原

关于施工用道路和施工码头，也和建设干线时一样，要保护生物。为此，在一开始，就要尽可能探讨不需要利用施工用道路和施工码头的方法，或者是规划设置于影响较少的地

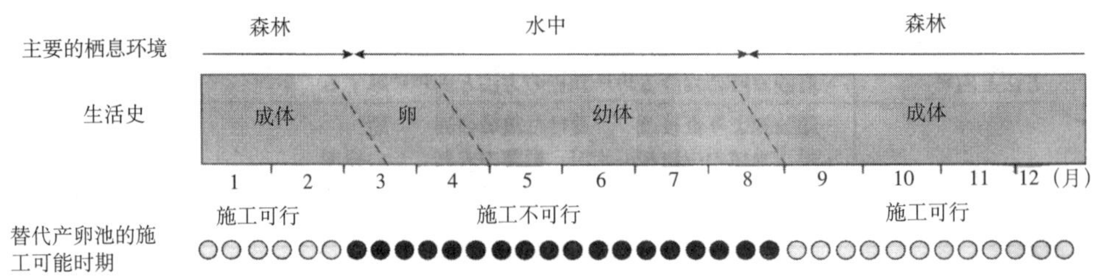

图 18　静水性蝾螈类的生活史与施工的可能性时期 [2)]

在静水性蝾螈类栖息的地区，要避免改变产卵期～幼体期的水边环境。

点。另外，在设置施工用道路和施工码头时，要将施工用道路的总长和宽度以及施工码头的规模控制在最小限度，以减少对于环境的改变。在竣工后，要迅速进行复原工程，以恢复现状。

4）维护管理阶段生态缓和技术及案例

在维护管理阶段，必须要通过维护管理修复并提高随着道路建设过程中暂时下降的生态学价值。另外，在该阶段，要进行监测，以确认环境保全措施是否发挥了充分的效果。

A．保护自然的维护管理

维护管理必须要根据年度变动和植被迁移等自然变化和动态进行。例如，在除草时，要分析实施的时机以符合正常的迁徙；而关于病虫害，则要采取利用天敌的和谐的防治方法等。进行维护管理时，要使建成的道路与该地区的自然环境协调一致。

B．监测

自然是复杂多样的系统，有许多方面至今都不清楚。而在以自然保护和保全为目的的环境保全措施中，其效果也存在不确定性。

因此，在该阶段，要对环境保全措施是否有效发挥机能进行调查（该调查称为事后调查），在其效果不足的情况下，就要探讨追加措施。另外，为了掌握道路建设过程的影响，还必须同时对周边地域进行监测。

监测的概要如下所示（表 4）。

（5）生态缓和技术的发展方向

道路建设中自然环境的生态缓和是道路建设技术和生物学交叉的领域，是两个学科综合的产物。

道路建设的技术，传统上一直以安全、快捷以及高效为目标，将生物学和生态学即与生物相关的现象进行关联性研究，为我们从生物和生态系统提供了新的视角。但目前这些知识和技术高度专业化各自发展，会使知识的结合变得困难。随着对地球环境的重视，所有的人类活动都要求考虑对生物的多样性的影响和可持续性后。今后的生态缓和技术，不单单要探讨环境保

表 4　监测的概要[2)]

调查的时期	• 启用之后（残留有道路建设的直接影响的时期）
	• 3 ～ 5 年后（生物区系开始稳定的时期）
	• 约 10 年后（生物区系稳定，且基本上观察不到建设时的影响的时期）
方法与内容	• 参照规划阶段的实地调查的方法内容
分析和探讨的观点	• 受到建设导致的直接改变的地域的恢复状态
	• 周边地域的生物区系的状况，影响的有无及其程度
	• 建设项目启用是否导致产生新的问题
	• 对于维持管理的建议

全措施，除了零排放技术等之外，最好还能成为对社会资本进行很好的整合的综合性技术。

目前，技术人员是否确立了对待环境的正确观点，即是否确立了环境伦理还是主要问题。截至目前，伦理章程对技术人员提出了“以公众的健康、安全以及福祉为最优先”的要求。也就是说，技术人员除了要发挥其专业作用之外，还要面对委托人、公众和技术人员之间的应该遵守的伦理的问题。技术人员的工作与环境保护和保全密切相关的现代社会，仅仅具备上述职业伦理对于技术人员来说还是不够的。关于对濒危生物要进行何种程度的保护、或是为了获得人类的利益能够容许（抑或不能容许）多大程度的自然环境破坏等问题，也要求技术人员做出专业的判断。今后，还会要求技术人员具备如何判断环境、以及如何采取对策等环境伦理观的能力。

（春田章博）

参考文献

1）㈶道路環境研究所編（2000）：道路環境影響評価の技術手法，㈶道路環境研究所.
2）春田章博（1997）：エコロードの計画と設計．エコロード（亀山　章編），ソフトサイエンス社.
3）春田章博（2000）：生きものに配慮した道づくり．環境と共生の都市づくり（平本一雄編），ぎょうせい.
4）廣瀬利雄監修，応用生態工学序説編集委員会編（1992）：増補　応用生態工学序説，信山社サイテック.,
5）亀山　章（1997）：エコロードの生態学，エコロード（亀山　章編），ソフトサイエンス社.
6）環境庁自然保護局編集（1996）：多様な生物との共生をめざして－生物多様性国家戦略－，大蔵省印刷局.
7）建設省道路局環境課・建設省土木研究所環境部監修（1995）：自然との共生をめざす道づくり—エコロード・ハンドブック－，㈶道路環境研究所・エコロード検討委員会編，大成出版社.
8）中越信和・清宮　浩・春田章博・葭葉吟子・加藤一彦・星子　隆（1998）：ドイツ・バイエルン州における環境に配慮した道路の計画・設計の進め方，道路と自然，Vol. 99.

9）㈳日本技術士会環境部会訳編（2000）：環境と科学技術者の倫理，丸善.
10）橘　敏雄（1998）：その他の野生動物による交通事故の現状．野生動物の交通事故対策　エコロード事始め（大泰司紀之・井部真理子・増田　泰編），北海道大学図書刊行会.
11）The Department of Transport（1992）： THE GOOD ROADS GUIDE, HMSO.

4. 新都市建设

（1）新都市建设项目

始于20世纪60年代的高速经济成长时代的新都市建设，最具代表性的就是大阪府千里丘陵的千里新城和东京都多摩丘陵的多摩新城，这些项目是在丘陵地区开展的大规模新城建设。在这之后直到1990年初期，在日本全国核心城市的近郊，建设了超过100公顷的新城。这些项目自1970年代后期起基于阁议评估、各都道府县和直辖市的条例实施了纲要评估，随着环境影响评价法的制定，实施了法定评估，以期对珍稀野生动物、植物和湿地等进行保全。进入20世纪80年代后，以神奈川县横滨市港北新城的绿网规划为代表，开始了引入生态学观点开展新城建设。

从20世纪90年代中期开始，在都市再开发活动中，推广了“创建与环境共生的都市”的行动。建设省都市局（现国土交通省）。于1993年召开专家研讨会编纂出版了《建成环境共生都市（生态城市指南）》。同时，各地方自治体根据环境基本法制定的《环境基本规划》以及根据建设省（当时）制定的《绿色政策大纲》而制定的《绿色基本规划》等，在日本全国范围内基于都市的现状进行了积极的探索。这些项目与新的开发不同，是从环境共生的观点重新审视现有的绿地、道路、河流、公园、住宅及大厦等的现状，并加以改善项目。在这样的社会风潮中，开始在环境共生住宅和改进社区中设置新的群落生境，并开始在市中心的再开发项目中引入屋顶群落生境、屋顶绿化以及墙面绿化等措施。

本章所涉及的新都市建设，不仅限于上文提到的新城建设，但新都市建设很长时间内是以新城开发为代表的，不过近年来，新开发型的都市建设项目逐渐减少，反倒是对都市进行再开发的项目和建成于20世纪50年代的住宅区的改建项目等再构筑型都市开发项目显著增加。

在此，笔者考虑到上述时代背景，认为从广义上设定新都市建设的范畴十分必要，并将一系列的旧城改造项目作为再构筑型项目以及新都市建设项目之一来看待。该新都市建设项目，根据项目的类型和内容整理的结果如表1所示。

（2）新都市建设中的生态缓和

1）新开发型项目的生态缓和

A．新开发型项目的特征

新开发型项目如表1所示。该项目是新城和大规模住宅区的新建设开发。在新开发型项目中，对多达数十公顷乃至数百公顷的大块土地进行平面开发。这些项目多在都市近郊的丘陵地区进行开发，或在临海部分填海造地。在丘陵地区的开发中，由于会削平山顶填埋山谷，导致大块面积的树林和山谷消失，中心部分的高地则会建成住宅区，周边残留一定面积的绿地或将绿化斜面后成为绿地。

表 1　新都市建设的项目类别

项目类型	项目的分类	项目的内容
新开发型	新都市开发项目	新城、大规模住宅区的新建
再构筑型	改建项目	新城、大规模住宅区的改建
	都市再开发项目	市中心部分的再开发项目、环境共生住宅建设项目等
	都市自然的再构筑项目	以环境基本规划、绿色基本规划等为指导的都市自然的再构成等

这些项目基本上都是法定评估或是自治体的条例和纲要评估的对象。这些项目的生态缓和，由于通过现场实现无净损失较为困难，因此改变何处、保留何处并在何处复原的选择十分重要。这些项目中的生态缓和也基本上以开工前的状况为基准模型、常常以保全其生物及其繁育和栖息环境为目标。

B．新开发型项目中生态缓和现状

20 世纪 90 年代以前在丘陵地区的新城建设中，很少从生物多样性等观点出发、积极进行回避和降低。周边地域存在较多珍稀动物或植物时也来要求采取特别措施，仅在珍稀动物、植物较少的情况下，采取转移到残留绿地或是复原绿地的措施。

20 世纪 80 年代后期到 20 世纪 90 年代，生物多样性的保全和环境共生的重要性开始受到了关注，目前很多项目正在积极进行与生态缓和近似的保全措施。这些保全措施有：保护原地形、减少施工量，积极保留作为生物多样性据点的树林和贮水池，在水道中引进保护生态多样性施工方法，以及利用调节池作为代偿性生态缓和措施，设置池沼和湿地的群落生境等。另外，斜面绿化和栽植地也采用了周边薪炭林或是神社寺庙林的构成树种，进行自然复原型绿化。这些是在现行评估法实施之前进行的，与其说是法律要求，更多的是社会认识的变革促进行政机关和施工单位的对策发生了变化。

不过，评估法经实施后，最好能在项目中引进生态缓和的理念，更加积极的探讨保全措施。具体来说，就是从评估的调查阶段便基于生物多样性保全的目标绘制群落生境地图（称为生态环境图，而环境省则称之为类型区分图，两种名称所指内容相同），基于生境地图的评价，从回避和减轻的理念，规划以良好的形式保留优秀的群落生境。但如果在开工前现有的生态系统由于水田或是薪炭林缺乏管理而退化时，就不将现状作为目标模型，最好能够追溯到生态系统仍然健全的时代，并将其作为目标模型。近年来，常常能见到一些实施案例，案例根据上述观点在已经荒废的贮水池和湿地所在地构建兼具调节池功能的湿地群落生境，并配合珍稀种的生境要求进行建设和移栽，或是在斜面上实施绿化、形成比消失的次生林面积更大的林地。在群落生境或是难以保留的情况下，最好能在规划用地内复原具有同等以上机能的群落生境代偿性没有高质量的生态缓和措施。这样，即便是与开发前相比，绿地和群落生境在面积上减少了，但从物种多样性的观点来看，质量反而有可能提高了。

在法定评估方面，环境省通过技术手册，推荐在生态系统的项目中根据地形和植被绘制基于生态系统类型的《类型区划图》[1,2]。不过，关于判断应该开发或保留何种类型区分的评价方法，则尚未确立统一的标准。此时，引进如 I 的第 2 章《生态缓和的结构》中所阐述的 HEP 或是 HGM 评价就是今后的重要课题。并且，还可以探讨与周边开发协作，引入场外的生态缓和以及生态缓和银行。

2）再构筑型项目的生态缓和

A．再构筑型项目的特征

新都市建设中再构筑型项目的具体建设内容如表 1 所示，有改建项目、市中心部分的都市再开发项目和环境共生住宅建设项目等。这些项目，是对已经开发过的地点进行再次开发，特征是没有大规模的建设工程，多对建筑物实施中高层化等。这些再开发的地点在最初的项目开发之前是丘陵地区、台地或是海岸等自然丰富的地点，但目前较开发前生态系统基本已经退化、或以往的生态系统没有得到保留。这些项目环境仍然丰富的时期，有昭和 30 年代（1955 年～ 1964 年）以前的，也有昭和初期的，各个地点的情况不同。这类老旧住宅区或是古老的都市的建设，基本没有采取保全环境的措施就进行了开发，因此最好不要以现状为目标，而是追溯到生态系统仍然健全的时代，并以此为目标分析生态缓和。

由于这些项目的开发面积相对较小，因此很少成为法定评估的对象，通常认为其成为自治体的条例和纲要评估对象的情况较多。另外，针对自治体整体的《创建环境共生都市》等大范围规划项目中，在公园绿地、道路、河流和公共设施等创建群落生境的据点时则常常会作为单独的项目进行，而各个单独的项目则基本不会成为评估的对象。

B．再构筑型项目的生态缓和现状

在再构筑型项目中，现状自然环境条件尚好的情况是很少见的，因此如果以现状作为保全目标的话，都市中的自然环境质量不仅永远不会提高，甚至有可能会踏上衰退的不归路。所以，现在进行自然环境复原，最好以复原以往的景观以及栖息繁衍于其中的动物、植物为目标，通过采取代偿性生态缓和措施来进行复原。

如果周边仍保留了与未被破坏的健全的景观及健全的自然环境的话，就能够以此为模型，推测项目开发地区开发前的自然环境。如果没有保留这类地点，则可以通过收集以往的航拍照片、旧地图、土地利用图，以及与生物分布相关的文献等，一定程度上掌握相关的信息。

日置等人（2000）[3] 对位于东京都练马区石神井公园（建在流经武藏野台地的石神井川的源头之一的泉涌地和池周边的古老公园）周边进行了案例研究，通过调查 50 余部文献，弄清楚了 20 世纪 30 ～ 40 年代以及 20 世纪 80 ～ 90 年代的生物相，分析了生物相的变迁。在该研究中，通过辨认 2 个年代的航拍照片，利用 GIS 在地图上制作了景观图（比例尺 1:2500）。利用 GIS 分析这 2 个年代的景观变迁，并分析考察何种景观变迁为生物相带来了变化。通过该研究，弄清楚了在该地域何种景观要素的变迁带来了何种生物种群的变迁，以及包括其规模在内的相关情况。该研究可以作为再构筑型项目中，对曾经栖息于该地域的某种生物种群，需要将何种景观类型恢复到何种程度的参考。

以此为参考，可掌握以往存在的高质量群落生境及其网络，并以此为模型在项目规划地复原高质量的群落生境。

在再构筑型项目中，关注生态系统的网络很重要。例如，规划地周边存在高质量的群落生境据点时，需探索群落生境与项目规划地组成网络。以东京市中心为例，可将皇居和明治神宫等作为据点形成网络。2001 年，国立科学博物馆出版了皇居的生物调查报告书，其中确认并记载了约 5000 种生物的分布。这证实了皇居是高质量的群落生境据点。这样在东京市中心的再开发地中，对于飞翔力较高的昆虫和鸟类，就可以将皇居和规划地之间能够形成网络。在市中心部分，通过创建再开发型项目的据点，有望再次构造已消失的网络。在道路、河流、公园、公共设施和民间设施等的再开发项目中，如果所有的施工单位都能够参加据点的创建的话，就有可能再构筑高质量的网络。这些做法，均可以说是都市景观的再构筑，在市中心的开发项目中有望成为今后新都市建设的基本方向。

3）生态缓和的分析流程

图 1 为新都市建设中生态缓和的分析流程。

如该图所示，在新都市建设中，首先要弄清楚景观的现状与历史并进行比较。其次制作现在与过去的群落生境地图，选择质量较高群落生境或需保全的生物，将项目规划和现状的群落生境地图进行对比，预测项目产生的影响。以预测结果为基础，探讨生态缓和的方法，并在此基础上制定在规划区的群落生境复原计划。

（3）新都市建设中各类项目的生态缓和

此处按表 1 所示的类别，对生态缓和的思路及其具体实例进行解释。

1）新都市开发的生态缓和思路及案例

新城或大规模住宅区开发项目多建在丘陵地区或是临海部分进行填埋造地。本文将考虑到各项目的特点，对生态缓和的思路进行分析。

A．丘陵地区新城和住宅区开发的生态缓和思路

如上所述，丘陵地区的住宅区多在规划区中心部分削平山顶、填埋山谷，垫平之后建设使之成为住宅区，周围的斜面树林会尽可能作为残留绿地保留，建成的斜面会重新栽植使之树林化。而在各山谷的流域末梢配置洪水调节池，会使规划区内的山谷会变成水路。这样一来，常常会出现大块面积的树林和山谷消失，与贯穿山顶的周边树林地区之间的连续性会遭到分割，而山谷的上游和下游的连续性也遭到分割。在这里工程中的生态缓和内容整理如下。

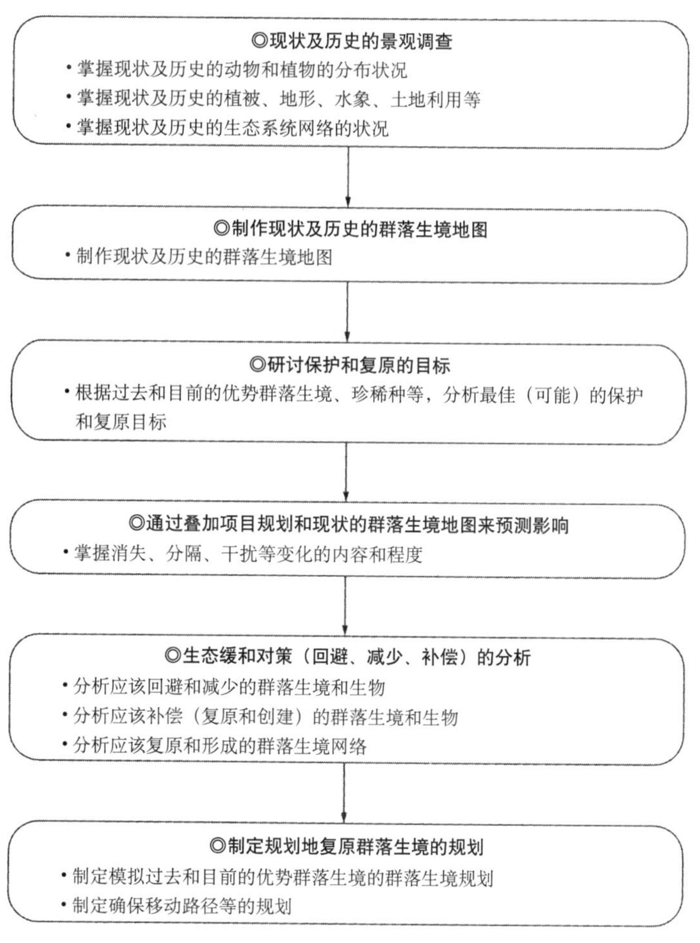

图 1　新城市建设中生态缓和对策研究流程图

a. 回避、减轻

群落生境的保全：

在丘陵地区，重要的是回避对象是从生物观点来看优质的树林、山谷和贮水池等群落生境的消失，另外还要回避珍稀的野生动物、植物的优质栖息地和繁育地的群落生境的消失。

网络的保全：

在丘陵地区，为保持周边丘陵地与树林的连续性，应尽力避免对重要的地方如山顶等，以及作为动物移动路径的场所的分割。

b. 减轻

在保全上述所有群落生境和网络较为困难的情况下，则需对各个群落生境和网络的重要程度进行评价，选择回避的地点和不再进行保护的地点。在该情况下，在丘陵地区尽可能将小流域（山谷沿线和周边的大面积斜面树林）作为一个单位保留下来。这一点很重要，是因为，小流域是山谷底部的湿地、山谷、贮水池、河畔林和斜面树林形成的基础，是包括多个环境的优质群落生境，常常会成为保全野生动物、植物多样性的优质生境。另外，穿过规划区且与周边地域相连的树林地带存在于主峰时，由于其常常成为哺乳类、鸟类和昆虫类等的优质移动路径而发挥作用，因此最好尽可能的保留这样的地点。

c. 补偿

在改变地形量较大的新都市开发项目中，最为现实的生态缓和措施就是补偿性生态缓和。在失去优质的群落生境和网络的情况下，最好复原面积虽小但是具有同等的“质”的群落生境和网络。补偿的代表性措施如下所示。在进行这些补偿措施时，可移栽植物的实生苗或是根株、移栽草地的植被垫，以及采用表土移栽和用于换土等，这些方法是保全生物多样性、进行优质的补偿生态缓和措施的重要手段。

①贮水池和湿地消失的补偿：

· 调节池等群落生境的构建；

· 湿地和池沼的群落生境的构建。

②树林地带消失的补偿：

· 斜面的树林化；

· 公园绿地的树林地带构建。

③山谷沿线损失的栖息地的补偿：

· 生态多样性水路建设。

④网络分割的补偿：

· 通过周边斜面的树林化确保连续性；

· 通过绿道的构建确保鸟类和昆虫类的移动路径；

· 建设动物通过的桥梁和隧道。

B．临海部分新城和住宅区开发的生态缓和思路

临海部分，常常具有潮汐带的浅海、带沙丘的沙滩、海岸阶地、岩岸和底藻层等优质自然环境。因此，必须要回避或是降低对潮汐带和后面的芦苇滩、沙丘、海岸阶地的树林以及岩礁地等的改变。近年来，潮汐带和人工沙滩的复原技术也在发展。以此为基础，可将这类工程中的生态缓和内容整理如下。

d. 回避

①群落生境的保全：

从生物的观点来看，临海地区需回避优质的潮汐带、或者是具有潮汐池的岩岸、沙丘、海岸阶地的树林等避免造成优质的群落生境的消失。

②网络的保全：

在海岸，需保持海岸沙丘和海岸阶地的树林等与海岸线平行的连续性，以反向看海岸线垂直方向移动的诸如蟹类等动物的移动路径很重要。这些路径往往因道路的设置而被分割。

e. 减轻

与丘陵地区类似，在回避上述所有的群落生境和网络较为困难的情况下，对各个群落生境和网络的重要程度进行评价，选择回避的地点和不进行保护的地点。

f. 补偿

近年来，逐渐出现了在填海造地的海岸部分复原人工沙滩和沙丘的事例，以及复原人工潮汐带的案例。因此，作为补偿性生态缓和措施，也必须要进行人工沙滩和沙丘建设、人工潮汐带建设、人工潟湖的建设以及人工底藻层的建设等。

C．新都市开发的生态缓和案例

a. 大阪府高槻市公团阿武山住宅区

该案例是新城中调节池群落生境化的先进案例。1992 年，住宅和都市整备公团（现都市基盘整备公团）在人工建成的兼具了公园和调节池机能的设施中构建的群落生境。在这里，过去被称为上池的贮水池。还在树木茂密的山里被绿树环绕。为充分利用当地地形，复原并创建出了兼具调节池和公园机能的群落生境，在较大的主池及其上游稍微靠上的地段配置了小型的蜻蜓池。这样一来，主池只要有少量的降雨就可以出现水位的变动，但是只要不超过 5 年一遇的降水，蜻蜓池的水位就能保持一定，成为了蜻蜓等水生生物的优秀栖息环境。图 2 所示，该案例下了许多工夫，其结构保持了与背后树林之间的连续性，并且形成了较浅的湿地和小水流等。该案例在景观上也很出色，成为了日后新城开发中调节池群落生境的雏形。

b. 东京都八王子市八王子新城：南城[4,5)]

南城，是都市基盘整备公团在八王子南部丘陵地区进行的面积多达 394hm^2 的开发项目。

该项目根据东京都环境影响评价条例，实施了环境评估，进行了各式各样的生态缓和措施。其中尤其引人注目的是萤火虫村的建设和群落生境绿地的构建(图 3)。项目是从下游一侧开始，由绿地部分、调节池、山谷源头部分构成 13.3hm^2 的群落生境。建设基本上活用了山谷原来地

图 2　上池公园群落生境的蜻蜓池（右）与主池（左）

形空间，虽然有很多山谷消失了，但其中源氏萤等多样生物栖息的优质群落生境得到了保留。山谷是休耕田，已经变成芦苇滩、已经荒废了，但梯田和水渠得到了复原。

图 3　南城得到复原的梯田 5)

在该项目中减少的山谷面积虽然较大，但是如果对不断荒废的山谷弃之不管的话，生物多样性又会降低。如果可以对这块 13.3hm^2 的群落生境的山谷湿地和水渠以及周边斜面的树林进行适当的管理的话，就可以维持该地域山谷的生物相的基本构成种和移栽而来的珍稀种的个体群。该案例是将开发前健全的自然设定为保全目标，实施生态缓和措施的先进事例。

c. 山梨县大月市：牧歌景桂台的日本松鼠栖息环境保全

该项目是由民间企业 JR 东日本・SDLAND SYSTEM 和清水建设规划施工的。该项目开发了 73.8hm^2 的住宅区，于 1998 年竣工。建成在接近 JR 中央本线猿桥站南侧的山地树林中，周边保留了自然丰富的地区。在该地区中，栖息着表示树林连续的、自然的指标动物——日本松鼠。日本松鼠具有在树枝之间移动的习性，因此该物种会由于树林的分割和消失而减少，在日本各地面临着灭绝的危机。

在该项目中，目标是保持围绕在椭圆形工程用地周围的树林的连续性、确保日本松鼠的移动路径，并将横跨工程用地中央的绿地作为移动路径。在周围的树林地减少的地点，通过栽植赤松和利用埋土种子绿化等尽早在斜面复原同等规模的树林，以确保移动路径。另外，为了避免住宅区入口处 2 车道的道路造成栖息空间的分割，作为代偿性措施在道路上方为松鼠架设了吊桥。在设置之际，实施了栖息状况调查和掌握移动状况的场外调查，确定了适应的位置（图 4），并在竖立在道路两侧的吊桥的两根柱子之间拉起钢丝。为了方便松鼠通过，还在钢丝上铺设了覆盖了针叶树树皮的板子。同时还设置了利用监控器监控该吊桥利用状况的设备，拍摄到了松鼠积极利用的情景。通过检测，还确认到了开发前和开发后栖息的松鼠数量相同，证明了这些对策的有效性。

该案例作为针对树林地区的分割化的生态缓和措施，是先进案例之一。不仅确保了松鼠的移动路径，还被认为有利于确保树林性鸟类和昆虫类等的移动路径。

2）改建项目的生态缓和思路及案例

A. 改建项目的生态缓和思路

一般来说，改建住宅区的生态缓和目标并非现状，而是以建设开始之前的自然环境为目标。分析项目实施以前自然环境的生态缓和，存在的问题是，很多时候应该作为目标的过去的景观实际上已经不存在了。在这种情况下，就要调查周边地域类似环境中是否残留有与目标同样的自然环境，若有，就要在此处实施动物、植物和生态系统的调查，调查立地条件和植被构造、以及栖息的动物、植物，以作为生态缓和的参考。该工作一般称为“建模（modelling）”。以该数据为基础设计构造的群落生境，不过未必一定能够找到适宜的“建模”地点，因此必须要通过文献等进行补充，以摸清群落生境的原有形态。

另一方面，目前实施新城和大规模住宅区改建的，绝大多数都是建成于昭和30年代到40年代（1955～1974）的老旧住宅区。改建不需要进行大规模的地形建设和改变，其主要内容是住宅高层化的新区划、道路的铺设、栽植地的改变和公园的移动，以及水渠等的改造等。

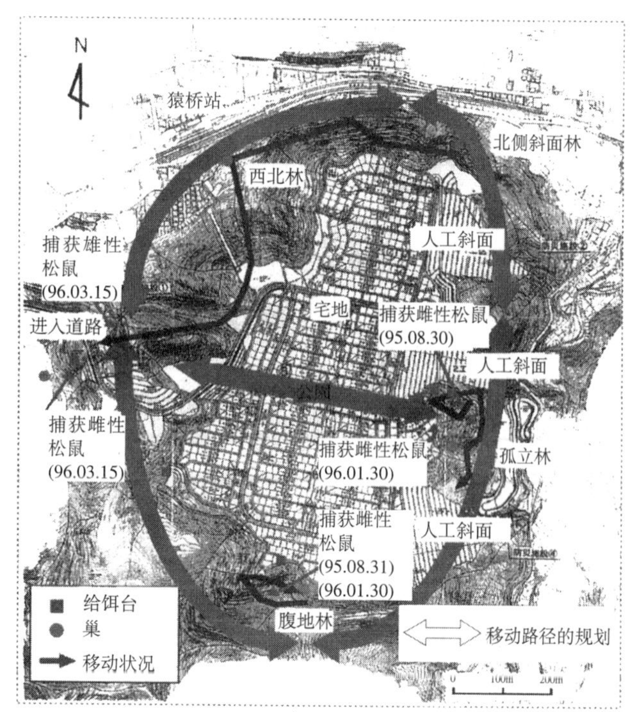

图4 遥测调查结果与其于该结果的移动路径的确保[6]（一部分有改动）

改建住宅区等的残留绿地和栽植绿地经过30多年的生长，发现很多大胸径的树木，有时能发现残留的或是从周边入侵的珍稀野生动物、植物的栖息和繁育，对这些有必要采取生态缓和措施。

这类工程中生态缓和的内容整理如下。

a. 回避

回避，一般是考虑到现有栽植绿地和珍稀野生动物、植物的繁育和栖息地。改建住宅区等的残留绿地和人工绿地，由于经历了30多年的生长，发现许多大胸径树木的情况较多，这些树木有时会成为丰富的植物的栖息环境，或是成为鸟类和昆虫类的栖息环境或是跳板式的网络据点。因此，还是极力回避对于此类地点的改变为佳。同样的，在这类绿地中，有时会确认到从周边入侵的珍稀野生动物、植物的栖息和繁育，为了对此进行保全，也必须要极力回避改变。

b. 减轻

如果上述地点全部回避较为困难的话，就要考虑对重要程度进行评价，选择回避的地点和改造的地点。

c. 补偿

①现有人工绿地或是珍稀野生动物、植物繁育和栖息地的代偿

对作为网络节点的树林和大胸径树木或是珍稀野生动植物，如果其繁育栖息环境出现损失，主要考虑通过移栽进行补偿。

②以过去的景观为对目标的生态缓和

实施此类项目时，必须要发掘规划区过去的群落生境，并且在目前的场地条件下也能够形成的群落生境类型。例如，为过去曾经存在的次生林的补偿措施，可以周边类似场地条件下形成的次生林和薪炭林实施建模，以此为基础进行树林的修复。作为过去存在的河流源头湿地的补偿，可在相同流域的源流部分的湿地实施建模、依靠目前的泉水流量实施可维持的湿地修复，这样的项目中对过去和现在的场地现状进行分析十分重要。不过，该修法还没有完全定型，还处于研究过程中，可用下文介绍的案例等作为参考。

B．改建项目的生态缓和案例

a. 神奈川县镰仓市山崎：生活花园山崎

都市基盘整备公团实施的住宅区改建项目，20 世纪 90 年代后迎来了建设的高峰。尽管作为自然环境补偿生态缓和措施的优秀案例还比较少，生活花园山崎（图 5）可以说是环境共生住宅生态缓和措施的优秀案例。

该住宅区是位于三浦半岛西部半岛与陆地相连部分的丘陵地带的老旧住宅区，建成于昭和 31 年（1956 年）。该项目依托附近的工厂旧址共计进行了 3.6 公顷的改建，共建成 440 户的高层出租住宅，预计于 2003 年竣工。其所倡导的主题是“居住空间与生物的栖息环境共存的环境共生住宅”，其生物学特征是基于与周边丘陵地区之间的连续性，定位于“作为地域群落生境网络的中转站和联络点的迷你卫星”，尝试尽可能恢复到当初开发项目之前的网络状况。特别是利用蛇笼和石料以及本地物种对改建前状况恶劣的外围部分的陡峭斜面进行了修复，主要目标就是进行生态网络的修复。项目还通过绿地循环再利用，并利用草地、树林及灌木创造空间，甚至将设置居民菜园等各种各样的措施结合起来。

图 5　生活花园山崎得到复原的斜面

b. 都市基盘整备公团综合研究所技术中心：群落生境试验区[7)]

该案例并非是改建住宅区的群落生境，而是以研究为目的构建群落生境的试验设施（图 6）。该实验设施，以八王子市周边山村的水田、水渠、贮水池、杂树林和农家护院林等为模型设计，将群落生境空间以盆景的形式配置在约 1500m^2 的狭小范围内，水循环则使用了地下贮水箱里的雨水。大多数改建住宅区都处于与周边的网络隔绝的状态，而且能够复原的都是小面积的群落生境。该设施也是四周被工业用地、高速公路和铁路包围的孤立场所。设计该设施的目的是为了验证中小面积场地条件下能够形成的群落生境空间。该项目于 1997 年竣工，目前仍然在继续进行监测。湿地中也栖息着扯根菜、荔枝草等红皮书册登记物种，同时包括许多蝶类、蜻蜓类和斑嘴鸭等水禽，可以看出这里已经成为了网络节点。综上所述，即便是小面积的孤立场所，只要能够成为网络节点的话，在改建住宅区和都市再开发项目当中，就设置小面积的群落生境空间对生态环境也是有积极意义的。

3）都市再开发项目的生态缓和思路及其案例

A．都市再开发项目的生态缓和思路

多数情况下，都市再开发项目都是以提高市中心和市区土地利用强度为目的进行的。市中心一般是以超高层写字楼和公寓为主。在住宅区较多的市区，则常常建设中低层的住宅区。前者基本上都是法定评估或是条例和纲要评估的对象，而后者通常不是评估对象。市中心的超高层大厦再开发项目，其面积多数在数公顷以下，通常针对日照妨碍、风害、电波障碍等，以及施工中的噪声、震动和大气污染等进行评估，自然环境所占的比例基本上没有或是很少。在附近存在河滩上残留有芦苇滩的河流或是存在保留了优质树林地的开阔公园的情况下，植物和生态系统通常也会成为评估对象。对于周边绿地，风害和日照妨碍等间接影响较多，可以通过构筑物及其配套设

图 6　群落生境试验区的全景（都市基盘整备公团综合研究所技术中心）

施的建设来回避或是降低带来的影响的。在这种都市再开发项目当中，由于直接的自然环境改变较少，因此在探讨生态缓和时，主要着眼于基于以往的自然环境的补偿性生态缓和措施。

目前，由于市中心部分的再开发项目必须要配置一定面积的绿地，因此对绿地进行规划。在市中心部分的土地面积较小，因此屋顶绿化和屋顶群落生境正在逐渐普及，在东京都，从2000年起采取条例规定了一定面积的屋顶绿化义务。在开发以前的自然环境为目标模型进行规划之际，首先，要调查现有规划区周边的绿地分布和鸟类以及昆虫类的栖息状况和植物的分布状况。在市中心进行跳板式网络的调查之际，通过航拍照片、卫星照片等确认周边成为群落生境的绿地空间的分布状况，进一步通过实地调查和文献调查来调查各自的生物相，从而掌握网络的状况。另外，与改建项目类似，还需整理以往的景观与生物相之间的关系。通过该调查，规划区周边的群落生境与鸟类及昆虫类之间的联系，推测以往和目前哪些种利用了哪些空间、哪些种往来于哪些绿地等。以该推测结果为基础，就可以制定群落生境规划，使其成为现状条件下能够利用的网络节点。

B．都市再开发项目的生态缓和案例

都市基盘整备公团综合研究所技术中心：屋顶群落生境试验区

该设施并不是设置在实际的都市再开发项目的建筑物的屋顶群落生境，而是都市整备公团进行试验的设施（图7）。屋顶群落生境位于3层高的楼房屋顶，周边是工厂用地、铁路和高速公路。与上述群落生境试验区同样的，是为了在屋顶这一特殊的环境中，在小面积和薄层土壤的条件下形成群落生境的实证性研究。试验采用构成周边里山林的中小灌木和草本植物、形成了里山树林的模拟空间，没有采用乔木。另外，还配置了小池，水来自屋顶的水塔，通过自动滴灌设备供给。主要用于鸟类的饮水和戏水。

在都市再开发项目中，东京都规定了一定面积以上的屋顶要进行屋顶绿化的义务，有了这一先例，屋顶群落生境今后应会成为生态缓和中有效的方法。这一群落生境，被认为是在屋顶这一环境中顺应自然创建出群落生境的优秀案例。

4）都市自然的再构筑项目中的生态缓和案例

地方自治体制定的环境基本规划和绿色基本规划等，是在各自治体的地域内，将河流、道路、公园、学校、其他公共设施和民间设施以及个人住宅等各种要素组合起来，进行绿地的再构筑。

这些规划是理论上的，实际中各项目是由各个负责部门独立预算进行的，而当各项目规模较小时，成为评估对象的也较少。不过，如同上文所述，再构筑项目是以过去的景观为基础，面向未来构筑新的网络的，从这层意义上来说，这些项目均应该作为生态缓和项目来对待。另外，不仅在自治体全境，在自治体运营的新城中，也开始了再构筑自然环境网络的行动。下面将介绍东京都葛饰区规划这一先进案例。

东京都葛饰区的水与绿地自然环境网络规划

该规划是由东京都葛饰区编制的，以区域整体为对象，希望再构筑滨水和自然环境网络。该规划始于1988年提交的《水与葛饰专业调查报告书》[8)]。根据该报告书，基于葛饰区的规划

图 7　屋顶群落生境试验区的全景（都市基盘整备公团技术中心）

为地形变迁、水利水路等土地利用变迁来把握自然环境的变化，鲜明了区域的土地潜力。以此为基础，1989 年提出了葛饰区水滨环境整备变迁构想[9]。进一步于 1995 年制定了水与绿地自然环境网络规划，在区内各地逐步实施了先行项目。

葛饰区曾经被荒川、江户川以及连接两条河流的中川等大河流所包围，是水渠和水田发达的水乡和水都。随着城市化的进行和水运的衰退，区内的水田变成了住宅区，水渠遭到填埋或是变成了暗渠。为了在大都市中找回自然，该规划着眼于过去的水系网络，希望在水系土地潜力较高的场所再现自然丰富的滨水环境，是关注了过去的景观的划时代性规划。

如图 8 所示，规划中在暗渠化了的曳舟川上修复了水路群落生境，并配置了小型河湾和小落差工程，提高了水流的多样性，使得栖息于水田和水渠的水生植物在此繁育。项目还捕捞了

图 8　曳舟川亲水公园的情景（东京都葛饰区）

区内残留的鲹鱼，在小学饲养后再增殖放流。

此外，如图 9 所示，还根据规划计划随时对区内各处节点和生态廊道进行整理。

该规划最值得称道的一点，就是在乍看之下被认为没有保留自然的葛饰区，着眼于水系对

注：该图根据本规划的基本方针及措施构想而成

图 9　东京都葛饰区的水与绿色自然环境网络的构想图（一部分有改动）[9)]

土地潜力进行了评价，以过去水田和水路发达时代的田园自然为目标，在区域内整体再现自然丰富滨水的环境。在曳舟川亲水公园的上游，也进行了水田的再生，期待着构造更加充实的网络。

（逸见一郎）

参考文献

1）環境庁企画調整局（1999）：自然環境アセスメントの技術－生態系・自然とのふれあい分野のスコーピングの進め方－，環境環境影響評価技術検討会中間報告，p.358，大蔵省印刷局.

2）環境庁企画調整局（1999）：自然環境アセスメントの技術－生態系・自然とのふれあい分野の調査・予測の進め方－，環境庁環境影響評価技術検討会中間報告，p.418，大蔵省印刷局.

3）日置佳之ほか（2000）：ランドスケープの変化が種多様性に及ぼす影響に関する研究－東京都石神井公園周辺を事例として－，保全生態学研究，**5**，43-89

4）住宅・都市整備公団首都圏都市開発本部八王子工事事務所工事課（1994）：みどりとともに「新しいまちづくりと環境共生の技術」HACHIOJI NEW TOWN，p.25，住宅・都市整備公团.

5）葛飾区（1995）：葛飾区水と緑の自然環境ネットワーク，葛飾区水と緑の部環境計画課編.

6）中村健二ほか（1999）：住宅地におけるニホンリスの生息環境保全，日本造園学会技術報告集2001. p.96-99.

7）住宅・都市整備公団首都圏都市開発本部八王子工事事務所（1994）：環境にやさしいまちづくり，八王子ニュータウン環境共生計画，自然環境編，p.14.

8）大矢雅彦ほか（1988）：「水とかつしか」専門調報告書，葛飾区教育委員会.

9）東京都葛飾区建築環境部環境課（1989）：葛飾区水辺環境保全構想，東京都葛飾区.

5. 河流整修

（1）河流的特征与影响

建设工程对环境造成的影响可以分为两类，一类是生物的栖息地等受到直接改变的情况，另一类是水质和地下水等由于施工发生变化，且该变化导致环境受到了间接影响。环境评估将前者称为直接改变，后者则称为非直接改变。

关于河流整修项目对生态系统造成的影响的考量，笔者将仅对要点进行阐述。详细资料已由 Karr[1] 和笔者 [2] 做了整理，可以这些文献作为参考。

河流整修项目对环境造成影响的项目有：①地形改变等对生物造成的直接影响（珍稀物种的消失、地域个体群的个体数减少等），②生境（生物的栖息繁育地）的改变、消失（也包括生境的连续性的消失），③水质的变化（DO、浑浊度、水温、盐分浓度等），④流量或是流量模式的变化，⑤冲走的沙土量以及质的变化，⑥河畔林、溪畔林的采伐等导致的饵料的量和质的变化，⑦人为引进或环境变化导致的有害外来物种的入侵，以及这些因素的组合，⑧生境的质如活力等以及系统的变化等。

以上述几个方面为主线，梳理该项目可能造成的影响，并探讨对此可以采用何种保全措施。土木技术人员必须培养自己的能力，能够在头脑中大致预计项目的冲击及其影响。

如上所述，河流整修项目具有复杂的环境效应，不仅仅会对当地造成影响，还会波及上、下游。

（2）河流生态缓和内容

表 1 表示了河流整修项目中生态缓和的案例。海外的案例有，瑞士采用的接近自然的施工方法，美国采用的基西米河的河畔湿原的修复技术。修复可以说是对过去进行的工程采取的环境缓和措施，从广义上来看也可以说是生态缓和的一种。另外，不论是修复还是建设实施时的生态缓和，均是对于受到冲击的环境所采取的缓和措施，基本思路和方法是相同的 [3]。

下面，以表 1 中的若干项目为例，来看生态缓和的具体内容。

1）中小河流

在一般的中小河流改造项目中，会进行河道的直线化、河流宽度的扩大、河床的削凿、护岸的设置等，以提高治水的安全度。其结果有可能会导致项目实施区域的珍稀植物消失、浅滩和深潭等的消失或者是规模的缩小，河流拓宽导致水深减少，横截面形状单纯化造成流速一致化、河床材料一致化，静水区减少，满潮护岸的建设导致裸露地面的减少等。另外，河床坡度的变化等造成沙土的输送量和输送形态等发生变化，其影响有可能会波及上、下游的生境。

表 1　河流项目中针对生态系统的生态缓和措施的实例

改造的概要	①对于生物的直接影响	②生境的改变 / 消失	③水质的变化	④流量、流量模式、地下水的变化	⑤流砂的质、量的变化	⑥饵料的变化（能量的变化）	⑦有害外来种的影响	⑧系统的变化
中小河流改造导致的河道的直线化、河道拓宽、河床削凿	设定濒危种等的栖息地的线条、移栽等	弯曲部分的保全、水滨区域的多样化。设定线条以形成浅滩和深潭	施工中的浑水对策		尽可能不使河床坡度发生变化	河畔林的保全	土壤的临时搁置、外来种的驱除	在设定稳定护岸之际，要留意浸水的频率不要过小
境川的生态缓和	移栽濒危植物，尽可能的保留	保存弯曲部分。不建设护岸						
大规模河流改造时的影响缓和（以北川的改造为例）	马甲子等珍稀种的移栽	为了将湿地的破坏面积控制在最小限度，设置特殊堤。树林地带的保全、湾处的建设。保全日本沙蟹能够栖息的浅滩等	考虑河床的高度，防止河床下降造成盐分逆流而上		不会马上发生河床变动。在不会堆积细沙的高度设置满潮护岸	尽可能的保全河畔林	在成为裸露地面的地点移栽芦苇，防止外来植被的入侵	
复原扇形地的动态系统的变化（多摩川的河滩复原）	采集日本紫菀等河滩植物的种子。保护地域个体群	树林的采伐。削凿满潮护岸等进行河滩的再生		人工放水（关于适当的规模和可能性，目前正在研究）	沙土供给（在河道内设置沙土供给点等）		刺槐等归化植物的采伐。保护减少的生物	保全能够形成河滩和避难所的系统（削低满潮护岸等）
钏路湿原的堤防复旧工程	极北鲵的卵块移动。防止噪音影响丹顶鹤	人工修建极北鲵的产卵池	设置防止浊水进入湿原的地块	采用开有孔的钢制板桩，以免阻断地下水				

续表

改造的概要	①对于生物的直接影响	②生境的改变 / 消失	③水质的变化	④流量、流量模式、地下水的变化	⑤流砂的质、量的变化	⑥饵料的变化（能量的变化）	⑦有害外来种的影响	⑧系统的变化
大规模事业中对于猛禽类的影响的缓和	施工回避繁殖期，并回避繁殖场所	保全不同生活史中能够繁育的环境				保全猎场等能够获得饵料资源的环境（在原石山等栽植阔叶树等植被）		
特斯河（瑞士）中采取的接近自然河流的环境复原措施		再生河岸的凹凸不平。撤掉落差工程。支流的复原			通过置石工程降低流砂量	河畔林的复原		
基西米河（美国）中弯曲部分的复原		建设流经的湿地		旧河道流量的增大。产生流量变动				水文特性的复原

为了减轻这些影响，在生态缓和的选项中可以考虑通过调整河流流路来保全重要的栖息地、具有较大深潭的河湾、河畔林、移栽濒危种等，考虑到浸水频率和通常的水位之比再设置护岸高度、考虑河床的坡度等。

具体的案例，可以来看神奈川县管理境川的例子。境川流经位于神奈川县与东京都交界处的洪积台地，是河岸上保留有河畔林的冲掘河流。以前在相当长的河段都存在过河畔林，但是目前仅存 2km 的河畔林。另外，存在较大的河湾也是其特征。围绕保全该河畔林，河流管理单位神奈川县和境川斜面绿地保护会之间进行了协商。最初的规划方案为了确保 60m/s 的计划流下能力，将河道直线化、拓宽横截面，并设置了护岸[4)]。

在最初的改造规划中，预计到了河畔林和天然河岸（是鹅掌草等林地植被的繁育地）的消失，以及作为鱼类的生境很重要的河湾部分的丧失等影响。境川以尽可能的保留弯曲部分和河畔林为基础，针对若干个替代方案对流下能力进行了详细探讨。另外，为了调查天然河岸的强度有多大，进行了钻孔调查。根据该结果，采取了灵活运用目前弯曲的线路，在没有流下能力的场所，用拓宽横截面的方法进行改造。在弯曲部分内岸一侧的拓宽部分没有修建护岸，保持了原状，确保了将来河畔林具有能够繁育的场所。对一部分河畔林遭到采伐的林地植被进行了移栽，移栽之前对河流沿岸的树林地带的树木进行间伐，改善了光环境之后才进行移栽（图 1、图 2）。

图 1　境川的天然河流

图 2　不设置护岸，为了增大流下能力仅削凿了河岸并未加处理（境川）

2）河口地区（九州：北川）

在河口地区的改造中，一般会担心河床的削凿导致盐水的逆流而上从而造成香鱼等的产卵场的减少、或对盐碱湿地造成影响等。九州的北川在强震后的恢复工程中，采取了各式各样的环境保全措施。在北川改造形成的冲击和对环境造成的影响中，最受人们关注的有构造物的建设对马甲子等植物造成的影响、削低满潮护岸时归化植物对于裸露地面的大规模入侵、河床削凿导致的盐水的逆流而上、修建堤防造成的盐碱湿地的减少、特殊堤（混凝土护墙建成的堤防）导致的景观质量的下降等。

为了减轻以上影响，采取了如下的对策：进行基本的河床削凿、将马甲子等移栽到适宜的地点、通过移栽芦苇防止外来种的入侵、采用特殊堤建成堤防以将湿地的破坏面积控制在最小限度，以目前的景观为基础进行特殊堤的景观设计等[5)]。

3）扇状河原的复原（多摩川）

1995 年 7 月组建了河流生态学术研究会多摩川研究小组（以下简称多摩川研究小组），由河流工程学和生态学研究人员对多摩川开始进行综合研究。研究小组成员以及研究合作者共计 71 人，是由附着藻类、底栖生物、鱼类、昆虫、两栖类和爬虫类、土壤动物、鸟类、哺乳类、植物、水质、河流工程学等多方面的研究人员共同组成的。

根据该综合研究的结果，弄清楚了多摩川永田地区如下文所述的环境变化是在近几十年间发生的。在多摩川进行的自然复原，有许多值得参考的地方，比如进行了这类综合研究、积极动员市民以期获得广泛的认可等。在此，笔者将对该内容进行略加详细的阐述。

多摩川永田地区在近 20 年来，由扇形地河流特有的若干条平坦水路形成的单一横截面河道转变成了具有多个横截面的河道。结果导致很多河滩减少、刺槐为主的树林十分繁茂（图 3）。推测的变化的主要原因可能是：经济高速成长期大量采集沙土造成河道形状变化，来自上游的沙土供给量减少、以及从羽村堰取水使得流量稳定化的结果。这些变化给永田地区的生物相和生态系统带来了变化和影响。由于该地区的流量极为稳定，底栖生物中造网型的斑纹角石蛾占据了优势，其现存量变得极多。鱼类中以往在溪流中常见的斑北鳅、栗色裸头鰕虎鱼等近年来逐渐少见。另外，日本紫菀等依赖河滩的植物数量急剧减少。

永田地区的修复计划分为上游和下游两个地点进行的。下游一侧进行了刺槐的砍伐、拔根以及表土的剥离，人工建成了不同高度的河滩。河滩最高的地方灌水的频率为 5 年一遇，此处的河滩是具有透水性的砾石层。另外，还建成了日本紫菀的试验点。在上游一侧则为了建成能够通过流水维持自然河滩的地点，修建了仅在发生洪水时水流才会流过的水路。

图 3　刺槐的繁茂（多摩川）

下文将阐述讨论的要点。

A．目标环境

永田地区被指定为河流环境管理计划的生态系统保持空间，应该如何处理以刺槐为中心的树林地带成为了讨论的热点。由于永田地区数十年前的环境是河滩，而目前依赖河滩的生物在多摩川正濒临灭绝的危机，因此通过对比航拍照片等，在相对较短的时间内达成了一致意见，认为永田地区的目标方向应该是“将树林地带变回河滩环境”。有些市民组织认为虽然刺槐是外来种，但是也难以赞同单纯采伐的意见，不过由于刺槐林作为生物相并不是太丰富，而且从治水和防范的观点来看周边居民还是希望采伐树林的，最终达成这部分人群方向性一致。通过问卷调查，发现沿河居民认为河滩的风景比起树林的风景，更有多摩川的特色，通过解释说明树林化因素是日本紫菀减少的原因，否定了刺槐的保全。这说明就河道修复对沿河居民进行充分说明就能够得到认可。

另外，关于具体的保全目标，还讨论了是以保全日本紫菀为代表的河滩生物，还是保全河滩及包括河湾等在内的起源于平坦微地形的扇形地特有的环境。

日本紫菀正面临灭绝的危机，因此首先应该优先保全日本紫菀以及其栖息地河滩的意见占了大半。结果，河道修复推迟到第二阶段进行，第一步以日本紫菀的保全为中心，第二步则以保全扇形地特有的环境为目标。

B．多摩川沙土的动态与永田地区河床下降的分析

在河道修复之际，掌握多摩川的沙土动态很重要。为此进行了河床变动计算，并对如下现状进行分析[6)]。

① 自上游出现了河床下降，但沿途河沙的颗粒直径分布的变化并不显著，因此，可以推测近年来观察到的永田地区的河床下降的主要因素，是沙土输送量的不平衡造成的。

② 不平衡的原因是由下列因素综合造成的，即河床削凿等导致来自上游的供给量减少、以及永田地区河床宽度的缩小导致输送量的增加，永田地区上游羽村堰维持了上游河床下降的状态。

③ 永田地区的河岸中露出了具有较大抗侵蚀能力的软岩，单靠自然的力量难以拓宽河床的宽度。

④ 由于羽村堰上游存在沙口袋，因此在自然状态下期待永田地区的河床高度上升至少需要数百年的时间。

根据上述结果，当不得不人为拓宽河流宽度、必须增加来自上游的沙土供给量，若不然其副作用（下游河床的下降等）不容小觑，因此必须慎重进行。另外，还弄清楚了河床下降会造成砾石层厚度变得极薄，部分地方的砾石层有可能消失，因此必须视情况采取局部对策。

C．刺槐的繁育环境与采伐方法

永田地区繁育的刺槐被认为是由明治时代起在上游进行治山防沙事业时栽植的刺槐扎根形成的。刺槐生长较快，伸长水平根扩大分布。永田地区的大部分个体是来自水平根的萌蘖个体。刺槐在永田地区广泛分布在细粒沙土以上数公分、距离水面的相对高度在 50cm 以上的环境中。去除刺槐时，如果仅仅采伐的话，很快又会从根部萌蘖，因此讨论认为必须要进行拔根以及以去除水平根为目标的挖掘工作。另外，有人还提出试验性的对同一个体反复采伐、使其无法进行营养繁殖的提案。

D．河滩的再生与日本紫菀的保全方法

永田地区第一步的目标之一，就是修复日本紫菀和日本蝗虫等能够繁育和栖息的河滩。此处所说的河滩，指的是覆盖着以砾石为主的河床材料，处于颗粒直径细小的材料没有塞满砾石之间缝隙的状态，植物零星分布但并不繁茂的场所。这种河滩存在于在自然河流中的扇形地且受到相当高频率流水冲刷的地点。河滩表面的细小颗粒成分会受到流水的冲刷，变成没有基盘的状态。多摩川小组将这种状态称为透水砾石层。日本紫菀和日本蝗虫是依赖于透水砾石层的生物。尤其是在此处，多摩川濒危的日本紫菀成为了保全对象。

日本紫菀不进行营养繁殖，仅通过种子繁殖，在发芽 2 ～ 3 年后开花的一次繁殖型植物。在种子发芽时，必须附着于不会塞满细粒沙土的砾石并发芽。由于实生苗在被其他植物遮住

光线的话就无法发育，因此植被率不能太高。另外，已形成的局部个体群并不是在该地点长期存在，如果没有干扰的话，随着时间的推移植物种群会进行迁移。如果实生苗无法扎根，该处的局部个体群就会消失，不过在此期间如果在种子能够散布的位置形成透水砾石层的话，此处就会形成新的日本紫菀个体群[7)]。在此，第一阶段的课题是如何修复通水砾石层并加以维持（图4）。

图4　河流的再生（多摩川）

关于挖掘面的高度，开展了以下几个方面的讨论，①较低的情况下（大致相当于目前河滩的高度）尽管河滩会得到维持，但是干扰的程度较大，对于日本紫菀的保全来说不利；②中等的情况下，具有堆积沙土的可能性；③较高的情况下（大致相当于目前满潮护岸的高度）由于浸水较少不会堆积沙土，但存在植物的迁移长期进行的可能性。由于日本紫菀的多摩川个体群基本上已经濒于灭绝，因此讨论认为最为重要的是在（满潮护岸提交后的保全地点增加其生物个体数。）

在日本紫菀的保全地点，播种了日本紫菀的种子并监测了其发育状况。构思了3种河滩的再生方法，即剥离表层、采用铲斗挖掘以及从上游搬入砾石，并分别进行了尝试。

4）特斯河（瑞士）：近自然型施工方法与生态缓和

苏黎世州特斯河的近自然施工方法也可以看做是对过去改造造成的环境影响进行生态缓和措施。特斯河起源于阿尔卑斯山脉，是河床坡度约是1/500、计划流量390m^3/s的扇形地河流。特斯河在20世纪90年代河道进行了拓宽改造，目前河道已经直线化。观察当时的改造图纸，可以发现，改造前的河道是能看到若干条水路的多列河道，河流很宽，河滩也很广阔，到处能看到河湾状的副流路，是扇形地河流的环境。经过改造，河道收缩形成了直线河道。由于河道宽度缩小并将其直线化，冲刷力增加、河床不断下降，因此为了控制河床下降，设置了若干落差工程。近年来，利用近自然施工方法，通过缓和垂直的落差工程、设置副流路、撤去沿着河岸的护岸等，对滨水线进行了改变。结果，河道沿岸形成了健康的林带、展现了美丽的风景。

然而，基本上没有以往的河滩，也观察不到河湾等次生水域。以往是开放广阔的空间，但是现在横向上河流的自由度变小，洪水时变成静水区的空间非常少，成为了封闭的空间（图 5）。

图 5　特斯河（瑞士）的自然复原

5）钏路湿原：钏路地震灾后重建与生态缓和

在钏路地震的灾后恢复中，钏路川进行了综合的生态缓和。1993 年 1 月 15 日晚 8 点 6 分，钏路海面发生了大地震。钏路市内的烈度为 6，巨大的冲击波和激烈的摇晃使各地受害。据推测，震源在钏路市南约 20km 处，震源深度 107km，是钏路市内有观测记录以来的第一次烈震。

该地震导致钏路湿原内的钏路川的堤防受到了皲裂、斜崩和下沉等严重危害。地震发生之后，北海道开发局钏路开发建设部马上投入到恢复工作中去。由于施工地点位于钏路湿原国立公园特别保护地区，并与国际湿地公约的登记湿地相邻接，因此对规划、施工、包括竣工后的监测在内，进行了彻底的生态缓和。

钏路湿原具有防御洪水泛滥的泄洪池的机能，进行修复的是泄洪池的围绕堤。由于担心灾后重建会对自然环境造成影响，钏路开发建设部从早期阶段开始就与环境厅、北海道钏路支厅、钏路自然保护协会、钏路市以及国际湿地公约会议筹备室进行协商，决定了对策方针。另外，在施工之际，还委托 4 名动物、植物专家作为环境顾问，对工程进行环境核查。在上述努力之下，没有出现问题，非常顺利的进行了复原。

A．地下水流动对策

维持湿原的第一条件就是保持一定的水位。湿原的生态系统依赖于其中的水循环。然而，人们担心修复工程会断绝该水循环。为了复原钏路泄洪池的堤防，必须清除因灾损坏的堤防，重建新的堤防。为了防止在清除堤防期间大雨造成泛滥，还必须要设置临时的堤防。工程采用了短时间内能够低成本进行施工的双重钢制板桩施工方法。该施工方法是打进双重钢制板桩，在其中填入土，设置临时的堤防。根据昭和 50 年代（1975 ~ 1984）进行的地下水流动调查和堤防调查，泄洪池堤防附近的地盘上有透水的（透水系数 $4\times10^{-3}\sim8\times10^{-3}$m/s）厚度约 5m 的沙层，其上还有泥灰层，地下水从堤内流向堤外。经过模拟计算预测，打入钢制板桩导致地下水的流动减少至以往的 20%。在此为了减轻对于地下水流动的影响，采用了开孔率 4% 的开孔钢制板桩。施工时原则上是每隔 10m 使用开孔钢制板桩，在横跨旧河道的地点则连续使用。据预计，这样一来，地下水的循环量仅会受到 20% 左右的影响。

B．动物、植物保全对策

生态缓和的基本就是减轻施工对湿地内动物、植物造成的直接影响与之相关的对策如下。

为了减轻施工引起的噪音和振动对鸟类（丹顶鹤与苍鹭等）造成的影响，采用了低振动、低噪声的施工方法。

因靠近修复施工堤防的极北鲵产卵地会受到工程的影响，将靠近产卵地的区域，设置在了堤防内侧。另外，因临时堤防有可能使极北鲵受到对面一侧损伤，为其产卵池设置了 15 处替代池。产卵后的卵块以及成体由专家亲手保护并转移。接着，在转移后数年之内，对繁殖成功率进行了调查。由于发生过火灾的湿原，会对动物、植物栖息环境造成巨大影响，因此要注意防火，避免发生野火。

C．施工水质对策

关于施工造成的沙土流失以及施工人员的生活污水，采取了以下对策。

① 将施工事务所的厕所设为简单水冲型，在各施工地区设置过滤器，彻底管理生活污水，不使污水流入湿原内。

② 针对粉尘，在道路施工时洒水，并在交通量较多的一部分进行了简易铺设。

③ 针对沙土流失，在斜面上铺设了草坪，并在斜面底部堆积了土袋，防止湿原内的沙土流失。

D．针对施工过程中施工人员的对策

要对现场施工人员进行环境方面的教育并分发指导手册，使其具有彻底的环境意识。另外，在施工现场要完全禁烟，并在现场设置吸烟处。

E．施工过程中以及竣工后的监测

将上述所有项目委托给环境顾问，在施工过程中巡视工地，监控施工造成的影响。

结果如下：

① 没有观察到工程对地下水位造成的较大影响。

② 没有观察到噪声和振动对丹顶鹤造成的较大影响。

③ 没有观察到沙土流失的问题。特别是土袋非常有效。

④ 平成 6 年（1994 年）和 7 年（1995 年）的调查结果显示，新池中的卵块数量与施工前旧池的数量基本相同。

可见，钏路地震的灾后恢复工程是实施了谨慎的生态缓和措施的修复工程。

上述生态缓和的实际方法，会因冲击或是对于环境的影响内容、程度等的不同而异，其方法是多样的，必须要充分掌握环境冲击以及该冲击会对环境产生何种影响之后再进行。

如同上文所述，河流生态缓和的方法极为多样，在这里不可能全部介绍，不过只要掌握了基本的思路，就能够探讨在各个施工现场应该进行什么样的生态缓和。重点是，以土木工程会对环境产生冲击为前提，理解冲击会如何以及在何种范围内对环境造成影响。不陷入环境要素主义，将环境作为一个结构（系统）来掌握十分重要。本文尽管没有详述，但是必须要将生态缓和对策与自然的营生行为结合起来，采用勉强的方法的话，是难以持续维持的。必须要尽可能的选择不依赖人为活动、将来能够自我维持的自律型生态缓和方法。

（岛谷幸宏）

参考文献

1）Karr, J. R. ***et al.*** (1986)：Assesing biological integrity in runing waters - A method and its rationale, Special Publication 5, Illinois National History Survey, ***Champaign,. Ill.***

2）島谷幸宏（1999）：自然をこわさない改修は可能か，科学，**69**(12)．

3）皆川朋子・島谷幸宏（1999）：環境システム研究，**27**，237．

4）境川の斜面緑地を守る会（1997）：水と緑と生き物たち，境川斜面緑地・動植物総合調査報告書，第二集．

5）九州地方建設局・宮崎県・(財)リバーフロント整備センター（1999）：北川「川づくり」検討報告書．

6）島谷幸宏・高野匡裕（2001）：多摩川永田地区における学術研究と河道修復，河川技術論文集，**17**．

7）倉本　宣（1995）：多摩川におけるカワラノギクの保全生物学的研究，東京大学大学院緑地学研究室緑地学研究，**15**．

6. 大坝建设

大坝一般是在河流上游溪谷部分规划建设的。这种场地条件一般生物相丰富，常常包含在自然公园等自然保护地域中。在实施工程之际，要求从规划阶段开始就要慎重考虑。

本文将以 1972 年着手施工建设、1983 年开始启用的大阪府箕面川大坝，在建设时采用的自然环境保全对策以及其后的监测结果为重点，介绍在今后的治水大坝建设事业中也能够活用的生态缓和技术。

（1）大坝建设对自然环境造成的影响

1）构筑物场地的土木工程

不仅限于大坝，在进行大型土木构筑物建设时，常常会伴随土地平整。修建大坝时，除了大坝本身之外，还有建设道路、管理用设施和临时建筑物的建设工程。这些工程必然会导致植被等的消失，而且构筑物场地上现存自然的消失会是永久性的，没有挽回的措施。

2）建设材料的采集和残土的处置

大坝的岩石材料和核心材料的采集地以及工程残土的处理地常常会选择在大坝施工地的附近。前者是削平山顶，后者则是填埋山谷。与构筑物场地的土地施工一样，尽管自然会暂时消失，但是只要不在施工地区规划永久性的构筑物，就仍然有自然恢复的余地。

尤其是填埋山谷的残土处理地土层较深，适合树木根茎的发育，只要具备了水分条件，就是植被恢复条件良好的立地。相对的，岩石材料和核心材料的采集地旧址常常会丧失了表层土，矿物质土壤也会被剥离，植被的恢复条件恶劣。尤其是岩石材料的采集地旧址常常会成为被剥离了基础的岩石山，很难恢复原有的植被。

3）坝湖的形成

A．水淹

建设大坝的话，必然会形成坝湖。沉入坝湖的溪谷底部和溪流沿岸的自然环境的消失是永久性的。尤其是在建成了大坝的山谷，由于溪谷底部的场地条件很难从上、下游寻找到替代的场所，因此对于在溪流沿岸度过一生的溪流沿岸的植物、一部分鱼类，水鼠、湍蟾蜍、杜父鱼蛙和长尾目等或是将溪流用作度过繁殖期和幼体期的场所的动植物来说，会失去一部分甚至是全部生存场所。

B．环绕道路

通常会在坝湖的附近设置环绕道路，对于栖息环境跨越了滨水和森林两个地点的两栖类来说，往往会造成栖息环境的分割。

C．非法放流

大坝竣工后常常会向坝湖中放流鱼类，过去在竣工纪念仪式上一般会放流锦鲤。箕面川大坝建成时也放流了锦鲤，但是很快就被垂钓者捕捞。

近来为了进行垂钓运动，常常还会非法放流大口黑鲈等外来鱼种，在保护原有物种方面成为了问题。

4）灌水试验

在治水大坝中，发生洪水时水位会急速上升，所积蓄的超过正常水位的水会在洪水过后2～3天内放流。洪水时被水淹没，而平时露出地面的部分被称为蓄水池超荷区间。

在大阪府北部的箕面川大坝，为调查淹水对植物的影响[1)]，在该地区进行植被恢复时，将当地自生的70余种木本植物的种苗栽植到培养钵中，并向水槽中灌水之后再排水。

试验结果表明，尽管影响因种而异，但是如果淹水2天左右，虽然有暂时落叶的种类，但基本没有枯死的种类。整体上看落叶树受到的影响要比常绿树大，但是落叶树的恢复也很快，高温期的影响被相对较大。

一般在大坝竣工到开始启用这段时间，为测试大坝本身的强度，会强制将水位提高到洪水时的洪峰水位，实施试验灌水。由于与实际的洪水不同，试验灌水是在枯水期实施的，因此蓄水到洪水时的洪峰水位并不容易。因此，在接近通常满潮水位的地点，淹水期间甚至可能会达到180天。由于每年的降水量不同，有些情况下，能够进行试验灌水的时期内，可能发生无法蓄水至洪水时洪峰水位的现象。此时，就会在下一年度，接着重复试验灌水。箕面川大坝直到第3次试验灌水，才终于达到了洪水时的洪峰水位。

长时间的淹水，会对植物造成巨大的伤害。在箕面川大坝，蓄水池超荷区间尽管在施工初期进行了砍伐，但是砍伐地的表面，很多表土原样得到保留。因此，超荷斜面在进行试验灌水之前，埋土种子生成的早生灌木林逐步得到恢复。然而，恢复的早生灌木林和砍伐后保留的乔木在浸水过程中以及水退去之后，几乎全部枯死。

由于事先预计到了这种状况，为了调查试验灌水造成的长时间淹水对植物产生的影响，在第1次试验灌水之前，即1980年秋季设置了浸水期间高度各不相同的早生灌木林调查区，对树木个体进行标记，观测淹水前后的生死（地上部分）和发育，并且截至目前仍在进行追踪调查[2～4)]。另外，在第2次试验灌水之后，调查了蓄水池内没有砍伐的乔木的根部海拔、树高以及受害状况[2)]。

A．淹水对于树木枯死的影响

图1[3)]表示了调查区淹水天数与枯死率的关系。随着淹水天数的增加，枯死率增加。浸水天数在20天以下的话，浸水调查区的枯死率与没有浸水的调查区枯死率大致相同，说明这种程度的淹水对于群落造成的伤害相对较小。然而，如果淹水接近100天的话，基本上所有树木的地上部分都会干枯。

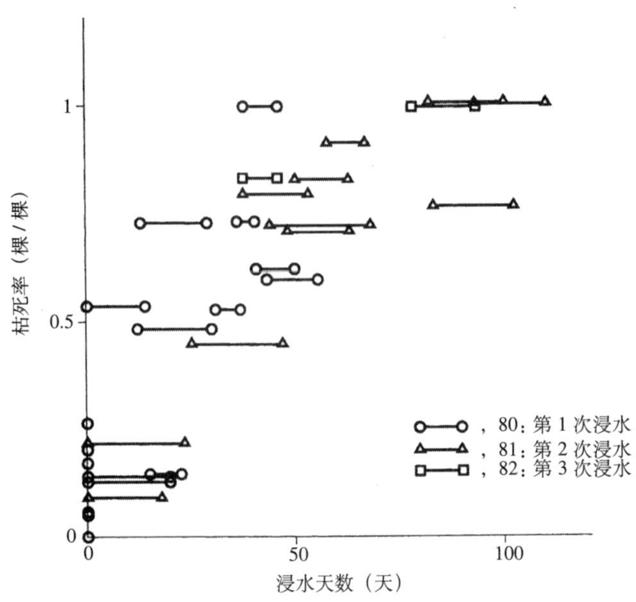

图 1　通过设置在箕面川水库蓄水池超高蓄水斜面上的调查区中的试验灌水得出的浸水天数与调查区中树木的枯死率的关系

枯死率为翌年枯死的树木棵数除以上一年的树木棵数的值。

上述试验[1]结果在一定程度上表明，淹水造成的影响因种的不同而大相径庭。考虑调查区内树木尖端淹水天数与枯死情况的关系，从种类来看的话，锦带花和楤木淹水 10 天左右就会枯死，而山茶和柃木淹水 50 天仍能够生存[2]。种不同其淹水的抵抗力也有差异，分界线应该是尖端淹水天数 30 ~ 40 天左右，因此可以分为①尖端淹水天数在 30 天以下也会枯死的种，和②淹水 40 天以上也不会枯死的种。根据该分类结果，①类的种有盐肤木、锦带花、楤木、海州常山、细梗胡枝子，②类的种有柃木、山茶、舟山新木姜子、野茉莉、小构树、合欢树。

尽管原因尚不明确，在短时间的淹水中枯死的种为二次迁移初期阶段出现的早生灌木，而对淹水具有一定抵抗能力的，多为迁移中期以后接近顶级生物相的阶段出现的物种。

除了上述内容，结合试地的观察，淹水影响的特点归纳如下。

① 蔷薇科仅根部淹水也会枯死。

② 青冈栎、柊树、野梧桐、小绣球的地上部分的大部分会枯死，但是会从根部萌芽再生。

③ 扁柏个体会存活，但是淹水部分的叶片会枯死。

考虑到不同种的淹水耐受力差异，以及树种不同部分受到不同程度的淹水枯死率也不同，研究进一步探讨了树木尖端和根部其中之一受到的淹水时对于树木枯死的影响[2]。

对出现在所有调查区且个体数最多的野梧桐进行了多元回归分析。用根部淹水天数（G）和尖端淹水天数（T）的一元方程式（1）表示枯死率如下。

$$D=aG+bT+c \tag{1}$$

其中，a 是 G 的偏回归系数，b 是 T 的偏回归系数。用最小二乘法求该方程式的系数的话则可得：

$$a=0.00709, b=0.00408 \ [day^{-1}]$$
$$c=-0.00628 \ [\text{无量纲}]$$

c 表示枯死率，由于 0.6% 很小，可以忽视，因此方程式 (1) 可变为

$$D=0.00709G+0.00408T \tag{2}$$

式 (1)’表明，当 G、T 仅增加 1 天时，对 D 具有较大影响的是系数值较大的 G，即根部淹水天数。说明，比起根部和尖端同时淹水 10 天的情况，根部淹水 15 天、尖端淹水 5 天的情况更容易枯死。

根部淹水的影响比尖端淹水影响大的原因，与淹水时期植物不同部位淹水耐受性的差异有关。土壤淹水或者积水的地点会缺乏溶解氧从而阻碍根部的呼吸，植物就会枯死或是生长状况恶化。另外，比起蒸发现象活跃的夏季，这种湿害更容易出现在低温时期[5)]。可以说，以枯水期为中心实施的试验灌水，会对超荷斜面上残留或是恢复的树木造成湿害。

长时间的淹水会造成很多树木的地上部分枯死，不过还有很多树木的地下部分会存活。调查区内的树木个体调查在 1982 年之后直到 1988 年都没有进行，没有观察到这段时间的恢复过程，因此虽然没有确凿的证据，不过以野梧桐为代表，很多再生的树干都被认为是从地下部分萌芽生长的[3)]。

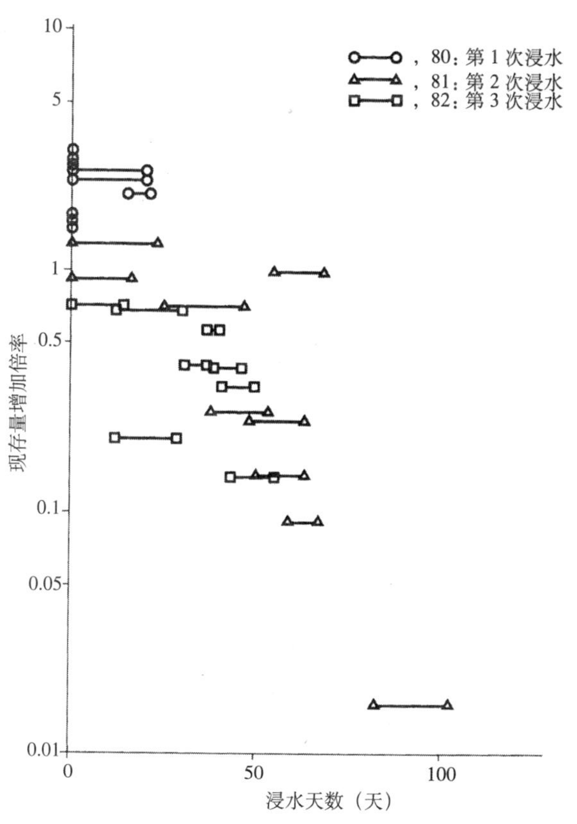

图 2　通过设置在箕面川水库蓄水池超高蓄水斜面的调查区中的试验灌水得出的浸水天数与现存量增加倍率的关系

现存量增加倍率为某一年的现存量除以上一年的现存量的值。

B．淹水对于树木生长的影响

将某一年度调查区的地上部分现存量除以上一年度的现存量，即可得每年的现存量增加倍率。该数值与浸水天数的关系如图 2 所示。增加倍率小于 1 的情况下，现存量减少。不过，上一年度现存量为 0 的年度无法计算，淹水导致全部枯死、现存量增加倍率为 0 的情况，则无法在单对数图上表示。

图 2 显示，随着淹水天数的增加，现存量增加倍率就会按照指数函数减少。当淹水天数在 30 天左右，淹水导致失去的量与生长增加的量基本相等，约 50 天为 40%，60 天

为15%。第1次试验灌水中水位没有上升，没有淹水的调查区的现存量增加倍率为2.5，因此，如果淹水天数和增加倍率之间如图2所示的直线关系成立的话，那么淹水天数为50天时现存量会下降到上一度的水平，而淹水天数为60天时，现存量则会下降到前年的水平[3)]。

植物群落生长到一定程度时，密度效应等会造成枯死量增加，现存量增加倍率下降至接近1。因此，如果淹水的影响与群落的现存量不再相关，变成相同倍率的话，恢复到成熟的群落需要花费的时间就会变长。

第1次淹水试验对枯死率和现存量造成的影响，要比淹水天数相同的第2次以后的淹水试验小。第1次淹水试验调查区5月份进行了排水，而第2次和第3次浸水状态保持到了6月份。众所周知，水温越高，淹水的影响就越大[1,6)]。一般来说，植物的呼吸量会随着温度的上升而增加。由于高温期的浸水容易引起氧气不足，因此淹水时期的不同对植物群落的影响也有差异。

随着淹水的反复进行，即便是相同的淹水天数，枯死率也会提高。分析原因可能是由于上一年度的淹水影响还没有恢复，就遭到了第二次淹水，因此容易枯死[3)]。

C. 淹水对小动物的影响

虽然在箕面船大坝项目中没有针对淹水给小动物带来的影响进行调查，但杜父鱼蛙等可能冬眠的小动物可能会受到水淹的影响。正常水位对冬眠动物一般没有影响，但人工提高水位后对冬眠动物的影响就不可预测了。

目前还未见到这方面影响的报告，这将成为今后的课题。

（2）大坝建设的生态缓和

在环境影响评价法中，相对于以往衡量环境保全目标完成度的绝对评价型，面向环境影响的回避和减轻，则采取了对实行的环境保全措施进行评价。也就是说，对回避、最小化、修正、减轻和补偿等生态缓和的内容进行评价。该评价法不论是否是环境评估的对象项目，对自然环境产生影响的项目均应该考虑的。

1）探讨“回避”的可能性

首先应该探讨的，就是不去实施行为的一部分甚至是全部，从而“回避”影响整体的可能性。例如在目的是治水的情况下，有修建泄洪池或是拓宽河道的方法，不过由于实际中社会摩擦较大，无法在现有的市区动工，因此常常会通过在山间部分修建大坝来解决。尽管从达到目的的时间和经费方面来看，有些情况下不得不做出这种选择，不过，应该首先探讨替代的可能性。例如，假设存在若干条支流，在每条支流上设置大坝都能够在下游流域达到所需要的治水效果的情况下，对每个流域的自然环境进行评价就很重要。

大坝尽管比较建设方案导致自然消失的程度非常重要，客观的评价流域的自然环境能否成为破坏地区的可恢复资源也很重要。在箕面川大坝，大坝竣工后马上对遭到破坏的自然环境进行了监测，蝶类的调查带来了预料之外的结果。

一般来说，在植被遭到大规模破坏的地区，作为裸露地面和开阔地指标的昆虫会异常增加。

宽边黄粉蝶、尖翅银灰蝶等以荒地生长的植物为食的种群的确在蝶类群落中占据优势，而朴喙蝶等山谷沿线自然次生林的指示种群则占据蝶类群落的最上层。这说明除了出于施工的考虑控制了不必要的破坏之外，大坝周围丰富的自然成为天然的屏障防止了开阔地种群入侵，同时为原有自然构成种群的恢复发挥了背景的作用[7)]。具体应该回避哪些场所，在评价时应该结合周围自然的潜在恢复能力进行探讨。

2）“减轻”的案例

在此，将综合了“最小化”、“矫正”和“减轻”的概念称为“降低”。

A．设计上的保护

通过设计上的保护，将直接破坏面积控制在最小限度是首要的选择。箕面川大坝在进行替代道路建设之际，通过采用隧道和垂直护壁等技术减少了直接破坏面积，并且没有填埋山谷而是架设桥梁横跨山谷，该设计方案尽可能未改变原本的地形。

不过，在缩小直接破坏面积时，就必须要有大型的永久性构造物。在有些情况下，尽管施工时破坏面积较大，但是从长远来看能够进行充分的恢复，此时就还是选择暂时性的破坏为宜。区分这两种情况很重要。

B．施工上的保护

在工程中进行慎重的施工、避免不必要的破坏很重要。施工中保证沙土不流失到山谷斜面下方，对于保全森林表土这种具有潜在自然恢复力的资源来说有很重要的意义，因此在斜面下方设置档土栅的同时，还必须探讨监理体制，以使施工慎重实行。

箕面川大坝蓄水池超荷斜面的森林虽然遭到了砍伐，不过慎重的施工使得地表没有破坏，保全了根株和表土较多的地点。通过根株发芽和表土中埋土种子的发芽，超荷斜面的灌木林恢复较快，如上所述，尽管试验灌水导致地上部分基本上全部枯死，地上除了浸水期间较长的超荷区间下部，大部分地点都通过根株的萌芽再生，再一次恢复了灌木林。

C．工程管理上的保护

工程上也必须要进行保护。例如，以往像箕面川大坝那样，发生洪水时洪峰水位以下的森林在施工初期常常都会遭到砍伐，这对超荷区间植被恢复是不宜的。砍伐过后，埋土种子会集体从森林表土中发芽，种子的休眠解除有很多是依赖于温度的[8)]。盐肤木和野梧桐等早生种的埋土种子一旦处于砍伐区裸露地面的高温或是温差较大的环境中，即可解除休眠。在气温下降的秋冬季节砍伐不会对第二年春天埋土种子的发芽产生影响，但是在春夏砍伐的话埋土种子会马上发芽。如果在埋土种子发芽以后进行试验灌水的话，发芽个体的大部分都会枯死，因此会对退水后的恢复尤其是物种多样性的维持造成不利影响。

最好能够在工程管理上下功夫，使得自然的恢复快速进行。

3）“补偿”的实例

在箕面川大坝的案例中，基于大坝地区的自然环境调查结果，自然恢复的方针总结为如下两点[9)]。

① 在像箕面川大坝地区这样的自然公园地区，从广义的自然保护区域的自然恢复而言，在恢复该土地原本的自然环境的基础上，还应依靠潜在的自然恢复力帮助环境的修复。

② 坝湖及其附属设施造成的自然消失是永久性的，而且是无法弥补的。不过，通过别的形式对该损失进行弥补也并非不可能。可以通过竣工后努力将大坝周边的自然变得比目前更加丰富、品质更高来达到补偿的目的。

③当前针对生态缓和中补偿的概念，日本有很多先进的案例，不过必须认识到，该项目在开始探讨保全对策之前，大坝的规划本身就已经确定实施的事实。

项目为使大坝周边恢复自然质量更高的自然环境，采用箕面的自然林（具体来说就是日本常绿橡树和白背栎占据优势、混杂有日本冷杉的橡树型森林）、而非原本的扁柏，来复原广阔的残土处理地和核心材料采集地。尤其是残土处理地是填埋山谷形成的土地，具有土壤的物理性的优势，可充分复原自然林[9)]。由于在采集核心材料之前，可采集森林表土加以储存，因此在复原之际还原表土，考虑在其上栽植优势种橡树类。

但是，该计划却没有实现。原因是核心山河残土处理地是国有林，而非大坝建设单位即大阪府的土地，而且当初的合同写明工地要用栽植扁柏来复原，以及在 1980 年这项没有前例的自然林复原计划没有得到各方面的理解。结果，考虑自然林恢复的地点，就仅限在了蓄水池超荷斜面这一大阪府的土地上。

1990 年，世界园艺博览会在大阪举行的纪念，将生长着扁柏的残土处理地和核心山命名为“世博纪念森林”。

A．采取“播撒表土”的蓄水池超荷斜面植被复原规划

在残留的自然恢复地中，蓄水池的超荷斜面占据了相当大面积。由于施工谨慎进行，超荷斜面的地表没有被破坏，很多地点都基于上述埋土种子或是萌芽的灌木林进行了自然修复，但是在一部分较陡的斜面，在建设替代道路时丧失了表土，成为了裸露地面。

为了使这类场所恢复，除了如上述①所示依靠潜在的自然恢复力之外，还考虑了其他辅助方法，即“播撒森林表土”[10,11)]。森林表土就像土壤种子银行一样，其中埋藏了很多具有发芽力的植物种子。遭遇砍伐或是山火的森林地带之所以会相对较早的覆盖上绿色，除了因为有根株的发芽之外，还有一个很大的原因就是埋土种子的发芽和生长。因此，如果事先采集因大坝建设工程而遭到破坏的森林的表土并加以保存，竣工之后在播撒到变成裸露地面的场所的话，通过埋土种子的发芽和生长，也许植被能够尽可能得到恢复。

另外，众所周知，在搬运种子的鼠类活动开始在灌木林活跃以后，二次迁移会快速进行[12)]。从人为加快迁移的意义上来说，当然是越早进入灌木林期越好。因此，如果该方法有效的话，材料来自当地，适合自然保护，而且被认为属于人为辅助手段的范畴。因此，从 1977 年起花费 3 年时间，通过试验探讨了实用化的方法和效果[10)]。

箕面川大坝地域现存植被在山谷斜面下部基本都是杉树人工林，还有极少部分是榉树林和鹅耳枥林等落叶阔叶树占据优势的自然林片段或是次生林。从斜面中部到山顶，基本上都是扁

柏的人工林和赤松的次生林。另外据推测，原本的植被在山谷斜面的下部是被称为鸡爪槭 - 榉树群落的溪畔林，斜面的中部以上则是被称为杨桐 - 白背栎群落的橡树林[13]。因此，最终的恢复目标大部分是上述溪畔林，还有一部分是橡树林。

由于是森林表土播撒进行植被恢复法的实际应用，必须事先进行以下 8 项调查。

① 播撒的表土中会发芽、生长的是什么种?

② 表土中的埋土种子的质和量是否会由于采集地的不同而出现差异?

③ 表土采集的厚度应该是多少?

④ 应该播撒的厚度是多少?

⑤ 长时间的表土保存中，是否会出现埋土种子的消耗?

⑥ 埋土种子起源的植物生长程度如何?

⑦ 与什么都没有的地点相比，效果如何?

⑧ 坝湖试验灌水造成的长期淹水之后，埋土种子是否发芽?

①是从赤松林和杉树林采集表土播撒，②是从大坝地域各式各样类型的森林里采集并播撒表土，③是改变厚度播撒表土并定期确定发芽位置以及种名。④的预计表土采集厚度是根据记录了埋土种子距离地表的垂直分布的文献数据决定的。⑤的堆积保存试验是在当地的残土处理地将表土堆积起来，每隔一定时间，将不同深度的表土取出播撒，并记录发芽种和个体数。⑥是对①的试验中形成的群落的生长进行跟踪调查。⑦是在①的试验区周围设置对照区进行比较。⑧是对采集的表土进行淹水，每隔一定时间取出表土播撒，确定发芽种，清点个体数。

①、②的播撒与⑤的表土堆积是在当地的残土处理地进行的，⑤的播撒和④、⑧的试验是在大学的试验苗圃场进行的。

根据在当地进行的播撒试验，发现在箕面川大坝地区，不论是播撒哪里的表土，都比单靠自然恢复要快，能够恢复到未加管理的野梧桐、柃木、盐肤木等早生种占据优势的灌木林的阶段[10]。

第 2 年以后的生长也很旺盛，尽管试验场缺乏有机物并且容易干燥，但是一部分的野梧桐在第 4 年树高超过了 2m[14]。

表土的采集厚度距离地表面 20cm 左右就足够了。播撒时的厚度如果不考虑栽培地的条件的话，8cm 左右即可[10]。

表土的堆积保存如果是在良好的通风和排水条件下进行的话，处在下层的埋土种子在试验中也能保存 1 年[10]，而在实际中则能够保存 2 年以上[15]。

坝湖的试验灌水造成的表土淹水只要不是长时间和高水温，就可以认为在实际应用中没有问题[10]。

B．采用“表土播撒”的植被恢复工程

由于表土播撒法能够进行实际应用，因此 1980 年冬季，通过人工采集沉在蓄水池底部的森林表土。采集土量为 150m^3，装在土袋内，在被称为第二残土处理地的空地中野外状态下保存了2年。

1982年12月份，在第3次试验灌水之前，以失去了表土变成裸露地面的蓄水池斜面为中心，播撒了这些表土。陡斜面是连着土袋放置的，而在缓和斜面和平地则是从土袋中取出表土然后再播撒（图4）。在陡斜面，为了防止表土流失，设置了档土栅（图5）。

C．通过监测对生态缓和效果进行验证和评价

在箕面川大坝，不仅进行了表土播撒等自然恢复工程，为了防止沙土崩落到斜面下部还采取了设置防护栅等物理对策，还培训了工地的施工人员，事无巨细的周全考虑，极力控制了施工中不必要的破坏。为了掌握这些安排对于自然的保存和恢复起到了何种效果，对大坝地域的植被和昆虫类（蝶类、蛾类、地表性腐食昆虫、直翅目、瓢虫和椿象类等，以及底栖生物）进行了跟踪调查[16,17,18)]，共计3次，时期分别是从建设施工即将结束的1980年下半年起为期3年、从1988年起为期2年，从1998年起为期2年。

在此，根据植被变化和昆虫类的调查结果的一部分，对自然保护工程和表土播撒的效果进行评价。

图6是与图5相同的地点，拍摄于1999年9月。原本失去表土接近裸露地面的地点基本上被树林覆盖。优势种是野梧桐，树高在10m左右。

为了验证这是表土播撒的效果，通过追踪调查制作的植被图进行了比较。图7的植被图中，上部是播撒之前的1982年秋季，中间是播撒之后经过了6年的1988年秋季，而下部则是经过了16年的1998年秋季。三者都是将以1/5000的比例尺制作的详细植被图[19,20,21)]的凡例简化整理成了与迁移阶段相似的植被图。

图5、图6是图4中播撒区里A的部分。A ~ D的播撒区域在1982年的植被图（图7上）中都是凡例1的一、二年生草本植物群落。在1988年的植被图（图7中）里除了D之外，都被替换成了凡例3的早生灌木林。

不过，这并非是出现于任何地点的变化。在B和C之间的地域较为显著的是，失去了表土、没有进行播撒表土工程的地点，仅仅恢复到了图例2的多年生草本植物的程度。D区域虽然还原了表土，但恢复较慢，究其原因是岩石露出地表并且通常接近满潮水位，微小的水位变动均会导致经常性的浸水。

也就是说，没有还原表土的地点在一、二年生草本植物群落期之后，仅有艾蒿、北美一枝黄、芒草等风媒传播的植物占优势；而与之相对的，在还原了表土的地点则生长了野梧桐等起源于埋土种子的早生性灌木种，并且没有经历多年生草本植物群落期，很快就形成了灌木林[20)]。

1988年至1998年之间的变化并不是太显著。原本凡例4的次生林和人工林的一部分退化成了凡例3的早生灌木林的情况较为明显，这是由于人工林遭到了采伐，并且采伐后弃置不管造成的。观察播撒了表土的蓄水池超荷区间（大致为道路和水面之间的区间），会发现多年生草本植物群落迁移为早生灌木林的部分很多。早生灌木林中虽然有树高达到12m的部分，但

是优势种等构成种没有显著的变化[21]。

图 8 是以蓄水池超荷区间中 1980 年起持续调查的区内的树木为对象，根据 1989 年和 1998 年的树木个体调查结果，对该期间内主要种的枯死、存活、新加入等进行统计的结果[4]。上部表示早生种，中部表示次生林树种，下部表示自然林的树种。早生种的野梧桐、合欢树、盐肤木等的枯死比率明显较高。与之相对的，山茶、青冈栎、朴树等分布中心被认为在次生林后期到自然林之间的树种的加入个体比例较高。在这 10 年间，尽管外观没有明显的变化，但是可以评价迁移在缓缓进行。

在昆虫的调查结果中，蝶类的第 2 次调查（1988 ~ 1989 年）重新发现布网蜘蛱蝶、拟斑脉蛱蝶等栖息于相对较为稳定的山谷沿线和林地边缘的种群[22]。

第 3 次（1998 ~ 1999 年）没有显著的变化，不过菜粉蝶、酢浆灰蝶等消失的原因，被认为是开阔地和草原性环境消失、环境以植被为中心稳定的结果[23]。

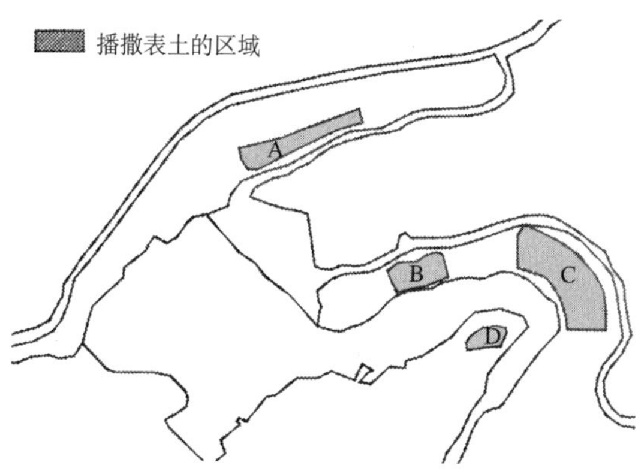

图 3　箕面川水库蓄水池内 1983 年播撒表土的区域（A ~ D）

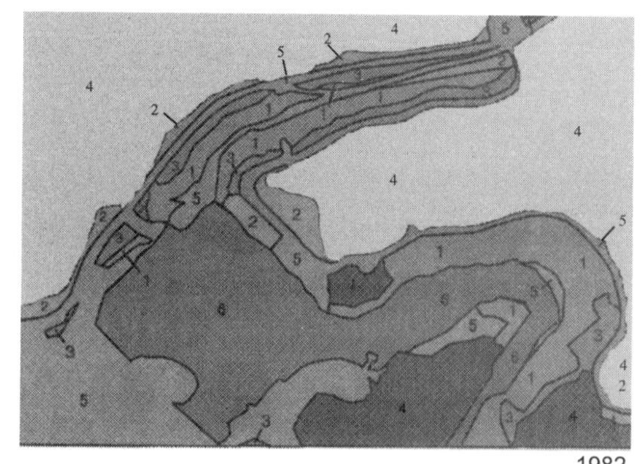

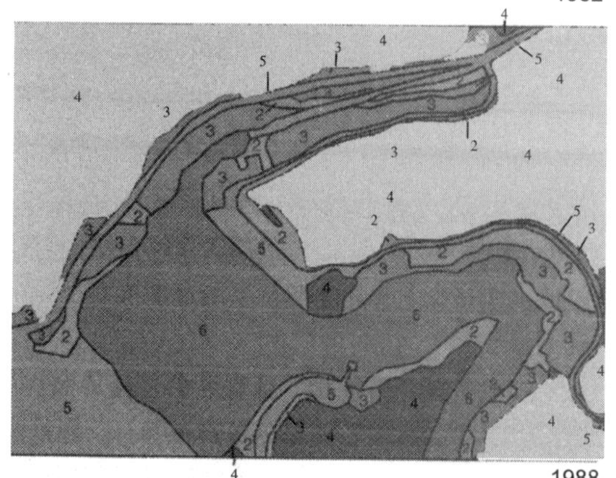

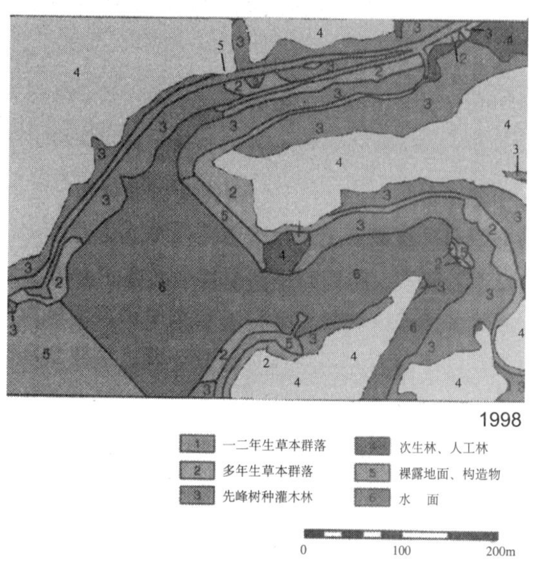

图 6　箕面川水库蓄水池周边的现存植被图

上（1982 年）：播撒表土前一年
中（1988 年）：播撒表土 5 年后
下（1998 年）：15 年后

图 4　在失去表土的斜面上设置护栏，将装袋保存的森林表土还原的状态（图 3 的 A 区域）

1983 年 4 月 21 日拍摄

图 5　16 年后的相同地点。野梧桐占据优势，树高超过 10m

1999 年 9 月 24 日，山崎俊哉拍摄

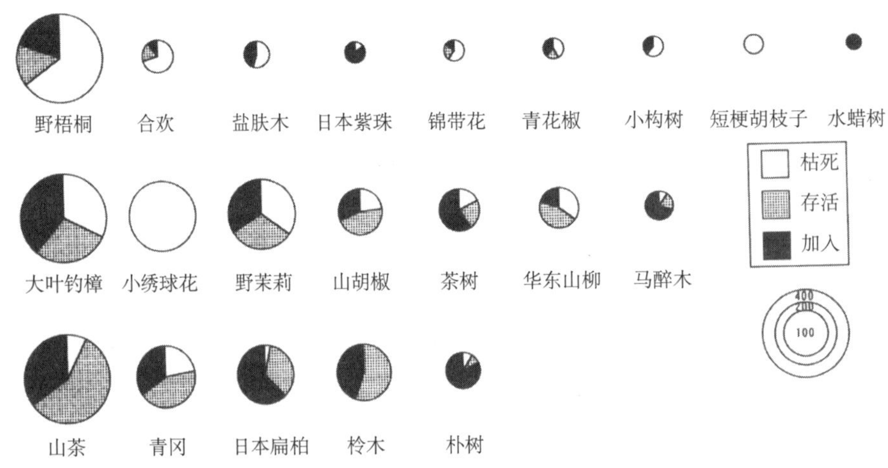

图 7　设置在箕面川水库蓄水池超高蓄水斜面的调查区内树木从 1989 年至 1998 年之间的消长。从枯死、存活、新加入分别调查不同树种的棵数变化

上图为先峰树种，中图为次生林树种，下图为天然林树种，圆圈的大小表示棵数

大坝竣工之后直翅目和地表性昆虫的调查（1981 ～ 1982 年）结果也与蝶类的调查结果相同，显示竣工之后森林性种群仍然残存，而栖息于裸露地面环境的种则没有那么大的优势[24,25)]。不过，在第 2 次地表性昆虫的调查中，虽然原本的评价认为原本植被的保全效果较好[26)]，但并未发现步行性种群没有进出二次恢复的灌木林林地植被，植被恢复的效果未能被确认。

值得庆幸的是，在第 3 次调查中，在蓄水池斜面恢复的森林里首次确认到了地表性昆虫的恢复。这说明随着植被的恢复，作为地表性昆虫住处的林地植被落叶层和腐殖质层得到恢复[27)]。可以说是显示了恢复速度因种类而异，即便是周围存在充分的恢复资源的情况下，除了要采取复原对策之外，还必须要尽可能的在当地保全原有的自然，并且恢复到一定程度是需要时间的。

大坝周边的道路建设多采用桥梁，没有填埋小溪谷被认为对河流底栖生物的恢复起到了相当大的作用[28]。不过另一方面，静水性的种增加、施工前常见的一部分流水性的种不再见得到，可以说是与原本的自然方向不同的变化[29]。

森林表土播撒作为辅助自然恢复过程、稍微加快植被迁移的尝试性手段，取得了一定的成果[11]。不过，竣工之后大坝地区看上去很自然，这并不仅仅是施工之际付出的种种考量的结果。其背景是，周围存在着“箕面”这一保留了丰富生物相的地域。栖息于荒废环境的种群并没有获得较大的优势，森林环境指标种群仍残存，其原因被认为是施工上的考量和植被恢复工程使得裸露地面的环境没有大面积长时间存在。此外，周围环绕大坝地区的森林环境保持了丰富的生物相，成为一种屏障，阻止了栖息于开阔的较低平地环境的种群的入侵，并在植被恢复之后成为森林种群进一步入侵的背景。

该事实说明在大坝建设中保护流域自然是非常必要的。

D．今后变化的预测

按照一般常识，早生灌木林的下一个阶段应该是次生乔木林，但是在箕面川大坝地域的山谷沿线基本上都是杉树和扁柏的人工林，没有留下次生乔木林的样板。生物相如上文所述，最终是乔木层的榉树和鸡爪槭占据优势，亚乔木层以下的大叶楠、山茶和桃叶珊瑚等常绿阔叶树居多的树林，这些种类并不多，不能马上取代早生灌木。

如果从早生灌木林中寻找比野梧桐、柃木寿命更长的乔木树种的话，就会发现灯台树相对较多，也包含了较少的朴树和绒毛枳[20]。灯台树是作为埋土种子存在的，不过其种子也通过来自周围的鸟类供给。在不久的将来，可以预计，野梧桐林会被灯台树占据优势的次生乔木林所取代。

植被恢复的速度较慢是由于与恢复资源之间距离较远。观察1989年起10年间的推移的话，会发现在野梧桐占据优势的早生灌木林的一部分中，开始能够观察到榉树、鸡爪槭、鹅耳枥较多的林分。这些地点毫无例外的，都是对岸残存有小规模榉树林和鹅耳枥林的地点[21]。附近保留恢复资源的话，会对植被恢复产生极大的效果。

(3) 生态缓和的发展方向

箕面川大坝的自然恢复并非是从项目的规划阶段开始就准备周全的。相当于事前的自然环境现状调查是在替代道路工程开工的同时开始进行的，而保全对策的探讨也不得不与施工同时进行。上述案例的成果，应该撇开这些情况来进行评价，今后应能够从尽早的时期开始，采取更有效的对策。

生态缓和所处的环境发生了巨大变化，缓和对于环境的影响已经成为了共识。与此同时，生态缓和也出现了寻求指导手册的动向。不过，生态缓和应该根据每个案例采取相应的对策，从本质上说是无法求助于指导手册的。尽管过去的案例应该参考，但是可以说没有任何案例能够采取完全相同的对策的。了解尽可能多的案例虽然重要，但是也应该配合各个不同的情况来应用。

由于箕面川大坝是建设工程先行进行的，因此也出现了在自然环境恢复之际无法保全必要的资源的情况。另外，监测的结果还表明了哪些方面很重要。以下，笔者将对结果进行阐述以作为今后参考的事项。

1）保全自然修复所需的资源

A．现存植被的保存

由于鸟类以及其他小动物搬运种子的能力超出想象，因此只要存在供给来源，就会不停的朝着恢复自然的方向发挥作用[9)]。另外靠风力和重力传播的种群，距离母树越近恢复的越快[21)]。

箕面川大坝在建设施工之际，蓄水池内的树木全部遭到了砍伐。考虑到土木工程的步骤的话，还是这样比较便利。然而，观察试验灌水后的恢复会发现，浸水期间较短的超荷斜面上部的树木基本上没有受到什么影响。可以说，考虑到竣工后的自然恢复，事先就必须仅砍伐到洪水时的洪峰水位。不砍伐被认为受到浸水影响较小的部分的话，不仅植被会存活，还可以通过向下方供给种子，使得受到损害部分的植被尽早恢复。由于箕面川大坝蓄水池斜面的植被基本上都是杉树和扁柏的人工林，因此保留的价值不大，但是自然生次生林包含了多样的种类，因此作为恢复资源还是具有积极的保留价值。

在今后治水大坝的规划中，根据以往的降水量数据，预测试验灌水期间不同海拔的浸水天数，以试验灌水造成的浸水天数与树木枯死率之间的关系（图 1）为基础预测不同海拔的损害，就能够确定保留的地点。

B．森林表土的保全

箕面川大坝蓄水池超荷斜面上的杉树和扁柏人工林很早就遭到了砍伐，因此在试验灌水之前，砍伐地点就形成了早生灌木林。这些灌木林很多由于试验灌水造成的淹水，地上部分枯死了。有些种类地下部分还存活着，通过萌发不定芽使得地上部分再生，还有些种类枯死之后就再也没有恢复。

根据将包含了埋土种子的森林表土淹水、在排水之后再播撒从而调查淹水对埋土种子的影响的试验[10)]，发现发芽个体数会随着淹水期间累计温度的增大而呈指数函数减少，发芽个体数减半的条件是 30℃ 56 天、15℃ 157 天。

由于低温期进行的试验灌水对埋土种子造成的影响较小，因此为了控制地域埋土种子个体群在质和量方面的损耗，最好还是使其在试验灌水之前不要发芽。蓄水池超荷斜面区间的森林，在截至试验灌水之前不要采伐为宜。

现实中，由于为了建设替代道路而修建临时道路、物资放置处等，从建设开工时常常不得不砍伐树木腾出空地来，因此可以说没有完全不采伐的情况。不过砍伐哪里保留哪里则不应该从施工的便捷程度和步骤出发，而应该从自然恢复快慢的出发点进行探讨。

2）自然修复的思路

关于自然恢复之际应该考虑的原则，笔者主要以箕面的经验为基础整理如下。

A．明确样板

首先，必须要明确恢复的样板。弄清楚希望恢复地点的条件，以该地点原本具有的自然为目标。

样板未必一定要是原生的。由于自然是从早生相到成熟相，随着时间逐渐发育的，因此只要是该地点终局生物相的自然系统生物相，哪个阶段的自然都可以作为目标。

B．慎重规划，评价潜在的恢复力

自然的恢复基本上都是依靠自然本身的潜在复原力，要从辅助其复原的方向上考虑。

C．花费时间

具有自然特性的自然无不是经过了数百年、数千年的漫长时间的产物。要使其恢复，仅以数年为单位想要获得成果是很困难的。必须让人类的时钟配合自然的时钟，耐心的等待其恢复[30)]。

作为辅助，在恢复工程结束时，不应该要求成品，而应该根据是否巧妙的顺应了自然的恢复过程来评价成果。

D．记录自然的恢复过程

只要不能马上看到成果，记录经过就显得很重要。持续监测并掌握变化的征兆，在出现不良变化时就能够迅速采取适宜的措施，这种态度是非常重要的。

（梅原彻）

参考文献

1）琴谷　実（1977）：箕面川ダム貯水池サーチャージ区間の緑化について，箕面川ダム自然環境の保全と回復に関する調査研究，p.544-605，大阪府.

2）麻生順子・永野正弘・梅原　徹（1983）：樹木および埋土種子に与える冠水の影響，箕面川ダム自然回復工事のp.5-16，大阪府.

3）藤田泰宏・永野正弘・梅原　徹（1990）：試験湛水が植物の現存量におよぼした影響とその回復，平成元年度箕面川ダム自然回復工事の効果調査報告書，p.25-54，大阪府.

4）丸井英幹・永野正弘・山崎俊哉・藤田泰宏・梅原　徹（2000）：試験湛水から15年後の樹林の回復と成長，箕面川ダムにおける自然回復の状況調査報告書，p.31-48，大阪府.

5）刈住　昇（1979）：「樹木根系図説」，誠文堂新光社，1121pp.

6）近藤萬太郎・岡村　保（1932）：水湿と稲の生育との関係（第三報）水質が浸水稲に及ぼす影響，農学研究，**19**，1-105.

7）日浦　勇・宮武頼夫（1983）：蝶類による箕面川ダム地域の環境調査，箕面川ダム自然回復工事の効果調査報告書，p.79-87，大阪府.

8）鷲谷いづみ（1993）：種子発芽における環境モニター，化学と生物，**31**(6)，382-384.

9）吉良竜夫（1977）：総論，箕面川ダム自然環境の保全と回復に関する調査研究，p.10-16，大阪府.

10）永野正弘・梅原　徹（1980）：森林表土のまきだしによる植生回復法の検討，箕面川ダム自然回復の促進に関する調査研究，p.6-113，大阪府.

11）梅原　徹，永野正弘（1997）：“土を撒いて森をつくる！”研究と事業をふりかえって，保全生態学研究，**2**，9-26.

12）金森正臣（1977）：ネズミ，植物遷移に対する動物の関与，「群落の遷移とその機構」（沼田　真編），朝倉書店，

p.273-277.
13) 梅原　徹（1977）：箕面川ダム地域の植生について，箕面川ダム自然環境の保全と回復に関する調査研究，p.28-49，大阪府.
14) 永野正弘・梅原　徹（1983）：表土まきだしでできた群落の初期成長，箕面川ダム自然回復工事の効果調査報告書，p.27-47，大阪府.
15) 麻生順子・永野正弘・梅原　徹（1983）：袋づめして保存した表土のまきだし実験，箕面川ダム自然回復工事の効果調査報告書，p.23-26，大阪府.
16) 大阪府（1983）：箕面川ダム自然回復工事の効果調査報告書，155pp.
17) 大阪府（1990）：平成元年度箕面川ダム自然回復工事の効果調査報告書，144pp.
18) 大阪府（2000）：箕面川ダムにおける自然回復の状況調査報告書，134pp.
19) 梅原　徹・永野正弘・麻生順子（1983）：箕面川ダムの建設による植生と植物相の変化とその要因，箕面川ダム自然回復工事の効果調査報告書，p.49-78，大阪府.
20) 梅原　徹・永野正弘・藤田泰宏（1990）：箕面川ダム貯水池周辺の植生と植物相の変化，平成元年度箕面川ダム自然回復工事の効果調査報告書，p.9-24，大阪府.
21) 山崎俊哉・丸井英幹・梅原　徹（2000）：箕面川ダム貯水池周辺の植生の変化，箕面川ダムにおける自然回復の状況調査報告書，p.9-29，大阪府.
22) 宮武頼夫（1990）：蝶類による箕面川ダム地域の環境調査Ⅱ．1988～1989年の調査結果，平成元年度箕面川ダム自然回復工事の効果調査報告書，p.79-87，大阪府.
23) 宮武頼夫（2000）：蝶類による箕面川ダム地域の環境調査Ⅲ．1998～1999年の調査結果，箕面川ダムにおける自然回復の状況調査報告書，p.49-60，大阪府.
24) 加納康嗣・河合正人・市川顕彦・藤本艶彦・細井孝昭・石川友一・竹本卓哉・河合真弓（1983）：直翅目（バッタ，コオロギ，キリギリスの仲間）による箕面川ダム工事跡の環境調査，箕面川ダム自然回復工事の効果調査報告書，p.131-149，大阪府.
25) 冨永　修・春沢圭太郎・土井仲治郎（1983）：地表性腐食昆虫による箕面川ダム地域の環境調査，箕面川ダム自然回復工事の効果調査報告書，p.89-106，大阪府.
26) 冨永　修（1990）：地表性腐食昆虫および地表性歩行昆虫による箕面川ダム地域の環境調査，平成元年度箕面川ダム自然回復工事の効果調査報告書，p.99-116，大阪府.
27) 冨永　修・山崎一夫・杉浦真治（2000）：地表性腐食昆虫による箕面川ダム地域の環境診断，箕面川ダムにおける自然回復の状況調査報告書，p.85-101，大阪府.
28) 谷　幸三・土井仲次郎・冨永　修（1983）：底生動物による箕面川ダム地域の環境調査，箕面川ダム自然回復工事の効果調査報告書，p.107-129，大阪府.
29) 谷　幸三・土井仲次郎（1990）：箕面川ダム地域河川の底生動物相と水質環境，平成元年度箕面川ダム自然回復工事の効果調査報告書，p.117-140，大阪府.
30) 吉良竜夫（1979）：自然の過保護，自然保護，**210**，3.

7. 发电站建设

在发电站建设中，水力和火力发电采取的生态缓和的对策方法不同，关键技术也不同。因此，本章将分别针对水力发电站和火力发电站进行说明。

（1）水力发电站与生态缓和

1）水力发电站的周边环境

日本地形陡峭多变、雨量丰富，为配合治水、灌溉和自来水进行电力开发，自明治开国以来，建设了数量相当多的大坝。其中，水力发电对于缺乏资源的日本来说，是少数珍稀的国产能源，在战后的经济复兴中作为基础产业做出了巨大的贡献。

作为自然能源的风力发电、太阳能发电、地热发电、波浪发电及其他生物量发电等，以及未来将大有作为的燃料电池等也受到人们关注，但是由于成本问题等尚未解决，普及仍需时日。在人们对于地球温室效应日益关注的今天，作为不排放二氧化碳的可再生能源，可以说今后水力发电仍是不可或缺的资源。

另一方面，在自然环境保全运动日渐高涨的今天，逐渐认为大坝建设与环境破坏有关，大坝的建设有时难以进行。确实，大坝建设会对周边环境造成影响的最大问题是，大坝蓄水池会导致水淹地域自然环境的消失，以及大坝下游的水量减少等环境变化。具体来说，作为水环境的水量减少，会引起水温的急剧变动以及水质恶化等，会失去溪流鱼类、水生昆虫和爬虫类的栖息地。另外，森林、河流的消失，在引起地下水位变化的同时，还有可能会对植被、哺乳类、鸟类、昆虫类甚至土壤动物的栖息地造成影响。这些地点是珍稀动物、植物等生物的宝库，常常栖息着有全灭危险的物种即所谓的记录在红皮书中的物种。尤其是滨水环境富于生物多样性，对于哪怕是一点点的环境变化都很敏感。适宜大坝蓄水池建设的地区往往具有丰富的自然环境，伴随着建设施工出现的土地改变也被认为会导致自然环境消失等问题。

但是，通过保护自然环境的中小水力发电建设、增加现有水力发电站设备等措施，作为不排放二氧化碳的可再生能源以及绿色环保的电力来源，今后仍然有必要进行水力发电建设。

因此，在对环境危害较小的大坝建设中，环境的修复、创建等所谓生态缓和技术的选择以及其后的评价就变得很重要[1,2)]。

2）水力发电站的环境评估

在大坝建设之际，必须进行环境影响评价，作为事前调查就要对规划预定地点的自然环境进行调查，评价大坝建成后的影响并采取对策。在植被调查中，要调查植被表和植被分布图、植物相（出现种清单）、土壤以及珍稀种（红色数据清单）的有无。

另一方面，在动物调查中，对于哺乳类、鸟类、昆虫类、两栖类、爬虫类以及鱼类同样要调查珍稀种的有无，在出现珍稀种的情况下，要采取保护措施。

对于自然环境保护的对策，多种多样生物的栖息、以确保栖息环境为目标的保全技术以及移动和移栽技术均是重要的课题。随着互联网利用的发展，环境保全技术情报越来越发达，生态与环境缓和（补偿措施）、生物保全案例的公开，促进了自然环境保护对策的积累及技术的提高。

在景观调查中，要对建成时的景观进行预测，并对该景观进行解析和评价。以上述几点为基础，作为环境保全对策，设定了绿化复原的目标并作为基本措施公开[3)]。在景观保全方面，计算机图像技术还能够提供高精度的信息。

3）水力发电站的生态缓和评价技术

与近几年来制定的新环境评估法相关的、美国等国的生态缓和技术中的环境定量评价方法与自然环境的修复、复原以及创建技术等受到了人们的关注。

生态缓和的概念，不仅仅限于对开发项目造成的自然环境破坏的影响进行补偿的行为，而是始终以保全为第一要务的环境影响缓和措施。

关于生态缓和定义划分的 5 个阶段，从发电站建设来看具体内容如下（图 1）。

①回避：通过终止发电站建设的一部分甚至是整体，来回避对于生态系统和环境造成的影响。相比终止规划的情况，或者是将规划变更到其他地点的情况，能够回避所有的影响。

②最小化：通过现在发电站建设实施的规模，将影响程度控制在最小限度的行为。相比缩小规划的规模、在占地内设置相当大面积的保全区域的情况，或者是其他大幅度变更规划的情况，能够将影响控制在最小限度内。

这些是发电站建设规划整体的基本问题，在此判断失误的话，包括建设的经济效果等在内，会遇到进行建设与否的困难。该判断还与社会资本投资的效果有关。

③修复：通过修正、修复因发电站建设而受到影响的环境，从而使受影响的环境得以复原的行为。通过在施工期间转移、收容规划地的物种，或者是人工重建其栖息环境从而使物种回归，以及以将生物的栖息环境的一部分与残留的部分相连的形式进行转移的情况等，对影响进行修复。

常常能看到文献等的事例介绍。

④减轻：在整个施工期间，对工地内外没有受到直接影响的生态系统及环境进行长期保护和管理，降低或是消除整体影响的行为。会对建设的设计等多少加以变更，或是在建设中添加确保动物移动路径的设施。另外，在物种的繁殖期等影响较大的时期，要暂停施工及自我约束等，降低或是消除影响。

常常能看到文献等的案例介绍。

⑤补偿：将受到影响的环境或是栖息域替换为不同地点的生态系统等，通过提供其他地点

来进行替代和补偿。通过将物种及其栖息环境转移到距离相当远的地点，或是以与施工前不连续的形式重建栖息环境等，对生态系统受到的影响进行补偿。

以上是典型的生态缓和措施，但是文献介绍的案例仍然较少。

关于定量评价方法，以美国一海域的底藻层以及潮汐带、陆地的广大湿地等为对象，尝试了各种各样的方法。与之相对的，在日本由于地形富于变化，形成了多样的动物、植物相，因此评价方法要比美国的多[1,3]。

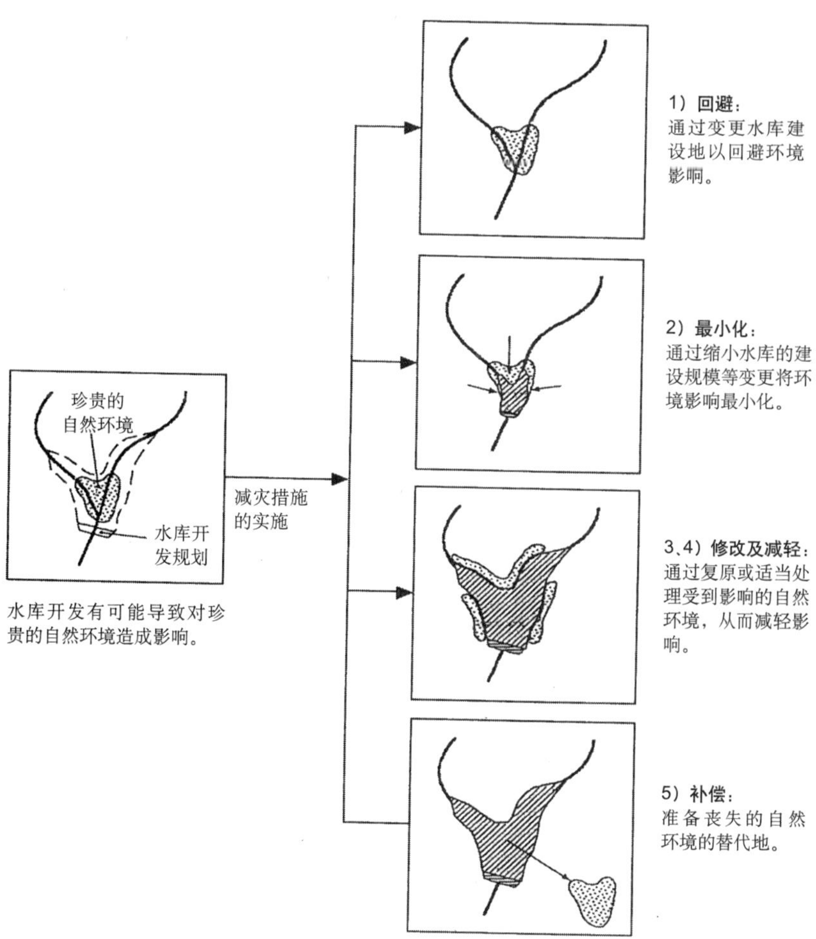

图 1　减灾措施的种类（内陆区域）

引自生态学环境修复技术相关研究——关西电力报告书

4）伴随发电站建设的工程划分

伴随发电大坝建设，会改变周边地形的工程可分为堤坝本体、大坝蓄水池、水量减少河流等。此外还有发电站、开关站、输水管道及输电线路铁塔等工程。

另外，在施工期间，还必须对不同的施工工程采取相应的措施，还要求进行工程开工前、施工中、竣工后分别进行探讨。

大坝构造物周边

周边树林	崩溃地防沙、复原绿化、猛禽类营巢地保护	回避、修正
建设工地	出现堰堤的景观修饰绿化、堆石坝面绿化	修正、补偿
发电站	地下发电站建设、景观对策	回避
原石山旧址	灌水面下采集、岩盘绿化斜面	回避、修正
弃土场	斜面绿化、平坦地复原绿化、人工溪流、群落生境	修正、补偿
临时道路	斜面绿化、换土、复原绿化	修正、补偿
建设临时用地	基础撤去、复原绿化	修正、补偿

坝湖开阔水面

灌水淹没地	水质维持保全、水质净化	修正
水滨斜面	水淹林保全、水滨绿化	修正、补偿
水面管理	水面维持、漂浮木处理、人工浮岛	补偿
生物保全	蝶类、鸟类、水禽类、溪流鱼类	修正
回水	水源、溪谷、水环境保全、副坝	减轻

大坝下游水量减少的河流

河滩	河床管理、河岸保全、人工护岸、人工湾处	修正、补偿
河流植物	洪水地区植物、人工洪水	修正
鱼类、水生昆虫	蜻蜓、萤火虫、蝴蝶等的保全	修正、补偿
水生生物	日本大鲵、森树蛙等的保全	修正、补偿
水质维持	水质净化设备	修正

5）环境影响评价报告的案例

A．现有抽水发电站的增设规划

1974年枯死运行的奥多多良木抽水发电站（兵库县，市川水系，关西电力）的增设规划，确立了有效利用现有设备的方针。即，利用大坝本体的构筑、施工道路、原石山、弃土场等现有的设施，极力减少对环境造成的影响。

今后新建发电用大坝会越来越困难，利用现有的大坝，通过有效利用水量、发电机等的新技术来强化发电设施的增设规划会变多。

在随着该增设规划提出的环境影响评价报告（环境评估）中，关于环境缓和对策，提到了如下几点[4)]。

① 取水口、引水渠的发电用构造物基本上都设置在地下，减小地表的改变面积（可认为是回避、减轻措施）。

② 施工道路尽可能采用隧道，减少地表面的改变（可认为是回避、修正措施）。

③ 挖掘的斜面以及堆土斜面要采取景观修饰绿化对策（可认为是修正、补偿措施）。

于 1998 年竣工的奥多多良木发电站，在第一期工程的副产物即原石山削平旧址的平坦地部分，引进了排水水渠、厚度较大的换土、利用苗木进行生态绿化施工方法等，成功形成了目前的森林。另外，在原石山旧址无土壤岩盘的斜面上，通过直升机喷撒种子，使得绿化不断进行。伴随着增设工程，作为环境保全对策，还尝试了水位波动部分的斜面绿化（滨水绿化）以及生物栖息空间的修复等。

B．新建抽水发电站

在金居原抽水发电站（滋贺县、岐阜县，淀川水系，关西电力…规划、准备施工中）的环境影响评价报告（1998 年）中，有如下记录。

“规划地点的选择原因是，由于位于河流的上游部分，大坝建设不会造成住宅和耕地遭到水淹，社会影响较小，自然环境中人工林占了大部分，对于生态系统的影响较少，能够观察到猛禽类的栖息”。

环境影响调查书中，关于环境缓和对策阐述如下[5)]。

“在制定规划之际，从保全地域自然环境的观点出发，要进行如下考量”。

① 为了减少对周边自然环境造成的影响，在考量选择地表改变部分位置的同时，还要力图缩小地表改变部分的面积（可认为是减轻措施）。

② 考虑到上游部分的调节池会对下游水质造成影响，因此要设置选择放流设施（可认为是减轻措施）。

③ 将水渠、发电站设置在地下（可认为是回避措施）。

④ 下部大坝的坝体材料的采集位置，要考虑减少对于自然环境造成的影响（可认为是回避以及减轻措施）。

⑤ 伴随着施工产生的残土的一部分可以转用作当地地域振兴规划的用地建设，另外，弃土场建成后可以作为临时设备用地等，以缩小地表改变部分的面积（可认为是回避以及减轻措施）。

⑥ 施工道路尽可能的使用现有的道路，将新建道路控制在最小限度。另外，将新建道路的一部分区间隧道化，以期缩小地表改变部分（可认为是回避以及减轻措施）。

⑦ 挖掘以及堆土斜面要迅速采取绿化措施（可认为是修正以及补偿措施）。

目前，在征得当地居民同意的基础上，进行了追加的环境影响调查（猛禽类）并进行了施工道路建设。

6）环境修复技术

即便是在没有生态缓和概念的时代建设的发电用大坝，常常也考虑到了保护自然环境。不过，在此，笔者想就包括发电用大坝在内的多功能大坝（治水、灌溉、自来水）建设中广泛采用的修复技术进行介绍。

A．针对猛禽类的保护措施

发电用大坝建设如今面临的头号问题，就是对于位于生态系统的顶点、并且栖息数量锐减的猛禽类栖息环境的影响。作为栖息环境的保全手法，有 4 个方法，即第一保护个体，第二确保捕食地，第三保全栖息地，以及考虑繁殖期等。

发电站的环境影响评价报告中针对金雕和鹰雕的环境保护对策方案之一提出了如下方法。

① 为了在将来也能够保全金雕和鹰雕的栖息环境，另外，也为了确保维持环境现状的区域，与相关单位协商调节。

② 对临时设备用地进行复原绿化。

③ 灌水，使池末端湿地化。

④ 使堆土平坦部分溪流化。

⑤ 对于金雕和鹰雕营巢地周边灌水池内的树木原则上不砍伐。

⑥ 在会对金雕和鹰雕繁殖期造成影响的时期暂停施工。隧道内的爆破施工为了减少振动值，要限制火药的使用量。

⑦ 要彻底实施填充材料设备的隔音措施。

⑧ 万一出现金雕和鹰雕中断繁殖活动等栖息状况发生巨大变化的情况，要暂停施工并协商采取对策。

⑨ 为了在施工过程中以及竣工之后也能够掌握金雕和鹰雕的栖息状况，实施监测调查。

B．水位变动部分的斜面绿化

a．一般大坝蓄水池

近年来，在针对大坝蓄水池要求亲水空间和观光资源等发电以外机能的同时，裸露地面化的斜面如果扩大，也会造成表层土壤侵蚀和崩溃，成为湖底堆积沙土以及水质恶化的原因。因此，从维持大坝蓄水池的机能并维持生物繁育空间的观点出发，最好能够对水滨斜面的裸露地面进行绿化。

一般的蓄水池从春季到秋季都会下调大坝的水位，以应对台风期的到来，从秋末到冬季则在高水位运行。期间如果与植物的生活周期相吻合的话，再加上水位变动速度缓和，作为植被基盘的表土侵蚀也较少，随着时间的推移，水位变动部分的斜面会自然得到绿化。不过，为了更加扎实对斜面进行绿化，北海道的丰平峡大坝采用了千屈菜，金山大坝引进了外来种虉草，高知县的鱼梁濑大坝采用了喷撒洋草坪种子等施工方法，另一方面，鹿儿岛的鹤田大坝采用了栽植维州纽扣草、京都府的大野大坝采用了栽植紫穗槐、日本三蕊柳等的施工方法，使得在枯水期对斜面和河滩进行绿化变得可能[3)]。

b．抽水式发电用大坝调节池

抽水式发电用大坝调节池分为上部大坝和下部大坝 2 部分运行。通过利用用电率相对较低的深夜的剩余电力来抽水，在用电量较大的白天利用落差放水发电。因此，每天水位的变动都很剧烈，斜面必须经得起水淹和干燥。

为了在抽水式发电站这样水位的上升和下降频繁进行的大坝调节池的水位变动部分的斜面进行绿化，就必须要通过人为的方式引进植物。

在绿化之际，有两点很重要，即防止水位变动和波浪造成的栽植基盘流失，以及引进富于耐浸水性和耐干燥性的植物，目前虽然尝试了多种类的水滨斜面绿化施工方法，不过还没有实际应用[6]。

上述奥多多良木发电站的下部大坝试验性的尝试了蛇笼垫区和喷撒区 2 种施工方法（图 2 ～图 4）。蛇笼垫区栽植了金钱蒲、千屈菜、鱼腥草、问荆、赤竹、芦苇、溲疏的苗木，并扦插了柳树插穗。由于浸水率在不同年份存在变动，因此不能一概而论，不过在 2 年后的调查中，金钱蒲的存活率最高，为 40%，而鱼腥草和问荆的存活率较低。

另外，在上部的黑川大坝，崩落部分在椰子垫上栽植了金钱蒲，在有巨大滚石的砾石斜面上的土囊袋上扦插了柳树插穗，蛇笼部分铺上了芦苇垫，斜面上部栽植了树高约 2m 的水胡桃。另外，对缓和斜面上相同树高的毛赤杨、水胡桃、落羽杉及日本三蕊柳进行了观测，结果发现 2 年后前两种大部分枯死，但是后 2 种的存活率在 75% ～ 82%。

别的地点还尝试了在金钱蒲垫、芦苇垫和椰子垫上喷撒种子，以及在椰子网上喷撒种子、在腐殖质性网上喷撒种子等 5 种施工方法[7]。

此外，大河内发电站（兵库县，市川水系，关西电力）的太田上部大坝、今市大坝（栃木县，利根川水系，东京电力）等从平成 8 年（1996 年）开始试验施工，还有待今后施工方法的开发。

图 2　关西电力大河内发电站水位变动部分的斜面绿化
（拍摄：泷川幸伸）

图 3　关西电力奥多多良木发电站水位变动部分的斜面绿化
（拍摄：泷川幸伸）

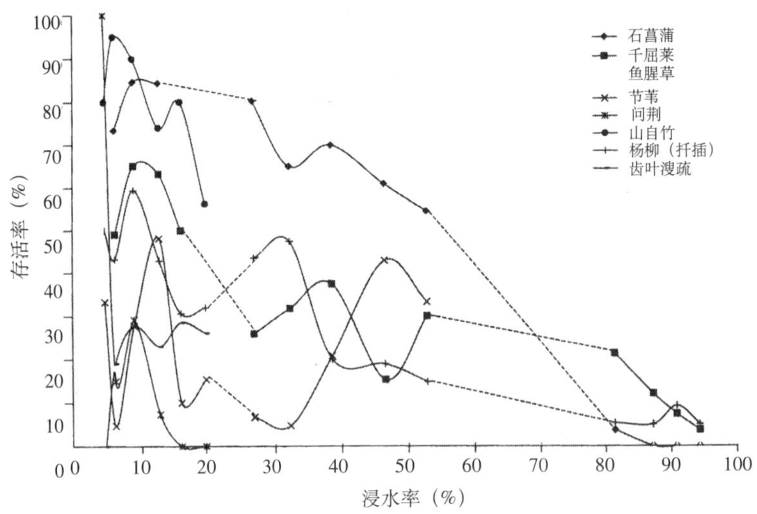

图4　奥多多良木发电站水位变动部位斜面浸水率与存活率的关系

（制作：泷川幸伸）

C．人工浮岛（图5、图6、表1）

是修复由于大坝的出现而水淹的自然环境的方法，是在裸露地面护岸的水位变动部分斜面绿化较为困难的情况下采用的自然环境复原技术之一，人工浮岛的优点是能够应对水位变动。在海外虽然有相当多的案例，但是在日本还较为少见。

人工浮岛的特点是能够促进滨水景观的形成、水生植物的培育、通过入侵种扩大生物多样性，其还可提供野鸟的栖息地和饵料场（生境）、水生昆虫的栖息场所、鱼卵及幼体的栖息场所等。另外，水中的植物根部分还能吸收少许氮、磷，起到水质净化的作用。然而，要想达到水质净化的效果，还必须要有相当大的面积。

关于浮体构造和材料、栽植基盘（土壤）、使用植物的大小、密度等要素，笔者将介绍大阪府下池进行的漂浮试验的事例，从而帮助读者掌握最佳条件。由于引进池

表1　浮岛以及周围确认到的生物

· 地上部分

	目名	科名	种类
昆虫类	蜻蜓目	细蟌	1
		蜻蜓	1
		蜻蜓	4
	蜚蠊目	德国小蠊	1
	直翅目	蟋蟀	2
		蝗虫	1
		日本菱蝗	1
	半翅目	飞虱	1
		水黾	1
		蚜虫	1
		椿象	1
	脉翅目	草蛉	1
	鞘翅目	水龟甲	1
		隐翅虫	1
		金龟子	1
		叩甲	1
		沼甲	1
		瓢虫	5
		叶甲	2
		象甲	2
	膜翅目	胡蜂	1

中的植物如果具备了采集地、数量和繁育条件的话，就有可能异常繁殖，因此必须慎重选择。作为维持管理措施，还必须采取对策，缓解根部的窒息状况，以及控制外来种的植物入侵。尽管对生态系统而言最好能够保持自然的状态，但是重视景观的话，还必须要进行适度的间伐（水体富营养化较强的话繁殖也会加快）、清除枯死的植物体，以及进行定期替换栽植等工作。漂浮体也不是永久性的，存在耐用年数。如果不注意拴系方法的话，就有可能漂走变成垃圾[8,9]。

图 5　人工浮岛施工后（1996 年 3 月）

（拍摄：有动正人）

图 6　人工浮岛施工 4 个月后（1996 年 7 月）

（拍摄：有动正人）

续表

	目名	科名	种类
昆虫类	双翅目	果蝇	1
	鳞翅目	凤蝶 粉蝶 蛱蝶 毒蛾	2 2 1 1
鸟类	鹳形目 雁形目	鹭 斑嘴鸭	
爬虫类	龟鳖目	地龟	

· 水生生物

	目	科	种
鱼类	鲤形目	鲤科	银鲫鱼 罗汉鱼
	鲇形目	黄颡鱼科	叉尾黄颡鱼
	鲈形目	鲈鱼科 鰕虎鱼科	蓝鳃太阳鱼 吻鰕虎鱼类
	合鳃目	合鳃科	黄鳝
甲壳类	十足目	沼虾科	条纹长臂虾 沼虾
爬虫类	龟鳖目	地龟科	巴西红耳龟

（调查：有动正人）

在发电用大坝类型中，小诸大坝（长野县，信浓川水系，东京电力）等采用了人工浮岛[10]。

D．生物繁育空间的复原

a．森树蛙栖息池（图 7）

在上述奥多多良木发电站下部大坝，在坝湖畔作为复原群落生境，建成了森树蛙池。这里确认到了被指定为兵库县红皮书 B 级物种的森树蛙在周边树林内的湿地中栖息的情况，进行了能够使其栖息的环境复原的整备工作。

森树蛙以山地和森林为栖息域，营树上生活，具有进入繁殖期后聚集到池沼、水田等水滨产卵的习性。

关于森树蛙的生态行动，通过采取利用追踪器调查动物行动范围的远隔地调查法进行了调查，采用能够装置在森树蛙身上的特别定制的超小型追踪器和携带式天线，在约2周（即电池的使用寿命）内，进行了步行追踪调查，发现距离池最远的距离为150m[11]。根据这些经验，成体移动、生活需要有从池周边开始连续的森林存在，在池到自然林之间，栽植了从周边植被选择的乔木种麻栎和枹栎等，尝试创建了便于移动的环境。另外，由于森树蛙产卵时需要有枝叶伸到水面上的植物作为产卵场所，因此在水滨附近栽植了垂柳，使其枝叶覆盖到水面上。这也起到了防止池水温上升的作用。

不过，由于植物的生长还不够充分，没有形成栖息环境，因此复原森树蛙的连续环境还需要时间[12]。

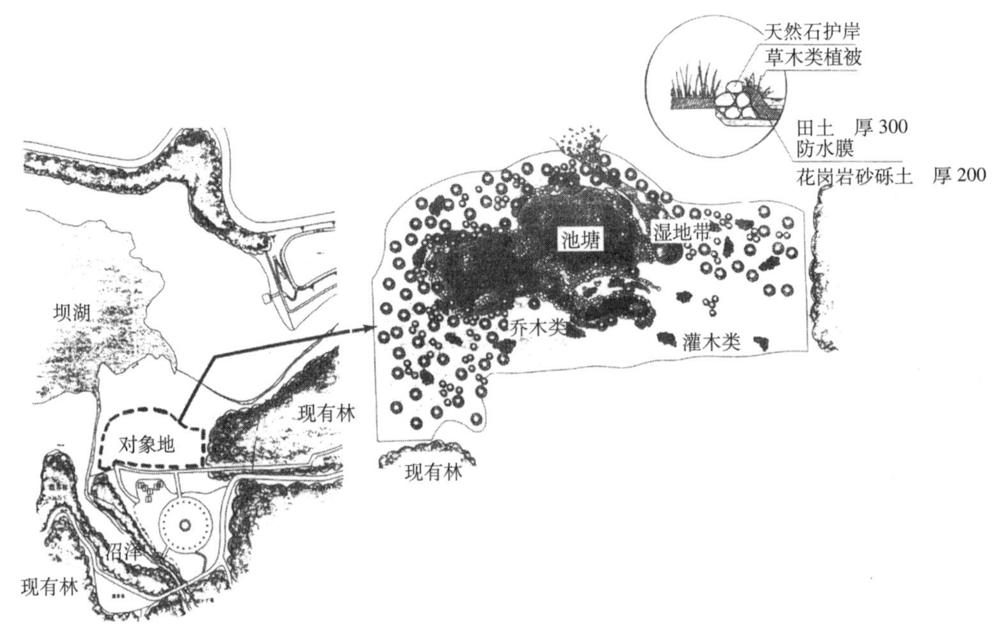

图7 关西电力奥多多良木发电站森树蛙池平面图

（制作：长野修、梅迫泰年）

b．蝴蝶森林（图8、图9）

宫濑大坝蓄水池（神奈川县，相模川水系，建设省）是以洪水调节、自来水用水、发电为目的的多功能大坝。伴随着大坝蓄水池建设工程，地形发生了大规模改变，对于自然环境的影响也较大。该大坝也是国土交通省作为环境问题热心参与自然环境保全和创建工作的代表性大坝之一。进行了在背面的原石山挖掘旧址形成的大规模斜面绿化的尝试的同时，采取了水质净化对策等，尽可能的注意保护环境。

由于大坝蓄水池的出现造成的水淹，灌水区的植被以及周边溪谷的溪谷性植物和大紫蛱蝶、日本虎凤蝶等动物、植物受到了影响。为此，积极采取措施确保大坝周边地区生物新的栖息场所、并对建设保护区进行保全。

在保护珍稀的大紫蛱蝶的过程中，为了确保其数量稀少的繁殖场所，从水淹的山谷部分等地移栽了大紫蛱蝶的食树朴树，保育了一部分幼虫，同时除了朴树之外，还配合种植了枹栎、麻栎等，以及作为下层林的水蜡树等，建成了大紫蛱蝶的繁殖林。项目还为日本虎凤蝶移栽了其食草日本细辛，确保了幼虫的饵料。移栽场所分为 2 ～ 3 处，间隔 30cm 左右，通过集中栽植，提高了幼虫的存活率，同时幼虫也能移动到其他植株上。项目还栽植了其他成虫吸食花蜜的猪牙花和堇菜，将附近整体建成了蝴蝶森林[13]。

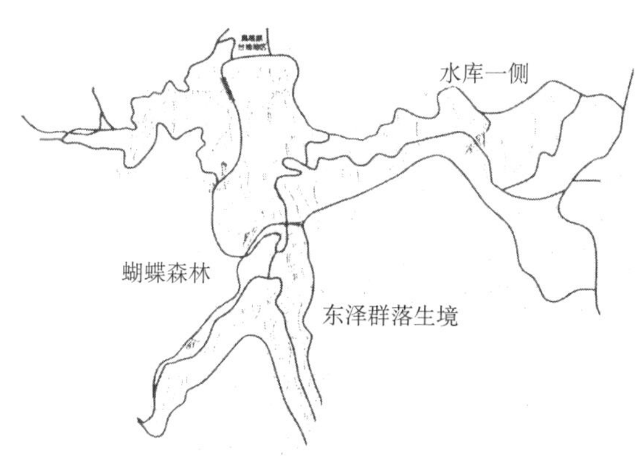

图 8　日本国土交通省宫濑水库平面图

图 9　国土交通省宫濑大坝蝴蝶森林

（拍摄：长野修）

E．弃土场平坦地的人工溪流

在上述宫濑大坝蓄水池中，代表性的环境对策有弃土场平地人工溪流（群落生境）的修复（图 10、图 11）。东泽是作为弃土场遭到填埋的溪谷之一。由于地形上的制约，溪流环境的复原是不可能的，因此以湿地带为中心开展了自然环境整治。按照以往的方法，山谷的溪水是通过埋设在填埋部分底部的管道流走的，该项目在上游的平坦部分设置了简易的堰堤，调节溪水的流量，设计了连接到小河和人工池的修复水路。此外，还仔细营造了生物的栖息空间，如铺石的河床、贮水池、利用生物营巢用的管道，开洞建设的人工假山以及随意堆积的多孔质的石砌空间等。植物也尽可能的采用了当地的栖息种，尽可能的使其自然恢复。根据调查结果，当地的环境开始出现了哺乳类的梅花鹿、野猪、貉、狐狸等，野鸟类的三道眉草鹀、鹡鸰、斑嘴鸭等，两栖类的杜父鱼蛙、山赤蛙等，爬虫类的蜥蜴、虎斑颈槽蛇等，以及以前很多其他昆虫类，生物多样性丰富的群落生境得以再现[13]。该项目中对生态缓和评价法的出现过的应用有望得到好评[14]。

F．副坝的湿地复原

副坝的作用是减轻流入大坝蓄水池的沙土量，通过防止堆沙、减轻浑浊、有效利用蓄水容

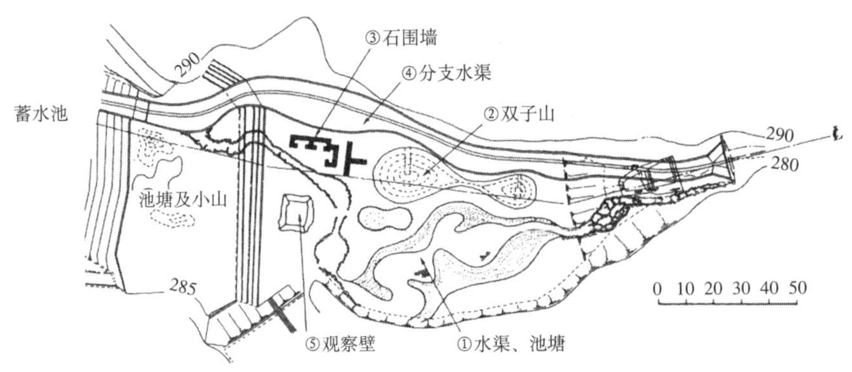

图 10　日本国土交通省宫濑水库东谷群落生境平面图

照片 11　国土交通省宫濑大坝东泽群落生境（人工溪流）

（拍摄：长野修）

图 12　冲绳县汉那大坝的副坝

（拍摄：长野修）

量以及去除沉淀物等机理发挥作用；副坝是位于蓄水池内的一个大坝，可以通过落差暴晒进行水质净化及稳定水位，也有利于将滨水空间用于亲水空间。

汉那大坝（冲绳县，汉那福地川，冲绳开发厅等）是冲绳县为了解决水资源不足的问题，而以水资源开发为主的多功能大坝，并非是发电用大坝蓄水池，不过该大坝是考量了保护自然的生态大坝，引进了很多环境保全措施。该项目在以前的水田中设置简单的副坝并在连接水路上设置固定堰堤，由于不再受到水位变动的影响，其发挥了第二贮水池的作用使蓄水面积扩大，大坝最终占地 1.2hm^2、深度约 1m，充分实现了湿地化（图 12 ~图 14），为喜好湿地的动物、植物提供了适宜的生存空间。根据对植物、野鸟类、两栖类、爬虫类、鱼类、甲壳类、水生昆虫类的跟踪调查，项目实施地水生生物的栖息环境变得丰富，作为鸟类的饵料场和休憩场，聚集了大量的鸟类。创建出了丝毫不逊色于美国湿地生态缓和工程的湿地环境空间[15,16)]。

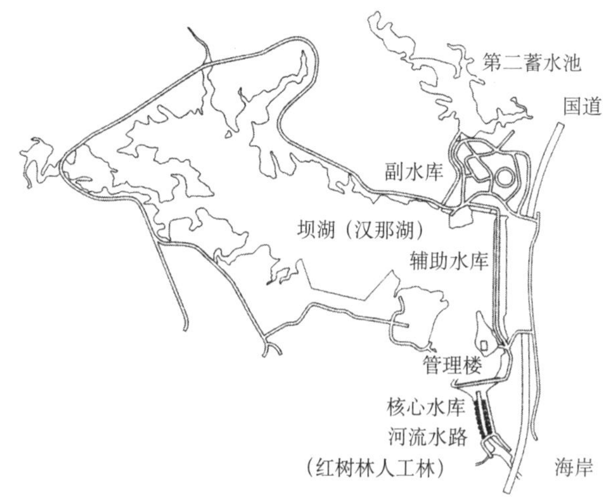

图 13　冲绳县汉那水库、副水库（第二蓄水池）平面图

图 14　冲绳县汉那大坝的副坝（第二蓄水池）复原湿地

（拍摄：长野修）

此外，对施工导致的裸露地表斜面也参考周边的植被进行苗木密植和复原绿化，过程中还考虑到了小动物的移动和昆虫的栖息环境，另外，由于靠近大海，因此大坝的正下方会成为潮汐的影响区域。为了保全下游河流环境，在入海口水路两岸通过栽植秋茄树、木榄、红茄苳等红树人工林，进行了河流复原绿化。栽植近 10 年后，树高达到 1.5m，并已结出果实，根部开始栖息有鱼类、蟹类、贝类等，是生态系统修复良好的案例[15,16)]。

G．堆石坝背面石砌斜面的绿化

以往堆石坝背面的石砌斜面(图 15)从土木景观和安全检查的角度，通常都是裸露的。然而，为了使其与周边环境协调，将其作为生物栖息空间，逐渐开始对其进行绿化。换土材料采用了原石山等产生的残土，这样只需要确保少量的处理地就足够了，而且还能成为合适的弃土场，

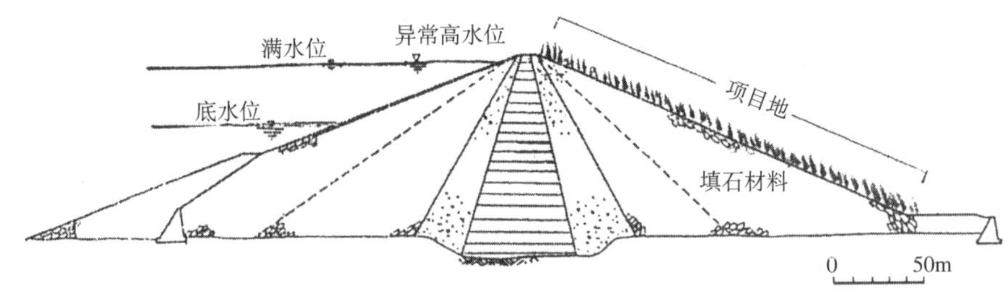

图 15　填石水库背面石砌斜面部分截面图

图 16　电源开发大内大坝的堆石坝背面石砌斜面的绿化

（拍摄：吉田和男）

通过处理残土避免自然破坏，是十分经济的方法。堆土斜面的土层厚度为 10 ～ 15cm，铺设均匀，但是由于流动转移作用而自然产生的沙土的质地不适于植物生长，植物的发育并不良好。在作为绿化基础的土层厚度较小时，会进行洋草坪的喷撒或是厚层基础的喷撒，不过两者最初引入的植物种都会衰退，替代的耐干旱的草本植物类会从周围入侵并成长为优势种。确保一定程度的换土的话，就能够通过栽植与周边树林匹配的苗木来建成森林。即便是草地，只要植物繁茂的话就能够形成生物的繁育空间，从而确保猛禽类的饵料场。这些措施还能够缓和大坝建设导致的下游居民的不安感。

大内大坝（福岛县，阿贺野川，电源开发）于 1983 年（图 16）施工，三俣大坝（神奈川县，酒匂川，县企业局）于 1978 年施工[17)]。

作为今后的环境对策，该方法会在将来的施工中逐渐被应用。

H．水质净化

一般设置水力发电站的地点都位于深山河流的上游附近，基本上既没有都市区那样的大型住宅区，也没有工厂。因此，流入发电站大坝蓄水池的水大多水质清洁，可以说没有采取净化对策的必要。然而，在一部分的大坝蓄水池，由于土壤中包含的营养盐类随着降雨等流入，以此为营养源的浮游植物（涡鞭毛藻类）在短时间内增殖并聚积到表层，有时会发生淡水赤潮。并且，在设置于中游的大坝蓄水池中，来自上游流域和农田肥料的营养盐类负荷会诱发蓝藻类增殖并聚积到表层，形成藻华（总称水华）。由于水华会释放恶臭，而且一部分还具有毒性成分，因此有必要采取使用真空泵回收或通过紫外线和臭氧等清除的措施。不过，这些对策无不是治标不治本的，必须要进行根本性的水环境保护和管理。

水质净化技术是去除被污染的水中的有机物及营养盐类、防止发生水华发生的对策，是从水环境保全的角度进行环境改造的一环，最好在大坝下游的河流和贮水池等也能够引入低成本并且高效的技术。不过，来自上游的被污染的水体以及周边环境的负荷会对大坝蓄水池的水质产生恶劣影响，但是现实中处理数百万吨至数千万吨的庞大大坝的蓄水是非常困难的。

一般大坝蓄水池的水环境改善法可采用曝气扬水筒[18]。大坝蓄水池的深度较深，会由于温度等的不同造成的比重不同而形成上下层，上层和下层的水会以分界线（称为跃层）为界，基本上不会进行水交换。下层的水称为无光层，水温较低，由于无法确保光合作用必需的光量，因此浮游生物基本上不会增殖。这样就可以引入曝气扬水筒，在向下层输送空气、创造好氧条件、防止营养盐类从底泥中溶解出来的同时，利用气泡向上推动水的力量，将下层水强制输送到有光层，可实现大坝蓄水池内水体的混合扩散。

另一种技术将栽植了植物的人工岛命名为浮岛，一般设在蓄水池中心水域。关于浮岛，如上文所述，原本是作为群落生境（生物栖息空间）开发的，水质净化机能与接触氧化法相比并不高。不过，由于植物会从周围的水中吸收通常水处理中难以除去的磷，因此作为不需要动力并且能处理负荷较小水体净化方法受到了人们的关注。

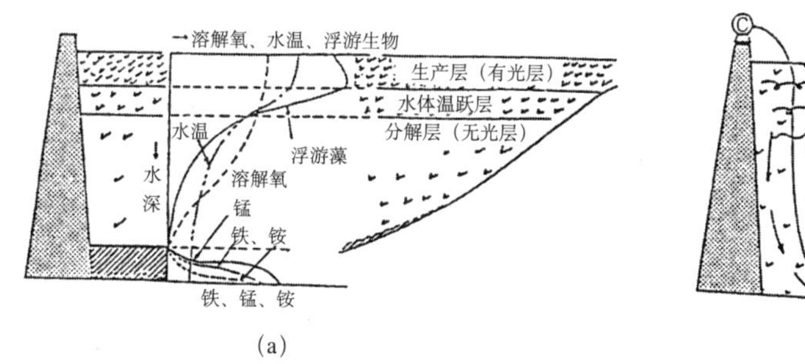

(a)

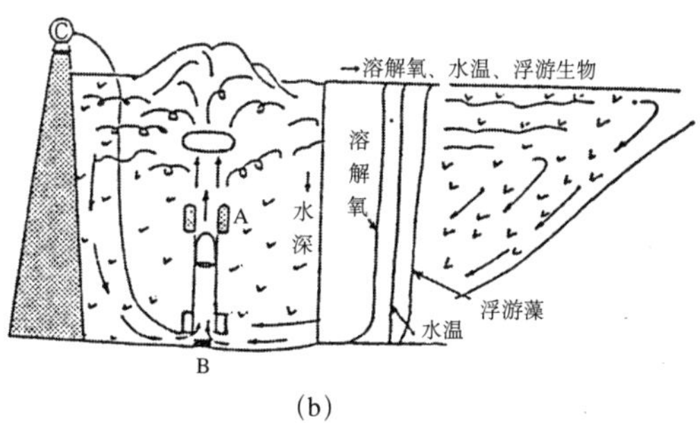

(b)

图 17　湖水的分层（a）与人工循环时的水质分布（b）

（引自小岛，1985）[18]

（2）火力发电站的生态缓和

1）火力发电站的周边环境

日本国土的四周环绕着海岸线，在全部 47 个都道府县中，除了栃木、群马以及埼玉县等一部分之外，基本上所有的县都与大海相邻接，自古以来，日本人的生活就与海洋有在密不可分的关联。不过，近年来，随着产业的发展，日本开始逐渐进行了滨海开发，全国范围内海岸线遭到填埋，被用作工厂用地和住宅用地等，滨海地区只考虑人类需求的混凝土垂直护岸林立，结果导致陆地和海洋分界线的沿岸区域丰富的生物资源的丧失。

火力发电站一般来说是通过燃烧化石燃料产生的水蒸气推动涡轮，从而生产电力的。将推动涡轮后的蒸汽冷却变回水之际，需要大量的水用于冷却。为此，日本的火力发电站通常建于能够确保提供大量用水的临海沿岸区域。沿岸地域通常具有富于变化的地形，为了建设发电站，必须要对大海或是山体进行施工。结果，填海会导致海洋中的动物、植物及其栖息场所消失，而凿山则会导致陆地动物、植物受到损害。在森林中，如上文水力发电站一节所阐述的那样，实行了人造林技术等各式各样的修复方法，而在海洋中，则必须将动物、植物转移到没有受到影响的场所中去。

在陆地和海洋的分界线，如碎波带①和潮间带②等，形成了非常丰富的生物群落。不仅是发电站，在填海地带建设的混凝土垂直护岸，也可能会对这些生物群落造成危害。在关西国际机场，相当于护岸总长八成的护岸采用了缓和倾斜护岸③，取代了以往的垂直护岸。有研究人员报告，虽然在缓和倾斜护岸中双线紫蛤等一部分动物减少了，但是繁育了很多种类的海藻，也新出现了迄今没有出现过的鱼贝类，适宜于许多种类的动物、植物的栖息繁育[19)]。今后，最好能够在沿岸地区建设的工厂等民用设施中也引入缓和倾斜护岸的构造。

2）火力发电站的环境影响评价

关于实际中火力发电站建设的环境评估，以《关于环境影响评价的实施（阁议决定）》为基础，根据填埋地面积以及石炭灰弃置场面积的规模不同，需按照《填埋以及排干相关的环境影响评价指南（运输省）》开展评估。在该指南中规定，要对填埋施工过程中的主要因素和竣工后土地以及建筑物受到的影响分别进行调查。具体来说，就是要对自然条件、社会条件以及环境要素（作为防止污染相关的项目有大气污染，水质污染以及噪声等，作为自然环境保全相关的项目有植物，动物以及景观等）开展信息收集、整理并进行分析的调查[20)]。

关于与发电站设置的相关评估，要以平成10年（1998年）通商产业省令第54号令《关于发电站设置或变更工程施工相关的环境影响评价项目以及相关的调查、预测以及评价方法选择指南以及保全环境相关措施的指南等的省令》为基础进行。该法令规定了环境影响评价对象的标准项目，并以项目特性和区域特性为基础，根据需要进行追加和删减。与以火力发电站为对象的生态缓和相关的标准项目有：动物、植物、生态系统以及人类与自然的接触场所等。作为树木采伐和土地改变造成的影响，动物、植物的重要种以及受到关注的栖息地被设定为标准项目；而作为港湾设施的设置和填埋造成的影响以及排水造成的影响，栖息于海洋中的动物、植物被设定为标准项目。另外，关于生态系统，陆地部分作为树木采伐和土地改变的影响成为了标准项目，海洋部分则由于物种多样性和各种环境要素复杂关联，尚未弄明的部分很多，所以只是对栖息于海域生态系统的动物、植物造成的影响进行了预测评价[21)]。

---

①：是指沙滩等波浪冲击的地点，多种海产鱼类的幼鱼会靠近海岸。

②：是指夹在高潮线和低潮线之间的部分，是由于潮水的涨落干燥和浸水反复进行的、变化剧烈的环境。主要栖息着藤壶类和小型螺类等小型动物以及海藻。

③：该缓和倾斜构造在沿岸部分铺设了石料和混凝土砖，形成了缓和的坡度，便于海藻的着生等，被评价为缓和填埋造成影响的代表性构造物。

3）火力发电站建设过程中环境影响的缓和措施

火力发电站建设过程中的环境影响评价报告中，提到了为保全环境而采取的对策，大致可分为填埋的影响、发电站开始运行后的影响以及施工过程中的影响等相关项目。

作为应对上述影响的对策，最为广泛的生态缓和方法是土地人工建设过程中的人工地绿化和沿岸地区底藻层人工建设技术。关于人工绿化技术，是在发电站用地建设行为产生的裸露地面上，以常绿阔叶树为中心、密集栽植与区域环境特性最为吻合的树木种苗，从而尽早实现自然林的方法。另外，填埋行为会导致海面下的底藻层和潮汐带等消失，为缓和该情况下产生的环境影响，一般会建议替代场所作为对策。

陆地上的绿地和沿岸地区的底藻层对于食物链的构成来说必不可少，分别为微小动物提供了饵料场、隐蔽场所以及产卵场所等，为生物生产量的增加做出了巨大贡献。另外，尽管有些夸张，但是科学家们期待着绿地和底藻层也能够对二氧化碳的降低和环境净化做出贡献，对在全球人工造林和建设底藻层的必要性进行了探讨。

A．生态绿化

a．生态绿化施工方法

生态绿化是指通过在优质土壤上建成栽植土墩，以周边自然植被的调查为基础，选择适宜于该区域的树种，通过密植和混栽该树种幼苗，人工形成基于植物生态学的自然森林即所谓的守护森林的方法（图 18）。位于临海填埋地的火力发电站常常运用该方法，大规模建设耐盐害较强的环境保全林[3,22]。

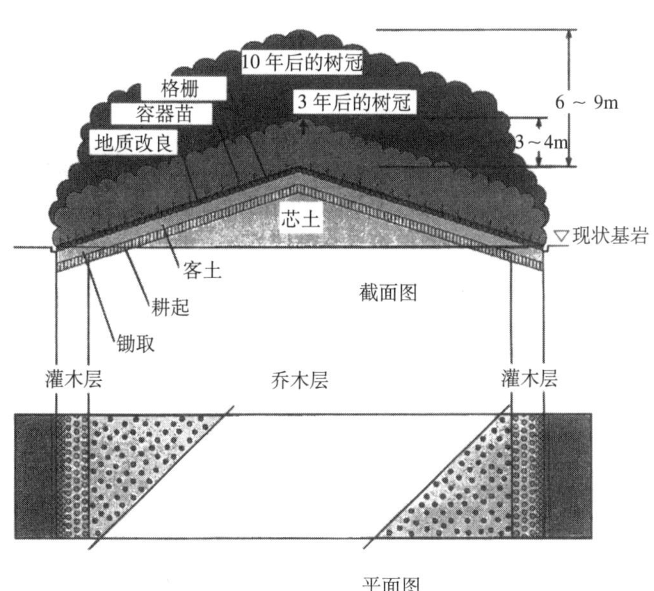

图 18　生态绿化标准图

（制作：上田徹）

在通常的植树法中，树木的根尖部分在处理之际会受到损伤，相对于树干部分会缩小；而与之相对的，在生态绿化中由于是从苗木开始培育的，根部也伸展良好，生长时期树干部分取得了良好的平衡，因此能够形成抗风能力强、环境保全效果好的森林。通过适度的密植造成树木之间的竞争，可使树高伸展的较快，从而节省了机械和施工的费用。尽管栽植后5年左右需要进行间伐等少许管理维持，但是之后通常不必再进行维持管理，等待其接受天然更新和自然淘汰即可。在选择树种时，例如在关西常绿阔叶树是优势种，但是如果也将落叶树混栽入其中进行绿化的话，就会聚集昆虫类和鸟类，生态系统也便于维持。另一方面，如果繁育条件过于适宜的话，因枯死率较低可能导致密度过高，观察到出现树干细瘦且不加粗的病症时，有些情况下就必须要进行间伐。另外，由于在栽植初期需要大量的苗木，因此采用在场外培育的种苗的话，就有可能出现基因干扰。近来，如果出现了用当地采集的种子育苗、在改变的表土中埋入种子保存或是保存表土本身等方法。这些方法都是以发电站建设的长期施工计划为基础的，因此能够实现有计划性的苗木生产。

b．生态绿地的成长量

生态绿地建成后为了了解项目地的树木的发育状况，设置了若干调查区，测定了树高和胸径（图19、图20）。

观察树冠高度（构成森林最高部分的树木的高度）（图21），会发现A事业处栽植时30cm左右的苗木在栽植15年后达到了9～11m。而在混栽了落叶树的G事业处，栽植5年半后已经达到了7m左右。观察干材积（树木的体积）（图22），尽管混栽了落叶树，但是仅有常绿树的E项目处表现出了略微不同的生长。干材积本身是二氧化碳的固定，从这层意义上来看，可以说是有益于环境的施工方法[23]。

图19　关西电力南港发电站生态绿化栽植之初

（拍摄：西屿加寿美）

图20　关西电力南港发电站生态绿化栽植第3年

（拍摄：梅迫泰年）

B．底藻层人工建设方法

日本各地沿岸地区的底藻层，是大型海藻海草类聚集的场所的总称，根据地区的不同，主要构成种有马尾藻类、褐藻、穴状昆布类、大叶藻类等海藻。作为底藻层人工建设的方法，海藻资源养殖学[24]有详细的记载，一般来说海藻种类不同其建设方法会多少有些差异，主要有基础投入、成熟藻体移栽以及种苗移栽法等 3 种。

a．基础投入法

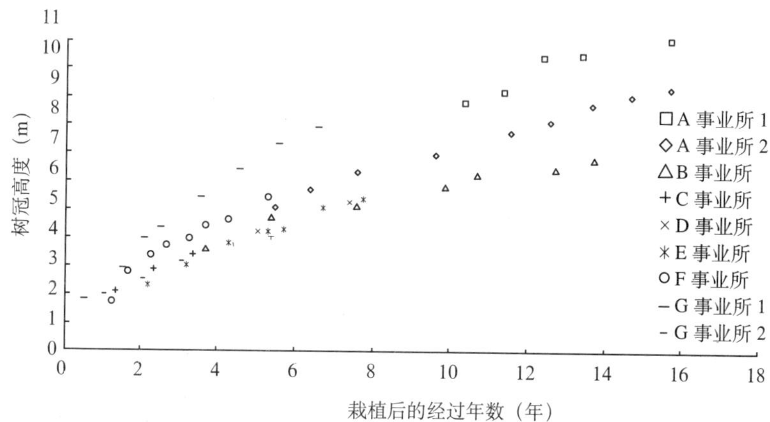

图 21　生态绿地的树木生长量（树冠的高度）

（制成：山内昌之）

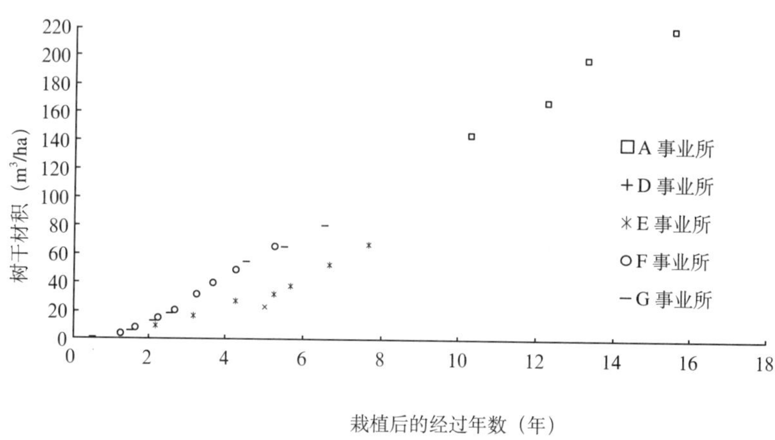

图 22　生态绿地的树木生长量（树干材积）

（制作：山内昌之）

原本该方法是为了扩大海带渔场而将天然石投入海底，在海底是沙地或是水深过深无法确保海藻繁育所需的充分光量的情况下进行的。近来，采用了形状以及大小更加自由的混凝土砖块替代天然石，采用了多样的形状。有报告中指出，对混凝土砖块表面构造进行加工、造成凹凸不平的平面之后，海藻和附着动物的附着量会增加[25]。如今已经开发了在混凝土砖块表面设置沟槽以及添加其他素材制作的基盘的方法，并在市场上销售。下列产品采用了颗粒状的木炭，是作为海藻孢子着生用的基础开发的，木炭表面的细微孔洞能够使海藻的生殖细胞较好的附着，并促进底藻层的尽早形成[26)]。将这种基础设置到海藻繁茂的海底，海藻释放出来的生殖细胞就会附着在该基础上，孢子体会生长成大型海藻，并最终形成底藻层。

b．成熟藻体移栽法

该方法也是作为海带类养殖方法之一应用至今，是将进入释放游离子（褐藻类）或是发芽体（马尾藻类）状态的成熟母藻投入海底的方法。母藻释放出来的生殖细胞分散到周边，附着到海底基质上发育，并形成海藻群落（图 23）。具体来说，就是采用绳索将海藻系在混凝土砖块上，或采用水中黏合剂黏接的方法等。不过，必须充分考虑投入地点的海底地形及海流等环境条件，该方法成功的案例较少。

图 23　采用了木炭的海藻孢子着生用基盘的使用实例

（选自 KEEC 技术报告 7）[26)]

左：通用型海藻着生基盘（产品版）安装到大型基盘上（箭头表示着生的穴状昆布类幼体）

右：通用型海藻着生基盘上穴状昆布类的着生状况

c．种苗移栽法

该方法是在陆地上的水槽内使海藻生殖细胞固着在绳索或是混凝土砖块等基质上，从而培养海藻幼体，并将其安放到海底的大型混凝土砖块等处的方法。只要是具有海藻幼体能够发育的环境条件，就能够在较大的对象范围内进行移栽。褐藻类在形成底藻层之际实际效果较好，但是大量生产的方法以及向施工地点运输的方法尚存在技术难题。

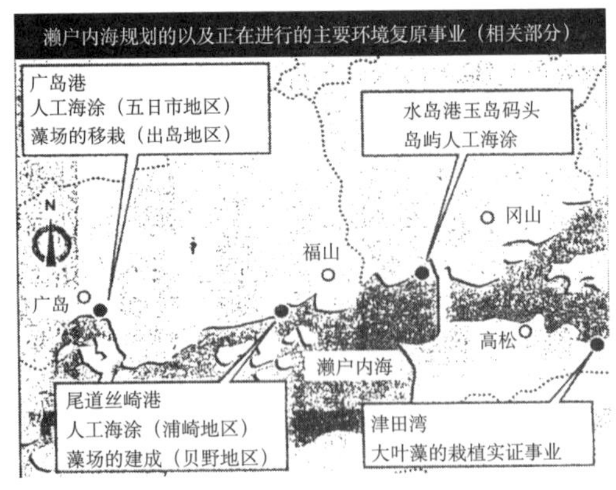

图 24　濑户内海的环境修复事业示例

（节选自山阳新闻）

d．大叶藻场的人工建设方法

大叶藻与褐藻类和马尾藻类等海藻不同，可以栖息在泥沙地的是海产的显花植物。其与陆地植物类似，通过种子繁殖和地下茎生长的方法进行繁殖。目前实施的底藻层人工建设方法基本上与海藻类相同，有基础整备并在海底铺设沙粒的方法、采用培养钵种植移栽藻体的方法，以及播撒种子的方法等。然而，波浪、浊流、海底泥沙的流失等因素导致移栽的大叶藻消失以及枯死的例子很多，还有待开发出类似于陆地上水稻耕作式的技术。

尽管与发电站没有直接关系，作为环境修复技术，环境省在香川县面向濑户内海的沿岸地带进行的大叶藻底藻层人工建设试验，与国土交通省参与的冈山县沿岸地带人工填海造地规划中的潮汐带人工建设一起，成为了受到人们关注的濑户内海环境修复项目（山阳新闻，1999年11月14日版，图24）。

C．日本的底藻层人工建设案例

是日本国内发电站建设过程中的底藻层人工建设生态缓和技术的典型案例，四国的伊方发电站的底藻层人工建设的案例（图25）。为了替代发电站建设导致消失的底藻层，在水深20m处通过投石进行了建设。秋季进行投石，第二年春季6月份黑海带的幼芽覆盖了水深10m处投石的表面，进入秋季发现了成熟的个体。另外，有报告称经过3年之后形成了稳定的黑海带群落[27]。

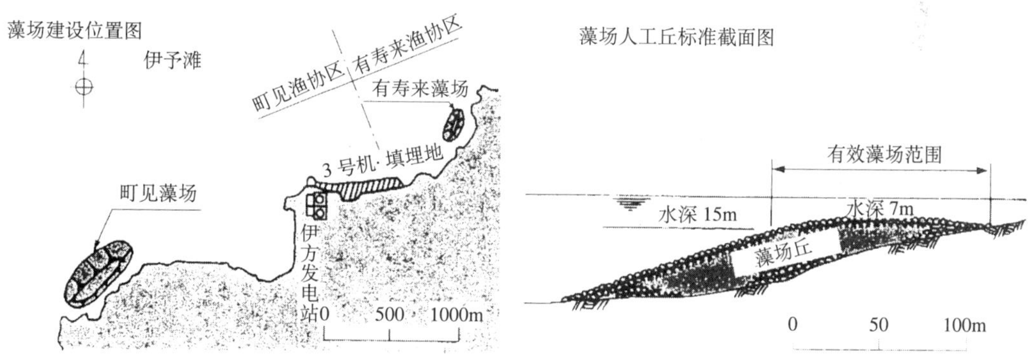

图25 通过水深调节建成岩礁性藻场的事例

（节选自德田等，1991）[27]

4）国外的案例

作为发电站建设相关的生态缓和实例，笔者还将介绍生态缓和技术较发达美国的案例。不过，在美国和日本，土地的利用形态不同，必须认识到，将美国的生态缓和手法照搬到日本是非常困难的。

美国具有幅员辽阔的国土，在发电站建设规划地中，与特定居民生活密切相关的土地较少。然而，日本国土狭小，规划地周边作为渔场利用等，常常是生活区域的一部分。因此，美国的主要目的是保护遭到施工建设破坏的生物以及生态系统，而在日本，常常是以补偿利用该地域的当地居民为优先。关于美国环境评估相关的最新信息有如下案例[28]。

a．巴尔的摩煤炭发电站案例

马里兰州的巴尔的摩电力公司将2座65万千瓦的煤炭火力发电机排放出来的粉煤灰填埋

到了发电站附近面积 8 英亩的湿地中。作为补偿，在切萨皮克海湾沿岸购买了相当于填埋面积 2 倍大小的农田 16 英亩（1 英亩约合 40 公亩），人工建设了湿地。在此处栽植了 9500 棵树木，制定了对于野鸟、昆虫等的出现状况进行监测调查的计划目前仍在进行之中。

b．圣奥勒诺夫核电站的事例

位于加利福尼亚州的圣奥勒诺夫发电站于 1968 年建设了 1 号机，于 1972 年建设了 2 号机，并提交了 3 号机建设申请。该项目接受了申请的 CCC（加州海岸委员会）进行了审查，并于 1974 年有条件的批准了建设。条件是必须对①通向建设工地附近海岸的公共道路、②与海洋环境的关联、③海带（巨藻）、④工程现场使用方法、⑤核电设备的安全性等项目进行详细评估。其中，关于②与海洋环境的关联，制定了环境评估研究计划，设置了负责研究计划以及分析结果的委员会（MRC：Marine Review Commission；海洋审核委员会）。

MRC 的活动一直持续到 1989 年向 CCC 提交了最终报告。其中，曾经担心会对排水口东南侧总长数十公里的巨藻海洋森林造成影响，但是在此期间 2 号机和 3 号机分别于 1983 年和 1984 年开始商业运转，约 200 英亩（80hm^2）的海洋森林受到影响而减少[29)]。不过，关于生态缓和策略，委员会内部出现了分歧，没有实施[28)]。

c．其他案例

上述圣奥勒诺夫发电站的例子，在美国也属于耗费了大量成本的典型的生态缓和。不过在发电站以外，还进行了很多兼顾了成本的小规模的"环境修复型生态缓和"[29)]。

加利福尼亚州阿尔科塔市反对州政府方面提出的废水处理计划，作为替代案采用了"使用湿地植被的处理系统"。本系统是由具有净化机能的氧化池（20 公顷）和植物处理池（2.4 公顷以及 19.1 公顷）等构成的，再生的湿地作为野鸟观察和休闲区对公众开放[30)]。本系统实现的背景是市民们倾向于恢复失去的湿地，并利用湿地的自然净化能力。

日本的生态缓和是定位于环境改善来实施的，进行了潮汐带人工建设、设置人工渔礁以及水质净化等各式各样的环境建设。不过关于项目竣工后的监测和评价方法，尚不充分。环境建设意味着生态系统的复原，但是绝大部分动物、植物的生活史都不短，生态系统恢复到原本的状态需要花费较长的时间。因此，进行严密的评价需要有充分的数据量和时间以及扎实的分析技术。

根据佛罗里达州以往的生态缓和项目得到的跟踪结果，在形式上按照批准内容完成的生态缓和案例，在 63 例中仅有 4 例[31)]。项目竣工后的监测方法的开发和实施尽管还有待解决，但是即便是在生态缓和发达国家美国，也提出了各式各样的评价方法，应用的方法并不完善，也是边改良边应用的。为了完善生态缓和方法，还有许多事项需要进行探讨。近来，包括受到注目的环境教育在内，必须要将施工单位、当地居民和地方自治体联系起来，以更开阔的视野使更多的要素参与其中。

（村田辰雄 · 小牧博信）

参考文献

1）森本幸裕代表（2000）：日本におけるミティゲーション，バンキングのフィジビリティに関する研究，平成11年度科学研究費補助金基盤研究.

2）藤井禎浩・藤田睦一（1999）：エコロジカルな環境修復技術に関する研究，関西電力・関西総合環境センター.

3）村田辰雄（1998）：ランドスケープ体系，第4巻，ランドスケープと緑化，2.7ダムサイドの緑化，p.238-251，㈳日本造園学会，技法堂出版.

4）関西電力（1994）：奥多々良木発電所(増設)環境影響調査書，p.3.

5）関西電力（1998）：金居原発電所環境影響評価書，p.6.

6）大西正記・室田高志（1998）：ダム湖水位変動部法面緑化技術に関する研究，ダム工学，**8**(4)，283-292. 関西電力総合技術研究所.

7）関西電力株式会社（2000）：湛水池法面緑化研究会（第9回）資料，p.3・31.

8）村田辰雄・有働正人（1998）：人工浮島の試作とモニタリングについて，第29回日本緑化工学会研究発表要旨集，p.68-69，関西総合環境センター.

9）村田辰雄・有働正人（1999）：浮島式湿地工法の開発，KEEC技術レポート6，p.10-11，関西総合環境センター.

10）人工浮島シンポジウム（1999）：講演資料集，㈶ダム水源地環境整備センター.

11）梅追泰年・中尾浩之・長野　修（2000）：モリアオガエルの生息場所の創出，日本造園学会全国大会シンポジュウム分科会講演集，p.153，関西総合環境センター.

12）保延香代（1995）：テレメトリー法を用いたモリアオガエルの行動範囲の研究，KEEC技術レポート2，p.14-15，関西総合環境センター.

13）氏家清彦（1995）：宮ヶ瀬ダムにおける自然環境の保全と創出について，p.1-11.

14）近田由希子・武田秀昭・佐藤　勝（1998）：宮ヶ瀬ダム東沢ビオトープ生物利用状況．建設省宮ヶ瀬工事事務所ダム技術，No. 147，p.49-56.

15）漢那ダムガイド（パンフレット）（1998）：沖縄総合事務所北部ダム事務所.

16）安田佳哉・岩崎　誠・伊芸誠一郎（1996）：漢那ダム第2貯水池（湿地ビオトープ）と追跡調査，沖縄総合事務局 北部ダム事務所，ダム技術，No. 115，56-71.

17）吉田和男（1998）：ロックフィルダム背面の緑化に関する研究，p.1-17，関西電力・関西総合環境センタ.

18）小島貞男（1985）：空気揚水筒による富栄養化対策，化学工学，**50**(2)，130-134.

19）森　政次・野田頭照美・新井洋一（1991）：人工護岸の造成とその生物的効果について，沿岸海洋研究ノート，(1)，p.37-51.

20）発電所環境アセスメント研究グループ編（1988）：発電所環境アセスメントハンドブック，p.3-13，テクノプロジェクト.

21）資源エネルギー庁編（1999）：発電所に係る環境影響評価の手引き，758pp.，電力新報社.

22）前中久行（1986）：16. エコロジー緑化．最先端の緑化技術，p.285-293，ソフトサイエンス社.

23）山内昌之（1994）：エコロジー緑地の成長量調査，KEEC技術レポート1，p.10-11，関西総合環境センター.

24）大野正夫・小河久朗（1987）：Ⅵ．藻場造成．海藻資源養殖学（徳田　廣，大野正夫，小河久朗編），p.201-246，緑書房.

25）浅井　正・小笹博昭・村上和男（1997）：ブロック式構造物への海洋生物の着生実験とその着生条件について，港湾技研資料，No.881，p.1-41，運輸省港湾技術研究所.

26）松村　淳（2000）：炭を利用した藻場造成に関する研究，KEEC技術レポート7，p.18-19，関西総合環境センター.

27）徳田　廣・川嶋昭二・大野正夫・小河久朗（1991）：Ⅱ．投石による代替藻場．図鑑　海藻の生態と藻礁，p.128-129，緑書房.

28）篠崎悦子（1997）：これからの開発と自然との共生を目指す「ミティゲーション」の提案，米国環境アセスの最新情報，エネルギーフォーラム，**511**，58-62.

29）糸例長敬（1994）：沿岸域開発とmitigationについて―カリフォルニアSONGS建設の例―．*Science & Technology*，**7**(2)，6-14.

30）勝井秀博・辰巳　勲・稲田　勉（1997）：アメリカの環境修復型ミティゲーション，海洋開発論文集，13，p.231-236.

31）磯部雅彦（1995）：環境修復とミティゲーション，環境情報科学，**24**(3)，27-28.

著作权合同登记图字：01-2008-3796号
图书在版编目（CIP）数据

生态缓和的理论及实践：自然环境保护和复原技术 /（日）森本幸裕，（日）龟山章编著；桂萍，郝钰译．—北京：中国建筑工业出版社，2012.1
（生态保护与环境修复技术丛书）
ISBN 978-7-112-13791-6

Ⅰ．①生… Ⅱ．①森… ②龟… ③桂… ④郝… Ⅲ．①自然环境—环境保护—研究②自然环境—恢复—研究 Ⅳ．①X21

中国版本图书馆 CIP 数据核字（2011）第 251325 号

原著：日本国株式会社ソフトサイエンス「ミティゲーション—自然環境の保全・復元技術—（初版出版：2001 年 9 月 10 日）」
编集：森木幸裕・龟山章
本书由日本Soft Science 社授权我社独家翻译出版发行

责任编辑：石枫华　刘文昕
责任设计：董建平
责任校对：姜小莲

生态保护与环境修复技术丛书
生态缓和的理论及实践　自然环境保护和复原技术
[日]森本幸裕　龟山章　编著
桂　萍　郝　钰　译
*
中国建筑工业出版社出版、发行（北京海淀三里河路9号）
各地新华书店、建筑书店经销
北京点击世代文化传媒有限公司制版
河北鹏润印刷有限公司印刷
*
开本：787毫米×1092 毫米　1/16　印张：23¼　字数：600千字
2021年6月第一版　2021年6月第一次印刷
定价：**88.00**元
ISBN 978-7-112-13791-6
（21545）